공압제어

Pneumatics Control

엄기찬 · 이인철 · 황재문 · 최병관 공저

북스힐

머리말

공장 내 기계설비로서 없어서는 안 되는 것 중 하나가 공기압제어 시스템이다. 원리의 이해가 쉽고 비교적 간단하게 큰 힘을 얻을 수 있는 편리한 시스템이기 때문일 것이다. 이 책에서는 공기압(空氣壓)을 간략하게 공압(空壓)으로 칭하기로 한다.

공기압제어 시스템은 산업계에서 공압 실린더 등의 구동을 이용한 자동문 개폐, 물류 이송장치, 가압장치, chuck장치, 유지장치, 직진 추력기구 등 여러 분야에 사용되고 있으며, 편리성 및 간이성에서 우수하다.

공기압은 대기의 공기를 공기압축기에서 높은 압력으로 압축하여 얻으며, 그 공기의 공기압 에너지를 기계의 구동원으로 이용한다. 생산의 자동화, 에너지의 절약 면에서 우수하여 널리 사용된다. 또한 공기압을 이용하는 제어는 전자기술과 결합하여 비교적 작은 압력 및 작은 힘으로 제어가 가능하며, 따라서 소형, 경량화, 제어성, 환경적 청결성이 우수하므로 식품 산업, IT 산업, 반도체 산업 등의 자동화 시스템의 주를 이루고 있다. 이러한 공기압 시스템의 구성방법과 그 구성요소의 기능, 그리고 회로설계를 위하여 그 내용을 다음과 같이 구성하였다.

본서는 제1편의 공기압제어 시스템과 제2편의 공압 및 전기공압 제어회로의 내용으로 구성하였다. 제1편에서는 1장에서 공기의 물리적 성질과 유동 성질, 2~8장에서 공기압제어 시스템을 구성하는 구성요소들의 종류 및 기능과 설계사양 등을 기술하였으며, 9장에서 공기압제어의 계산을 요하는 여러 문제와 과제를 제시하고 풀이하였다. 그리고 10장에서는 실제 공기압제어 시스템의 설계 예들을 수록하여 시스템의 구성과 설계능력을 배양하고자 하였다.

제2편에서는 11장에서 공기압 회로의 구성기호, 12~15장에서 순수공압 제어회로, 16~17장에서 전기공압 제어회로의 구성방법 및 회로설계에 대하여 기술하였다. 그리고 18장에서 순수공압 및 전기공압 회로의 설계 문제들을 제시하고 그 설계회로도와 함께 작동원리를 설명하여, 제어회로의 작동원리를 이해하고 회로설계 능력을 습득하도록 하였다. 부록에 수록한 유공압 기호(KSB 0054-87)를 설계 시 이용할 수 있다.

본서는 여러 문헌을 참고하였으며, 그 저자들께 감사드리고 혹 오류가 있다면 독자들의 충고와 조언을 바라는 바이다. 이 책이 출간되기까지 심혈을 기울여 주신 북스힐 조승식 사장님과 임종우 부장님을 비롯한 관계자 여러분께 감사드린다.

2017년 12월, 저자 씀

차 례

1편 공압제어 시스템

CHAPTER 01 공압의 기초 / 3

1.1 SI 단위와 공압에 이용되는 주요 물리량 ········· 3
1.2 공기의 상태변화 ········· 9
1.3 습공기와 드레인 ········· 15
1.4 공기의 흐름 ········· 21

CHAPTER 02 공압 발생장치 / 37

2.1 공기압축기 ········· 37
2.2 공기탱크 ········· 44
2.3 애프터 쿨러 ········· 48
2.4 공기건조기 ········· 49
2.5 FRL유닛 ········· 51

CHAPTER 03 공압 액추에이터 / 55

3.1 공압 실린더 ········· 56
3.2 공압모터 ········· 73
3.3 요동형 액추에이터 ········· 78

CHAPTER 04 공압 액추에이터 및 공압기기의 소요 공기량 / 83

4.1 공압 실린더의 소요 공기량 ········· 83
4.2 요동형 액추에이터의 소요 공기량(배관 포함) ········· 84

4.3 공기탱크의 소요 공기량 ··· 84
4.4 공압기기의 소요 공기량 ··· 85

CHAPTER 05 공압제어 밸브 / 87

5.1 압력제어 밸브 ··· 87
5.2 유량제어 밸브 ··· 91
5.3 방향제어 밸브 ··· 93
5.4 논-리턴 밸브 ··· 107
5.5 시간지연 밸브 ··· 110

CHAPTER 06 공기압 배관 / 113

6.1 배관의 종류 및 특징 ··· 113
6.2 배관의 선정 ··· 115

CHAPTER 07 그 외의 공압기기 / 125

7.1 진공흡입기기 ··· 125
7.2 공압 척 ··· 126
7.3 공유압 증압기 ··· 129

CHAPTER 08 전기 제어기기 / 131

8.1 접점 ··· 131
8.2 릴레이 ··· 134
8.3 검출 스위치 ··· 135

CHAPTER 09 공압제어의 계산 / 139

9.1 공압제어의 계산 ··· 139

CHAPTER 10 공압제어 시스템의 설계 / 181

10.1 자동도어 시스템 설계 ··· 181
10.2 물류 이송장치 시스템의 설계 ··· 185
10.3 탁상 공기압프레스의 설계 ··· 197

2편 공압제어 회로

CHAPTER 11 공기압 회로를 구성하는 기호 / 215

11.1 유로 ··· 215
11.2 관로 ··· 215
11.3 공기압 공급원, 공기탱크와 차단밸브 ··· 216
11.4 직선 액추에이터: 실린더 ··· 216
11.5 회전 액추에이터: 요동형 액추에이터 및 에어모터 ··· 217
11.6 메인라인 기기 ··· 217
11.7 보조기기의 기호 ··· 218
11.8 보조밸브 ··· 218
11.9 감압밸브(레귤레이터) ··· 219
11.10 변환밸브 ··· 220

CHAPTER 12 기본회로 / 221

12.1 급기회로 ··· 221
12.2 배기회로 ··· 222
12.3 단동 실린더의 구동회로 ··· 223
12.4 복동 실린더의 구동회로 ··· 224
12.5 속도제어 회로 ··· 225
12.6 중간정지 회로 ··· 227
12.7 실린더의 고속 작동회로 ··· 228
12.8 실린더의 고속·저속 작동회로 ··· 229
12.9 밸런스 회로 ··· 229

CHAPTER 13 논리회로 / 231

13.1 YES논리 회로 ··· 231
13.2 NOT논리 회로 ··· 232
13.3 AND논리 회로 ··· 233
13.4 OR논리 회로 ··· 234
13.5 NAND논리 회로 ··· 235
13.6 NOR논리 회로 ··· 236
13.7 XOR논리 회로 ··· 237
13.8 XNR논리 회로 ··· 238

CHAPTER 14 순수공압 기초회로 / 241

14.1 실린더의 전·후진 제어 회로 ········ 241
14.2 자기유지 회로 ········ 242
14.3 실린더의 1회 왕복회로 ········ 243
14.4 실린더의 연속 왕복회로 ········ 244
14.5 압력제어 회로 ········ 245
14.6 플립-플롭회로 ········ 245
14.7 인터록 회로 ········ 246
14.8 교번제어 회로 ········ 247
14.9 시간제어 회로 ········ 248
14.10 펄스 회로 ········ 249
14.11 플리커 회로 ········ 249
14.12 계수 회로 ········ 250

CHAPTER 15 순수공압 시퀀스 제어회로 / 253

15.1 변위단계선도와 제어선도 ········ 253
15.2 신호간섭현상과 간섭현상의 신호제거 ········ 256
15.3 시퀀스제어 회로의 설계순서 ········ 258
15.4 신호간섭이 발생하는 회로의 설계 ········ 261
15.5 캐스케이드 제어회로 ········ 272

CHAPTER 16 전기공압 기초회로 / 283

16.1 직접회로 ········ 283
16.2 간접회로 ········ 283
16.3 자기유지 회로 ········ 284
16.4 인칭회로 ········ 286
16.5 금지회로 ········ 286
16.6 인터록 회로 ········ 287
16.7 순서회로 ········ 288
16.8 플리커 회로 ········ 289
16.9 펄스 회로 ········ 289
16.10 신호 차단회로 ········ 290
16.11 신호완료 검출회로 ········ 291
16.12 시간제어 회로 ········ 292
16.13 계수 회로 ········ 293

16.14 자동/수동제어의 선택회로 ······ 294
16.15 단속/연속 제어회로 ······ 295
16.16 비상정지 회로 ······ 296

CHAPTER 17 전기공압 시퀀스 제어회로 / 299

17.1 편 솔레노이드 밸브를 이용하는 스테퍼 제어회로 설계방법 ······ 300
17.2 양 솔레노이드 밸브를 이용하는 스테퍼 제어회로 설계방법 ······ 305
17.3 양 솔레노이드 밸브를 이용하는 캐스케이드 제어회로 설계방법 ·· 309
17.4 편 솔레노이드 밸브를 사용하는 스테퍼 제어회로 ······ 318
17.5 양 솔레노이드 밸브를 사용하는 스테퍼 제어회로 ······ 326
17.6 양 솔레노이드 밸브를 사용하는 캐스케이드 제어회로 ······ 332
17.7 양 솔레노이드 밸브와 편 솔레노이드 밸브의 혼용 제어 ······ 339
17.8 일반 전기공압 제어 ······ 342

CHAPTER 18 공압회로 설계문제 / 349

18.1 순수공압 회로 ······ 349
18.2 전기공압 회로 ······ 356

■ 부록(유공압기호)

1. 조작방식 ······ 367
2. 펌프 및 모터 ······ 370
3. 실린더 ······ 371
4. 특수에너지-변환기기 ······ 372
5. 에너지-용기 ······ 373
6. 동력원 ······ 373
7. 전환 밸브 ······ 373
8. 체크밸브, 셔틀밸브, 배기밸브 ······ 375
9. 압력제어 밸브 ······ 376
10. 유량제어 밸브 ······ 378
11. 기름 탱크 ······ 380
12. 유체조정 기기 ······ 381
13. 보조 기기 ······ 383
14. 기타 기기 ······ 384

■ 찾아보기 / 385

1편

공압제어 시스템

CHAPTER

01 공압의 기초

1.1 SI 단위와 공압에 이용되는 주요 물리량

1.1.1 SI 단위

국제단위계(SI, The international System of Units)는 1960년 국제도량형총회에서 채택된 미터계의 표준단위계이다. 종래에는 미터계의 단위계로서 MKS 단위계, CGS 단위계, 공학단위계 등 여러 가지 단위계가 이용되어 왔지만 현재는 세계적으로 SI 단위계로 단일화 되어가고 있다.

SI 단위는 기본단위(7개), 보조단위(2개), 조립단위(19개)로 이루어지는 SI 단위와 이들 단위에 10n배(n은 정수)로 나타내기 위한 SI 접두어(12개)로 구성된다. SI 기본단위와 SI 보조단위를 표 1.1과 표 1.2에 각각 나타내었다.

이들 이외에 차원을 갖는 량은 기본단위와 보조단위를 물리법칙에 따라 조합시켜 유도된 조립단위(표 1.3)에 의해 계량한다. 또 SI 접두어는 표 1.4에 표시하였다.

표 1.1 SI 기본단위

량	단위	기호
길이	meter	m
질량	kilogram	kg
시간	second	s

표 1.1 (계속)

량	단위	기호
전류	Ampere	A
열역학 온도	Kelvin	K
물질의 량	mole	mol
광도(光度)	candela	cd

표 1.2 SI 보조단위

량	단위	기호
평면각	radian	rad
입체각	steradian	sr

표 1.3 SI 조립단위

양	명칭	기호	SI 기본단위, 보조단위 외의 SI 조립단위에의 표시방법
주파수	Hertz	Hz	$1Hz = 1s^{-1}$
힘	Newton	N	$1N = 1kg \cdot m/s^2$
압력, 응력	Pascal	Pa	$1Pa = 1N/m^2$
에너지, 일, 열량	Joule	J	$1J=1N \cdot m$
동력	Watt	W	$1W = 1\ J/s$
전하, 전기량	Coulomb	C	$1C = 1\ A \cdot s$
전위, 전위차, 전압, 기전력	Volt	V	$1V = 1\ J/C$
정전용량, 커패시턴스	Farad	F	$1F = 1\ C/V$
전지저항	Ohm	Ω	$1\Omega = 1\ V/A$
컨덕턴스	Siemens	S	$1S = 1\Omega^{-1}$
자속	Weber	Wb	$1Wb = 1V \cdot s$
자속밀도, 자기유도	Tesla	T	$1T = 1Wb/m^2$
인덕턴스	Henry	H	$1H = 1Wb/A$
광속	Lumens	Lm	$1Lm = 1cd \cdot sr$
조도	Lux	Lx	$1Lx = 1Lm/m^2$

표 1.4 단위의 정수배인 접두어

단위에 붙여지는 배수	명칭	기호	단위에 붙여지는 배수	명칭	기호
10^{12}	테라	T	10^{-2}	센티	c
10^{9}	기가	G	10^{-3}	밀리	m
10^{6}	메가	M	10^{-6}	마이크로	μ
10^{3}	킬로	k	10^{-9}	나노	n
10^{2}	헥토	h	10^{-12}	피코	p
10	데카	da	10^{-15}	펨토	f
10^{-1}	데시	d	10^{-18}	아토	a

1.1.2 SI 이외의 단위계

SI 단위계는 길이(L), 질량(M), 시간(T)을 기본으로 하는 **절대단위계** 중 하나이다. 그러나 길이(L), 힘(F), 시간(T)을 기본량으로 조립하는 단위계가 있으며, 이것을 **공학단위계**라 한다. 이 단위계에서는 단위질량의 물체에 작용하는 중력을 힘의 단위로 하기 때문에 **중력단위계**라고도 한다. 대표적으로 우리나라에서 사용해 온 미터공학단위계, 미국에서 현재도 사용되고 있는 USCS(the United States Customary System) 등이 있다. 미터공학단위계에서는 길이는 미터(m), 힘에는 중력(kgf), 시간에는 초(s)를 사용한다. 따라서 SI 단위를 구성하는 차원(M, T, L)과 공학단위를 구성하는 차원(F, L, T)의 차이는 질량(M)과 힘(중량, F)이다. 열(熱) 분야에서 사용되는 또 하나의 차원은 온도(θ)이다.

질량 m과 힘 F의 차원 상호간의 관계는 식 (1.1)에 표시하는 **Newton의 운동 제2법칙**으로부터 정립시킬 수 있다.

$$F = ma \tag{1.1}$$

여기서 가속도 a는 기본차원으로서 L/T^2으로 표시되며, 따라서 힘(지구중력권 내에서는 중량과 동일)과 질량과의 관계가 식 (1.1)과 같이 표시된다. 지구에서의 힘(중량)은 가속도 a를 중력가속도 $g(\fallingdotseq 9.807\,\mathrm{m/s^2})$로 계산하면 된다. 차원의 관계로 표시하면 다음과 같다.

$$F = MLT^{-2} \quad \text{또는} \quad M = FL^{-1}T^2 \tag{1.2}$$

SI 단위계에서 힘의 단위는 Newton(N)이며, 질량 1 kg의 물체를 $1\,m/s^2$으로 가속시키는 데 필요한 힘으로 정의된다.

$$1\,N = 1\,kg \cdot m/s^2, \quad 1\,dyn = 1\,g \cdot cm/s^2 = 10^{-5}\,N \tag{1.3}$$

공학단위계에서 힘의 단위는 kg_f이며, $1\,kg_f$는 질량 1 kg의 물체가 지구중력권에서는 중력가속도 $g\,(9.807\,m/s^2)$의 가속을 받고 있으므로

$$1\,kg_f = 1\,kg \cdot 9.807\,m/s^2 = 9.807\,kg \cdot m/s^2 = 9.807\,N \fallingdotseq 9.8\,N \tag{1.4}$$

의 관계가 성립한다.

1.1.3 주요 물리량

(1) 압력

압력(pressure) p는 유체의 단위면적당 수직방향의 힘(force)으로 정의된다.

$$p = F/A\ [N/m^2] \tag{1.5}$$

따라서 그 단위는 $[N/m^2]$이며, 이것을 Pascal [Pa]이라고 한다. 즉

$$1\,Pa = 1\,N/m^2$$

Pascal 단위의 값은 너무 작은 값이므로 일반적으로 $kPa\,(=10^3\,Pa)$이나 $MPa = 10^6\,Pa$의 단위가 흔히 사용되고 있다.

다른 종류의 압력단위로는 bar, 표준대기압[atm]과 함께 종래의 공학단위계에서 사용되고 있는 공학압력[at](kg_f/cm^2)이 있으며, 이들은 다음의 값을 갖는다.

$$1\,bar = 10^5\,Pa = 0.1\,MPa = 100\,kPa$$

$$1\,MPa = 10^6\,Pa, \quad 1\,hPa = 10^2\,Pa$$

$$1\,atm = 101{,}325\,Pa = 101.325\,kPa = 1.01325\,bar = 760\,mmHg$$

$$\begin{aligned} 1\,kg_f/cm^2 &= 9.807\,N/cm^2 = 9.807 \times 10^4\,N/m^2 = 9.807 \times 10^4\,Pa \\ &= 0.9807\,bar = 0.96788\,atm \end{aligned}$$

$$1\,mAq = 0.1\,kg_f/cm^2 = 9.807 \times 10^3\,Pa$$

주어진 위치에서의 압력은 절대진공(즉, 절대압력 0)을 기준으로 나타내는 경우, **절대압력**(absolute pressure)이라고 한다. 그러나 대부분의 압력측정 장치는 대기압이 0이 되도록 눈금이 만들어져 있으며, 이와 같이 대기압을 기준으로 표시하는 압력을 **게이지압력**(gage pressure)이라고 한다.

대기압보다 낮은 압력은 **진공압력**(vacuum pressure)이라 하며, 절대압력과 대기압의 차를 지시하는 진공 게이지에 의해 측정된다. 절대압력 p_{abs}, 게이지 압력 p_{gage}, 진공압력 p_{vac} 사이에는 다음과 같은 관계가 있다.

$$p_{gage} = p_{abs} - p_{atm} \quad (p_{atm}\text{보다 높은 압력의 경우}) \tag{1.6}$$

$$p_{vac} = p_{atm} - p_{abs} \quad (p_{atm}\text{보다 낮은 압력의 경우}) \tag{1.7}$$

이것을 도식적으로 나타내면 다음 그림 1.1과 같다.

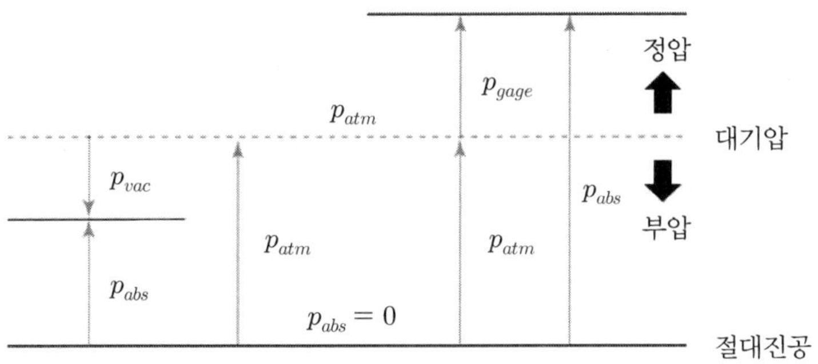

그림 1.1 절대압력, 게이지압력, 진공압력

대기압을 기준으로 할 때 그 압력보다 큰 경우에는 정(+)의 값으로 표시하지만, 일반적으로 대기압보다 낮은 진공압력의 경우는 부(−)의 값으로 표시한다. 열역학의 관계식과 물성치 표(table)에서는 대부분 절대압력이 사용되며, 간단히 하기 위해 절대압력을 p_a, 게이지압력을 p_g로 표시하는 경우도 많다.

예제 1.1

대기압이 760 mmHg이다. 어떤 용기 내의 압력이 7 bar인 경우에 절대압력은 얼마인가?

풀이 식 (1.6)에서 절대압력 $p_{abs} = p_{gage} + p_{atm} = 7 + 1.013 = 8.013\,\text{bar} = 801.3\,\text{kPa}$ ■

(2) 온도

온도를 나타내는 기본 SI 단위는 K(Kelvin 온도) 또는 ℃(Celsius 온도)이며, Kelvin 온도를 **절대온도**라 하며 섭씨온도와의 관계는 다음과 같다.

$$\text{절대온도[K]} = \text{섭씨온도[℃]} + 273.15 \tag{1.8}$$

(3) 공기의 밀도와 점성

공기의 **밀도**(ρ, density, 密度)는 단위체적당 질량으로 정의되며, 단위는 kg/m^3으로 나타낸다.

임의의 온도 t[°C], 절대압력 p[kPa]에 대한 공기의 밀도는 다음 식으로부터 구할 수 있다.

$$\rho = \rho_o \times \frac{273.15}{273.15 + t} \times \frac{p}{101.3} \quad [\mathrm{kg/m^3}] \tag{1.9}$$

여기서 ρ_o는 표준상태(0 ℃, 101.3 kPa)에서 공기의 밀도이며 1.293 kg/m^3이다.

습공기의 밀도는 그 상대습도를 ϕ(식 (1.24) 참조), 습공기의 온도에 대한 수증기의 포화압력을 p_s [kPa_{abs}](표 1.5 참조)라 하면 다음 식으로 표시된다.

$$\rho = 1.293 \times \frac{273.15}{t + 273.15} \times \frac{p - 0.377\phi p_s}{101.3} \quad [\mathrm{kg/m^3}] \tag{1.10}$$

기체의 점성을 표시하는 **점성계수**(粘性係數) μ는 고압이 아닌 경우에는 압력의 영향을 거의 받지 않는다. 사용되는 단위는 Pa·s이며, 절대온도 T[K]에서의 공기의 점성계수는 다음 식으로부터 계산할 수 있다. 이 식을 **Sutherland의 식**이라 한다.

$$\mu = \mu_o \left(\frac{273.15 + C}{T + C}\right) \cdot \left(\frac{T}{273.15}\right)^{3/2} \quad [\mathrm{Pa \cdot s}] \tag{1.11}$$

여기서 T[K] $= t$[℃] + 273.15이며, μ_o는 온도 0℃에서의 점성계수(공기의 경우, 압력 101.3 kPa에서 17.23×10^{-6} Pa·s 임), C(공기의 경우, 0～400℃에서 123.6임)는 실험계수이다.

예제 1.2

실내 온도 18℃, 상대습도 60%인 습공기의 밀도와 비체적을 구하라.

풀이 표 1.5로부터 $t = 18℃$ 일 때 포화증기압 $p_s = 2.0624\,\text{kPa}_{abs}$, $\phi = 0.6$, $p = 101.3\,\text{kPa}_{abs}$

식 (1.10)으로부터 습공기의 밀도는

$$\rho = 1.293 \times \frac{273.15}{273.15 + t} \times \frac{p - 0.377\phi p_s}{101.3}$$

$$= 1.293 \times \frac{273.15}{273.15 + 18} \times \frac{101.3 - 0.377 \times 0.6 \times 2.0624}{101.3} = 1.2075\,\text{kg/m}^3$$

비체적 $v = \frac{1}{\rho} = \frac{1}{1.2075} = 0.828\,\text{m}^3/\text{kg}$ ■

예제 1.3

온도 30℃, 압력 $0.1\,\text{MPa}_{\text{abs}}$에 있어서 공기의 점도(점성계수)와 동점도(동점성계수)를 구하라. 단, 실험상수 $C = 123.6$, 공기밀도 $1.275\,\text{kg/m}^3$이다.

풀이 $\mu_o = 17.23 \times 10^{-6}\,\text{Pa·s}$, $T = 30 + 273.15 = 303.15\,K$, $C = 123.6$을 식 (1.11)에 대입하면 점성계수는

$$\mu = \mu_o \left(\frac{273.15 + C}{T + C}\right) \cdot \left(\frac{T}{273.15}\right)^{\frac{3}{2}}$$

$$= 17.23 \times 10^{-6} \times \left(\frac{273.15 + 123.6}{303.15 + 123.6}\right) \times \left(\frac{303.15}{273.15}\right)^{\frac{3}{2}}$$

$$= 18.729 \times 10^{-6}\,\text{Pa·s} = 18.729\,\mu\text{Pa·s}$$

동점성계수는 점성계수/밀도 이므로

$$\nu = \frac{\mu}{\rho} = \frac{18.729 \times 10^{-6}}{1.275} = 14.69 \times 10^{-6}\,\text{m}^2/\text{s} = 14.69\,\text{mm}^2/\text{s} = 14.69\,\text{cSt}$$ ■

1.2 | 공기의 상태변화

1.2.1 공기의 상태표시

대기는 여러 상태로 변하므로 표준적인 공기의 상태로 표시하는 것이 필요하다. 따라

서 표준상태와 기준상태를 각각 다음과 같이 정한다.

① **표준상태** : 온도 20℃(=293.15 K), 절대압력 101.3 kPa, 상대습도 65%인 공기의 상태를 표준상태로 정한다.
공기압축기에서 공기유량의 표시는 표준상태로 환산한 수치로 표시하는 경우가 많다. 이 경우에 단위 기호의 뒤에 [ANR]을 붙여 표시한다(예: 500l/min(ANR)).

② **기준상태** : 온도 0℃(=273.15 K), 절대압력 101.3 kPa, 상대습도 0%의 건조 공기의 상태를 기준상태로 정한다.

1.2.2 공기의 상태식

압력 $p_1[\mathrm{Pa}_{abs}]$, 체적 $V_1[\mathrm{m}^3]$인 일정량의 공기가 일정한 온도로 유지되는 상태(등온변화)에서 압축 또는 팽창하여 압력 $p_2[\mathrm{Pa}_{abs}]$, 체적 $V_2[\mathrm{m}^3]$로 변화할 때의 관계식은 **보일의 법칙**에 따라 다음과 같이 표시된다.

$$p_1 V_1 = p_2 V_2 = \mathrm{const}\ [\mathrm{J}] \tag{1.12}$$

체적 $V_1[\mathrm{m}^3]$, 절대온도 $T_1[K]$의 공기가 압력이 일정한 상태(정압변화)에서 가열 또는 냉각하여 체적 $V_2[\mathrm{m}^3]$, 온도 $T_2[K]$로 변화할 때 관계식은 **샤를의 법칙**에 따라 다음과 같이 표시된다.

$$\frac{V_1}{T_1} = \frac{V_2}{T_2} = \mathrm{const}\ [\mathrm{m}^3/\mathrm{K}] \tag{1.13}$$

보일의 법칙과 샤를의 법칙을 합성하여 표시한 관계식은 **보일-샤를의 법칙**이라 하며, 다음과 같이 나타낼 수 있다.

$$\frac{p_1 V_1}{T_1} = \frac{p_2 V_2}{T_2}\ [\mathrm{J/K}] \tag{1.14}$$

식 (1.14)는 비례상수 R을 사용하면 질량 $m[\mathrm{kg}]$의 기체에 대하여 $pV/T = mR = \mathrm{const}$가 되어 다음과 같이 표시할 수 있으며(비체적 $v = V/m$), **이상기체의 상태식**이라 한다.

$$pV = mRT\ [\mathrm{J}] \quad \text{또는} \quad pv = RT\ [\mathrm{J/kg}] \tag{1.15}$$

비례상수 R은 기체의 종류에 따라 결정되는 값으로서 **기체상수**(gas constant)라 하며, 단위는 [J/kgK]이다. 공기의 경우는 약 287 [J/kgK]의 값을 갖는다.

예제 1.4

압력 $0.6\,\mathrm{MPa}_{abs}$, 온도 20℃일 때 공기 3 kg이 점유하는 체적과 비체적 및 밀도를 구하라. 단, 공기의 기체상수 $R = 287.03$ [J/kgK]이다.

풀이 $R = 287.03$ [J/kgK], $p = 0.6\,\mathrm{MPa} = 0.6 \times 10^6\,\mathrm{Pa}$, $m = 3\,\mathrm{kg}$,

$T = 273.15 + t = 273.15 + 20 = 293.15\,\mathrm{K}$로서 식 (1.15)로부터

$$\text{체적 : } V = \frac{mRT}{p} = \frac{3 \times 287.03 \times 293.15}{0.6 \times 10^6} = 0.4207\,\mathrm{m}^3$$

$$\text{비체적 : } v = \frac{V}{m} = \frac{0.4207}{3} = 0.1402\,\mathrm{m}^3/\mathrm{kg}$$

$$\text{밀도 : } \rho = \frac{1}{v} = \frac{1}{V/m} = \frac{m}{V} = \frac{3}{0.4207} = 7.13\,\mathrm{kg/m}^3$$

■

예제 1.5

압력 $0.6\,\mathrm{MPa}_g$, 온도 40℃의 공기의 비체적 및 밀도를 구하라. 단, 공기의 기체상수 $R = 287.03\,\mathrm{J/kgK}$이다.

풀이 $R = 287.03\,\mathrm{J/kgK}$, $T = 273.15 + t = 273.15 + 40 = 313.15\,\mathrm{K}$,

$p = 0.6\mathrm{MPa}_g = 0.6 \times 10^6\,\mathrm{Pa}_g = (0.6 + 0.1013) \times 10^6\,\mathrm{Pa}_{abs}$

따라서 식 (1.15)로부터

$$\text{비체적 : } v = \frac{RT}{p} = \frac{287.03 \times (273.15 + 40)}{(0.6 + 0.1013) \times 10^6} = 0.128\,\mathrm{m}^3/\mathrm{kg}$$

$$\text{밀도 : } \rho = \frac{1}{v} = \frac{1}{0.128} = 7.8125\,\mathrm{kg/m}^3$$

■

1.2.3 공기의 단열변화

단열변화(adiabatic change, 斷熱變化)에 의한 온도변화는 압축공기의 배관 내부나 공기압축기의 내부, 노즐 출구 등에서 단열팽창의 현상으로 온도변화가 생겨 압축공기로부터 발생하는 수분(drain 발생)의 문제와 관련된다.

단열팽창 또는 단열압축은, 외부온도의 영향을 받지 않는 상태에서 기체가 팽창 또는 압축할 때 생기는 상태변화를 말하며, 공기압축기(air compressor)에서 밸브의 변환 시 공기의 변화는 외부와 열의 출입이 없는 단열변화에 가깝다고 취급한다.

단열과정에서의 압력, 체적, 온도의 변화는 다음 식으로부터 구할 수 있다.

$$p_1 V_1^{\,k} = p_2 V_2^{\,k} = \text{const}, \qquad T_1 V_1^{\,k-1} = T_2 V_2^{\,k-1} = \text{const},$$

$$T_1 p_1^{\frac{1-k}{k}} = T_2 p_2^{\frac{1-k}{k}} = \text{const} \tag{1.16}$$

여기서 k는 **단열지수**(공기의 경우 $k = 1.4$)이다.

단열변화에 있어서 **외부일** W_{ad}[J]는, 외부와의 열의 출입이 없으므로 기체가 축적하고 있는 내부에너지 U[J]을 소비하여 행한다. 따라서

$$W_{ad} = U_1 - U_2 = mc_v(T_1 - T_2) \ [\text{J}] \tag{1.17}$$

이 식을 압력, 체적, 온도를 포함하는 식으로 표시하면 다음과 같다.

$$W_{ad} = \frac{p_1 V_1}{k-1}\left(1 - \frac{T_2}{T_1}\right) = \frac{p_1 V_1}{k-1}\left[1 - \left(\frac{p_2}{p_1}\right)^{\frac{k-1}{k}}\right]$$

$$= \frac{p_1 V_1}{k-1}\left[1 - \left(\frac{V_1}{V_2}\right)^{k-1}\right] \ [\text{J}] \tag{1.17a}$$

일반적으로 공압 실린더나 공압탱크 등에서 압축 또는 팽창이 급속히 일어나는 경우에는 근사적으로 단열변화로 취급할 수 있다.

예제 1.6

$50\,l$의 공압탱크 내 압력이 0.3 MPa 상태에서 압축기를 가동시켰더니 0.8 MPa로 압력이 상승하였다. 이 경우 압축 일을 구하라.

풀이 식 (1.17a)로부터

$$W_{ad} = \frac{p_1 V_1}{k-1}\left[1 - \left(\frac{p_2}{p_1}\right)^{\frac{k-1}{k}}\right] = \frac{0.3\times10^6\times50\times10^{-3}}{1.4-1}\left[1 - \left(\frac{0.8}{0.3}\right)^{\frac{1.4-1}{1.4}}\right]$$

$$= -1212825\,\text{J} = -1212.825\,\text{kJ}$$

(−부호는 압축일을 의미하며, +부호는 팽창일을 의미함) ■

1.2.4 공기의 폴리트로프 변화

공기의 상태변화 중에서 정적, 정압, 등온, 단열의 네 가지 이상적인 변화가 실제로는 존재하지 않으며, 일반적으로 다음의 관계로 나타낼 수 있는 상태이다.

$$pV^n = \text{const} \tag{1.18}$$

이 변화는 **폴리트로프 변화**라 하며, n을 **폴리트로프 지수**라 한다. 폴리트로프 변화에 있어서 압력 p[Pa], 체적 $V[\mathrm{m}^3]$, 온도 T[K], 외부일 W_{pol}[J]은 단열변화의 단열지수 k를 폴리트로프 지수 n으로 치환한 것으로서, 다음의 관계식으로 나타낼 수 있다.

$$p_1 V_1^{\,n} = p_2 V_2^{\,n} = \text{const}, \quad T_1 V_1^{\,n-1} = T_2 V_2^{\,n-1} = \text{const}$$

$$T_1 p_1^{\frac{1-n}{n}} = T_2 p_2^{\frac{1-n}{n}} = \text{const} \tag{1.19}$$

$$\begin{aligned} W_{pol} &= \frac{p_1 V_1}{n-1}\left(1 - \frac{T_2}{T_1}\right) = \frac{p_1 V_1}{n-1}\left[1 - \left(\frac{p_2}{p_1}\right)^{\frac{n-1}{n}}\right] \\ &= \frac{p_1 V_1}{n-1}\left[1 - \left(\frac{V_1}{V_2}\right)^{n-1}\right] \ [\mathrm{J}] \end{aligned} \tag{1.20}$$

또, 폴리트로프 변화는 기체의 상태변화를 일반적으로 표현한다고 할 수 있다. 즉,

$n = 1$일 때 $pV = \text{const}$로 등온변화

$n = k$일 때 $pV^k = \text{const}$로 단열변화

$n = 0$일 때 $p = \text{const}$로 정압변화

$n = \infty$일 때 $V = \text{const}$로 정적변화

로 정리할 수 있다.

1.2.5 공기압 전달의 원리

공기압축기에서 생산된 압축공기는 배관과 각종 기기를 통해 구동요소(실린더, 모터 등)로 수송되어 일을 하게 되며, 이 공기압력의 전달은 다음에 설명하는 파스칼의 원리에 따른다.

파스칼은 "밀폐된 용기 내에서 정지하고 있는 유체의 각 부분의 압력은 어떤 면에도 일정하게 작용하며, 일부에 압력을 가하면 그 압력의 증가분은 동일한 세기로 유체의 모든 방향으로 전달된다."는 것을 발견하였으며, 이를 **파스칼의 원리**, 즉 **압력전달의 원리**라 한다.

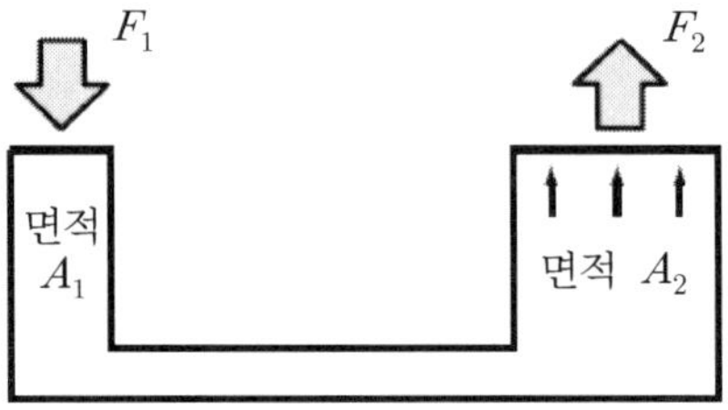

그림 1.2 파스칼의 원리

따라서 그림 1.2와 같은 장치에서 압력과 수압면적과의 관계는 다음과 같이 표시할 수 있다.

$$p = \frac{F_1}{A_1} = \frac{F_2}{A_2} \tag{1.21}$$

그림 1.2에서 피스톤2의 수압면적을 피스톤1의 수압면적의 2배로 하면 피스톤2에서는 2배의 힘을 얻을 수 있다. 이와 같이 공기압 시스템에서 압력과 피스톤 면적의 비율에 따른 출력을 얻을 수 있다.

예제 1.7

그림 1.2와 같은 장치에서 1단면의 직경 $D_1 = 10\,\text{cm}$, 2단면의 직경 $D_2 = 25\,\text{cm}$이다. $F_2 = 3000\,\text{N}$의 물건을 들어올리기 위해서 1단면상에 가해야 할 힘 F_1은 얼마로 해야 되는가?

풀이 식 (1.21)로부터

$$F_1 = F_2 \frac{A_1}{A_2} = 3000 \times \frac{\frac{\pi}{4} 10^2}{\frac{\pi}{4} 25^2} = 480\,\text{N}$$ ■

1.3 | 습공기와 드레인

1.3.1 절대습도와 상대습도

일반 공기는 수분을 함유하고 있으며 **습공기**라 한다. 공기 중의 수증기는, 공기가 그 온도에 있어서 함유할 수 있는 량을 넘으면 그 량만큼 응결하게 되어 **드레인**(drain, 수적)으로서 석출된다.

수증기를 최대한으로 포함한 공기를 **포화공기(포화 수증기)**라 하고, 그 이상의 수증기를 함유한 수증기는 **과포화증기**라 한다. 이 상태에서는 어느 정도의 충격을 주게 되면 물이 석출한다.

습공기의 전압 $p_t\,[\mathrm{MPa}_{abs}]$, 건공기의 분압 $p_a\,[\mathrm{MPa}_{abs}]$, 습공기 중의 수증기 분압을 $p_w\,[\mathrm{MPa}_{abs}]$라 하면 **Dalton의 법칙**으로부터

$$p_t = p_a + p_w \tag{1.22}$$

습공기 중에 함유하고 있는 건공기 1 kg에 대한 수분(수증기)의 량 x[kg]를 **절대습도**라 한다. x[kg]의 수분과 1 kg의 건공기가 혼합한 습공기는 (1+x)[kg]이 된다. 이때 습공기 중의 건공기의 질량을 kg′로 표시하기로 한다.

$$x = \frac{0.622 p_w}{p_t - p_w}\,[\mathrm{kg/kg'}] \tag{1.23}$$

상대습도 ϕ는 포화수증기량에 대한 습공기 중의 수증기량의 비를 나타내며, 이것은 습공기 중의 수증기 분압 p_w와, 그 온도와 동일한 온도인 포화공기의 수증기 분압 p_s의 비와 같다. 즉

$$\phi = \frac{p_w}{p_s} \times 100\,[\%] \tag{1.24}$$

따라서 식 (1.23)은 다음 식으로 다시 쓸 수 있다.

$$x = \frac{0.622 \phi p_s}{p_t - \phi p_s}\,[\mathrm{kg/kg'}] \tag{1.25}$$

표 1.5는 습공기의 온도에 따른 **포화상태량**(압력, 건도, 엔탈피, 비체적)을 나타낸다.

표 1.5 포화 습공기표

t	p_s	x_s	h_s	v_s	t	p_s	x_s	h_x	v_s
[℃]	[kPa]	[kg/kg′]	[kJ/kg′]	m³/kg′	[℃]	[kPa]	[kg/kg′]	[kJ/kg′]	m³/kg′
−20	0.103 17	0.000 634 0	−18.53	0.717 9	40	7.375 0	0.048 82	166.0	0.956 8
−18	0.124 80	0.000 767 0	−16.19	0.723 7	42	8.198 5	0.054 75	183.4	0.971 4
−16	0.150 50	0.000 925 2	−13.79	0.729 6	44	9.100 1	0.061 37	202.8	0.987 1
−14	0.181 1	0.001 114	−11.31	0.735 5	46	10.086 0	0.068 75	224.1	1.004
−12	0.217 2	0.001 336	−8.745	0.741 4	48	11.162 0	0.077 00	247.1	1.022
−10	0.259 7	0.001 598	−6.079	0.747 4	50	12.335 0	0.086 22	273.9	1.042
−8	0.309 7	0.001 907	−3.296	0.753 5	52	13.613 0	0.096 54	303.0	1.064
−6	0.368 5	0.002 270	−0.375	0.759 6	54	15.002 0	0.108 1	335.5	1.088
−4	0.437 2	0.002 695	2.704	0.765 8	56	16.511 0	0.121 1	371.8	1.114
−2	0.517 3	0.003 192	5.963	0.772 1	58	18.147 0	0.135 7	412.3	1.143
0	0.610 8	0.003 772	9.437	0.778 5	60	19.920 0	0.152 2	458.0	1.175
2	0.705 5	0.004 361	12.94	0.785 0	62	21.838 0	0.170 9	509.4	1.210
4	0.812 9	0.005 030	16.64	0.791 5	64	23.912 0	0.192 1	567.7	1.250
6	0.934 5	0.005 790	20.58	0.798 2	66	26.150 0	0.216 4	634.1	1.295
8	1.072 0	0.006 651	24.78	0.805 0	68	28.563 0	0.244 2	709.9	1.346
10	1.227 0	0.007 624	29.26	0.812 0	70	31.162 0	0.276 3	797.3	1.404
12	1.401 4	0.008 723	34.07	0.819 2	72	33.958 0	0.313 5	898.5	1.471
14	1.597 3	0.009 962	39.25	0.826 5	74	36.964 0	0.357 2	1 017	1.548
16	1.816 8	0.011 36	44.82	0.834 1	76	40.191 0	0.408 9	1 157	1.639
18	2.062 4	0.012 92	50.85	0.842 0	78	43.652 0	0.470 8	1 324	1.748
20	2.336 6	0.014 68	57.37	0.850 1	80	47.360 0	0.545 9	1 527	1.878
22	2.642 2	0.016 65	64.45	0.858 5	82	51.329 0	0.638 6	1 777	2.039
24	2.982 1	0.018 86	72.14	0.867 3	84	55.573 0	0.755 5	2 092	2.241
26	3.359 7	0.021 33	80.52	0.876 5	86	60.108 0	0.907 1	2 500	2.501
28	3.778 2	0.024 09	89.65	0.886 2	88	64.948 0	1.111	3 048	2.850
30	4.241 5	0.027 18	99.64	0.896 3	90	70.109 0	1.397	3 819	3.339
32	4.753 4	0.030 62	110.56	0.907 0	92	75.607 0	1.829	4 979	4.076
34	5.318 0	0.034 45	122.52	0.918 3	94	81.461 0	2.551	6 920	5.306
36	5.940 0	0.038 73	135.66	0.930 4	96	87.686 0	3.999	10 812	7.769
38	6.624 0	0.043 51	150.08	0.943 1	98	94.301 0	8.351	22 506	15.17

1.3.2 드레인

드레인(drain)이란, 응축수분과 수분의 응축에 따라 공기로부터 분리된 기름, 먼지 등을 포함한 분리액을 말한다. 공압시스템 내부에서의 $1\,\mathrm{m}^3$[ANR]의 공기에 포함된 수증기량의 변화는 다음과 같이 추측하여 알 수 있다.

상대습도 ϕ_1[%], 압력 p_1[kPa$_{gage}$], 온도 t_1[℃]인 상태 1의 공기 $1\,\mathrm{m}^3$[ANR]에 포함되어 있는 수분량 G_1[g/m^3]은, 공기의 포화수증기량을 G_{s1}[g/m^3]이라 할 때 다음 식에 의해 구할 수 있다.

$$G_1 = G_{s1}\frac{\phi_1}{100} \times \frac{101.3}{p_1 + 101.3} \times \frac{t_1 + 273}{293} \tag{1.26}$$

이 상태 1로부터 상태 2로 변화할 때, $1\,\mathrm{m}^3$[ANR]의 공기 중에 함유할 수 있는 최대 수증기량 G_2(상대습도 100%인 상태에서의 수증기량)는 다음 식으로 표시할 수 있다.

$$G_2 = G_{s2}\frac{101.3}{p_2 + 101.3} \times \frac{t_2 + 273}{293} \tag{1.27}$$

$G_1 > G_2$인 경우에 드레인이 발생하며, $G_1 - G_2$로부터 드레인 량을 구할 수 있다.

포화수증기량(표준 대기압 하에서의 각 온도에 대한)은 다음의 표 1.6으로부터 구할 수 있다.

표 1.6 포화수증기량

℃	g/m^3	℃	g/m^3	℃	g/m^3	℃	g/m^3	℃	g/m^3	℃	g/m^3
−70	0.0051	−60	0.019	−50	0.060	−40	0.172	−30	0.448	−20	1.067
−69	0.0058	−59	0.021	−49	0.067	−39	0.190	−29	0.490	−19	1.16
−68	0.0067	−58	0.024	−48	0.075	−38	0.210	−28	0.536	−18	1.26
−67	0.0076	−57	0.027	−47	0.083	−37	0.232	−27	0.586	−17	1.36
−66	0.0087	−56	0.030	−46	0.093	−36	0.255	−26	0.640	−16	1.48
−65	0.0099	−55	0.034	−45	0.103	−35	0.281	−25	0.698	−15	1.60
−64	0.011	−54	0.038	−44	0.114	−34	0.309	−24	0.761	−14	1.73
−63	0.013	−53	0.043	−43	0.127	−33	0.340	−23	0.829	−13	1.87
−62	0.015	−52	0.049	−42	0.141	−32	0.373	−22	0.903	−12	2.02
−61	0.017	−51	0.054	−41	0.156	−31	0.409	−21	0.982	−11	2.18

표 1.6 (계속)

℃	g/m³	℃	g/m³	℃	g/m³	℃	g/m³	℃	g/m³	℃	g/m³
−10	2.25	0	4.85	10	9.40	20	17.3	30	30.3	40	51.0
−9	2.54	1	5.19	11	10.0	21	18.3	31	32.0	41	53.6
−8	2.73	2	5.56	12	10.6	22	19.4	32	33.8	42	56.4
−7	2.94	3	5.95	13	11.3	23	20.6	33	35.6	43	59.2
−6	3.16	4	6.35	14	12.1	24	21.8	34	37.5	44	62.2
−5	3.40	5	6.80	15	12.8	25	23.0	35	39.5	45	65.3
−4	3.66	6	7.26	16	13.6	26	24.3	36	41.6	46	68.5
−3	3.93	7	7.75	17	14.5	27	25.7	37	43.8	47	71.8
−2	4.22	8	8.27	18	15.4	28	27.2	38	46.1	48	75.3
−1	4.52	9	8.82	19	16.3	29	28.7	39	48.5	49	78.9

℃	g/m³	℃	g/m³	℃	g/m³	℃	g/m³	℃	g/m³
50	82.9	60	130	70	197	80	291	90	420
51	86.9	61	136	71	205	81	302	91	434
52	90.9	62	142	72	213	82	313	92	449
53	95.2	63	148	73	222	83	325	93	464
54	99.6	64	154	74	231	84	337	94	481
55	104	65	161	75	240	85	350	95	497
56	109	66	167	76	250	86	363	96	514
57	114	67	174	77	259	87	376	97	532
58	119	68	182	78	270	88	390	98	550
59	124	69	189	79	280	89	405	99	570

공기의 온도를 서서히 냉각시키면 결국 공기에 함유되어 있는 수증기가 포화상태에 도달하게 된다. 그러면 공기와 접하고 있는 물체에는 결로(結露) 현상이 생겨 이슬이 맺힘을 볼 수 있다. 이 온도를 **노점**(dew point, 露点)이라 하며, 이것을 **포화온도**(saturated temperature, 飽和溫度)로 하는 경우에 수증기량을 간접적으로 측정할 수 있다. 드레인 량은 다음의 **노점-온도곡선**(그림 1.3)으로부터 손쉽게 구할 수도 있다.

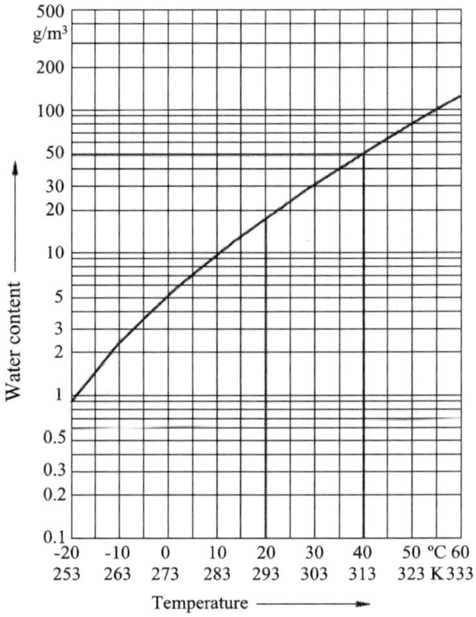

그림 1.3 노점-온도곡선

압축된 포화공기 중에 잔류하는 습분은 그림 1.4에서 구할 수 있다.

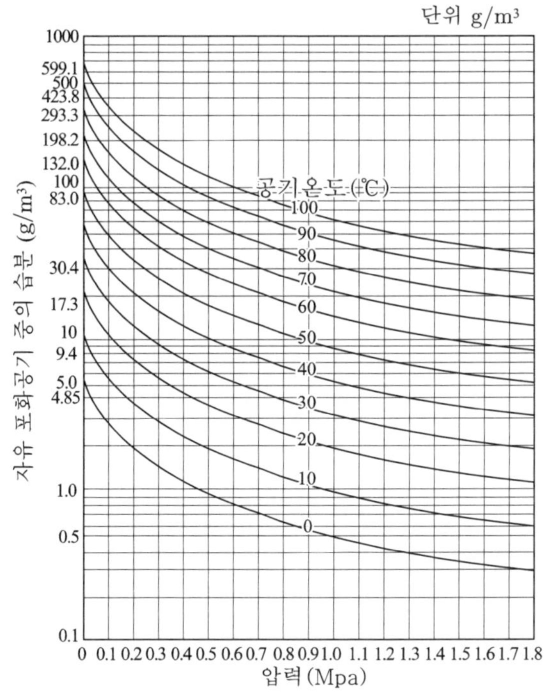

그림 1.4 압축된 포화공기 중에 잔류하는 습분

예제 1.8

$0.7\,\text{MPa}_g$의 압축공기의 온도가 60℃이다. 이 압축공기 $1\,\text{m}^3$ 중에 잔류하는 습분은 얼마인가?

풀이 그림 1.4로부터 습분은 약 $18\,\text{g/m}^3$가 잔류한다. 60℃의 공기가 대기압(게이지압 : 0)인 경우에는 약 $130\,\text{g/m}^3$이 존재하였던 상태이다. ■

예제 1.9

35℃의 대기공기가 함유할 수 있는 수분량은 어느 정도인가?

풀이 표 1.6에서 35℃에서의 포화수증기량은 $39.5\,\text{g/m}^3$이다. 습도가 50%인 경우는 $39.5/2 = 19.75\,\text{g/m}^3$가 된다.

온도 35℃, 습도 50%인 대기를 공기압축기에 흡입하게 되면 $0.7\,\text{MPa}$로 압축한 $1\,\text{m}^3$의 압축공기는 $19.75 \times 8 = 158\,\text{g}$의 수분을 흡입하게 되는 것이다. 왜냐하면 대기압의 공기를 흡입하여 동일한 온도의 $0.7\,\text{MPa}$의 압축공기를 만드는 데는 대기압의 공기 $8\,\text{m}^3$가 필요하며, 따라서 $8\,\text{m}^3$ 중에 존재하는 수분으로서 계산해야 한다. ■

예제 1.10

온도 42℃, 상대습도 55%, 압력 $600\,\text{kPa}_g$인 공기 중의 수분량은 얼마인가? 이 경우의 수증기 분압은 얼마인가?

풀이 표 1.5로부터 $t = 42℃$ 일 때 포화증기압 $p_s = 8.1985\,\text{kPa}_{\text{abs}} = 8.1985 \times 10^{-3}\,\text{MPa}_{\text{abs}}$, 전압 $p_t = 600 + 101.3 = 701.3\,\text{kPa}_{\text{abs}} = 701.3 \times 10^{-3}\,\text{MPa}_{\text{abs}}$, 상대습도 $\phi = 0.55$를 식 (1.25)에 대입하면

$$x = \frac{0.622\phi p_s}{p_t - \phi p_s} = \frac{0.622 \times 0.55 \times 8.1985 \times 10^{-3}}{701.3 \times 10^{-3} - 0.55 \times 8.1985 \times 10^{-3}} = 0.004022\,\text{kg/kg}'$$

또, 수증기 분압은 식 (1.24)로부터

$$p_w = \phi p_s = 0.55 \times 8.1985 \times 10^{-3}\,\text{MPa}_{\text{abs}}$$

$$= 4.509 \times 10^{-3}\,\text{MPa}_{\text{abs}} = 4.509\,\text{kPa}_{\text{abs}}$$ ■

예제 1.11

공기온도 30℃, 상대습도 70%인 대기의 공기를 압축기에서 $0.6\,\text{MPa}_g$로 압축한 후 실린더에서 냉각하여 40℃로 되었을 때 실린더로부터 분리되는 드레인량을 구하라.

풀이 표 1.6으로부터 30℃의 포화수증기량은 $G_{s1} = 30.3\,\text{g/m}^3$이다. 대기압($0\,\text{kPa}_g$), 온도 30℃, 상대습도 70%의 1m^3(ANR)의 공기 중에 함유된 수증기량은

$$G_1 = G_{s1}\frac{\phi_1}{100}\times\frac{101.3}{p_1+101.3}\times\frac{t_1+273.15}{293.15}$$

$$= 30.3\times\frac{70}{100}\times\frac{101.3}{0+101.3}\times\frac{30+273.15}{293.15} = 21.93\,\text{g/m}^3(\text{ANR})$$

표 1.6으로부터 40℃로 된 후 포화수증기량은 $G_{s2} = 51\text{g/m}^3$이다. 압력이 $0.6\,\text{MPa}_g$의 상태 1m^3(ANR)의 압축공기 중에 포함될 수 있는 최대 수증기량은

$$G_2 = G_{s2}\frac{101.3}{p_2+101.3}\times\frac{t_2+273.15}{293.15}$$

$$= 51\times\frac{101.3}{600+101.3}\times\frac{40+273.15}{293.15} = 7.87\,\text{g/m}^3(\text{ANR})$$

$G_1 > G_2$이므로 상대습도는 100%이며, 발생하는 드레인 량은 다음과 같다.

$$G_1 - G_2 = 21.93 - 7.87 = 14.06\,\text{g/m}^3(\text{ANR})$$

■

1.4 | 공기의 흐름

공기의 흐름은, 흐름이 시간에 따라 변화하지 않는 **정상류**(steady flow)와 시간에 따라 변화하는 **비정상류**(unsteady flow)로 분류한다.

실린더가 작동 중에 있을 때 공기의 흐름이 일정한 속도, 부하, 압력 하에서 흐르는 경우는 정상류라고 할 수 있지만, 피스톤이 움직이기 시작하거나 움직임이 끝나는 과도 현상인 경우는 비정상류이다.

또 압축기에 의해 공기탱크로 공기를 충전할 때나 탱크로부터 방출 시에는 탱크 내 압력이 변화하므로 비정상류이다. 기체의 분자는 액체에 비해 자유자재로 운동하며 활발하다. 단, 이들을 취급하는 기체의 흐름은 정상류로 취급한다.

1.4.1 연속의 식

기체의 경우, 온도와 압력의 변화가 작은 경우라면 **비압축성 유체**(non compressible fluid)로 간주할 수 있다. 그러나 압력변화가 큰 경우에는 밀도의 변화가 생기므로 **압축성유체**(compressible fluid)이며, 비압축성 유체로 취급할 수 없다.

기체가 정상류로 흐르는 경우에는 **질량유량**(mass flow rate) Q_m[kg/s]은 다음 식으로 표시할 수 있으며, 이것은 **질량보존의 법칙**(conservation law of mass)을 의미하기도 한다.

$$Q_m = \rho_1 A_1 v_1 = \rho_2 A_2 v_2 \tag{1.28}$$

여기서 첨자 1 및 2는 각각 단면 1과 단면 2를 나타내고 ρ[kg/m^3]는 밀도, A[m^2]는 단면적, v는 평균유속[m/s]을 표시한다.

밀도가 일정하다면 $\rho_1 = \rho_2$이므로 **체적유량**(volumetric flow rate) Q[m^3/s]는 다음 식으로 나타낼 수 있다.

$$Q = A_1 v_1 = A_2 v_2 \tag{1.29}$$

식 (1.28)과 식 (1.29)를 **연속의 식**(continuity equation)이라 한다.

1.4.2 에너지 식

기체가 비압축성이고 점성이 없는 이상기체의 정상류(steady flow, 定常流)라면 그림 1.5로부터 시간 t[sec] 사이에 흐르는 유체의 질량을 $m = Q_m \cdot t$[kg]로 표시할 때 단면 ①, ②를 통과하는 각각의 유체의 전 에너지 E_1[J]과 E_2[J]는 같다. 즉

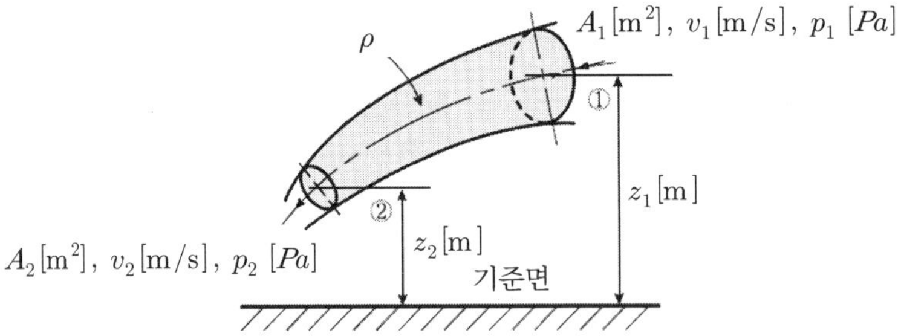

그림 1.5 관로유동

$$E_1 = \frac{mp_1}{\rho} + \frac{mv_1^2}{2} + mgz_1 \text{ [J]}$$

$$E_2 = \frac{mp_2}{\rho} + \frac{mv_2^2}{2} + mgz_2 \text{ [J]}$$

에너지 보존의 원리로부터 $E_1 = E_2$이므로 다음의 식이 성립한다.

$$\frac{mp_1}{\rho}+\frac{mv_1^{\ 2}}{2}+mgz_1=\frac{mp_2}{\rho}+\frac{mv_2^{\ 2}}{2}+mgz_2=E=\text{const}\ [\text{J}] \tag{1.30}$$

식 (1.30)을 **베르누이 식**(Bernoulli's theorem)이라 하며, 에너지는 다음과 같은 3종류의 에너지로 구별된다.

① 질량유량 Q_m [kg/s]의 기체가 유속 v[m/s]로 흐르고 있을 때, 어떤 단면을 시간 t[sec] 사이에 흐르는 기체의 질량은 $m=Q_m \cdot t$이므로 이 기체가 갖는 운동에너지는 $mv^2/2$ [J]이다.

② 압력 p[Pa]인 질량 m[kg]의 기체는 mp/ρ [J]의 압력에너지를 갖는다.

③ 질량 m[kg]의 기체가 중력에 대항하여 기준면으로부터 높이 z[m]의 위치에 있을 때, 이 기체가 갖는 위치에너지는 mgz[J]이다.

예제 1.12

(1) 그림(예제 1.12)와 같은 수평관로에서, 단면 ①의 직경 $d_1=25\,\text{mm}$, 풍속 $v_1=4.5\,\text{m/s}$ 이다. 단면 ②의 직경 $d_2=18\,\text{mm}$라 하면 풍속 v_2는 얼마인가? 또 체적유량, 질량유량은 각각 얼마인가? 공기의 밀도는 $1.2\,\text{kg/m}^3$이다.

(2) 단면 ①의 압력을 $p_1=0.6\,\text{MPa}_{\text{abs}}$이라 하면 단면 ②의 압력 p_2는 얼마인가?

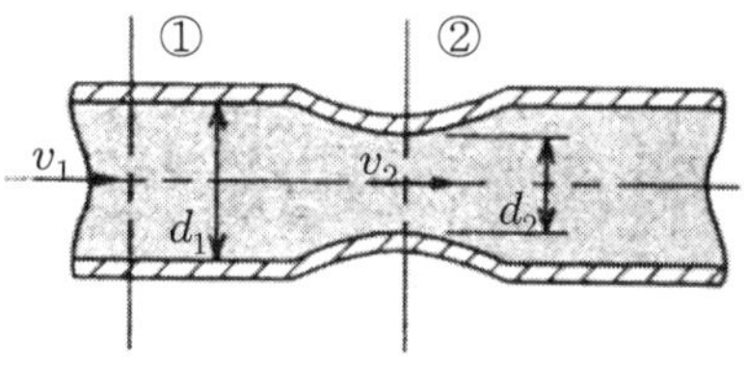

그림(예제 1.12)

풀이 (1) 연속의 식 (1.29)로부터

풍속 : $v_2=\frac{A_1}{A_2}v_1=(\frac{d_1}{d_2})^2 v_1=(\frac{25\times10^{-3}}{18\times10^{-3}})^2\times4.5=8.68\,\text{m/s}$

체적유량 : $Q=A_1v_1=\frac{\pi}{4}d_1^{\ 2}v_1=\frac{\pi}{4}(25\times10^{-3})^2\times4.5=0.00221\,\text{m}^3/\text{s}$

질량유량 : $Q_m=\rho Q=1.2\times0.00221=0.002652\,\text{kg/s}$

(2) 단면 ①과 단면 ②에 베르누이 식을 적용한다. 관은 수평이다. 식 (1.30)으로부터

$$\frac{\rho v_1^2}{2} + p_1 = \frac{\rho v_2^2}{2} + p_2$$

$$\therefore\ p_2 = p_1 + \frac{\rho}{2}(v_1{}^2 - v_2{}^2) = 0.6 \times 10^6 + \frac{1.2}{2}(4.5^2 - 8.68^2)$$

$$= 599966.9\,\mathrm{Pa_{abs}} \fallingdotseq 0.5999\,\mathrm{MPa_{abs}}$$

■

1.4.3 공기량의 표시

(1) 표준상태로의 환산 공기유량

공기의 량은 질량으로 표시하는 것이 가장 직접적이지만, 대기압 상태인 공기의 체적으로 표시하면 공압실린더 내부의 공기량이나 유속을 압력의 값으로부터 보다 직감적으로 알 수 있고 이해하기 쉬우므로 공기량을 일반적으로 **표준공기**(standard atmosphere, 표준 상태의 공기)의 체적으로 표시하는 방법이 이용된다.

공기의 체적 $1\,\mathrm{m}^3$가 게이지압력으로 $0.1\,\mathrm{MPa}(\fallingdotseq 0.2\,\mathrm{MPa_{abs}})$인 경우와 게이지압력으로 $0.3\,\mathrm{MPa}(\fallingdotseq 0.4\,\mathrm{MPa_{abs}})$의 경우에, 압축 전의 대기량으로 비교하면 후자가 전자의 2배가 된다. 즉 압축공기는 동일한 체적이라도 압력이 다르면 질량이 다르므로 같은 량이라고 할 수 없다. 그러므로 공기의 유량은 압축기로부터 흡입할 때의 대기의 량으로 환산하여 표시한다.

표준상태는 전술한 바와 같이 압력 101.3kPa, 온도 20℃, 상대습도 65%인 상태이며, 임의 상태, 즉 절대압력 $p[\mathrm{kPa_{abs}}]$, 절대온도 $T[K]$에서의 체적유량 $Q[l/\mathrm{min}]$를 표준상태에서의 공기량 $Q_n[l/\mathrm{min}(ANR)]$로 환산하려면 보일·샤를의 법칙에 의하여 다음 식으로부터 환산할 수 있다.

$$Q_n = Q\left(\frac{p}{101.3}\right)\cdot\left(\frac{293.15}{T}\right) \quad [l/\mathrm{min}(ANR)] \tag{1.31}$$

(2) 교축부를 유동하는 공기유량

그림 1.6과 같이 점성이 없고 비압축성인 이상적인 공기가 관로 내 **오리피스**의 교축부를 흐를 때 유량은 베르누이 정리를 적용하여 구할 수 있다.

오리피스 전후의 ①, ②에서 단면적을 각각 $A_1[\mathrm{m}^2]$, $A_2[\mathrm{m}^2]$, 압력을 각각 $p_1[\mathrm{Pa}]$, $p_2[\mathrm{Pa}]$, 유속을 $v_1[\mathrm{m/s}]$, $v_2[\mathrm{m/s}]$라 하면

$$\frac{p_1}{\rho g}+\frac{{v_1}^2}{2g}=\frac{p_2}{\rho g}+\frac{{v_2}^2}{2g}$$

로부터 v_2를 구하면

$$v_2=\frac{1}{\sqrt{1-(A_2/A_1)^2}}\sqrt{\frac{2}{\rho}(p_1-p_2)}\ [\mathrm{m/s}] \tag{1.32}$$

체적유량은 연속의 식으로부터

$$Q=A_2v_2=\frac{A_2}{\sqrt{1-(A_2/A_1)^2}}\sqrt{\frac{2}{\rho}(p_1-p_2)}\ [\mathrm{m^3/s}] \tag{1.33}$$

교축부의 실제 단면적 A_0는 A_2보다 크고, v_2의 실제값은 마찰로 인한 손실이 생겨 작아지므로 실제의 유량 Q_a는 이들의 영향을 고려하여 다음과 같이 나타낸다.

$$Q_a=\alpha A_0\sqrt{\frac{2}{\rho}(p_1-p_2)}\ [\mathrm{m^3/s}] \tag{1.34}$$

여기서 α는 **유량계수**로서 0.6~0.8의 범위이며, A_2/A_0를 **축류율**이라 한다.

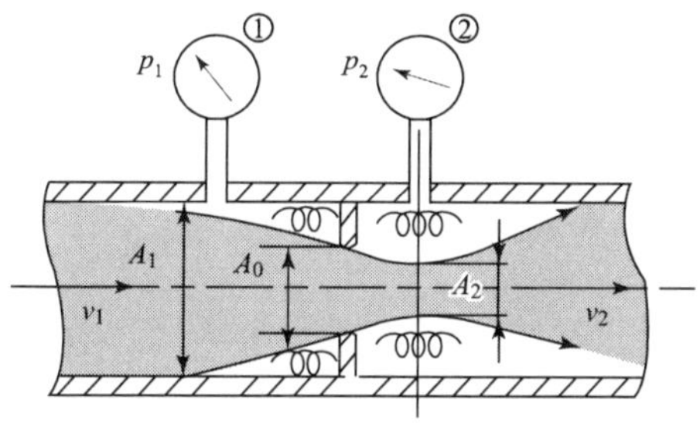

그림 1.6 교축부의 유동

(3) 음속 및 아음속 영역에서의 공기유량

용기 내의 압력 $p_1[\mathrm{MPa_{abs}}]$인 공기가 오리피스(교축부)를 통해 압력 $p_2[\mathrm{MPa_{abs}}]$의 공간으로 유출하는 경우, p_2를 일정하게 한 상태에서 p_1을 점차 증가시켜 가면 오리피스로부터 유출하는 공기의 속도도 점차 증가하여 어느 p_1/p_2의 값에서 음속에 달한다. 이때의 p_1의 값은 $p_1=1.893p_2$이며, $p_1/p_2=1.893$을 **임계압력비**라 한다.

$p_1/p_2<1.893$인 경우는 **아음속 영역**, $p_1/p_2\geqq1.893$인 경우는 **초음속 영역**으로서 공기

의 유량계산식이 다르다.

오리피스 상류측의 절대압력 p_1[MPa$_{abs}$], 오리피스 하류측의 절대압력 p_2[MPa$_{abs}$], 유효단면적 S[mm^2], 오리피스를 통과하는 공기의 절대온도 $T[K]$(T= t[℃] + 273.15) 라 하면, 표준상태에서의 체적유량 Q[l/min(ANR)]은 다음 식으로 구할 수 있다.

① $p_1 \geq 1.893p_2$인 경우(초음속 영역)

$$Q = 113\,Sp_1\sqrt{\frac{273.15}{T}}\ [l/\mathrm{min(ANR)}] \tag{1.35}$$

② $p_1 < 1.893p_2$인 경우(아음속 영역)

$$Q = 226\,S\sqrt{(p_1 - p_2)p_2} \times \sqrt{\frac{273.15}{T}}\ [l/\mathrm{min(ANR)}] \tag{1.36}$$

일반적인 공기압 설비에서는 공기압 기기(밸브, 배관 등)는 아음속 흐름, 블로우 노즐 등은 음속흐름으로 흐른다.

공기압 배관에 대해서는 **유효 단면적**을 이용하여 공기를 흐르게 하는 능력을 표시한다. 공기압 배관의 유효 단면적은 식 (1.37)을 이용하여 구할 수 있으며, 그림 1.7은 이것을 그래프화한 선도이다.

$$S = \frac{\pi d^2}{4} \times \frac{1}{\sqrt{\lambda \frac{l}{d} + 1}} \tag{1.37}$$

여기서 S : 유효 단면적 [mm^2], d : 배관의 내경 [mm], l : 배관의 길이 [mm]
λ : 관 마찰계수(수지제 튜브 : 0.013, 강관SGP : 0.02~0.03),

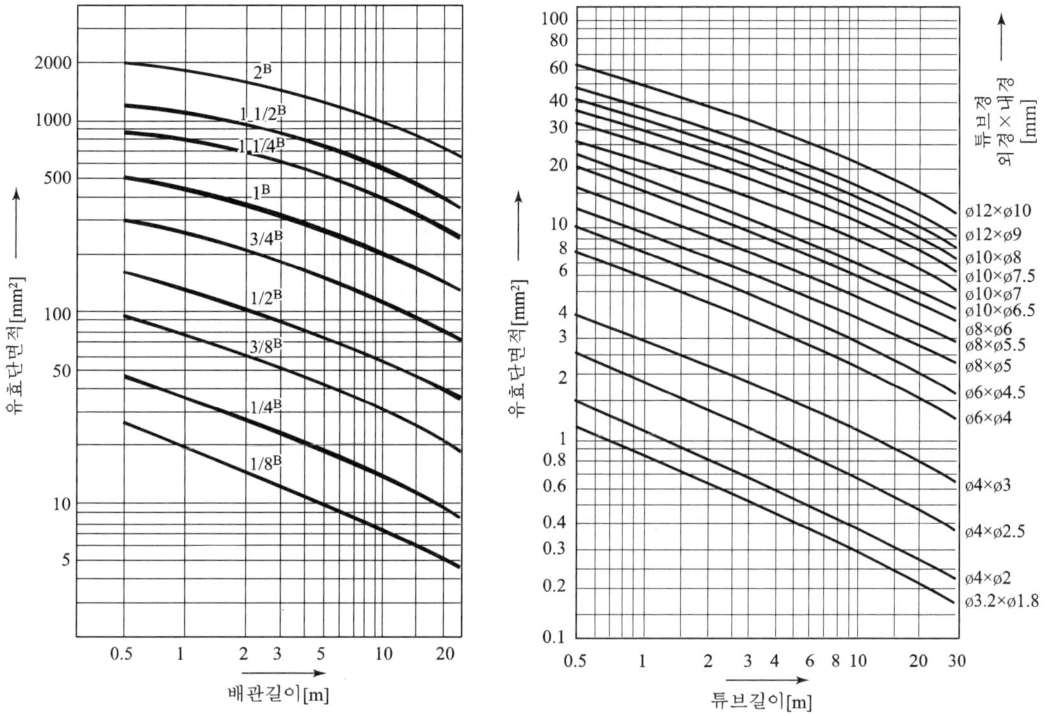

(a) 강관 (b) 튜브

그림 1.7 강관 및 나일론 튜브의 유효단면적

(4) 합성 유효 단면적

1) 직렬배관의 유효 단면적

그림 1.8과 같이 배관의 각 기기가 직렬접속인 경우, 마찰저항, 압축성, 온도변화를 무시하고 배관의 유효단면적에 비해 기기의 유효단면적이 크다고 하여, 연결되는 기기의 입구에서의 유속을 0이라고 생각하면 그림 1.9와 같이 공기압원으로부터 교축부를 통해 용기로 흐르고, 거기에서 유속이 0으로 되어 다른 교축부로 흐른다고 생각한다.

이때 유량 Q는

$$Q = S\sqrt{\Delta p} \tag{1.38}$$

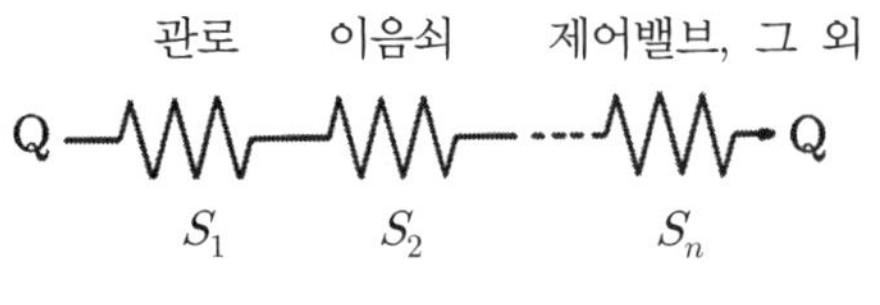

그림 1.8 직렬접속

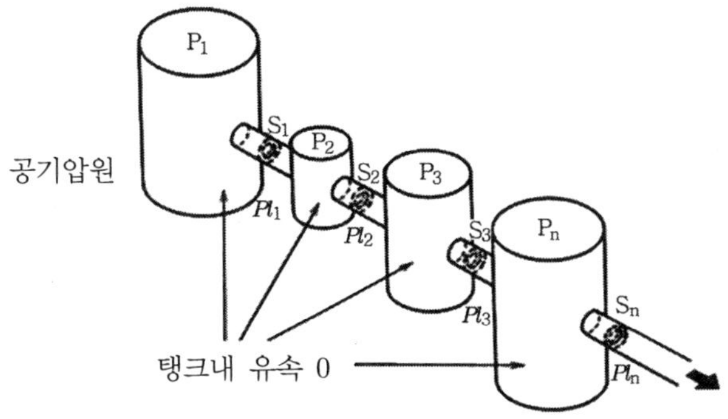

그림 1.9 직렬접속의 예

S_1, S_2, $\cdots$에 걸리는 압력강하를 Δp_1, Δp_2, $\cdots$라 하고, 이들에 동일한 유량이 흐른다면

$$Q = S_1\sqrt{\Delta p_1} = S_2\sqrt{\Delta p_2} = \cdots$$

∴ 전체의 압력강하 Δp는

$$\Delta p = \Delta p_1 + \Delta p_2 + \cdots = \frac{Q^2}{{S_1}^2} + \frac{Q^2}{{S_2}^2} + \cdots$$

$$\Delta p = Q^2\left(\frac{1}{{S_1}^2} + \frac{1}{{S_2}^2} + \cdots\right) \tag{1.39}$$

합성 유효단면적 S는 식 (1.40)으로 구할 수 있다.

$$\frac{1}{S^2} = \frac{1}{{S_1}^2} + \frac{1}{{S_2}^2} + \cdots$$

$$\therefore\ S = \sqrt{\frac{1}{\frac{1}{{S_1}^2} + \frac{1}{{S_2}^2} + \cdots}} \tag{1.40}$$

2) 병렬배관의 유효 단면적

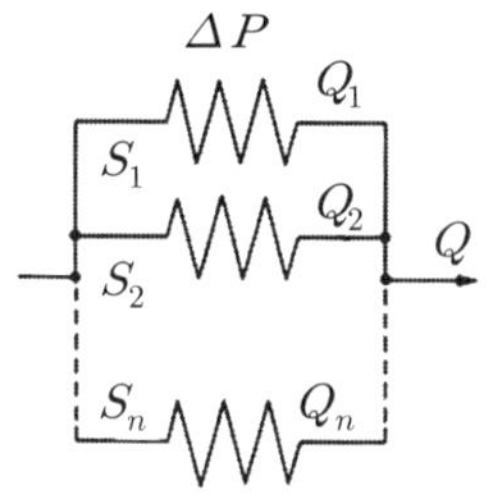

그림 1.10 병렬접속

그림 1.10과 같은 병렬접속의 경우, 유효단면적은 식 (1.41)로 표시된다.

$$Q = Q_1 + Q_2 + \cdots = S_1\sqrt{\Delta p} + S_2\sqrt{\Delta p} + \cdots = \sqrt{\Delta p}(S_1 + S_2 + \cdots)$$

$$\therefore \quad S = S_1 + S_2 + \cdots \tag{1.41}$$

예제 1.13

그림(예제 1.13)과 같은 공압 시스템에서 제어기기의 유효단면적이 $S_1 = 10\,\text{mm}^2$, $S_2 = 10\,\text{mm}^2$, $S_3 = S_4 = 10\,\text{mm}^2$인 시스템의 합성 유효단면적(편측)을 구하라.

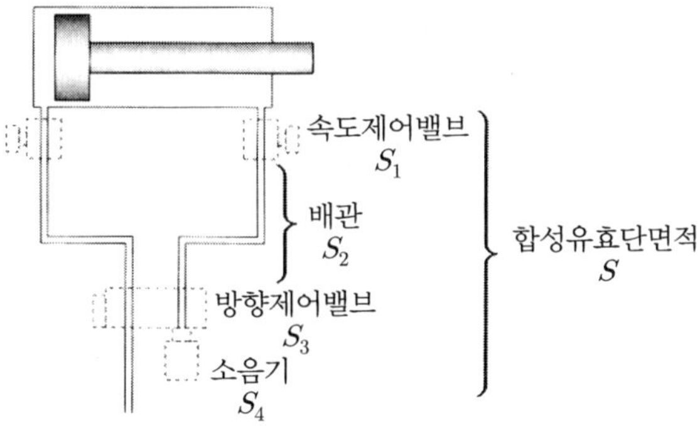

그림(예제 1.13)

풀이 직렬접속이므로 식 (1.40)으로부터

$$S = \sqrt{\frac{1}{\frac{1}{10^2} + \frac{1}{10^2} + \frac{1}{10^2} + \frac{1}{10^2}}} = 5\,\text{mm}^2$$

■

(5) 관로의 압력손실

1) 마찰손실

관 내경 d[m], 길이 l[m]인 원관 내를 유속 v[m/s]의 공기가 흐르는 경우, 유체마찰에 의한 **관 마찰손실** h_f는 공기밀도 ρ[kg/m^3], 압력손실 Δp[Pa], **관 마찰계수** f라 할 때 다음 식으로 나타낸다.

$$h_f = \frac{\Delta p}{\rho g} = f\frac{l}{d}\frac{v^2}{2g} \ [\text{m}] \tag{1.42}$$

2) 관로형상에 의한 압력손실

관, 밸브의 형상에 따라서 마찰손실이 발생하는데, 이 경우의 관로형상에 의한 손실을 h_s라 하면 손실계수를 K라 할 때 다음 식으로 표시되며, 손실계수 K는 그림 1.11을 참조하여 구할 수 있다.

$$h_s = \frac{\Delta p}{\rho g} = K\frac{v^2}{2g} \ [\mathrm{m}] \tag{1.43}$$

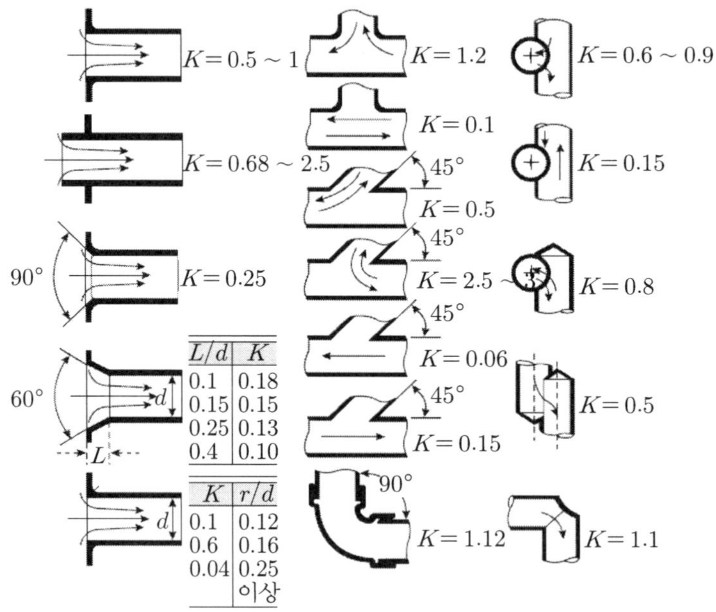

그림 1.11 배관계의 손실계수

3) 경험식에 의한 관 마찰손실

공기압 배관의 마찰손실에 관한 경험식으로서 **하리스의 식**이 있다. 이 식은 배관용 강관에 대하여 적용된다. 상류측(1차측, 입구측) 압력 $p_1\,[\mathrm{MPa_{abs}}]$, 관 내경 $d\,[\mathrm{mm}]$, 배관 길이 $l\,[m]$, 유량 $Q\,[l/\min(\mathrm{ANR})]$이라 하면, 배관의 **압력손실** $\Delta p\,[\mathrm{MPa}]$은 다음 식으로 표시된다.

$$\Delta p = \frac{0.00237Q^2 l}{d^{5.31}(p_1 + 0.1013)} \ [\mathrm{MPa}] \tag{1.44}$$

예제 1.14

(1) 유효 단면적 $1\,\text{mm}^2$의 오리피스로부터 $0.6\,\text{MPa}_g$의 공기를 대기로 방출할 때 유량을 구하라. 단, 기온을 25℃로 한다.

(2) 이 공기를 $0.5\,\text{MPa}_g$의 무한대의 탱크 속에 방출할 때 유량을 구하라. 단, 오리피스를 통과할 때의 공기온도를 25℃로 한다.

풀이 (1) $p_1 = 0.6 + 0.1013 = 0.7013\,\text{MPa}_{\text{abs}}$, $p_2 = 0.1013\,\text{MPa}_{\text{abs}}$,

따라서 $1.893p_2 = 1.893 \times 0.1013 = 0.19176\,\text{MPa}_{\text{abs}}$

$$\therefore\ p_1 > 1.893p_2,\ T = 273.15 + t = 273.15 + 25 = 298.15\,\text{K}$$

식 (1.35)로부터

$$Q = 113\,Sp_1 \times \sqrt{\frac{273.15}{T}} = 113 \times 1 \times 0.7013 \times \sqrt{\frac{273.15}{298.15}}$$

$$= 75.85\,l/\text{min(ANR)}$$

(2) $0.5\,\text{MPa}_g$의 무한대의 탱크는 어떤 공기가 유입해도 압력은 변화하지 않는다.

$$p_1 = 0.6 + 0.1013 = 0.7013\,\text{MPa}_{\text{abs}},\quad p_2 = 0.5 + 0.1013 = 0.6013\,\text{MPa}_{\text{abs}}$$

$$1.893p_2 = 1.893 \times (0.5 + 0.1013) = 1.1383\,\text{MPa}_{\text{abs}}$$

$$\therefore\ p_1 < 1.893p_2$$

따라서 식 (1.36)으로부터

$$Q = 226\,S\sqrt{(p_1 - p_2)p_2} \times \sqrt{\frac{273.15}{273.15 + t}}$$

$$= 226 \times 1 \times \sqrt{(0.7013 - 0.6013) \times 0.6013} \times \sqrt{\frac{273.15}{273.15 + 25}}$$

$$= 48.433\,l/\text{min(ANR)}$$

■

예제 1.15

송풍관(덕트)경 300 [mm], 길이 15 [m]인 직관에서 온도 20℃의 공기 50 [m^3/min]을 송풍시키고자 한다. 관 마찰 손실계수 0.02, 공기밀도 1.2 [kg/m^3]로서 관 마찰 손실헤드, 압력손실, 비에너지 손실을 각각 구하라.

풀이 $f = 0.02$, $l = 15\,\text{m}$, $d = 300 \times 10^{-3}\,\text{m}$, $g = 9.81\,\text{m/s}^2$이라 하면, 유속은 연속의 식인 식 (1.29)로부터

$$v = \frac{Q}{\frac{\pi}{4}d^2} = \frac{50 \times \frac{1}{60}}{\frac{\pi}{4}(300 \times 10^{-3})^2} = 11.8\,\mathrm{m/s}$$

따라서 식 (1.42)로부터 관마찰 손실헤드는

$$h_f = \frac{\Delta p}{\rho g} = f\frac{l}{d}\frac{v^2}{2g} = 0.02 \times \frac{15}{300 \times 10^{-3}} \times \frac{11.8^2}{2 \times 9.81} = 7.097\,\mathrm{m}$$

또 압력손실은 $\Delta p = \rho g h_f = 1.2 \times 9.81 \times 7.097 = 83.546\,\mathrm{Pa}$이다.

다음에 비에너지 손실은 $e_f = \Delta p / \rho$이므로 다음과 같다.

$$e_f = gh_f = 9.81 \times 7.097 = 69.62\,\mathrm{J/kg}$$ ■

1.4.4 공압기기에 소요되는 공기유량

(1) 실린더 소요 공기유량

공압시스템에서 공압 실린더가 작동하기 위한 **순간 공기소비량**은 실린더의 전진의 경우와 후진의 경우 실린더의 단면적이 다르므로 같지 않다.

실린더의 전진 시 순간 공기소비량 Q_1 및 후진 시 순간 공기소비량 Q_2[l/min(ANR)]는 각각 다음 식으로 구한다.

$$Q_1 = \frac{\pi}{4}D^2 L \times \frac{p + 0.1013}{0.1013} \times 10^{-6} \times \frac{60}{t_1}\ [l/\mathrm{min(ANR)}] \tag{1.45}$$

$$Q_2 = \frac{\pi}{4}(D^2 - d^2) L \times \frac{p + 0.1013}{0.1013} \times 10^{-6} \times \frac{60}{t_2}\ [l/\mathrm{min(ANR)}] \tag{1.46}$$

여기서, D : 실린더 내경 [mm], d : 피스톤 로드경 [mm], L : 실린더 행정거리 [mm],
p : 사용압력 [MPa_g], t_1 : 실린더의 전진에 요하는 시간 [sec],
t_2 : 실린더의 후진에 요하는 시간 [sec]

일반적인 공압시스템에서 실린더는 간헐적인 작동을 한다. 이것에 대응하기 위하여 공기압축기는 항상 운전하고 있으며, 압축한 공기를 탱크에 축적하면서 사용하고 있다. 따라서 공기압축기의 선정에 있어서는 실린더의 1분당 왕복횟수를 고려한 공기소비량을 구하며, 이것을 **평균 공기소비량**이라 한다.

실린더가 전진하는 경우와 후진하는 경우의 평균 공기소비량을 각각 Q_{m1}, Q_{m2}

$[l/\mathrm{min(ANR)}]$로 표시하여 다음 식으로 계산할 수 있다.

$$Q_{m1} = \frac{\pi}{4} D^2 L \times \frac{p + 0.1013}{0.1013} \times 10^{-6} n \ [l/\mathrm{min(ANR)}] \tag{1.47}$$

$$Q_{m2} = \frac{\pi}{4} (D^2 - d^2) L \times \frac{p + 0.1013}{0.1013} \times 10^{-6} n \ [l/\mathrm{min}(ANR)] \tag{1.48}$$

여기서 n은 실린더의 1분당 왕복횟수이며, D 및 L의 단위는 [mm], p의 단위는 $[\mathrm{MPa}_g]$이다. 실린더의 n회 왕복에 필요한 평균 공기 소비량 Q_m은 이들의 합으로서 다음과 같이 계산한다.

$$Q_m = Q_{m1} + Q_{m2} \ \ [l/\mathrm{min(ANR)}] \tag{1.49}$$

실제는 밸브로부터 실린더까지의 배관을 고려하여 이 값에 50% 정도의 여유를 더 가산하여 산정한다.

(2) 배관에 소요되는 공기유량

배관의 내경을 d_p [mm], 배관의 길이를 l [mm], 압축공기의 게이지압력을 p $[\mathrm{MPa}_g]$, 실린더의 분당 왕복횟수를 n [rpm]이라 할 때, 배관에 소요되는 공기량은 단동 실린더를 사용하는 경우의 Q_{ms}와, 복동 실린더를 사용하는 경우의 Q_{md}는 각각 다음 식으로 계산할 수 있다.

$$Q_{ms} = \frac{\pi}{4} d_p^2 l \times \frac{p}{0.1013} \times 10^{-6} n \ \ [l/\mathrm{min(ANR)}] \tag{1.50}$$

$$Q_{md} = 2 \times \frac{\pi}{4} d_p^2 l \times \frac{p}{0.1013} \times 10^{-6} n \ \ [l/\mathrm{min(ANR)}] \tag{1.51}$$

예제 1.16

실린더 내경 50 mm, 피스톤로드 직경 16 mm, 행정거리(stroke) 250 mm의 실린더를 0.5 MPa로 동작시킨다. 전진 및 후진에 요하는 시간을 2초로 한 경우와 1초로 한 경우에 대하여 최대 순간 공기소비량 $Q_{\max}$을 구하라. 또 1분당 3회 왕복의 동작을 한다고 하여 평균 공기 소비량 Q_m을 구하라.

풀이 전진, 후진 모두 같은 시간으로 동작한다. 따라서 2 sec, 1 sec의 시간에 동작하는 경우의 최대 순간 공기소비량은 전진의 경우가 되며, 식 (1.45)로부터

2초의 경우 : $Q_{\max 1} = \frac{\pi}{4} D^2 L \times \frac{p+0.1013}{0.1013} \times 10^{-6} \times \frac{60}{t_1}$

$= \frac{\pi}{4} 50^2 \times 250 \times \frac{0.5+0.1013}{0.1013} \times 10^{-6} \times \frac{60}{2}$

$= 87.365\, l/\text{min(ANR)}$

1초의 경우 : $Q_{\max 2} = \frac{\pi}{4} 50^2 \times 250 \times \frac{0.5+0.1013}{0.1013} \times 10^{-6} \times \frac{60}{1}$

$= 174.75\, l/\text{min(ANR)}$

한편, 3회 왕복의 경우 평균 공기소비량은 식 (1.47), (1.48), (1.49)로부터 각각

전진 시 : $Q_{m1} = \frac{\pi}{4} D^2 L \times \frac{p+0.1013}{0.1013} \times 10^{-6} n$

$= \frac{\pi}{4} 50^2 \times 250 \times \frac{0.5+0.1013}{0.1013} \times 10^{-6} \times 3 = 8.735\, l/\text{min(ANR)}$

후진 시 : $Q_{m2} = \frac{\pi}{4} (D^2 - d^2) L \times \frac{p+0.1013}{0.1013} \times 10^{-6} n$

$= \frac{\pi}{4} (50^2 - 16^2) \times 250 \times \frac{0.5+0.1013}{0.1013} \times 10^{-6} \times 3$

$= 7.84\, l/\text{min(ANR)}$

$\therefore\ Q_m = 8.735 + 7.84 = 16.575\, l/\text{min(ANR)}$ ■

예제 1.17

그림(예제 1.17)의 공기압회로에서 사용압력 0.6 MPa로 하여, 1분간에 2회 왕복으로 작동시키기 위해 필요한 전 공기소비량은 얼마인가?

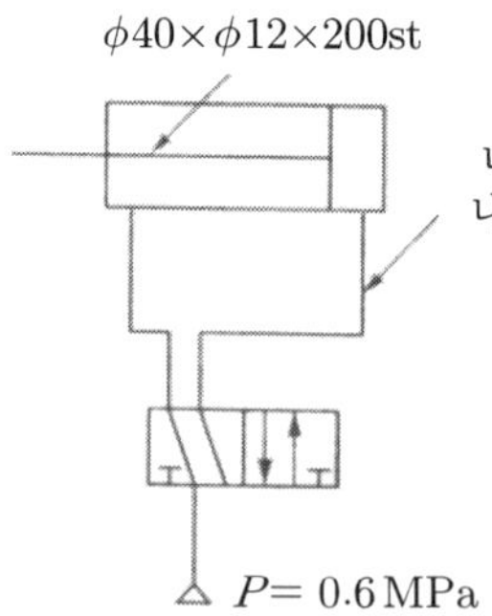

그림(예제 1.17)

풀이 실린더 분당 2회 왕복 시 공기소비량은 전진 시의 식 (1.45)와 후진 시의 식 (1.46)을

더하면

$$Q_{c1} = \frac{\pi}{4}[D^2 + (D^2 - d^2)]Ln \times \frac{p + 0.1013}{0.1013} \times 10^{-6}$$

$$= \frac{\pi}{4}[40^2 + (40^2 - 12^2)] \times 200 \times 2 \times \frac{0.6 + 0.1013}{0.1013} \times 10^{-6}$$

$$= 6.643\, l/\mathrm{min(ANR)}$$

배관(나일론 튜브)의 공기소비량은 식 (1.51)로부터

$$Q_{c2} = 2 \times \frac{\pi}{4} d_p^2 l n \times \frac{p}{0.1013} \times 10^{-6}$$

$$= 2 \times \frac{\pi}{4} \times 6^2 \times 2000 \times 2 \times \frac{0.6}{0.1013} \times 10^{-6} = 1.34\, l/\mathrm{min(ANR)}$$

따라서 실린더가 분당 2회 왕복 시 전 공기소비량은 다음과 같다.

$$\therefore\ Q_c = Q_{c1} + Q_{c2} = 6.643 + 1.34 = 7.983\, l/\mathrm{min(ANR)}$$ ■

CHAPTER

02 공압 발생장치

2.1 | 공기압축기

공기압축기(air compressor)는 전기에너지를 공기의 압력에너지로 변환시키는 기기이다. 공기압축기는 공기압 0.1 MPa 이상(일반적으로는 0.3~1 MPa)을 발생시키며 토출압력에 따라 다음과 같이 분류된다.

- 저압 압축기 : 0.7~0.8 MPa,
- 중압 압축기 : 1~1.6 MPa,
- 압축기 : 1.6 MPa 이상

또한 압축공기의 발생용적에 따라 분류하면 소형, 중형, 대형으로 분류할 수 있다.

- 소형 압축기 : 0.2~7.5 kW(1/4~10 Ps)로서 공냉식(空冷式)
- 중형 압축기 : 7.5~75 kW(10~100 Ps)로서 공냉식 또는 수냉식(水冷式)
- 대형 압축기 : 75 kW(100 Ps) 이상으로서 수냉식

공기 압축기는 작동원리에 따라 분류하면 그림 2.1과 같다. 각각의 구조는 그림 2.2에 나타내었다.

- 공기압축기
  - 용적형
    - 왕복식
      - 피스톤식
      - 다이어프램식
    - 회전식
      - 나사식
      - 베인식
  - 터보형
    - 원심식
    - 축류식

그림 2.1 작동원리에 의한 공기압축기의 분류

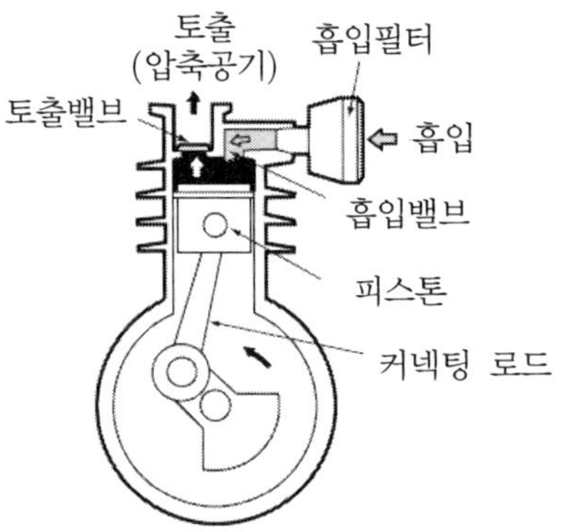

(a) 왕복식(피스톤 압축기)

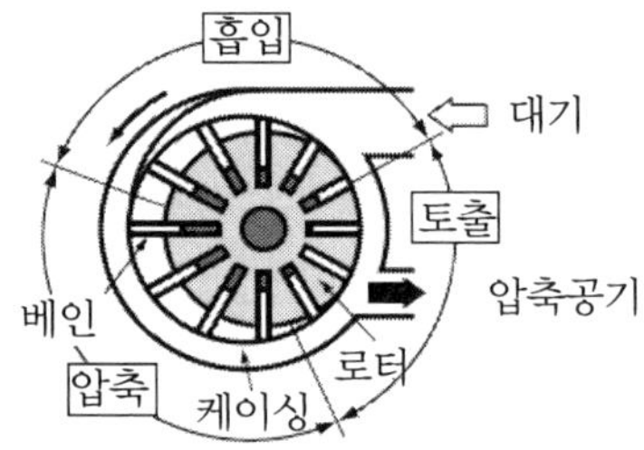

(b) 회전식(베인식 압축기)

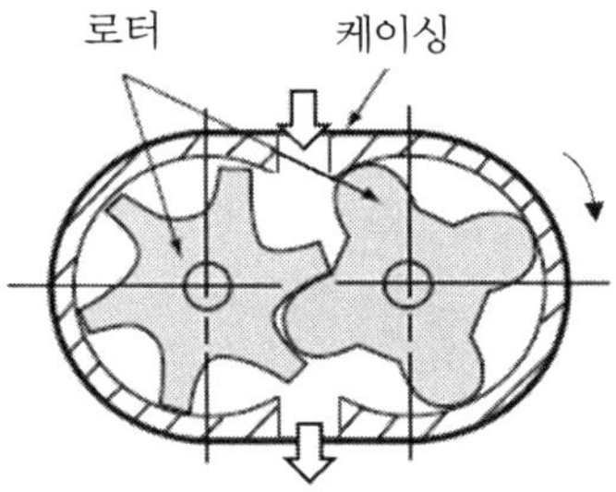

(c) 회전식(나사식 압축기)

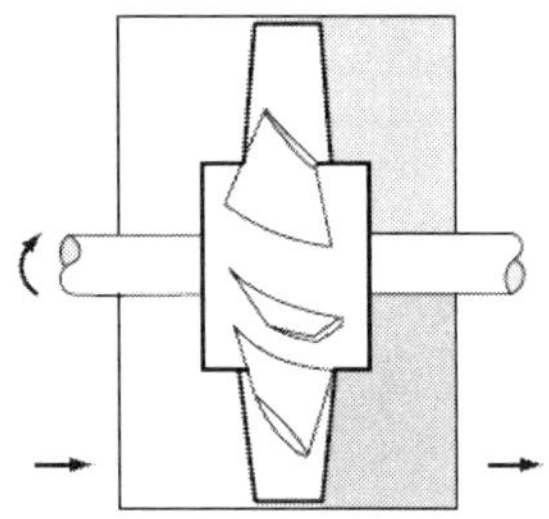

(d) 터보형(축류식 압축기)

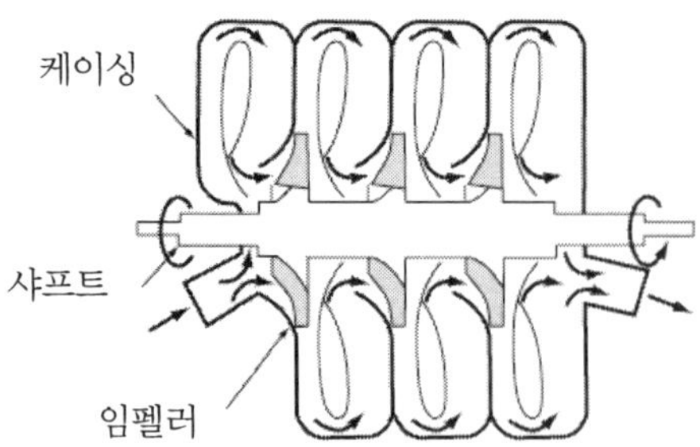

(e) 터보형(원심식 압축기)

그림 2.2 공기압축기의 구조 및 작동원리도

2.1.1 왕복식 피스톤 압축기

왕복 피스톤(piston) 압축기는 그림 2.2(a)와 같이 피스톤이 실린더 내를 왕복 운동하여 공기를 압축한다. 실린더의 하향행정에서 흡입밸브에 의해 공기를 흡입하고 상향행정에서 압축하여 압력이 압력에 달했을 때 토출밸브를 통해 토출한다.

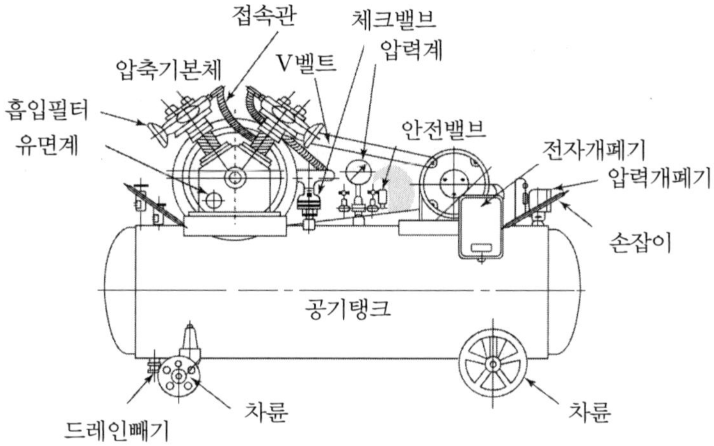

그림 2.3 소형 왕복식 압축기의 외관도

공기압축기에서 압축된 공기는 120～200℃정도로 토출되며, 따라서 공기압축기의 직후에 **애프터 쿨러**(after cooler, 냉각기)를 설치하여 외기온도 정도로 냉각시킴으로써 수분을 응축시켜 드레인(drain, 수적) 분리기에서 배수시킨다. 그러나 드레인 분리기에서 응축된 수분을 제거한 압축공기중의 수분을 더 제거하기 위해 **공기건조기**(air dryer)를 이용한다.

냉각방법으로는 공냉식과 수냉식이 있다. 소형 압축기에서는 휜(fin)에 의한 방열이나 홴(fan)에 의한 **공냉식** 방법을 채용하고, 30 kW 이상의 대형압축기에서는 실린더와 헤드 외주에 워터자켓을 설치하여 물을 순환시켜 냉각하는 **수냉식**을 이용한다.

소형 왕복식 공기압축기의 외관도를 그림 2.3에 도시하였다.

2.1.2 회전식 공기압축기

(1) 베인식 압축기

베인(vane) 압축기는 그림 2.2(b)와 같이 케이싱 내에 축과 편심으로 된 로터(rotor,

회전자)가 있으며 그 원주주위에 홈이 나 있다. 그 홈에는 베인이 삽입되어 있으며 케이싱과 베인으로 이루어지는 체적에 공기가 흡입되어 로터의 회전에 의해 압축·토출된다.

이 압축기는 공기를 연속적으로 공급하므로 맥동 및 소음이 적다. 베인의 수는 압력비에 따라 6~12개 정도이며, 2단 압축의 경우에는 1단과 2단을 동일축선 상에 배치한다.

(2) 스크류 압축기(나사식 압축기)

스크류(screw) 압축기는 그림 2.2(c)와 같이 숫나사형 회전자(rotor)와 암나사형 회전자가 맞물려 회전하면서 케이싱으로 둘러싸인 공간으로 공기를 흡입하고, 회전자(로터)의 회전에 의해 공간의 체적이 작아져 공기가 압축되어 토출한다.

스크류 압축기는 고속회전이 가능하고 진동이 적다. 또 압축공기가 연속적으로 토출되므로 맥동이 작고 큰 공기탱크가 필요하지 않다.

2.1.3 터보형 공기압축기

터보형 공기압축기는 공기의 유동원리를 이용하여 날개를 고속으로 회전시키면 공기의 운동량이 증가하여 압력과 속도가 증가하므로 압축공기를 얻을 수 있다.

터보형 압축기는 그림 2.2(d)와 같이 축류식과 그림 2.2(e)와 같은 반경류형(원심식)이 있으며, 축류식 압축기는 공기가 날개에 의하여 축 방향으로 가속되며 케이싱에 설치된 고정날개를 지날 때 압력이 상승한다.

반경류형 압축기는 날개에 의하여 공기가 반경방향으로 압축되며 다음 날개의 축 방향으로 흡입되어 다시 가속되는 압축기이다.

이들 압축기는 진동이 적고 고속회전이 가능하며 토출 시 공기압력에 의한 맥동이 없다. 또한 압축부분에 윤활이 필요치 않으므로 깨끗한 압축공기를 얻을 수 있다.

2.1.4 왕복식 공기압축기의 동력

(1) 단열 공기동력

공기압축기의 구동에 소요되는 **단열 공기동력**은 다음 식으로 표시된다.

$$L_{ad} = \frac{(m+1)k}{k-1} \cdot \frac{p_1 Q}{6 \times 10^4} [(\frac{p_2}{p_1})^{\frac{k-1}{(m+1)k}} - 1] \text{ [kW]} \tag{2.1}$$

여기서 Q : 공기압축기의 흡입유량 [m^3/min], p_1 : 흡입측 압력 [Pa]

p_2 : 토출측 압력 [Pa], m : 중간 냉각기 수, k : 단열지수(공기의 경우 1.4)

(2) 축동력

압축기 구동에 요하는 **축동력**(L_s)은 다음과 표시할 수 있다.

$$L_s = \frac{L_{ad}}{\eta_{ad}} \text{ [kW]} \tag{2.2}$$

여기서 η_{ad}는 전 단열효율이다.

(3) 전동기 출력

전동기 출력(L_m)은 축동력보다 손실동력만큼 더 커야 하므로 여유계수를 α(1.05~1.1)라 할 때 다음과 같다.

$$L_m = \alpha L_s \text{ [kW]} \tag{2.3}$$

2.1.5 공기압축기의 선정

공기압축기는 작동압력, 유효 공급공기량, 부하변동의 여부 등을 고려하여 압축기의 종류, 용량, 제어방법을 결정한다.

일반적으로 공압시스템에서의 최고 작동압력은 10 bar 정도이다. 그런데 공압실린더 또는 공압기기의 작동압력은 주로 4~6 bar 정도이지만, 공기 압축기에서 토출되는 공기의 압력과 유량은 배관 및 공압기기에서의 압력손실을 고려하여 20% 정도의 여유를 준다.

공압시스템에서 소요 공기량이 결정되면 공기 압축기에서 생산해야 하는 **유효 공급공기량**을 결정해야 하며, 이때 공기압축기의 체적효율을 고려하여 다음의 식으로 표시한다.

$$Q_a = \frac{Q(p+0.1013)}{0.1013\alpha} \text{ [m}^3\text{/min]} \tag{2.4}$$

여기서 Q_a : 왕복식 압축기의 유효 공급공기량 [m^3/min]

Q : 액추에이터 작동압력 p에서의 소요 공기량 [m^3/min]

p : 사용 공기압력 [MPa], α : 체적효율(왕복식 : 0.88~0.93)

공압시스템의 작동압력과 유효 공급공기량이 결정되면 압축기의 종류는 그림 2.4로부터 결정할 수 있으며, 압축기의 동력은 식 (2.1)~(2.3)으로부터 구할 수 있다.

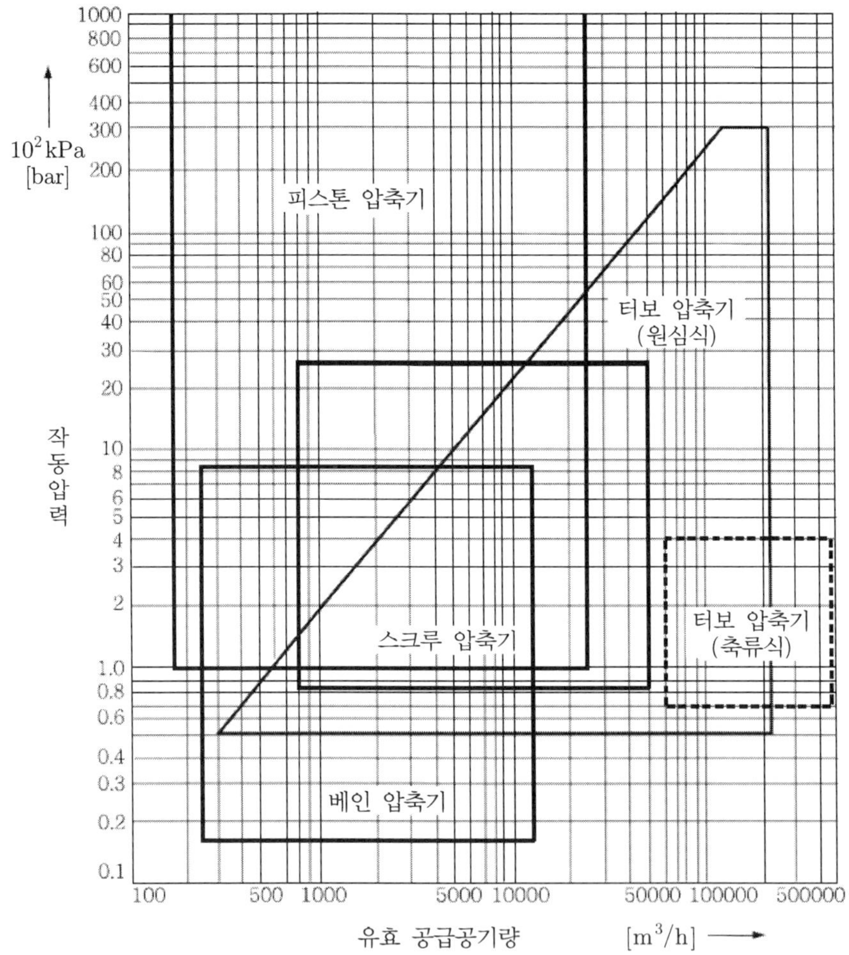

그림 2.4 공기압축기의 적용범위

여기서 임의 작동압력의 토출 공기량을 생산할 수 있는 소형 왕복식 공기압축기는 표 2.1로부터 선정할 수 있다.

표 2.1 소형 왕복식 공기압축기의 토출 공기량 (단위 : l/min(ANR))

단수	전동기의 정격출력 (kW)	공기량				
		압축기의 최고압력 0.2 MPa ($2\,kgf/cm^2$)	압축기의 최고압력 0.5 MPa ($5\,kgf/cm^2$)	압축기의 최고압력 0.7 MPa ($7\,kgf/cm^2$)	압축기의 최고압력 1 MPa ($10\,kgf/cm^2$)	압축기의 최고압력 1.4 MPa ($14\,kgf/cm^2$)
1단	0.2	40(38)	20(19)	15(14)	–	–
	0.4	83(79)	40(38)	32(30)	23(21)	–
	0.75	–	85(91)	67(64)	50(48)	–
	1.5	–	182(173)	149(142)	114(109)	–
	2.2	–	270(256)	230(218)	175(166)	–
	3.7	–	470(446)	390(370)	310(294)	–
	5.5	–	700(665)	600(570)	490(465)	–
	7.5	–	940(890)	790(750)	640(610)	–
	11	–	1390(1320)	1160(1100)	935(890)	–
2단	0.4	–	–	41	36	29
	0.75	–	–	78	66	57
	1.5	–	–	160	140	118
	2.2	–	–	250	200	175
	3.7	–	–	430	340	295
	5.5	–	–	660	510	440
	7.5	–	–	870	690	600
	11	–	–	1230	1010	880

* ( )안은 무급유식의 경우임

예제 2.1

1단 왕복압축기에 의해 공기 200 l/min의 비율로 흡입하여 정격 공기압력 0.8 MPa_g까지 높일 수 있는 압축기의 단열 공기동력, 축동력, 전동기 출력을 각각 구하라. 단, 전 단열효율을 60%로 한다.

풀이 식 (2.1)로부터 단열 공기동력

$$L_{ad} = \frac{k}{k-1} \cdot \frac{p_1 Q_1}{6 \times 10^4} [(\frac{p_2}{p_1})^{\frac{k-1}{k}} - 1]$$

$$= \frac{1.4}{1.4-1} \times \frac{0.1013 \times 10^6 \times 200 \times 10^{-3}}{6 \times 10^4} [(\frac{0.8+0.1013}{0.1013})^{\frac{1.4-1}{1.4}} -1]$$

$$= 1.025\,\text{kW}$$

식 (2.2)로부터 축동력 $L_s = \frac{L_{ad}}{\eta_{ad}} = \frac{1.025}{0.6} = 1.708\text{kW}$

전동기출력

$$L_m = (1.05 \sim 1.1)L_s = (1.05 \sim 1.1) \times 1.708 = 1.7934 \sim 1.8791\text{kW}$$

$\rightarrow$ 2.2kW ■

2.2 | 공기탱크

공압시스템에는 **공기탱크**(air tank)(그림 2.5)를 설치하여 다음의 문제들을 해소하고 있다.

① 공기압의 맥동을 줄인다.
② 간헐적으로 운전하는 압축기의 운전간격을 적정화 할 수 있다.
③ 집중적인 공기소비를 위한 공기를 축적할 수 있다.
④ 긴급 시 공기탱크의 공기량으로 어느 정도의 시간 동안 사용이 가능하다.

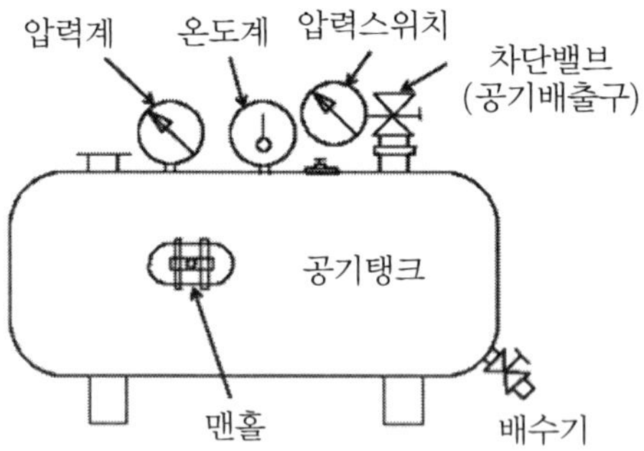

그림 2.5 공기탱크

2.2.1 공기탱크의 용량

왕복식 공기압축기에서 토출 공기압력의 맥동을 감소시키고 그 변동을 3% 이하로 하는 데는 다음의 용적을 갖는 공기탱크가 필요하다.

$$V \geq 200\, V_c / R_d \ [\mathrm{m^3}] \tag{2.5}$$

여기서 V : 공기탱크의 용적 [$\mathrm{m^3}$], V_c : 공기압축기의 최종단의 압축량 [$\mathrm{m^3}$],
R_d : 최종단의 압력비(=최종단의 토출 절대압력/최종단의 흡입 절대압력)

실제로는 공기 소요량이 변동하므로 그 변동에 대응하기 위해 식 (2.5)를 계산한 값의 수배로 공기탱크의 크기를 선정한다.

공기압축기, 공기탱크, 감압밸브, 압축공기 시스템에서 공기탱크의 용적을 다음 식으로 결정할 수도 있다.

$$V = \frac{\Delta V (p_L + 101.3) n}{p_c - p_L} \tag{2.6}$$

여기서 ΔV : 회로상의 1사이클 동안 방향제어 밸브에서 공급되는 공기의 전 용적 [$\mathrm{m^3}$]
p_L : 회로의 사용 가능한 최저압력 [kPa] (단, 감압밸브 설정 공기압+50 kPa)
p_c : 공기압축기의 unloader(空運轉)가 시동하는 공기압력 [kPa]
n : 정전대책일 때는 공기압축기의 unloader가 시동하는 공기압력(p_c)에서 정전되어 p_L로 압력이 저하하기까지 사용하고 싶은 조작 사이클 수

공기탱크의 압력이 최고 설정압력에 도달하면 압력 스위치가 전기신호로 바뀌어 솔레노이드 밸브를 작동시킴으로서 흡입밸브를 닫아 공회전 시킨다.

공기탱크의 압력이 하한 설정압력(p_L)까지 떨어지면 압력스위치가 전기신호를 솔레노이드 밸브에 보내 흡입밸브를 열어 다시 압축운전으로 전환된다. 이때 그 후 공기탱크가 허용하는 최고압력까지 압력이 상승하여 공기압축기를 공회전 시키기 시작할 때의 최고압력을 p_c로 한다.

공기탱크의 용량을 설정하기 위해 그림 2.6의 선도를 이용할 수도 있다. 이 선도에서 압력차 $\Delta p = p_c - p_L$이다. 즉, 공기압축기가 생산할 수 있는 유효체적유량 Q_a[식 (2.4) 참조]이 정해지면 $\Delta p (p_c - p_L)$의 선과의 교점으로부터 수직선을 그리고, 원하는 1시간당 스위칭 수 z의 선과의 교점을 구해 좌측으로 수평선을 그어 공기탱크의 용량 V[$\mathrm{m^3}$]

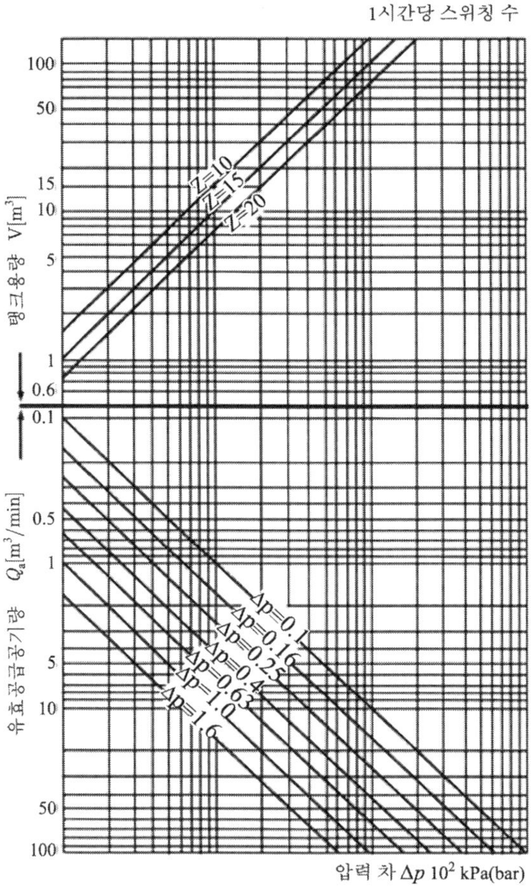

그림 2.6 공기탱크 설정 선도

를 구할 수 있다. 여기서 스위칭 수는 1시간 당 공회전으로부터 압축운전으로 변경되는 횟수를 의미한다.

2.2.2 공기탱크의 두께

공기탱크의 두께는 다음의 식으로부터 구할 수 있다.

$$t = \frac{pD}{2\sigma x\eta - 1.2p} + C \ \text{[mm]} \tag{2.7}$$

여기서 p : 공기탱크의 내압 [MPa], σ : 통 판재의 인장강도 [MPa]

η : 통 판재의 이음효율 , D : 탱크의 내경 [mm]

t : 통판의 두께 [mm], C : 부식치 [mm]

x : 인장강도에 대한 허용 인장응력의 비율(강재의 경우는 1/4)

경판의 두께도 동일한 규격에 따라서 그림 2.7에 표시하듯이 경판의 모통이 내반경 r[mm], 경판 중앙부 내면의 반경 R[mm], 경판의 외경(통의 내경) D[mm], 그림 2.7에 표시된 길이 l[mm]이라 하면 경판의 두께 t_1[mm]는 다음 식에 의해 계산한다.

$$t_1 = \frac{pRW}{2\sigma x\eta - 0.2p} + C \text{ [mm]} \tag{2.8}$$

$$\text{여기서 } W = \frac{1}{4}\left(3 + \sqrt{\frac{R}{r}}\right) \tag{2.9}$$

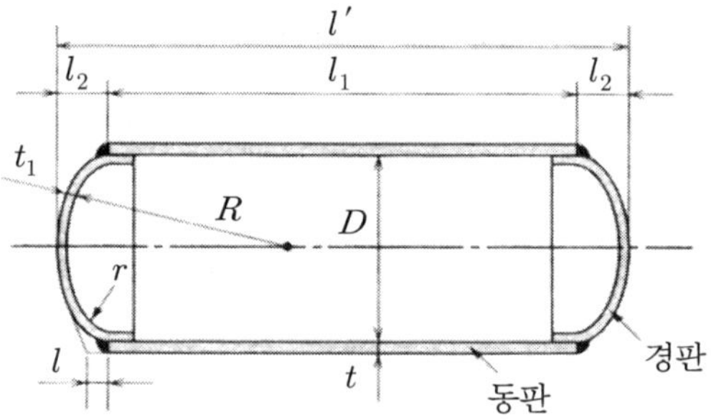

그림 2.7 공기탱크

예제 2.2

실린더 내경 63 mm, 행정거리 50 mm, 실린더 수 2, 최고 사용압력 0.8 MPa_g의 1단 소형 왕복 공기압축기가 있다. 필요한 공기탱크 용량을 구하라.

풀이 실린더 압출용적 $V_c[\text{m}^3]$은 실린더 내경 D[m], 행정거리 s[m], 실린더 수 z라 하면

$$V_c = \frac{\pi}{4}D^2 sz = \frac{\pi}{4}(63\times10^{-3})^2\times50\times10^{-3}\times2 = 0.000312\ \text{m}^3 = 0.312\,l$$

$$R_d = \frac{p_2}{p_1} = \frac{0.8+0.1013}{0.1013} = 8.897$$

따라서 식 (2.5)로부터 공기탱크 용량은 다음 값 이상의 크기로 한다.

$$V \geq \frac{200\,V_c}{R_d} = \frac{200\times0.000312}{8.897} = 0.007014\ \text{m}^3 = 7.014\,l$$ ■

예제 2.3

압축기 공급체적유량 10 m^3/h, 시간당 스위칭 수 15, ON/OFF시의 압력차가 1.0 bar(100 kPa)인 경우, 공기탱크의 용량을 구하라.

(풀이) 그림 2.6으로부터 10 m^3이다. ■

2.3 | 애프터 쿨러

공기압축기에서 토출되는 압축공기는 고온이며, 다량의 수증기를 함유하고 있다. 이 수증기는 냉각되면 물이 되어 공압시스템 전체에 걸쳐 부식, 공기량 변동 등의 악영향을 끼친다.

애프터 쿨러(after cooler)는 공기압축기의 바로 하류 쪽에 설치하여 압축공기를 냉각시켜 압축공기에 포함된 수분을 분리 및 제거시키는 기기이다.

압축공기를 냉각시켜 노점온도 이하로 냉각되면 수분이 응축되는데, 냉각방법에 따라 공냉식과 수냉식으로 분류되며, 일반적으로 열교환장치를 통한 애프터 쿨링은 보통 40℃까지 냉각하여 생성된 물을 제거한다.

그림 2.8은 수냉식 애프터 쿨러의 구조이다. 공기입구로 유입된 공기는 냉각수가 흐르는 냉각관 사이를 통과하면서 냉각되고, 수분 분리기에서 분리된 냉각된 공기는 출구를 통해 나가고, 물은 하부쪽에 고여 배수장치에서 배수시킬 수 있다.

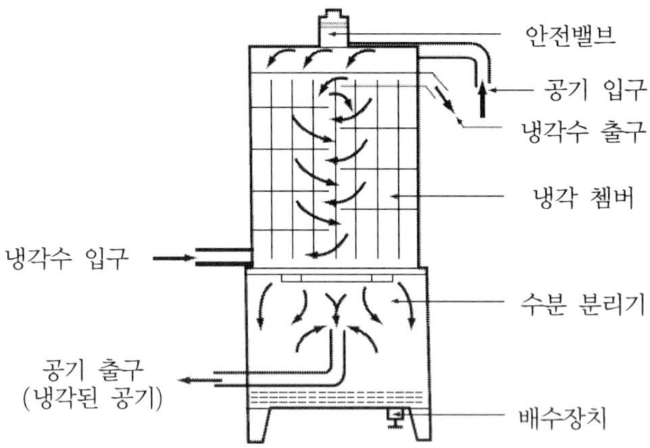

그림 2.8 애프터 쿨러

2.4 | 공기건조기

공기건조기(air dryer)는 압축공기 중에 포함된 수분을 제거하여 건조한 공기를 얻는 기기이다. 이 건조기는 냉동식, 흡착식, 침투분리식 건조기 등이 있다.

여기서는 냉동식 건조기(그림 2.9 참조)와 흡착식 건조기(그림 2.10 참조)에 대하여 기술한다.

2.4.1 냉동식 공기건조기

냉동식 공기건조기는, 냉동용 압축기를 사용한 냉동회로에 의해 압축공기 중의 수증기를 냉각하여 응축시키고, 수적(drain)으로서 분리하여 제습하는 방식이다.

온습한 공기는 공기평형기인 프리쿨러에서 차갑고 제습된 압축공기에 의해 예냉되어 냉각실의 증발기로 유도되며, 차가운 냉매의 기화열에 의해 가압노점 10℃까지 냉각된다. 냉각된 압축공기의 수증기는 응축되어 수적으로 되며, 자동 드레인에 의해 외부로 배출된다.

냉각실(증발기)에서 차가워진 압축공기는 다시 공기평형기의 재열라인으로 들어가며, 공기입구로부터 유입되는 고온의 압축공기에 의해 다시 가열되고, 고온의 건조공기로 되어 공기출구로 유출한다.

이 냉동식 공기건조기는 일반적으로 대기압 노점으로 -10℃의 건조공기를 얻을 수

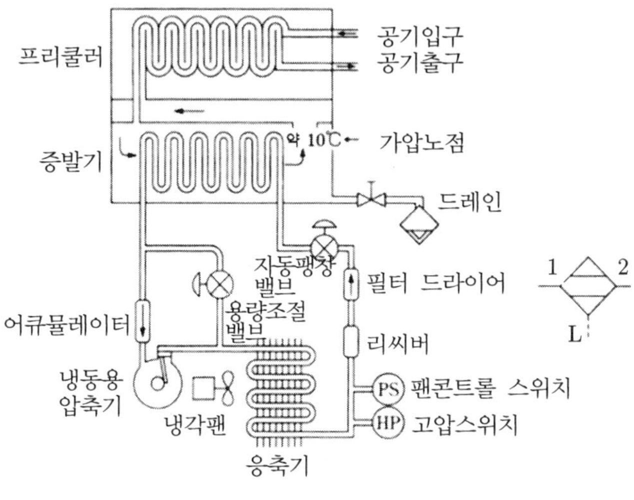

그림 2.9 냉동식 공기건조기

있으며, 공압시스템에서 사용하는데 충분한 건조도의 압축공기를 얻을 수 있다. 건조용량은 소용량부터 대용량까지 가능하다.

2.4.2 흡착식 공기건조기

흡착식 공기건조기는 압축공기를 흡착 건조제(실리카겔, 합성 제올라이트 등)에 통과시켜 수분을 흡착시킴으로서 건조된 공기를 얻는 방식이다. 그림 2.10에 그 구조를 도시하였다.

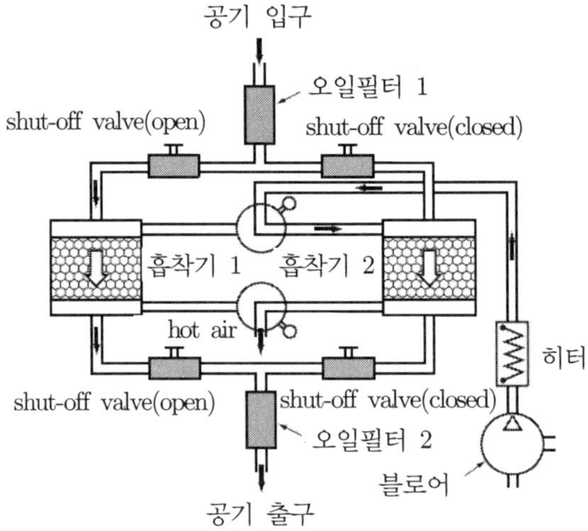

그림 2.10 흡착식 공기건조기

두 개의 흡착기 속에 흡착 건조제가 충전되어 있으며, 그림에 표시하듯이 공기입구(in) 쪽으로부터 유입하는 습한 압축공기는 방향 전환밸브를 통하여 좌측 흡착기 1로 들어가 흡착제에 의해 건조된 후 shut-off 밸브를 통해 출구(out) 쪽으로 토출되는데, 이러한 건조제의 저장능력은 한계가 있어 포화상태에 달하면 기능을 잃지만 다시 재생시켜 사용할 수 있다. 즉 더운 공기가 포화상태의 건조제를 통과하면 더운 공기는 건조제 속의 습기를 흡수하여 이동하므로 건조제는 다시 본래의 성질을 되찾아 재생된다.

재생에 필요한 열에너지는 히터나 더운 압축공기로부터 얻을 수 있다. 두 개의 흡착기를 평행으로 연결하면 한 흡착기는 건조과정에 연결하여 사용하고 다른 흡착기는 더운 공기를 보내 재생시킨다. 즉 흡착기 1이 건조제의 기능을 수행하는 동안에 흡착기 2는 재생과정을 통해 건조기능을 갖도록 하고, 다음에는 흡착기 2가 건조과정을 수행하며 기능을 잃은 흡착기 1을 재생시킴으로서 교대로 건조과정이 수행되어 지속적으로 공기를 건조시킬 수 있다.

2.5 | FRL유닛

공기압축기로부터 공급되는 압축공기 중에는 오염물질이 포함되어 있다. 이 압축공기는 애프터 쿨러, 메인 라인 공기필터, 공기 건조기를 통과하면서 어느 정도의 오염물질 및 수분이 제거되고 온도가 저하한다.

그리고 제어기기에 압축공기를 공급하기 직전에 압축공기를 공기필터(air filter), 공기압용 감압밸브(pressure regulator), 공기압용 윤활기(lubricator)를 경유시켜 각 제어기기로 보내진다. 이 세 가지의 공기압 기기를 1조로 한 것을 **공기압 조정 유닛** 또는 **서비스 유닛**(sevice unit) 또는 **FRL**(Filter-Regulator-Lubricator)**유닛**이라 한다(그림 2.11 참조).

이 FRL유닛은 압축공기를 제어기기에 공급하기 전에 최종적으로 공기필터에서 오염물질을 제거하고, 감압밸브(레귤레이터)에서는 제어기기에 요구되는 압력으로 감압 조정하며, 윤활기에서는 압축공기 내에 윤활유를 혼입시켜 각 제어기기로 압축공기를 공급한다. 만일 제어기기가 무급유기기라면 윤활기는 필요 없게 된다.

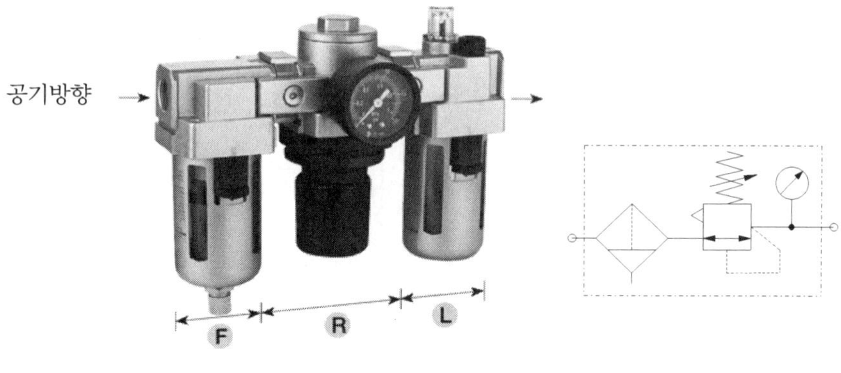

그림 2.11 FRL유닛

2.5.1 공기필터

공기 중에는 먼지와 수분이 포함되어 있으며, 배관 내에는 스케일 등, 고체상태의 이

물질이 들어 있다. 이러한 공기를 그대로 공압기기에 공급하면 밸브나 실린더의 작동이 불량해지기도 하고 내면에 녹이 슬기도 한다. 따라서 먼지나 수분을 제거하는 기기가 회로의 상류 측에 필요하며, 이 기기를 **공기필터**(air filter)라 한다.

공기필터의 구조는 그림 2.12와 같이 압축공기는 안내깃(baffle)을 통해 필터 케이스 내로 유입하며 발생하는 선회류에 의한 원심력에 의하여 비중이 큰 액상물질(수분)과 큰 먼지가 원심분리 되어 하부의 필터용기에 모이게 된다. 이것은 배수장치를 통해 배수시킨다. 나머지 공기는 필터를 통과하면서 깨끗해져 공급 압축공기가 된다.

이 필터는 스테인레스 또는 청동제(bronze)의 금망(金網)등으로 만들어지며 통기구멍의 크기에 따라 공기청정의 정도가 좌우된다. 그러나 통기구멍이 작을수록 공기의 흐름은 저항이 커지므로 사용목적에 따라 그 크기를 적절히 선정할 필요가 있다. 일반적으로 40～70 μm의 통기구멍을 갖는 필터(element)가 가장 많이 사용되며, 공압모터(air motor)에는 필터의 통기구멍이 10～40 μm정도가 사용된다.

먼지류는 필터의 스크린(filter element라고도 함)의 좁은 구멍을 통과시키면 큰 먼지를 제거할 수 있지만 수분은 완전히 제거하기가 곤란하며, 따라서 수분을 제거하기 위해 다음의 네 가지 방법이 이용되고 있으나 주로 원심력을 이용하는 방법이 사용되고 있다.

① 원심력을 이용하여 분리하는 방법

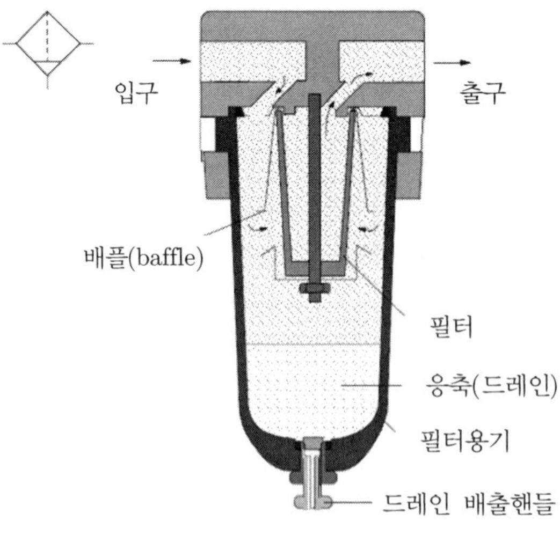

그림 2.12 공기필터

② 충돌판에 접촉시켜 분리하는 방법
③ 흡습제(吸濕劑)를 사용하여 분리하는 방법
④ 냉각하여 분리하는 방법

2.5.2 감압밸브

압축기로부터 토출되는 압축공기는 저압 압축기에서도 7~8 bar. 중압 압축기에서는 10~16 bar로 압력이 높으며 또한 맥동성이 있다. 공압시스템에서 공급압력이 변화하면 실린더의 동작시간, 유량의 제어, 밸브의 스위칭 특성에 영향을 미치므로 일정한 압력의 공기를 공급해야 한다. 그 역할을 하는 기기를 **감압밸브** 또는 **압력조절기**(pressure regulator)라 하며 공압필터의 하류쪽에 설치하여 맥동을 제거하고 시스템에 필요한 압력으로 낮추어 공급한다.

다이어프램식 감압밸브(압력조절기)에 대하여 알아보기로 한다. 이 압력조절기에는 그림 2.13과 같이 배기공이 있는 압력조절기는 입구쪽의 공급압력의 크기에 관계없이 출구쪽의 작동압력을 일정하게 유지시키는 것이 목적이다.

그림에서 출구 측 공기압력은 다이어프램에 작용하고 그 반대쪽에는 조정스프링의 힘이 작용한다. 이 스프링력은 조절나사에 의하여 조절될 수 있다. 이때 출구 측 공기압력이 조정스프링의 힘보다 커지면 다이어프램이 하향 변형하고 플런저(plunger)가 밸브스프링의 힘에 의하여 하향 이동하므로 밸브시트(valve seat)의 유로 단면적이 감소되거나 또는 완전히 닫히게 되므로, 출구 쪽으로 압축공기의 공급유량이 감소하여 압력

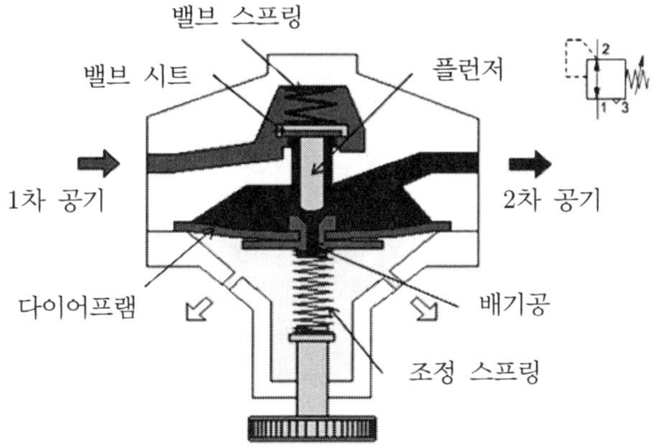

그림 2.13 감압밸브

이 낮아진 상태로 출구로부터 토출된다.

출구 측 압력이 떨어지면 조정스프링의 힘에 의해 다이어프램은 원래상태로 상향복귀하며 밸브시트의 유로도 원상태로 열리게 되어 출구 측 공기압력도 다시 높아진다. 이 경우 출구 측 공기압력이 현저히 높아지면 다이어프램의 중앙부에 있는 배기공이 완전히 열려 하부 쪽 배기공을 통해 압축공기가 외부로 방출되어 압력조절을 조속하게 할 수 있다.

2.5.3 윤활기

윤활기(lubricator)는 Venturi원리에 의해 작동한다. 그림 2.14에서 압축공기가 입구로 들어와 출구로 나갈 때 밸브에서의 교축에 의해 통과속도가 증가하여 압력강하가 발생한다. 따라서 유적관의 유로와 유적실이 진공상태로 되므로 사이펀을 통해 용기 내의 윤활유를 흡입하게 되는데, 이 윤활유는 유적실과 유로에서 분무형상으로 공기 속에 흡수되어 출구로 나가서 사용기기에 이르게 된다.

윤활유량은 압축공기 유량에 따라 밸브에서의 압력강하가 달라지므로 자동 조절된다.

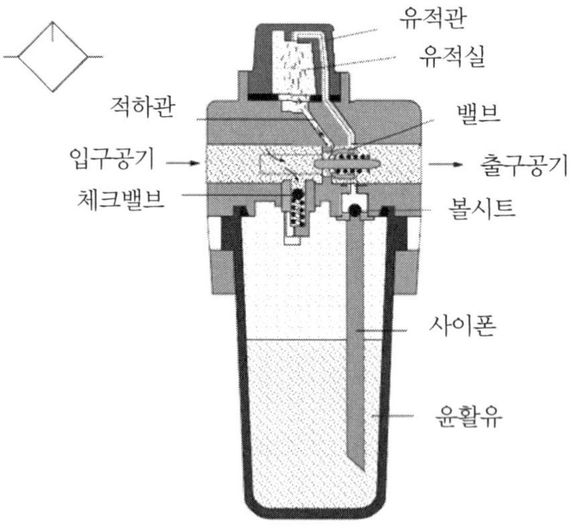

그림 2.14 윤활기

CHAPTER

03 공압 액추에이터

공기압력을 힘으로 변환하여 일을 시키는 데는, 직선운동으로 변환하는 공압실린더, 회전운동으로 변환하는 공압모터, 회전운동의 회전각을 제한하여 왕복 요동운동으로 변환하는 요동형 액추에이터가 있다.

이들 공압 에너지를 기계적인 힘 및 운동으로 변환하는 기기를 **공압 액추에이터**(pneumatic actuator, 공압 구동기기)라 한다. 공압 액추에이터를 분류하여 정리하면 그림 3.1과 같다.

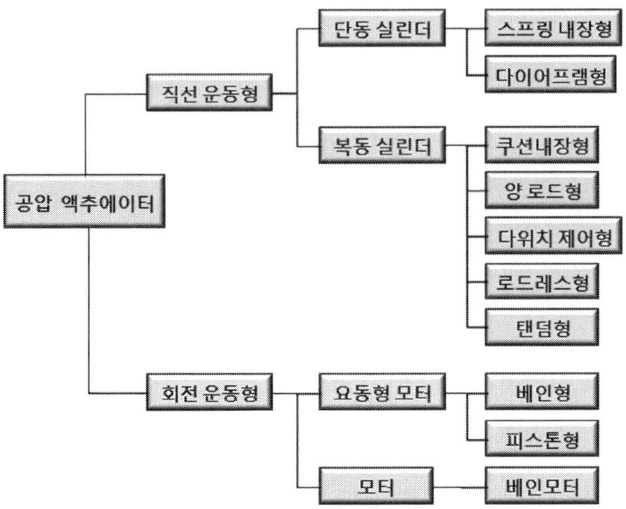

그림 3.1 공압 액추에이터의 분류

직선운동을 얻는 실린더는 한쪽 방향으로만 일을 할 수 있는 단동 실린더(Single acting cylinder)와 양 방향 모두 일을 할 수 있는 복동 실린더(Double acting cylinder)로 나눌 수 있으며, 다음의 장점을 갖는다.

① 구조가 간단하고 취급성이 좋다.
② 작업속도가 빠르다(1~2 m/s).
③ 과부하에서 안전하다.
④ 힘과 속도를 무단으로 조절이 가능하다.

단점은 다음과 같다.

① 실린더의 속도가 저속(20 mm/s 이하)에서는 stick-slip현상이 발생하기 쉽다.
② 3톤 이상의 큰 힘이 요구되는 경우에는 비경제적이다.
③ 250~300 mm 이상의 직경을 갖는 실린더는 비경제적이다.

공압모터는 압축공기의 에너지를 기계적 회전 에너지로 변환하는 액추에이터이며, 방향제어밸브에 의하여 시동이나 정지, 정・역회전이 제어된다. 구조에 따라 분류하면 베인형 모터, 피스톤형 모터, 기어모터, 터빈형 모터로 나눌 수 있다.

공압모터는 압축성인 공기를 이용하므로 모터의 축에 걸리는 하중이 변하면 속도가 변하여 균일속도를 얻기 어렵다. 또한 회전속도가 빠르면 에너지 소비량이 많아져 운전비용이 증가하고, 위치제어의 정밀도가 높지 않으므로 특수한 작업환경에만 이용되고 있다.

3.1 | 공압 실린더

3.1.1 공압 실린더의 구조

(1) 실린더의 구조

공압 실린더는 압축공기가 갖는 압력에너지로 실린더를 직선운동으로 변환시키는 기기이다. 구조상으로 분류하면 표 3.1과 같다.

표 3.1 공압 실린더의 구조상 분류

구분	명칭	기호	구분	명칭	기호
피스톤형 실린더	단동실린더 (편 로드)	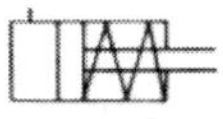	피스톤형 실린더	듀얼 스트로크 실린더(양 로드)	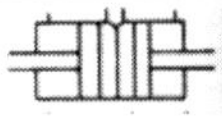
	단동실린더 (양 로드)	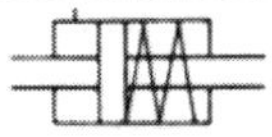		탠덤 실린더	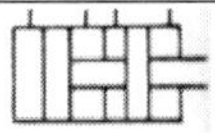
	복동실린더 (편 로드)	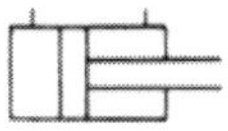		텔레스코프 실린더	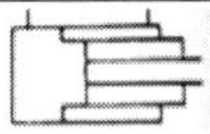
	복동실린더 (양 로드)	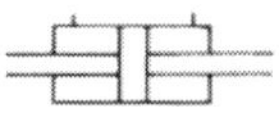		차압작동 실린더	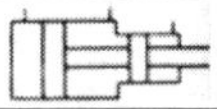
			램형 실린더		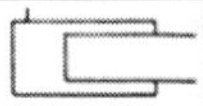
	가변 스트로크 실린더	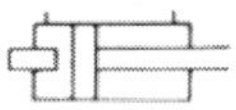	벨로형 실린더		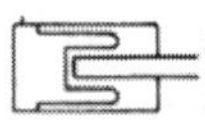
	듀얼 스트로크 실린더(편 로드)	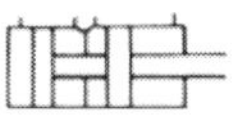	다이어프램형 실린더		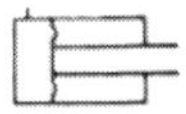

공압 실린더의 일반 구조는 그림 3.2에 표시하였으며, 실린더 튜브, 피스톤, 피스톤 로드, 쿠션기구로 구성되어 있다.

공압 실린더의 쿠션기구는 후술하는 바와 같이 실린더의 스트로크 끝 부분에서 공기의 배출을 막아 미량으로 교축함에 따라 피스톤의 운동을 감속시키는 기능을 갖는 니들밸브가 있다(그림 3.3 참조). 니들밸브(쿠션 조정니들)를 조정함에 따라서 쿠션의 상태를 조정할 수 있다.

실린더를 500 mm/s 이상의 고속으로 작동시키는 경우에는 행정의 끝부분에서의 충격흡수를 고려해야 된다.

실린더의 크기는 실린더 내경, 피스톤 로드경 및 스트로크(행정길이)의 크기에 의해 나타낸다. 이 조합을 어떻게 하는가에 따라 부하의 크기와 운동조건이 결정된다.

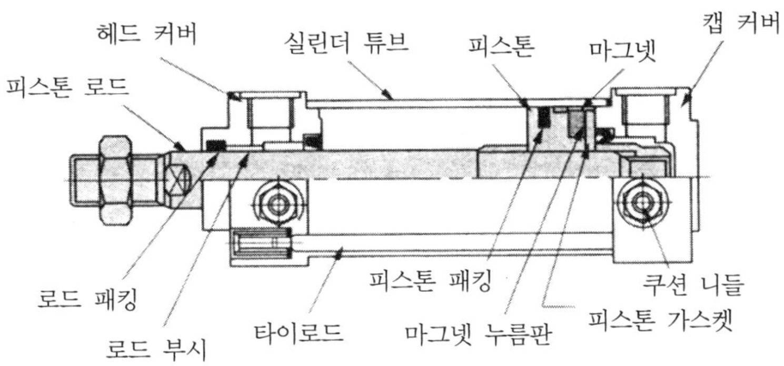

그림 3.2 공압 실린더의 구조

표 3.2 실린더의 행정길이

실린더 내경(mm)	행정 길이(mm)	실린더 내경(mm)	행정 길이(mm)
8	10~100	40	25~320
10	10~100	50	25~320
12	10~200	63	25~320
16	10~200	80	25~500
20	10~320	100	25~500
25	10~500	125	25~500
32	25~320		

표 3.3 실린더의 내경과 피스톤로드경

실린더 내경(mm)	피스톤 로드경(mm)	실린더 내경(mm)	피스톤 로드경(mm)
8	4	40	12, 16
10	4	50	16, 20
12	6	63	16, 20
16	6	80	20, 25
20	8	100	20, 25
25	10	125	27, 32
32	10, 12		

표 3.2는 실린더 내경과 행정길이(스트로크)의 최대치를 나타내며, 표 3.3은 실린더 내경과 피스톤로드경을 나타낸다. 부하의 크기와 그 운동조건에 대하여 실린더 내경, 피스톤로드경, 행정길이(스트로크)의 조합을 잘못 구성하면 피스톤로드의 좌굴을 일으킬 수 있으므로 주의해야 한다.

(2) 작동범위

실린더는 원칙적으로 실내에서 사용하며, 진동이 격심한 환경이나 오염이 심한 환경, 온도가 높은 환경에서는 사용하지 않는다. 실린더의 온도범위는 -5~60℃의 범위이며, 0℃ 이하의 저온에서 사용하는 경우는 시스템 내에서 수분이 동결하지 않게 해야 한다.

공기원은 40℃ 이하로 하고, 공기 건조기(air dryer)는 도달 노점 -10~-30℃의 경우는 냉동식 건조기, 도달 노점이 -30℃를 초월하는 경우는 흡착식 건조기를 사용한다.

실린더의 사용 속도범위는 1Ps 실린더를 제외하고 표 3.4의 범위로 한다. 1Ps 실린더의 최고 사용속도는 200 mm/s로 하고, 최저 사용속도는 30 mm/s로 한다.

표 3.4 실린더의 사용속도 범위

실린더 내경(mm)	최저속도(mm/s)	최고속도(mm/s)
8~16	50	600
20~32	30	800
40~100	30	500
125~250	30	300
320~500	30	200

실린더의 최저 작동압력은 표 3.5와 같다. 최저 작동압력은 실린더의 종류에 관계없이 쿠션부를 포함하는 전 스트로크에 걸쳐서 표 3.5의 값 이하에서 원활하게 작동해야 한다.

표 3.5 최저 작동압력

실린더 내경(mm)	최저 작동압력(MPa)
8, 10, 12, 16	0.15
20, 25, 32	0.1
40, 50, 63, 80, 100	0.08
125, 160, 200, 250	0.06

(3) 공압 실린더의 쿠션기구

공압 실린더의 **쿠션기구**는 그림 3.3에 나타내었다. 피스톤이 왼쪽방향으로 진행 중인 경우에는 A실의 공기압은 B실을 통과하여 배관 접속포트를 통해 배기되며, 쿠션기능이 작동하지 않고 있다.

피스톤이 더 진행하여 쿠션링이 쿠션패킹부에 도달하면 A실의 공기압은 B실과 차단되며 d의 바이패스 유로를 통하게 되고, 쿠션조정 니들에 의해 배출 공기량이 교축되어 접속포트로 배기되므로 A실의 공기압이 상승하여 쿠션기능이 발생하게 된다.

공압 실린더의 쿠션능력은 각각 특유한 값을 가지므로 메이커의 해당 자료를 참조하는 것이 좋다.

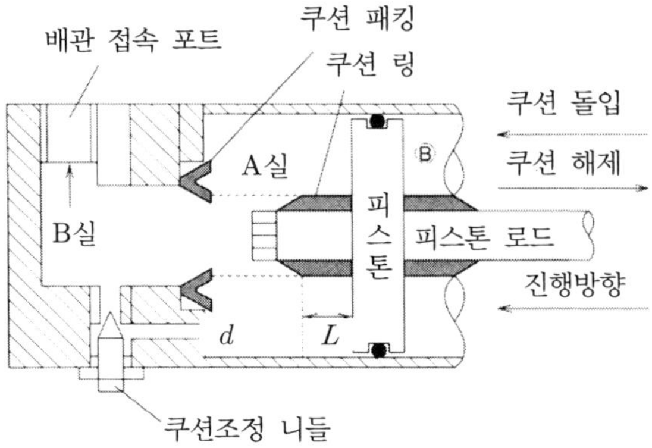

그림 3.3 공압 실린더의 쿠션기구

3.1.2 실린더의 종류와 추력

(1) 단동실린더

단동실린더(single acting cylinder)는 전진방향으로는 압축공기를 이용하여 운동을 하고, 복귀(후진)운동은 내장된 스프링이나 내부에 저장된 힘을 이용하여 수행된다. 따라서 압축공기를 이용하는 전진행정에서만 일을 할 수 있다.

실린더 내부에 내장된 복귀스프링은 압축공기의 압력으로 환산하면 0.05 MPa 미만의 작은 압력이므로 스프링에 의한 복귀행정에서는 일을 할 수 없다. 스프링이 내장된 단동실린더는 최대 행정거리가 스프링으로 인하여 100 mm 정도로 제한된다.

이러한 단동실린더는 압축공기가 작용하는 전진 운동시의 속도가 이용되는 리벳팅(rivetting), 엠보싱(embossing), 스탬핑(stamping), 클램핑(clamping), 물체의 이동 등에 주로 이용된다.

단동실린더가 낼 수 있는 힘은 다음과 같다.

$$F = p_A \times A_{piston} - F_{friction} - k \times x \tag{3.1}$$

여기서 F : 실린더 전진시의 힘 [N], p_A : 피스톤이 받는 압력 [Pa]

A_{piston} : 피스톤 단면적 [m^2], $F_{friction}$: 마찰저항력 [N]

k : 스프링 상수, x : 스프링의 길이 [m]

단동실린더의 경우, 스프링에 의해 복귀하므로 전진시의 힘은 스프링 저항력을 더 빼 주어야 한다. 단동실린더의 구조는 그림 3.4와 같다.

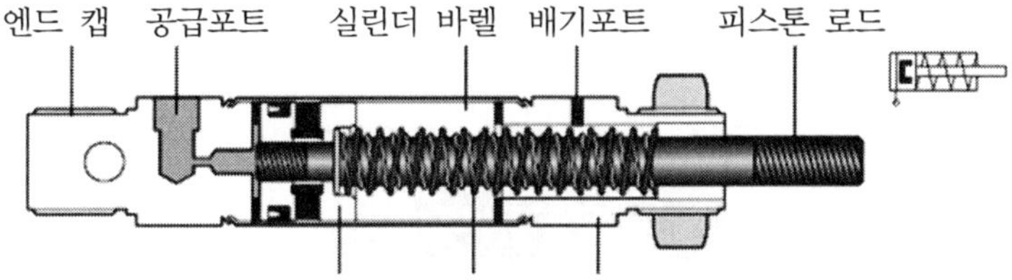

그림 3.4 단동 실린더

(2) 복동실린더

복동실린더(double acting cylinder)는 전 · 후진운동이 모두 압축공기에 의하여 일어나므로 전진 · 후진 시에 모두 일을 할 수 있다. 복동실린더는 원칙적으로 실린더의 행정거리에 제한을 받지 않지만 피스톤로드의 휨을 고려하여 2000 mm 이내로 한다.

그림 3.5에서 실린더가 전진운동을 하는 경우에는 로드 측 쿠션링(cushion ring)에 의하여 피스톤로드 측의 배기통로(후진 급기포트)가 막힐 때까지 피스톤로드 측의 공기가 쿠션밸브로 통하는 작은 통로를 통해야 배기되므로 충분한 배기가 될 수 없게 된다. 따라서 높은 배압이 생성되어 실린더의 속도가 감속된다.

이러한 쿠션이 있는 실린더는 쿠션이 없는 실린더에 비하여 속도가 느리므로 빠른 속도에너지를 이용해야 하는 리벳팅(rivetting), 펀칭(punching) 등의 작업에는 부적합하다.

이 실린더는 전진운동 시에는 피스톤의 전 면적에 대하여 압축공기의 압력이 가압되나 후진운동 시에는 피스톤에서 피스톤로드의 면적을 제외한 면적에 대해서만 압력이 작용하므로 전진운동 시의 출력이 후진운동 시의 출력보다 크다.

복동실린더가 낼 수 있는 힘 F_{eff}는 다음과 같다.

$$\text{전진 시 : } F_{1eff} = \frac{\pi D^2}{4} p - F_f = \frac{\pi D^2}{4} p \cdot \eta \tag{3.2}$$

$$\text{후진 시 : } F_{2eff} = \frac{\pi}{4}(D^2 - d^2)p - F_f = \frac{\pi}{4}(D^2 - d^2)p \cdot \eta \tag{3.3}$$

여기서 F_{eff} : 실린더의 유효 힘 [N], η : 부하율

F_f : 실린더의 마찰력 [N] (이론 힘 $F_{th}=\frac{\pi}{4}(D^2-d^2)p$의 약 10%)

p : 공급압력 [Pa], D : 실린더 내경 [m], d : 피스톤로드의 직경 [m]

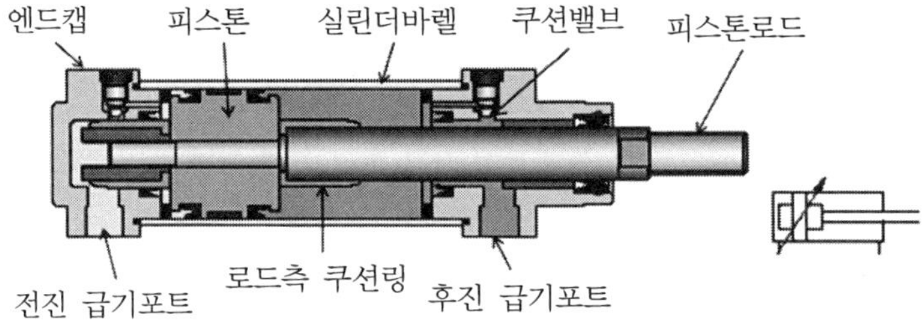

그림 3.5 복동 실린더

실린더를 선정하는 데는, 추력방향에 대하여 부하 이외에도 저항이 있다. 실린더가 정지 중에도 실린더 내의 패킹이나 베어링의 저항을 고려해야 하며, 작업 중에는 더욱이 배기압에 의한 반력도 작용한다.

이와 같이 실린더 추력에 대한 저항은 실린더의 크기, 공기압력, 실린더 속도 등의 조건에 따라서 변화하며, 그러한 조건이 클수록 더 크게 작용한다고 볼 수 있다. 그리고 패킹의 습동저항이나 피스톤 및 로드의 중량, 배관이나 밸브에 의해 발생하는 배압 등에 의해 실제 추력은 이론추력보다 작은 값이 된다. 따라서 **부하율(추력효율)** η는 실린더의 이론추력에 대한 실제의 부하를 의미하며[식 (3.4) 참조], 그림 3.6을 참조하여 부하율을 정한다.

$$\eta=\frac{\text{실제의 부하}}{\text{실린더의 이론추력}} \tag{3.4}$$

① 실린더를 정적작업에 이용하는 경우 : $\eta=80\%$ [그림 3.6(a)]

② 실린더를 동적작업에 이용하는 경우 : $\eta=50\%$ 이하 [그림 3.6(b)]

③ 가이드 부착, 수평운동의 경우 : $\eta=100\%$ 이하 [그림 3.6(c)]

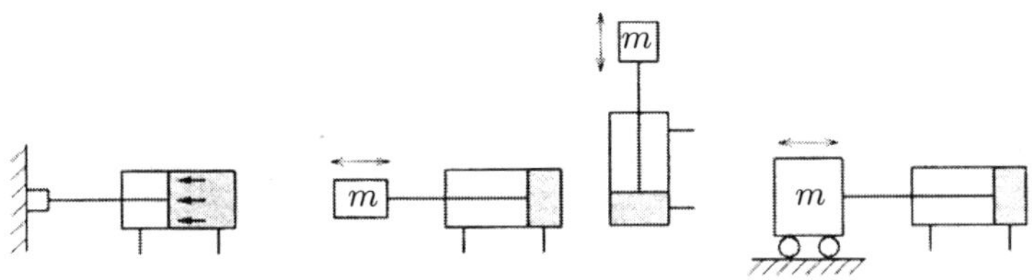

(a) 정적 작업 (b) 동적 작업 (c) 가이드 부착, 수평운동

그림 3.6 부하율(추력효율)

예제 3.1

실린더 내경 63 mm, 피스톤 로드직경 16 mm인 실린더에 있어서 사용 공기압력 0.6 MPa일 때 실린더의 전진 시, 후진 시의 추력을 각각 구하라. 단, 실린더의 마찰력은 무시하며, 부하율은 80%이다.

풀이 $D = 63$ mm, $d = 16$ mm, $P = 0.6$ MPa, $\eta = 80\% = 0.8$을 식 (3.2)와 식 (3.3)에 각각 대입하면

$$F_1 = \frac{\pi}{4} D^2 P\eta = \frac{\pi}{4} 63^2 \times 0.6 \times 0.8 = 1495.52 \text{ N}$$

$$F_2 = \frac{\pi}{4}(D^2 - d^2) P\eta = \frac{\pi}{4}(63^2 - 16^2) \times 0.6 \times 0.8 = 1399.06 \text{ N}$$ ■

예제 3.2

실린더 내경 20 mm의 단동 실린더를 공기압력 0.6 MPa에서 사용할 때 변위 0일 때와 변위 최대일 때의 실제 추력을 구하라. 단, 스프링을 장착했을 때의 반력을 8 N, 최대압축시의 반력을 40 N, 부하율을 75%로 한다.

풀이 변위 최대인 경우 $F_1 = (A_1 p - f_2)\eta = (\frac{\pi}{4} 20^2 \times 0.6 - 40) \times 0.75 = 111.3 \text{ N}$

변위 0인 경우 $F_2 = f_1 \eta = 8 \times 0.75 = 6 \text{ N}$ ■

3.1.3 실린더의 선정

(1) 실린더의 직경

실린더가 내는 출력의 일부는 마찰력을 극복하는 데 사용되며, 이는 윤활, 사용압력, 피스톤로드 쪽의 배압, 피스톤에 사용하는 패킹의 형태에 따라 달라지므로 정확한 값을

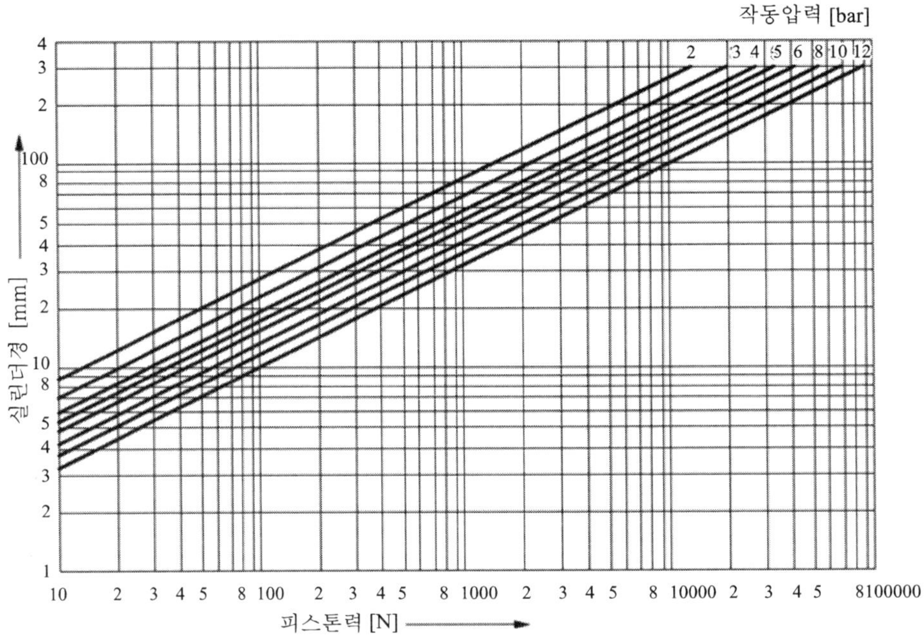

그림 3.7 실린더의 직경선정 선도

얻는 것은 쉽지 않다.

전진 시 필요한 실린더의 추력이 정해지면 그림 3.7에서 실린더의 직경을 구할 수 있다. 즉, 피스톤력과 작동압력선과의 교점으로부터 좌측의 수직축으로부터 실린더경을 구할 수 있다.

실린더에서 피스톤로드의 자중에 의한 휨도 고려해야 한다. 이 경우, **로드 선단의 휨량**은 등분포하중을 받는 편 지지바라고 생각하면 다음 식이 성립한다.

$$\delta = \frac{wl^4}{8EI} \tag{3.5}$$

탄소강의 비중을 7.8로 하여 등분포 하중(w)은 다음과 같이 계산할 수 있다.

$$w = \frac{\pi}{4} d^2 \times 7.8 \times 10^{-6} \times g \quad [\mathrm{N/mm}] \tag{3.5a}$$

여기서 δ : 로드의 휨량 [mm]

g : 중력가속도 $= 9.80665$ $[\mathrm{m/s^2}]$

E : 로드의 종탄성계수 $= 2.06 \times 10^5$ [MPa]

I : 로드의 단면2차 모멘트 [mm^4] : 환봉의 경우 $I = \pi d^4/64$

d : 로드경 [mm]

l : 로드 단면으로부터 로드의 돌출길이 [mm]

실린더는 피스톤로드의 축방향으로 작용하는 하중에는 강하지만, 축의 직각방향으로 작용하는 힘에는 약하다. 이것을 실린더의 **횡하중**이라 한다.

이러한 횡하중이 반복적으로 가해지면 패킹이 편 마모되어 실린더의 수명이 현저히 줄어든다. 그리하여 공작물이 직선 이외의 동작을 하는 경우에는 실린더의 지지형식을 트래니언형이나 크레비스형을 사용한다. 또한 로드 선단의 공작물과의 결합은 Free joint형식으로 하면 실린더에 가해지는 횡하중을 경감시킬 수 있다.

피스톤로드의 베어링에 걸리는 허용 횡하중은, 일반적인 실린더에서는 이론 실린더력(피스톤력)의 1/20, 소형 환형 실린더에서는 1/40 이내로 하는 것이 요구된다.

일반적으로 실린더에 허용되는 횡하중은 식 (3.6)로 표시할 수 있다(그림 3.8 참고).

$$F_x = \frac{1}{20} \cdot \frac{L_2}{L_1 + L_2} \cdot \frac{\pi}{4} D^2 P \tag{3.6}$$

여기서 F_x : 실린더의 허용 횡하중 [N],

L_1 : 로드 패킹부로부터 횡하중이 가해지는 점까지의 거리 [mm]

L_2 : 로드 패킹부로부터 피스톤 패킹 중심까지의 거리 [mm]

D : 실린더 튜브 직경 [mm]

P : 사용 공기압력 [MPa]

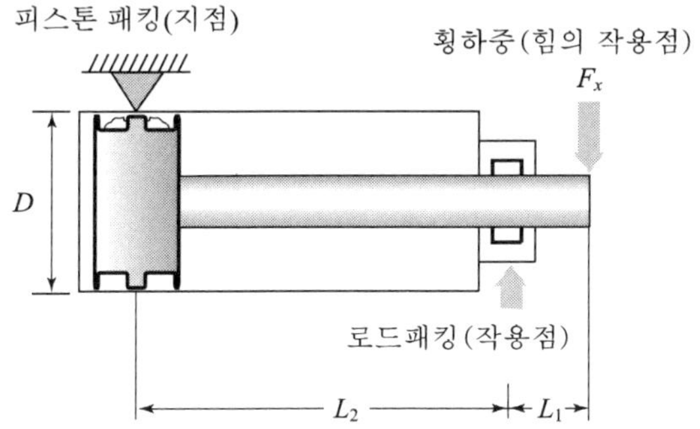

그림 3.8 실린더의 횡하중

(2) 피스톤로드의 직경

실린더를 선택할 경우, 피스톤로드에 걸리는 **좌굴하중**은 피스톤로드의 직경과 행정거리에 따라 달라지며, 다음 식으로 계산한다.

$$W_k = \frac{n\pi^2 EI}{l^2 S} \tag{3.7}$$

$$I = \frac{\pi d^4}{64}, \ l = \sqrt{n}\, L$$

여기서 W_k : 좌굴하중 [N], E : 피스톤로드의 종탄성계수 [N/mm²]

I : 피스톤로드의 단면2차 모멘트 [mm⁴], l : 최대 부착길이 [mm],

s : 행정거리 [mm], L : 좌굴길이 [mm], S : 안전율,

d : 피스톤로드 직경 [mm], n : 취부조건의 단말계수

최대 부착길이 l은 취부 단말조건에 따라 그림 3.9에서 표시하듯이 행정거리 s, 좌굴길이 L의 관계를 표시하였다.

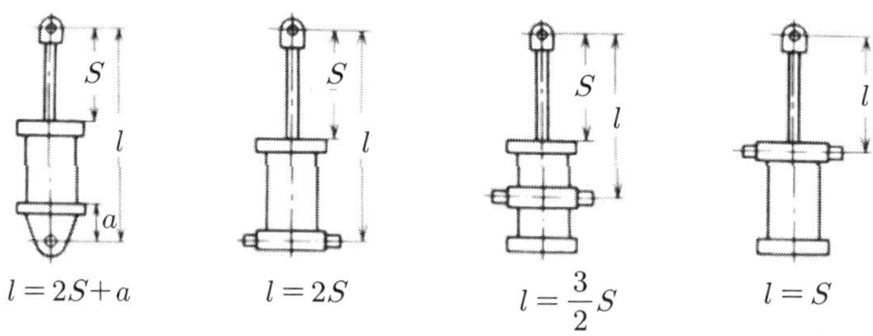

(a) 양단 핀조인트의 경우($n=1$, $l=L$)

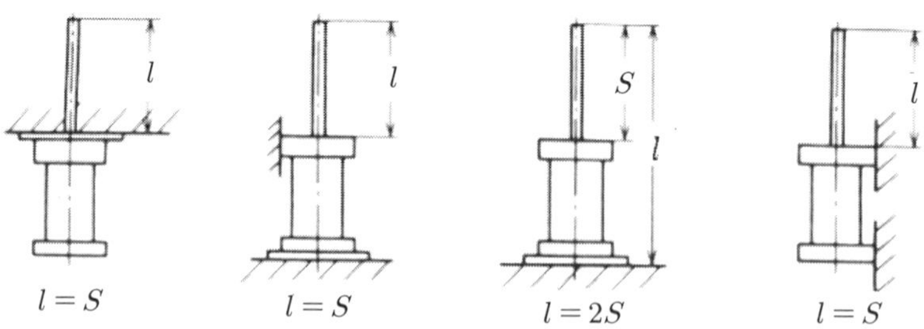

(b) 실린더 고정, 로드엔드 자유인 경우$\left(n=\frac{1}{4},\ l=\frac{L}{2}\right)$

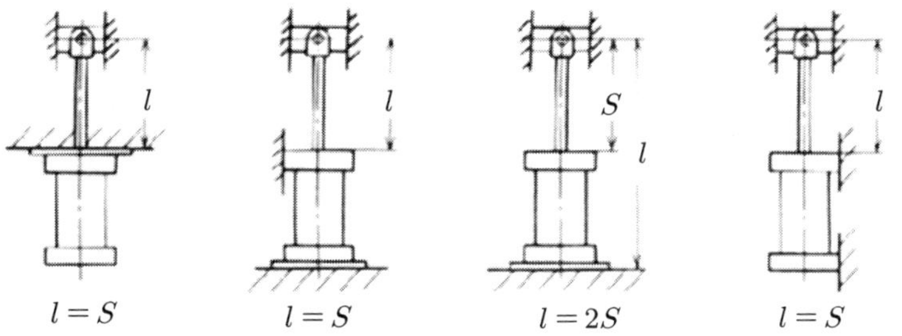

(c) 실린더 고정, 로드엔드 가이드(핀조인트)의 경우($n = 2,\ l = 1.4L$)

그림 3.9 피스톤로드의 부착형식에 의한 좌굴길이와 변위

피스톤로드의 마운팅 방법에 따라 단말계수가 달라지며, 다음의 그림 3.10은 피스톤 로드의 좌굴현상이 가장 일어나기 쉬운 pivot 마운팅의 경우, 안전율 S=5로 하고, 재질은 스테인리스 강을 기준으로 작성되었으며, 피스톤로드경과 행정거리가 주어지는 경우 허용할 수 있는 좌굴하중을 구할 수 있다. 또는 임의의 좌굴하중에 견딜 수 있는 피스톤로드경을 구할 수 있다.

Pivot 마운팅은 가장 불리한 조건이므로 다른 마운팅 방법을 이용할 경우에 허용하중을 50%까지 증가시킬 수 있다.

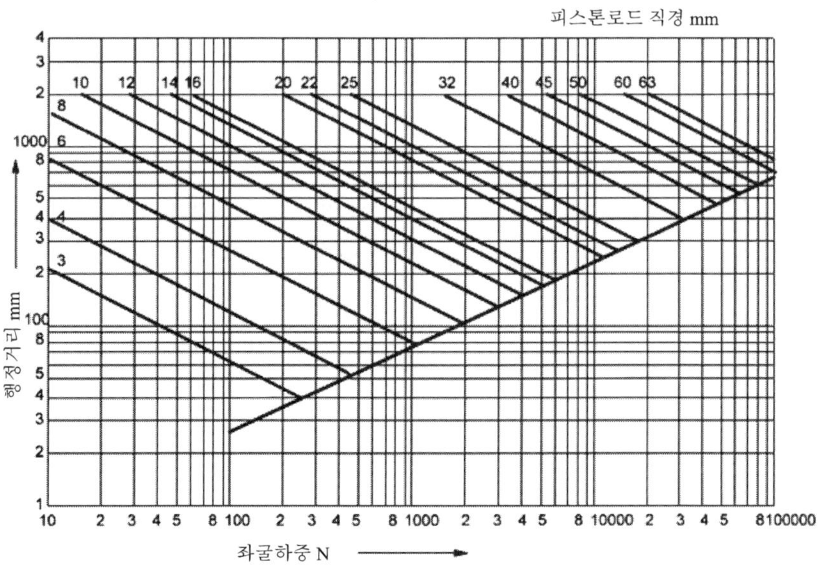

그림 3.10 피스톤로드의 좌굴하중 선도

예제 3.3

실린더 내경 25 mm, 피스톤로드 직경 10 mm, 행정거리(stroke) 500 mm일 때, 최대 행정거리에 있어서 피스톤로드 선단의 휨 량을 구하라. 단, 실린더가 후진상태에서 피스톤로드가 실린더 끝 단면으로부터 40mm 나와 있는 것으로 한다. 피스톤로드의 종탄성계수는 2.06×10^5 MPa 이다.

풀이 식 (3.5a)로부터 피스톤로드에 걸리는 등분포 하중 w와 단면 2차 모멘트 I는 각각

$$w = \frac{\pi}{4} d^2 \times 7.8 \times 10^{-6} \times g = \frac{\pi}{4} \times 10^2 \times 7.8 \times 10^{-6} \times 9.8 = 0.006 \text{ N/mm}$$

$$I = \frac{\pi}{64} d^4 = \frac{\pi \times 10^4}{64} = 490.6 \text{ mm}^4$$

따라서 식 (3.5)로부터 피스톤로드의 휨은 다음과 같이 계산된다.

$$\delta = \frac{wl^4}{8EI} = \frac{0.006 \times (500 + 40)^4}{8 \times 2.06 \times 10^5 \times 490.6} = 0.63 \text{ mm}$$ ■

예제 3.4

그림(예제 3.4)에 있어서 $D = 50$ mm, $L_1 = 150$ mm, $L_2 = 35$ mm, $P = 0.6$ MPa일 때 최대 횡하중은 몇 N인가?

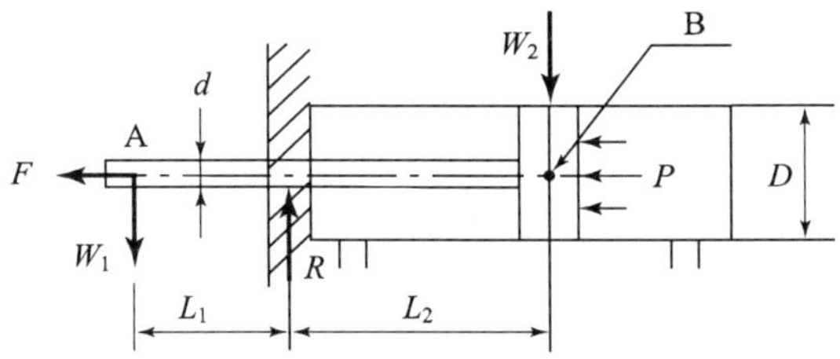

그림(예제 3.4)

풀이 $$F_x = \frac{1}{20} \frac{L_2}{L_1 + L_2} \frac{\pi}{4} D^2 P = \frac{1}{20} \times \frac{35}{150 + 35} \times \frac{\pi}{4} 50^2 \times 0.6 = 11.14 \text{ N}$$ ■

예제 3.5

피스톤로드 직경 20 mm의 실린더를 양단 핀조인트(n=1), 행정거리 500 mm에서 작동시키려 한다. 다음 각 항목을 계산하라.

(1) 좌굴하중은 얼마인가? 로드가 후진상태의 부착길이를 200 mm로 한다.

(2) 상용 안전하중을 1000 N으로 할 때, 실린더경은 얼마인가? 단, 사용압력 0.6 MPa, 부하율

을 65%로 한다.

풀이 (1)

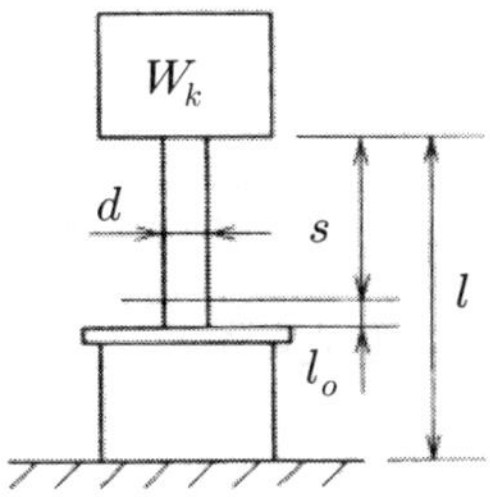

$$I=\frac{\pi}{64}d^4=\frac{\pi}{64}\times 20^4=7850\,\text{mm}^4$$

$n=1$이므로 $L=\frac{l}{\sqrt{n}}=l=2s+l_o=2\times 500+200=1200\,\text{mm}$

식 (3.7)로부터 좌굴하중은

$$W_k=\frac{n\pi^2 EI}{l^2}=\frac{1\times\pi^2\times 2.06\times 10^5\times 7850}{1200^2}=11072.2\,\text{N}$$

(2) 실린더 내경은 식 (3.2)를 이용하여

$$D=\sqrt{\frac{4W}{\pi p\eta}}=\sqrt{\frac{4\times 1000}{\pi\times 0.6\times 0.65}}=57.15\,\text{mm}$$

실린더(표 3.3)으로부터 $D=63\,\text{mm}$, $d=20\,\text{mm}$를 선택한다.

안전율 $S=\frac{W_k}{W}=\frac{11072.2}{1000}=11.07$ ■

3.1.4 특수 실린더의 종류

앞에서 단동실린더와 복동실린더에 대해서 기술하였으며, 여기서는 그 외 특수 실린더의 종류를 간단히 기술한다.

(1) 양 로드형 실린더

양 로드형 실린더는 그림 3.11과 같이 로드측과 헤드측의 양쪽에 피스톤로드가 있으며 한쪽이 전진하면 반대쪽의 피스톤로드는 후진한다.

전·후진 시에 같은 힘이 필요한 경우에는 양쪽에 모두 피스톤로드가 있는 양 로드형 실린더를 이용한다. 그리고 양 로드형 실린더는 작업환경 상 작업의 완료여부를 감지하여 제어신호를 발생시켜 주는 리밋밸브를 설치하기가 곤란한 경우에도 사용된다.

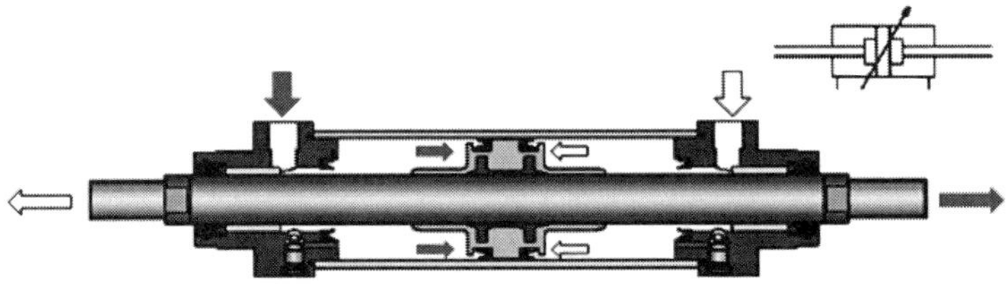

그림 3.11 양 로드형 실린더

(2) 로드레스 실린더

그림 3.12와 같이 피스톤 로드가 없는 실린더를 **로드레스 실린더**(rod less cylinder)라 한다. 그림 3.12(a)는 밴드 구조로 되어 있으며, 좌우로 운동 시 같은 힘을 낼 수 있다.

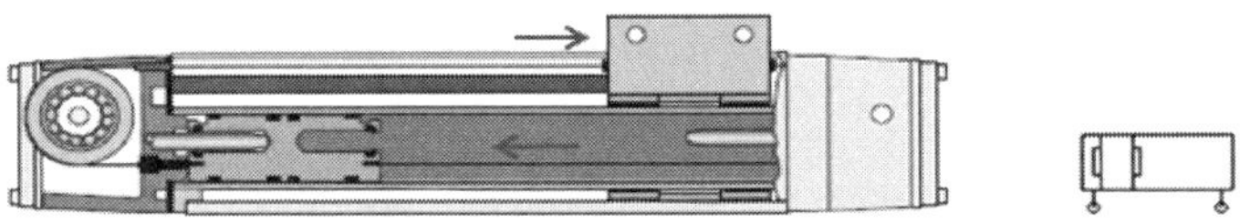

(a) 밴드 형

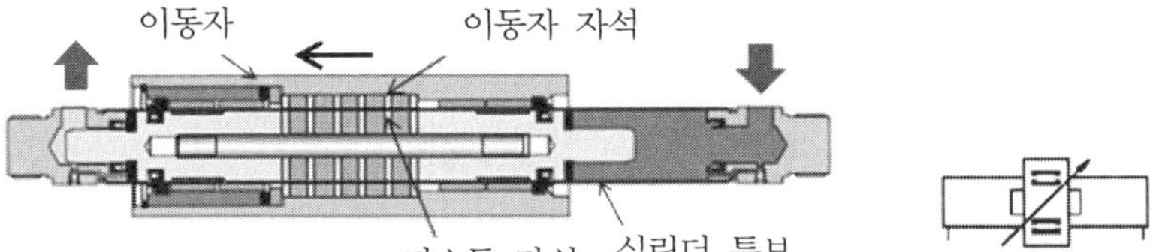

(b) 자석 커플링 형

그림 3.12 로드레스 실린더

그림 3.12(b)의 로드레스 실린더는 피스톤과 이동자에 각각 링모양의 자석을 수개 조 조립하여 자석의 흡인력으로 이동자(테이블)를 이동시키는 구조이다. 동작 시 강한 외력이 발생되면 자력을 떨어뜨릴 수 있는 단점이 있으나, 압축공기의 누출 가능성이 적다.

(3) 탠덤 실린더

두 개의 복동 실린더를 직렬로 연결한 실린더를 **탠덤 실린더**(tandem cylinder)라 하며, 그 구조를 그림 3.13에 나타내었다. 두 개의 피스톤에 압축공기가 공급되므로 피스톤 로드가 낼 수 있는 출력은 두 개의 실린더가 낼 수 있는 출력의 합이 된다. 동일직경의 실린더의 경우는 출력이 2배가 된다.

실린더의 내경을 크게 할 수 없는 작은 공간을 2중 또는 3중으로 연결하여 각각 2배, 3배의 출력을 얻을 수 있으며, 또 공압 실린더의 사용압력이 낮은 경우에 고출력이 필요한 용도로 사용된다.

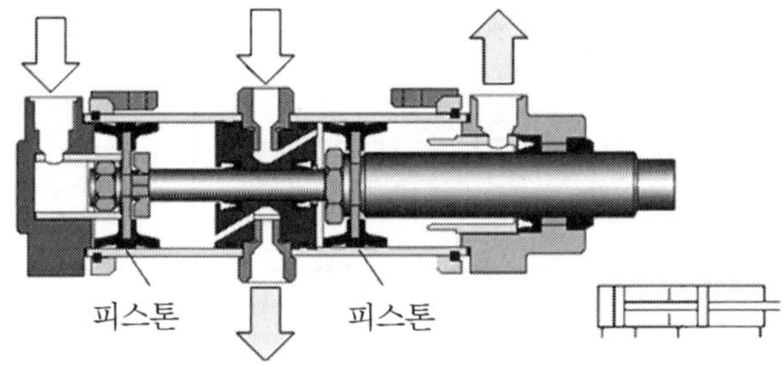

그림 3.13 탠덤 실린더

(4) 텔레스코프 실린더

텔레스코프 실린더(telescoping cylinder)는 그림 3.14에 나타낸 바와 같이 실린더 본체는 길이가 짧으며 다단으로 겹친 튜브형의 로드 또는 램으로 구성된다. 따라서 다단 튜브형 로드를 갖는 실린더로서 긴 행정을 얻을 수 있다.

이것은 속도제어가 용이치 않으며 피스톤 로드측의 반경방향의 부하에 약하고, 행정의 최종단에서 출력이 저하하는 단점이 있다.

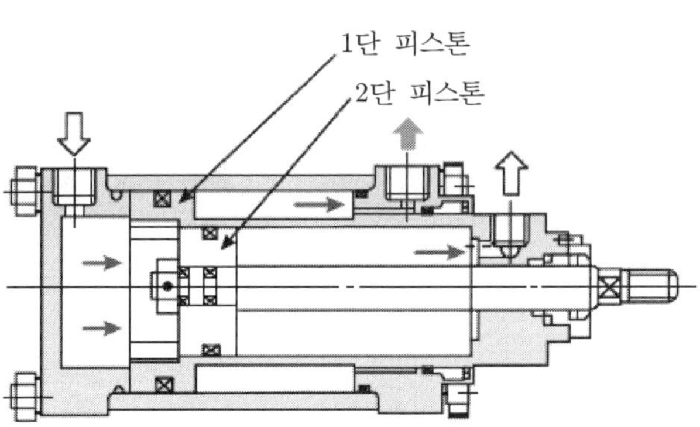

그림 3.14 텔레스코프 실린더

(5) 다 위치제어 실린더

다 위치제어 실린더(multi position cylinder)는 서로 다른 행정거리를 갖는 복수의 실린더를 직렬로 연결하고, 각각의 실린더를 제어하여 여러 개의 정지위치를 선정하는 실린더이다(그림 3.15). 위치 정밀도가 높은 다 위치제어에 이용된다.

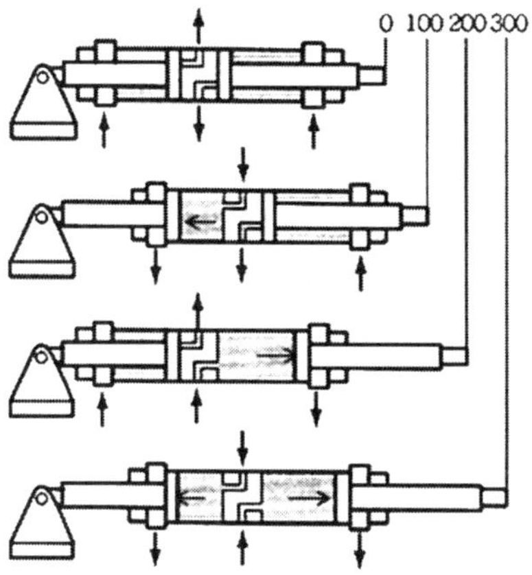

그림 3.15 다 위치제어 실린더

(6) 로터리 실린더

로터리 실린더(rotary cylinder)는 복동 실린더의 피스톤 로드를 랙 기어의 형상으로 만든 것이다. 그림 3.16과 같이 피스톤 로드는 랙 기어로부터 원형기어를 구동시키므로 직선운동을 회전운동으로 변환시킨다. 회전각도는 45, 90, 180, 270, 360도이다.

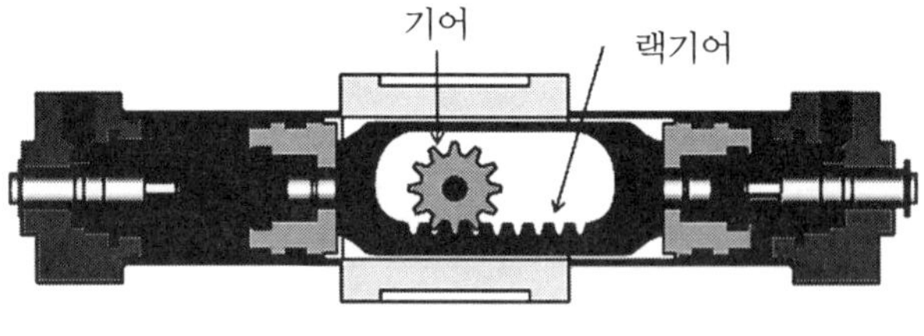

그림 3.16 로터리 실린더

(7) 머슬 실린더

유동머슬은 막의 수축시스템으로서, 유연하고 새지 않는 튜브가 다이아몬드 형태로 짜여진 실로 덮여 있다.

머슬 실린더(muscle cylinder)는 그림 3.17과 같이 안으로 공급되는 공기는 그 실의 그리드 구조를 변형시키며, 인장력이 축 방향으로 발생하고, 머슬의 내부압력이 증가함으로써 수축이 발생한다.

팽창상태에서 유동머슬은 보통의 공압 실린더보다 10배 이상의 힘을 발생시키고, 40%의 에너지로 동일한 힘을 낸다. 동일한 힘을 내기 위해 직경이 1/3 정도이면 충분하며 스트로크는 전 길이보다 짧다.

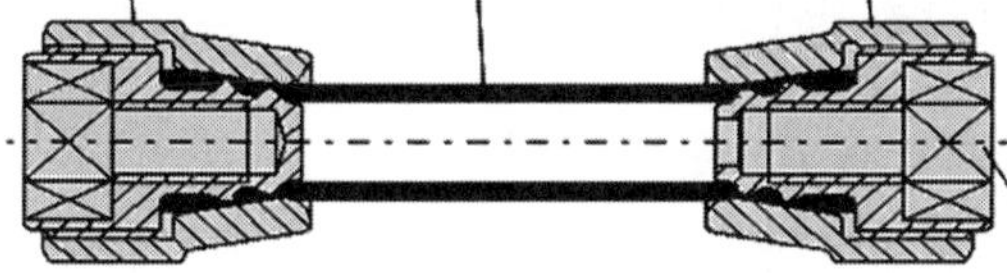

그림 3.17 머슬 실린더

3.2 | 공압모터

3.2.1 공압모터

공압모터(air motor)는 압축공기의 압력에너지를 기계적 회전운동 에너지로 변환시키는 액추에이터로서 시동, 정지, 역회전 등은 방향제어밸브에 의하여 제어된다.

이 공압모터는 회전수나 토크의 무단변속이 용이하며 과부하가 걸려도 기기에 손상이 발생하지 않는다. 또 전기를 직접 구동원으로 하지 않으므로 폭발성 가스가 존재하는 곳에 전동기 대신에 사용할 수 있다. 그러나 에너지 변환효율이 낮고 부하변동에 따라 속도 변화가 생기는 단점도 있다.

이 공압모터는 부품의 장·탈착장치, 컨베이어(conveyer), 교반기, 호이스트(hoist) 등에 널리 사용된다.

공압모터는 다음의 그림 3.18과 같이 분류할 수 있다.

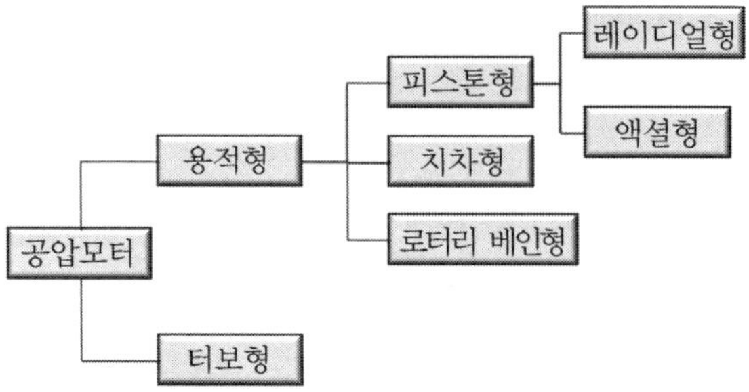

그림 3.18 공압모터의 분류

(1) 레이디얼(반경류) 피스톤형 공압모터

레이디얼 피스톤형(radial piston type) **공압모터**는 그림 3.19와 같이 모터의 크랭크축이 왕복운동을 하는 피스톤과 컨넥팅 로드(connecting rod)에 의하여 구동된다. 운전을 원활하게 하기 위해서는 여러 개의 피스톤이 필요하며 출력은 공기압력과 피스톤의 수 및 면적, 행정거리와 속도에 좌우된다.

압축공기는 항상 2개의 피스톤에 공급되며 압축공기가 공급되는 방향에 의해 회전방향이 결정된다.

크랭크축에 연결된 로터리 분배밸브에 의해 압축공기를 순차적으로 실린더에 공급·배기시켜 각 피스톤을 작동시킴으로써 크랭크축을 회전시킨다. 회전속도는 150~1500 rpm 정도이다.

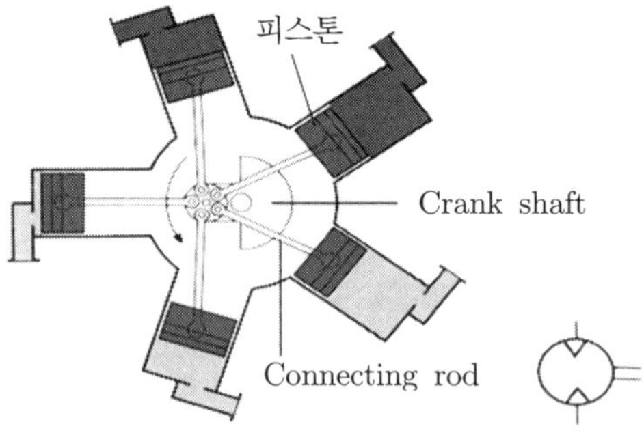

그림 3.19 레이디얼 피스톤형 공압모터

(2) 액셜(축류) 피스톤형 공압모터

액셜 피스톤형(axial piston type) **공압모터**의 작동원리는 레이디얼(반경류)형과 유사하며, 그림 3.20과 같이 축방향으로 설치된 5개의 피스톤에 의하여 나오는 힘이 회전사판(回轉斜板)에 의해 회전운동으로 바뀐다.

5개의 피스톤이 출력축을 중심으로 하여 동심으로 배열되며 피스톤의 출력을 회전사판에 전달하여 회전운동으로 변환하고, 일련의 치차기구를 넣어 출력축에 전달된다. 출력은 2.6 kW 이하이다.

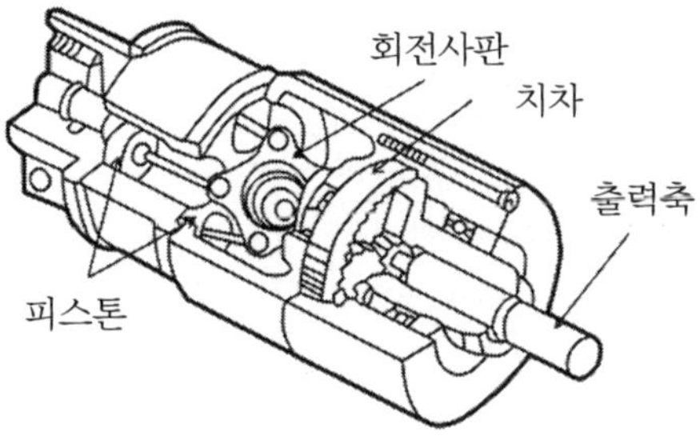

그림 3.20 액셜 피스톤형 공압모터

(3) 베인형 공압모터

베인형 공압모터는 그림 3.21과 같이 케이싱에 접하고 있는 베인(vane)을 회전자(rotor)에 지지하고, 베인 사이에 유입된 압축공기에 의해 회전자가 회전하는 형식으로서, 구조가 간단하고 무게가 가벼우므로 대부분의 공압모터는 이 형식이다.

이 모터는 3~10개의 날개를 갖고 있으며 회전속도는 3000~8000 rpm 정도이다. 역회전이 가능하며 출력은 보통 0.1~24마력 정도이다.

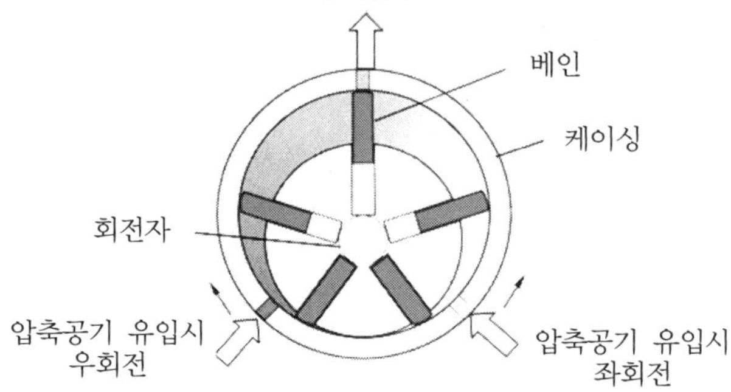

그림 3.21 베인형 공압모터

(4) 치차형 공압모터

치차형 공압모터(gear type air motor)는 케이싱 내에 2개의 외접하는 기어가 맞물려 작동하며 급기(給氣)포트로부터 압축공기를 공급받아 다른 쪽 기어에 연결되어 있는 출력축에 회전운동을 일으키는 형식이며, 높은 출력(60마력)을 얻을 수 있다(그림 3.22).

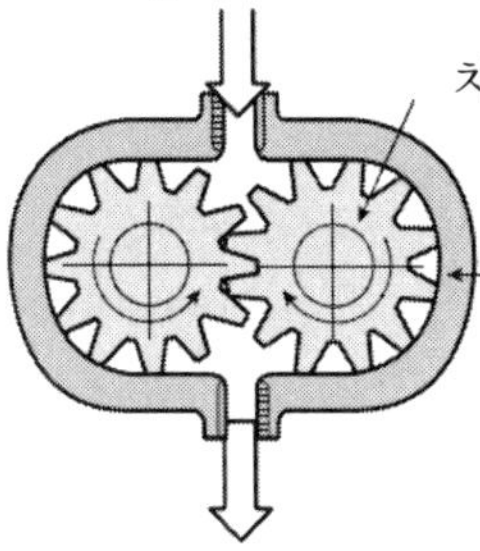

그림 3.22 치차형 공압모터

(5) 터보형 공압모터

터보형 공압모터(turbo type air motor)는 회전차의 외주에 터빈날개를 설치하고, 여기에 압축공기를 분출하여 고속회전을 얻을 수 있는 공압모터이다.

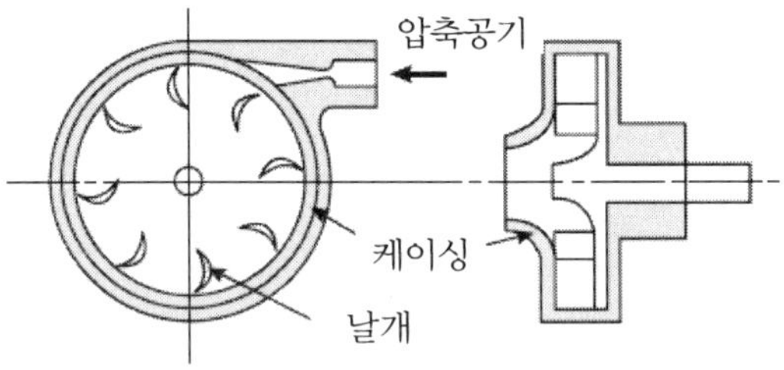

그림 3.23 터보형 공압모터

3.2.2 공압모터의 특성

그림 3.24는 공압모터의 일반 특성곡선을 나타낸다. 공압모터의 발생토크는 회전수의 증가에 따라 감소한다. 출력은 다음 식으로부터 구한다.

$$L = \frac{2\pi n T}{60}\ [\mathrm{W}] \tag{3.8}$$

여기서 T : 토크 [N·m] [J], n : 회전수 [rpm]

공압모터의 성능곡선은, 공급 공기압력을 일정하게 하고 회전수의 변화에 대한 토크·압력 및 공기소비량의 관계를 나타내는 선도를 말한다. 이 선도의 특성은 다음과 같이 정리할 수 있다.

① 사용회전수–성능곡선도

회전수의 사용범위는 최대 출력 시의 회전수로부터 저속한도 회전수의 범위(그림 3.24의 음영영역)에서 사용한다.

② 정지토크와 토크 회전수

토크는 회전수에 비례하여 부하 토크의 증가에 따라 회전수가 저하하며, 그대로 부하가 증가하면 공압모터는 정지한다. 기동토크는 정지토크의 80~85% 정도이지만 윤활, 마찰 등의 영향을 받는다.

③ 출력–회전수

출력은 무부하 회전수의 1/2의 위치에서 최대로 된다. 동일한 출력점이 최대 출력 시 회전수를 중심으로 저속 측과 고속 측의 2개소에 있다. 저속에서 사용하며, 공기소비량이 저감될 수 있기 때문이다.

④ 공기소비량과 회전수

공기소비량은 회전수에 비례하며, 회전수가 증가할수록 공기소비량은 직선적으로 증가한다. 무부하 회전(최고 회전)에서는 일정 압력 시 최대 소비량으로 된다.

⑤ 회전수 조정

회전수는 유량에 비례하므로 유량제어밸브를 사용하여 회전속도를 조정한다.

⑥ 토크

토크는 회전운동을 일으킬 수 있는 힘(회전력) 또는 그 반대의 힘을 말한다. 회전시키려고 하는 힘 F 와 회전중심으로부터 거리(반경 r)의 곱으로 표시한다.

⑦ 출력과 토크의 관계

물체가 T[N·m]의 토크에서 회전하는 경우, 출력 [W]과 토크 [N·m]의 관계는 식 (3.10)으로 계산한다.

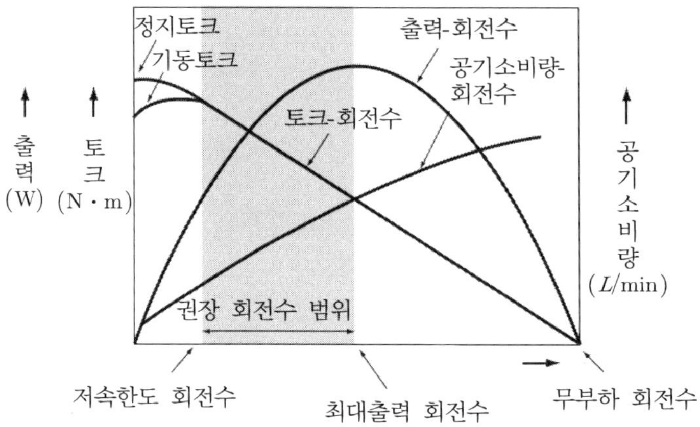

그림 3.24 공압모터의 성능곡선

3.3 | 요동형 액추에이터

3.3.1 요동형 액추에이터의 분류 및 요동토크

요동형 액추에이터(모터)(oscillating actuator)는 출력축의 회전운동 각도가 제한되는 형식의 액추에이터를 말하며, 압축공기의 에너지를 회전방향의 운동으로 변환하여 일정한 각도 사이를 왕복회전 하는 것으로서 **로터리 액추에이터**(rotary actuator)라고도 한다.

이것은 컨베이어의 공작물 방향이송적재, 댐퍼의 개폐, 볼밸브의 개폐, 인덱스 테이블의 구동, 로봇의 구동 등 폭넓게 이용되고 있다.

요동형 액추에이터는 그림 3.25와 같이 분류할 수 있으며, 요동형 액추에이터의 구조와 요동토크에 대하여 기술한다.

요동토크란 부하를 소요 시간에 요동시킬 수 있는 능력으로서, 베인 또는 피스톤에 작용하는 힘과 회전반경의 곱으로 구한다.

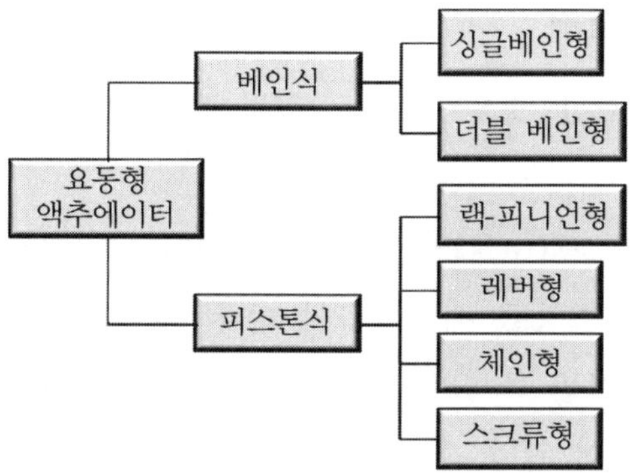

그림 3.25 요동형 액추에이터의 분류

(1) 베인형 요동 모터

케이싱 내에 고정베인과 요동베인이 있으며, 압축공기를 공기입구로 공급하면 요동베인이 왕복 회전운동을 한다. 요동각은 베인이 하나인 싱글 베인형의 경우에는 280도 이하, 더블 베인형(2개의 베인)의 경우에는 100도 이하로 한다.

그림 3.26은 **베인형 요동 모터**(vane type oscillating motor)의 원리도이며, 요동토크는 식 (3.9)와 같이 계산한다.

$$T = \eta \frac{(D^2 - d^2)}{8} b(p_1 - p_2)n \quad [\mathrm{N \cdot m}] \tag{3.9}$$

여기서 T : 토크 [N·m], η : 효율, D : 베인실 지름 [m], d : 베인 축부 지름 [m], b : 베인실의 폭 [m], p_1 : 공급압력 [Pa], p_2 : 배기압력 [Pa], n : 베인의 수

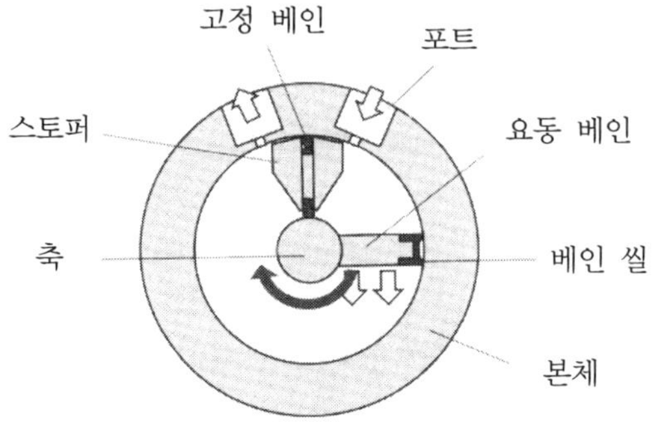

그림 3.26 베인형 요동 모터

(2) 랙 · 피니언형 요동모터

제한된 회전운동이 필요한 경우, 그림 3.27과 같은 **랙 · 피니언 요동모터**(rack-pinion oscillating motor)를 이용한다.

공압 실린더의 피스톤에 랙(rack)을 구성하고, 피니언을 회전시켜 요동작동을 행하는 것이다. 구조가 간단하여 소형도 제작이 가능하다. 상품화된 것은 보통 180도 정도의 회전각을 갖고 있으며 부착된 조절나사를 이용하여 피스톤의 행정거리를 조절함으로써 회전각도를 조절하도록 되어 있다.

보통 복동 실린더를 응용한 회전실린더는 실린더가 전 · 후진 시에 내는 힘이 다르므로 시계방향으로 회전할 때와 반 시계방향으로 회전할 때에 낼 수 있는 토크가 다른 단점이 있다.

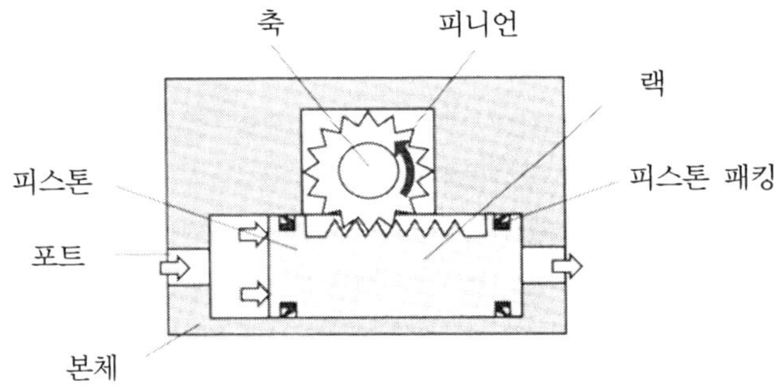

그림 3.27 랙 · 피니언형 요동모터

요동토크는 식 (3.10)과 같이 표시된다.

$$T = \eta \frac{\pi D^2 d}{8}(p_1 - p_2) \quad [\mathrm{N \cdot m}] \tag{3.10}$$

여기서 η : 효율, D : 실린더 튜브 안지름 [m], d : 피니언의 피치원 지름 [m],
p_1 : 공급압력 [Pa], p_2 : 배기압력 [Pa]

(3) 스크류형 요동모터

스크류형 요동모터는 피스톤의 왕복운동을 간헐적인 회전운동으로 변환시키는 모터이다. 피스톤의 행정거리에 따라 회전각도의 범위가 달라지며, 일반적으로 회전각도는 120～360도 범위에서 이용되고 있다.

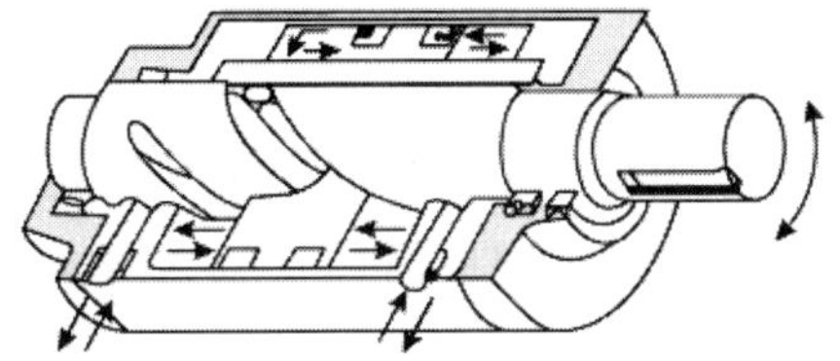

그림 3.28 스크류형 요동모터

요동토크는 식 (3.11)에 의해 계산한다.

$$T = \eta \frac{d}{2}[\frac{\pi}{4}(D^2 - d^2)(p_1 - p_2)] \times \frac{1 - \mu\pi d}{\pi d + \mu l} \quad [\mathrm{N \cdot m}] \tag{3.11}$$

여기서 η : 효율, D : 실린더 튜브 안지름 [m], d : 나사부 지름 [m],

p_1 : 공급압력 [Pa], p_2 : 배기압력 [Pa], l : 나사의 피치 [m],

μ : 나사의 마찰계수

(4) 크랭크형 요동모터

크랭크형 요동모터는 크랭크를 사용하여 피스톤의 직선운동을 회전운동으로 변환하며 요동각도는 110도 이내이다. 이것은 회전력이 요동각도에 따라 변하는 단점이 있다.

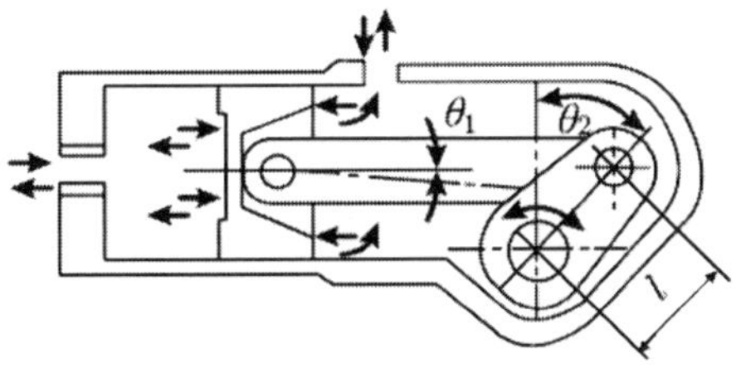

그림 3.29 크랭크형 요동모터

요동토크는 식 (3.12)와 같이 표시된다.

$$T = \eta \frac{\pi D^2}{4}(p_1 - p_2) l \frac{\sin\theta_2}{\cos\theta_1} \quad [\mathrm{N \cdot m}] \tag{3.12}$$

여기서 η : 효율, D : 실린더 튜브 안지름 [m], θ_1, θ_2 : 그림 3.29 참조

p_1 : 공급압력 [Pa], p_2 : 배기압력 [Pa], l : 그림 3.29 참조

3.3.2 회전 에너지

요동 액추에이터는 회전체의 **회전 에너지**를 산출하여 출력축의 허용에너지를 초과하는지 검토해야 한다. 초과하는 경우는 보다 큰 것을 선정하거나 외부 완충장치의 설치를 검토한다.

$$E = \frac{I\omega^2}{2} = 2I\left(\frac{\theta}{t}\right)^2 \quad [\mathrm{N\cdot m}] \tag{3.13}$$

여기서 E : 회전체의 회전에너지 [N·m], I : 관성모멘트 [$\mathrm{N\cdot m\cdot s^2}$],
ω : 각속도 [rad/s], θ : 요동각도 [rad], t : 요동시간 [sec]

이때 $\omega = 2\theta/t$로 계산하고, 요동시간은 요동형 액추에이터의 허용 회전에너지 이내가 되게 결정한다. 일반적으로 90도당 0.5∼5초를 이용한다.

CHAPTER

04 공압 액추에이터 및 공압기기의 소요 공기량

4.1 | 공압 실린더의 소요 공기량

실린더와 배관에 소요되는 공기량에 대해서는 1.4.4절에서 다루었다. 일반적으로 공기압 시스템에 있어서, 실린더는 전진과 후진의 간헐적 동작을 한다. 그러나 공기압축기는 상시 운전하여 압축한 공기를 공기탱크에 저장하면서 사용한다.

따라서 공기압축기의 선정에 있어서는 실린더의 분당 왕복 동작횟수를 고려한 공기소비량을 구하는데, 이것을 **평균 공기소비량**이라 한다. 여기서는 복동 실린더와 배관, 또 단동 실린더와 배관에 소요되는 평균 공기소비량에 대하여 기술한다. 공압 실린더의 동작 시 순간적인 최대 공기소비량(순간 공기소비량)에 대해서는 1.4.4절을 참고하기 바란다.

(1) 복동 실린더(배관 포함)

$$Q_m = \frac{\pi}{4}[D^2 + (D^2 - d^2)]L \times \frac{p + 101.3}{101.3} \times n + 2 \times \frac{\pi}{4} d_p^{\,2} l \times \frac{p}{101.3} \times n \quad [\mathrm{m^3/min}(ANR)] \tag{4.1}$$

(2) 단동 실린더(배관 포함)

$$Q_m = \frac{\pi}{4} D^2 L \times \frac{p + 101.3}{101.3} \times n + \frac{\pi}{4} d_p^{\,2} l \times \frac{p}{101.3} \times n \quad [\mathrm{m^3/min}(ANR)] \tag{4.2}$$

식 (4.1)과 식 (4.2)에서

Q_m : 실린더의 평균 소요 공기량 [m^3/min(*ANR*)], D : 실린더 내경 [m],

d : 피스톤 로드경 [m], L : 실린더의 행정거리 [m], p : 공기압력 [kPa$_{gage}$]

d_p : 배관경 [m], l : 배관 길이 [m], n : 분당 왕복횟수

4.2 | 요동형 액추에이터의 소요 공기량(배관 포함)

요동형 액추에이터가 밀어내는 용적과 배관 내 용적에 대한 평균 소요 공기량은 다음 식으로 표시된다.

$$Q_m = [V \times \frac{p+101.3}{101.3} + \frac{\pi}{4} d_p^2 l \times \frac{p}{101.3}] \times n \quad [\mathrm{m^3/min}(ANR)] \tag{4.3}$$

여기서 V [m^3]는 베인 또는 피스톤이 밀어내는 용적이며, 그 이외의 변수들은 4.1절의 변수설명과 동일하다.

4.3 | 공기탱크의 소요 공기량

공기탱크에서 공기압력 p_1[kPa]으로부터 p_2[kPa]로 공기가 방출되고 다시 충전되는 과정을 매분 n회 반복하려 할 때의 소요 공기량 Q_v [m^3/min]는 다음 식으로부터 구한다.

$$Q_v = n V_B \frac{p_1 - p_2}{101.3} \times \frac{273.15}{t + 273.15} \quad [\mathrm{m^3/min}] \tag{4.4}$$

여기서 V_B : 공기탱크 용량 [m^3], p_1 : 공기탱크 내 공기의 초기압력 [kPa],

p_2 : 공기탱크로부터 압축공기 배출 후 공기압력 [kPa],

n : 공기탱크의 분당 스위칭 수, t : 공기의 온도 [℃]

4.4 | 공압기기의 소요 공기량

노즐로부터 압축공기를 방출시키는 공압기기는 에어건, 공압센서, 스프레이건 등을 들 수 있으며, 이들이 $p_1 < 1.893\,p_2$의 경우(**아음속 영역**)에 작동하는 공압기기의 공기 소비량은 다음과 같다.

$$Q_N = 226S\sqrt{(p_1 - p_2)p_2} \times \sqrt{\frac{273.15}{t + 273.15}} \quad [\mathrm{m^3/min}(ANR)] \qquad (4.5a)$$

$p_1 \geq 1.893p_2$ 인 경우(**초음속 영역**)에 작동하는 공압기기의 공기 소비량은 다음과 같이 구할 수 있다.

$$Q_N = 113Sp_1\sqrt{\frac{273.15}{t + 273.15}} \quad [l/\mathrm{min}(ANR)] \qquad (4.5b)$$

여기서 Q_N : 액추에이터 외의 공압기기의 공기 소비량 $[\mathrm{m^3/min}(ANR)]$,
p_1 : 공압기기 상류 측 공기의 절대압력 $[\mathrm{MPa_{abs}}]$,
p_2 : 공압기기 출구 공기의 절대압력 $[\mathrm{MPa_{abs}}]$,
S : 노즐출구의 유효단면적 $[\mathrm{mm^2}]$,
t : 노즐을 통과하는 공기온도 [℃]

위의 식들은 1.4.3절에서 제시한 식들로서 그 내용에 대하여 참고하기 바란다.

CHAPTER

05 공압제어 밸브

공압 시스템을 이용하여 적절한 일을 하기 위해서는, 일의 대상이 되는 물체의 크기나 액추에이터의 크기에 따라서 압축공기의 상태를 제어하고, 힘의 크기나 속도 등을 필요한 일에 따라 제어할 필요가 있다.

힘의 크기, 일의 속도, 방향을 **일의 3요소**라 하며, 공압 시스템에 있어서 일의 3요소를 제어하여 공압 시스템에 필요한 일을 시키는 기기를 **제어밸브**(control valve)라 하고, 그 종류는 압력제어 밸브, 유량제어 밸브, 방향제어 밸브, 논리턴 밸브 등이 있다.

방향제어 밸브에는 공기 작동형 방향제어 밸브와 전기를 이용하는 솔레노이드 밸브가 있다.

5.1 | 압력제어 밸브

압력제어 밸브(pressure control valve)의 기능은 압축공기의 압력을 적정압력으로 감압하여 사용하는 것이며, 설정치를 초과하는 경우에는 압력의 방출용 안전대책, 그리고 압력의 변화로부터 설정치를 감지하여 신호로 이용하는 것 등을 들 수 있다.

압력제어밸브의 종류는 다음과 같이 분류할 수 있다.

① **감압밸브** : 1차 측의 높은 압력을 2차 측에 필요한 안정된 압력으로 감압시켜 공급하는 밸브이다.

② **릴리프밸브** : 설정압력보다 높아진 압력을 방출하여 설정압력을 유지하는 밸브이다.
③ **시퀀스밸브** : 설정압력을 감지하여 그 압력을 신호로서 이용하는 밸브이다.
④ **안전밸브** : 위험 압력범위를 초과하는 압축공기를 대량으로 방출하는 밸브이다.

5.1.1 감압밸브

감압밸브(pressure reducing valve)는 유량 또는 입구 측의 높은 압력에 관계없이 출구 측 압력을 낮은 압력으로 설정하여 압력을 조정하는 압력제어밸브로서 **압력 레귤레이터**(pressure regulater)라고도 불린다.

감압밸브는 직동형과 파일럿형으로 대별되며, 파일럿형은 내부 파일럿형과 외부 파일럿형이 있다.

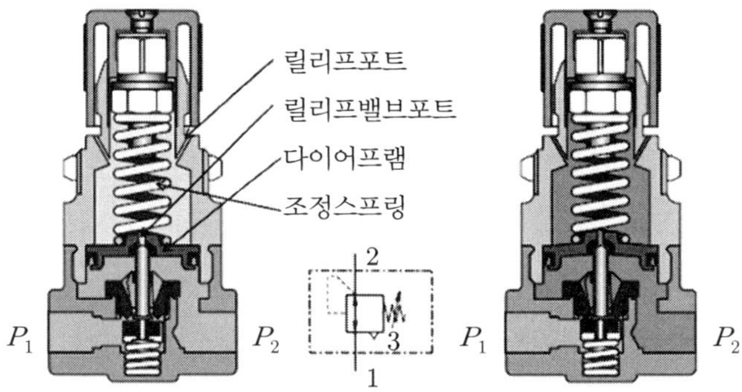

그림 5.1 감압밸브(압력조절 밸브)

그림 5.1에서 밸브의 1차측 압력은 출력포트의 2차측 압력보다 높아야 하며, 압력의 조절은 다이어프램과 조정스프링에 의해서 이루어진다. 실린더의 부하가 변동하여 출력측의 2차압력이 증가하면 다이어프램과 조정스프링을 밀어 올려 릴리프밸브 포트의 유로면적을 증가시켜 밸브가 열리고 릴리프포트를 통해 배기된다.

출력측 압력이 감소하면 릴리프밸브 포트는 닫히고 1차측 압력이 공급된다. 이러한 작동에 의해 출력측 압력을 조절할 수 있으며, 압력은 표시 게이지에 의해 확인할 수 있다.

감압밸브의 능력은 일반적인 레귤레이터의 유량특성 선도 및 압력특성 선도를 사용하여 표시한다.

그림 5.2에 표시한 유량특성은 압력설정 후에 액추에이터를 동작시켰을 때의 압력강하 특성을 나타낸 것이며, 한편, 압력특성이란 1차측의 압력변동에 대하여 2차측 압력을 어느 정도 정밀하게 유지할 수 있는가를 표시한 것이다.

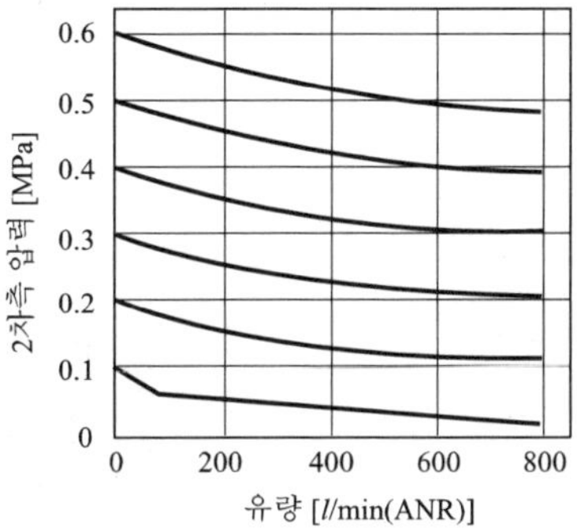

그림 5.2 감압밸브의 특성

5.1.2 릴리프 밸브

릴리프 밸브(relief valve)는 회로 내의 공기압력이 설정압력을 초과하면 공기를 배기시켜 설정압력 내로 일정하게 유지시켜 주는 밸브이다.

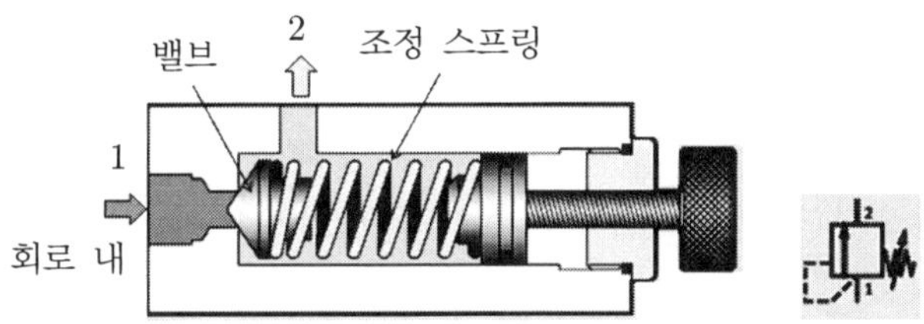

그림 5.3 릴리프 밸브

공압장치가 고압으로 인하여 파괴되는 것을 방지하기 위해 회로의 최고압력을 제한하며, 그 이상의 압력이 되면 공기를 방출시킨다(그림 5.3).

5.1.3 압력시퀀스 밸브

압력시퀀스 밸브(pressure sequence valve)는 스위칭 작용에 특별한 압력이 요구되는 경우에 사용되며, 예로서 두 개 이상의 분기회로를 갖는 경우에 실린더의 작동순서를 회로의 압력으로 제어하는 데 사용되고 있다.

그림 5.4와 같이 설정압력보다 높은 압력이 공급(12번 포트)되면 3/2-way밸브가 작동하여 2번 포트로 공기가 출력된다. 공급압력이 설정압력보다 낮아지면 3/2-way밸브는 차단되어 공기의 출력이 차단된다.

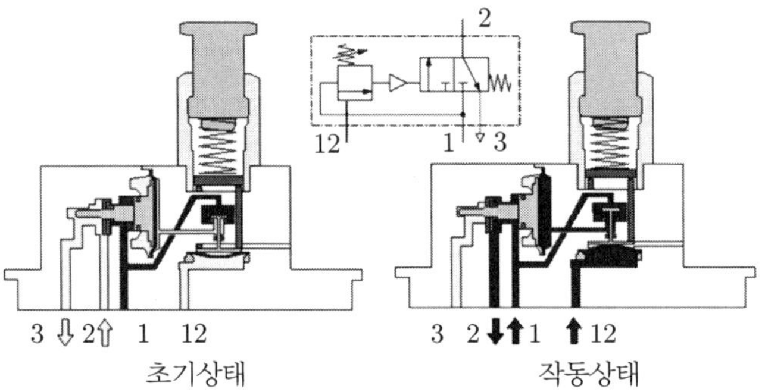

그림 5.4 압력시퀀스 밸브

5.1.4 안전밸브

안전밸브(safety valve)의 작동원리는 릴리프 밸브와 같으며, 공기압회로에 사용하는 기기나 배관 등의 파괴를 방지하기 위하여 회로 및 기기의 최고압력을 제한하는 압력제어밸브이다. 구조는 간단하며 가압발생원에 대하여 충분한 배기 능력을 갖는 밸브를 사용해야 한다.

그림 5.5는 안전밸브의 구조 예이며, 조절나사에 의하여 최고압력에 상당하는 스프링

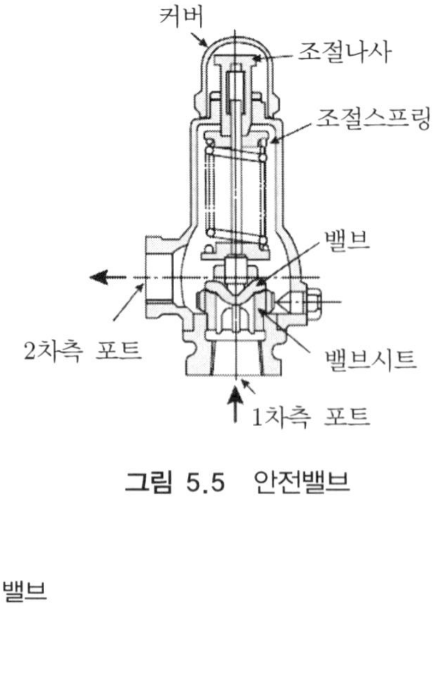

그림 5.5 안전밸브

력이 밸브에 작용하여 1차측 포트의 공기압과 평형을 이루고 있다. 이 경우 공기압이 최고 압력 이상으로 상승하면 밸브를 상향이동시켜 밸브를 개방시킴으로서 공기를 2차측 포트로 배출시킨다.

5.2 | 유량제어 밸브

유량제어 밸브(flow control valve)는 유로의 일부를 교축함에 따라 공기의 유량을 제어하여 액추에이터의 작동속도를 조정하거나, 에어 파일럿을 이용한 회로에서 의도적으로 시간지연을 만드는 경우에 사용한다.

유량제어 밸브의 구조에는 니들밸브가 가장 많지만 포핏밸브(poppet valve)나 스풀밸브(spool valve), 슬라이드밸브(slide valve) 등도 사용되는 경우가 있다.

유량제어 밸브는 용도나 구조로부터 다음과 같이 분류된다.

① 교축밸브(고정 교축밸브, 가변 교축밸브, 양방향 제어)
② 속도제어밸브(교축 릴리프 밸브, 일방향 제어)
③ 급속배기밸브
④ 감속밸브(쿠션밸브)

5.2.1 교축밸브(양방향 유량제어 밸브)

교축밸브(throttle valve)는 그림 5.6과 같이 교축조절나사에 의해 밸브의 개도(開度)를 조절하여 공기유량을 제어하는 밸브로서, 유량제어에 방향성이 없으므로 양쪽 방향의 유량제어에 모두 사용할 수 있다.

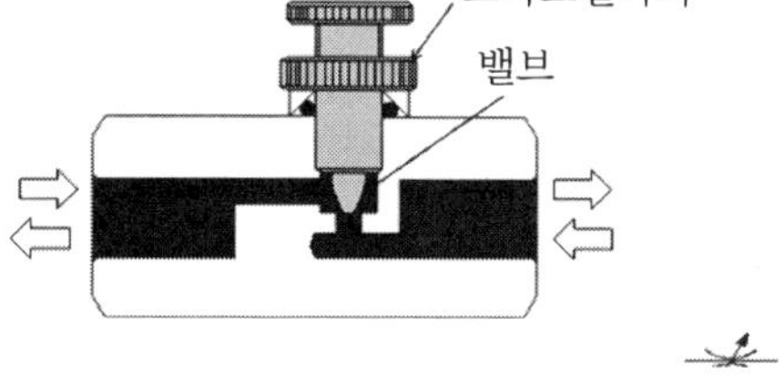

그림 5.6 교축밸브(양방향 유량제어 밸브)

5.2.2 속도제어 밸브(일방향 유량제어 밸브)

속도제어 밸브(speed control valve)는 **교축 릴리프밸브**(throttle relief valve)라고도 불리며, 또 **스피드 콘트롤러**(speed controller)라고도 한다.

이 밸브는 그림 5.7과 같이 가변(可變) 교축밸브와 체크밸브(check valve)를 결합시킨 밸브로서 한쪽방향(우측방향)으로 실린더의 속도조절에 사용된다. 그림에서 보는 바와 같이 체크밸브가 우측으로의 공기흐름을 완전히 차단하므로 가변조절나사에 의해서 조절된 교축밸브의 유로를 통해 흐르게 되며, 반대방향(좌측방향)으로는 열린 체크밸브를 통해 자유롭게 흐를 수 있다.

복동 실린더의 속도조절 방법에는 공급공기 교축방법(미터인 회로)과 배기교축방법(미터 아웃 회로)이 있다.

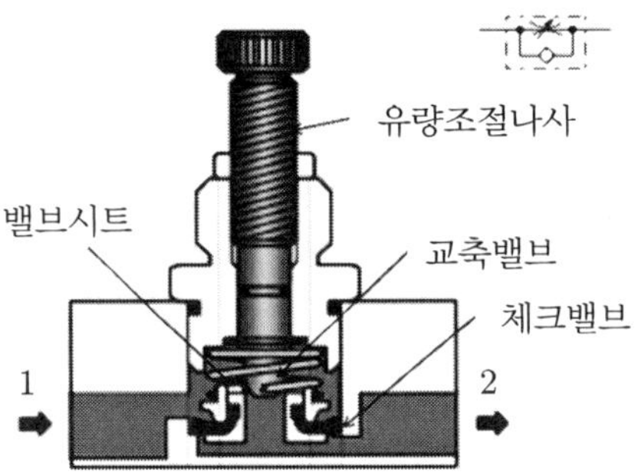

그림 5.7 속도제어 밸브(일방향 유량제어 밸브)

5.2.3 감속밸브

감속밸브(speed reducing valve)는 쿠션기능을 가지며 실린더의 감속을 목적으로 사용한다. 실린더를 고속으로 작동시키는 행정 도중에 피스톤의 속도를 변화시키기도 하고 행정 끝 부분에서 감속시킬 수 있는 기능을 가진다.

속도제어밸브는 수동으로 속도조정을 하는 데 비하여, 이 밸브는 그림 5.8에서 보듯이 캠이나 레버를 사용하여 유량조절을 함으로써 감속할 수 있다. A포트는 실린더 측에, B포트는 방향제어밸브 측에 배관으로 접속한다.

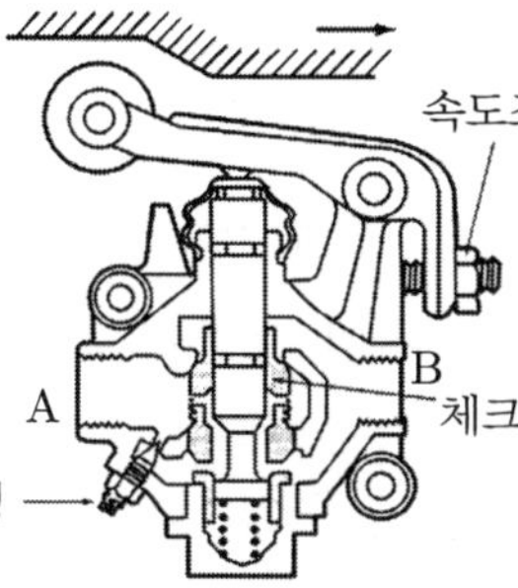

그림 5.8 감속밸브

5.3 | 방향제어 밸브

공압회로에서 액추에이터로 공급되는 공기흐름의 방향을 제어하는 밸브를 **방향제어 밸브**(directional control valve)라 한다. 이 밸브는 실린더의 전진 · 후진, 또는 요동 액추에이터의 정회전 · 역회전 등을 제어한다.

방향제어 밸브는 여러 가지 방법으로 분류할 수 있으며, 구조에 따라 분류하면 포핏(poppet)방식(볼 시트, 디스크 시트), 스풀(spool)방식, 슬라이드(slide)방식(세로 슬라이드, 세로 평 슬라이드, 판 슬라이드)으로 나눌 수 있다.

조작방식에 따라 분류하면 수동식(누름버튼, 레버, 페달), 기계식(플런저, 스프링, 롤러레버), 파일럿(pilot)식, 전자식이 있다.

또한 포트 및 제어 위치 수에 따라 분류하면 다음과 같다.

① 2포트 2위치밸브(2/2-way valve)
② 3포트 2위치밸브(3/2-way valve)
③ 4포트 2위치밸브(4/2-way valve)
④ 5포트 2위치밸브(5/2-way valve)
⑤ 5포트 3위치밸브(5/3-way valve)

5.3.1 방향제어 밸브의 기호 및 기구 표시

(1) 연결구의 표시

제어회로도에 표시되는 밸브의 기호는 밸브의 기능을 나타낸다. 밸브의 제어위치는 정사각형 또는 직사각형으로 나타내며, 밸브의 제어 위치 수에 따라 4각형의 개수가 결정된다.

밸브의 기능과 작동원리는 4각형 내에 표시되며 공기가 흐르는 유로는 직선으로, 흐름의 방향은 화살표로 나타낸다. 공기의 흐름이 차단되는 위치는 T자로 나타내고, 밸브의 입구 및 출구의 연결구는 4각형의 외측에 직선으로 나타내며, 공기가 흐를 수 있는 통로를 **연결구** 또는 **포트**(port)라 한다.

사각형의 아래쪽에 표시되는 역삼각형은 배기구를 의미하며, 4각형의 좌측 또는 우측에 표시되는 기호는 밸브의 작동기구 또는 조작방법을 나타낸다.

예로서 그림 5.9의 밸브기호는 5/2-way밸브라 부르며 포트(port) 수가 5개이고 제어위치는 2개이며, 작동방법은 직동형 공기압과 복귀스프링이다.

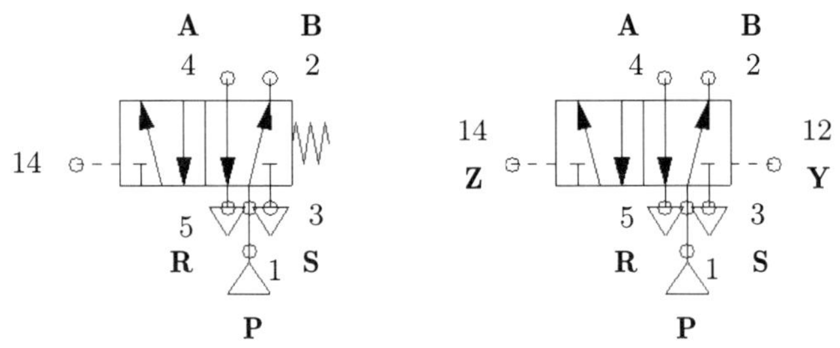

그림 5.9 밸브의 기호표시(연결구 표시방법)

밸브의 연결구의 표시는 그림 5.9와 같이 문자 또는 숫자로 표시하며, 그 표시방법은 표 5.1에 표시하듯이 두 가지 방법으로 표시할 수 있다.

스프링에 의하여 원위치 되는 스프링복귀형 밸브에서의 **정상위치**(normal position)는

표 5.1 밸브의 연결구 표시방법

구분	ISO-1219규정	ISO-5599/Ⅱ규정
작업포트(라인)	A, B, C, …	2, 4, 6, …
압축공기 공급구	P	1
배기구	R, S, T, …	3, 5, 7
누출포트(라인) : 유압	L	9
제어포트(라인)	Z, Y, X, …	10, 12, 14, …

밸브가 기계나 시스템에 설치되지 않은 단독으로 존재할 때의 위치를 말하며, **초기위치**(initial position)는 밸브를 시스템 내에 설치하고 작업을 시작하려 할 때의 제어위치를 의미한다.

따라서 밸브를 명명할 때는 밸브에 어떠한 외력도 작용하지 않았을 때의 정상상태를 기준으로 해야 한다. 즉 정상상태에는 공기의 흐름이 차단된 상태로 있는 **닫힘위치**(normally closed, N/C로 표시)와 공기가 흐를 수 있는 **열림위치**(normally open, N/O)의 두 가지가 있다.

(2) 밸브의 제어기구

밸브의 방향을 제어하는 기구는 그림 5.10에 표시하듯이 사람의 조작(Manual)에 의한 제어기구와 기계적 조작(Mechanical)에 의한 기구가 있으며, 그 외에 압축공기(Pneumatic), 전기(Electrical), 사람과 전기의 조합(Combined)에 의한 조작방법이 있다.

수동작동방법 (Manual)	General	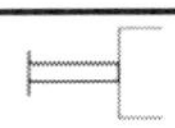
	Pushbutton	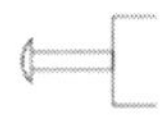
	Lever Operated	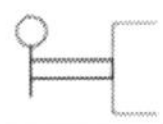
	Detend lever operated	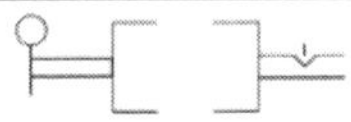
	Foot pedal	
기계적 작동방법 (Mechanical)	Plunger	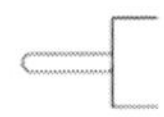
	Roller operated	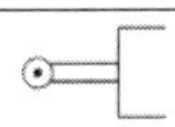
	Idle return roller	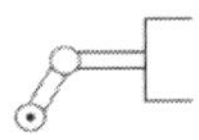
	Spring return	
	Spring centred	
공기압 작동방법 (Pneumatic)	Direct pneumatic actuation	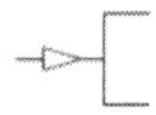
	Indirect pneumatic actuation (piloted)	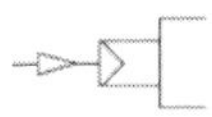

전기적 작동방법 (Electrical)	Single solenoid operation	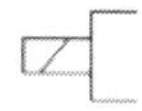
	Double solenoid operation	
수동-전기조합 작동방법 (Combined)	Double solenoid and pilot operation with manual override	

그림 5.10 밸브의 제어기구

5.3.2 공기 작동형 방향제어 밸브의 종류와 구조

(1) 2/2-way밸브(2포트 2위치 밸브)

그림 5.11은 2포트 2위치 제어밸브로서 디스크 시트(disc seat)를 이용한 밸브이다.

초기상태에서는 그림과 같이 내장된 스프링에 의하여 디스크가 디스크 시트를 막고 있으므로 공급라인 1로부터 작업라인 2로의 유로는 차단되어 있다. 이때 플런저를 눌러 그 힘이 디스크 스프링력보다 크면 디스크가 시트로부터 이탈하게 되므로 1에서 2로의 유로가 개방되어 압축공기가 흐른다. 이 밸브는 구조가 간단하고 소형이다.

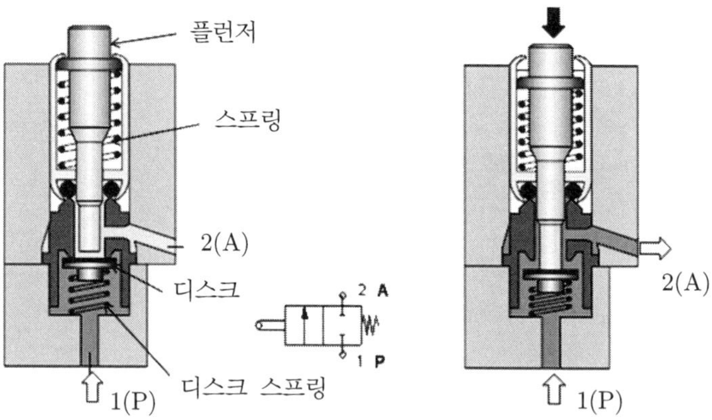

그림 5.11 2/2-way밸브(disc seat형)

(2) 3/2-way밸브(3포트 2위치 밸브)

(a) 디스크 시트(disc seat)형 3/2-way밸브

그림 5.12(a)는 3포트 2위치 제어밸브로서 디스크시트(disc seat)를 이용한 밸브이다.

초기상태에서는 디스크 스프링력에 의하여 디스크가 시트에 밀착되어 공급라인 1로부터 작업라인 2로의 유로가 차단된 상태이다. 작업라인 2로부터의 배기는 배기포트 3을 통해 대기 중으로 방출된다.

플런저가 외력에 의하여 눌리면 디스크는 하향 이동하여 밸브시트가 열리므로 1에서 2로의 유로가 개방되어 압축공기가 흐른다.

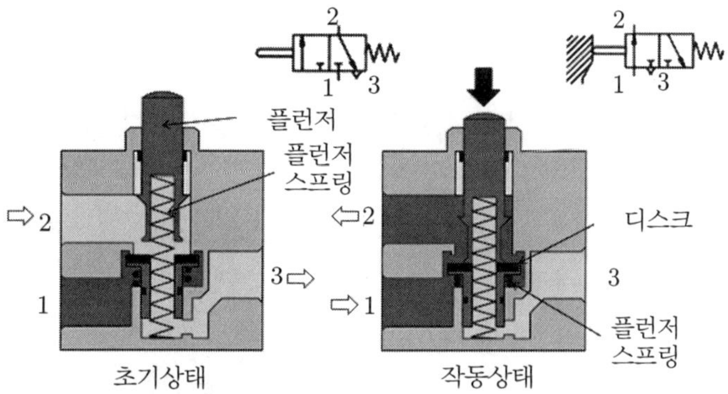

그림 5.12(a) 3/2-way밸브(disc seat형)

(b) 볼 시트(ball seat)형 3/2-way밸브

그림 5.12(b)는 볼 시트를 이용한 밸브로서 작동원리는 그림 5.12(a)의 디스크 시트형과 동일하다.

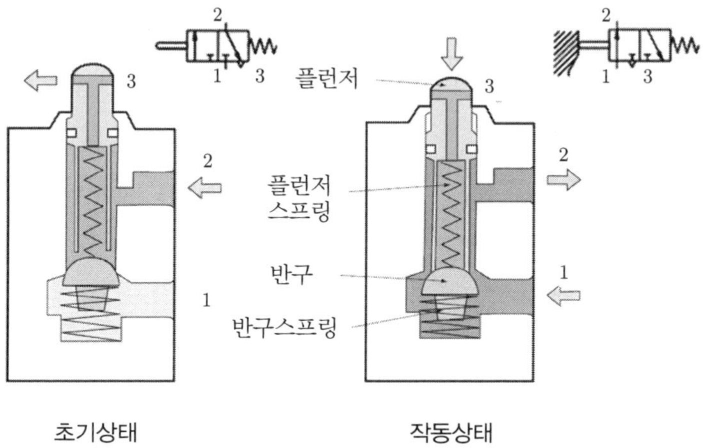

그림 5.12(b) 3/2-way밸브(ball seat형)

(c) 편측 파일럿형 3/2-way밸브

그림 5.12(c)는 편측 파일럿형 3포트 2위치 제어밸브의 원리도를 나타낸다.

초기상태에서 제어관로 12로부터 파일럿 공기압신호가 입력되면 작동상태도와 같이 디스크형 피스톤이 하향 이동하여 공급라인 1로부터 작업라인 2로의 유로가 열려 압축공기가 흐르고, 12의 공기압신호가 제거되면 초기상태도와 같이 1에서 2로의 유로는 막히고 2로부터의 공기가 3의 배기포트로 배출된다.

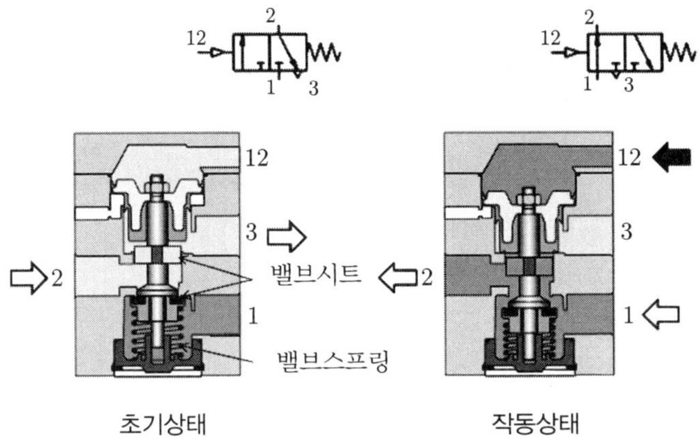

그림 5.12(c) 3/2-way밸브(편측 pilot형)

(d) 내부 파일럿형 3/2-way 롤러형 제어밸브

그림 5.12(d)는 정상상태 닫힘형 3/2-way 롤러형 제어밸브이다.

초기상태에서는 2→3으로 공기가 흐르는데, 외력에 의하여 롤러가 눌리기 시작하면 공급된 압축공기는 롤러에 의해 열린 파일럿 유로를 통해 파일럿 피스톤의 상부에 힘을

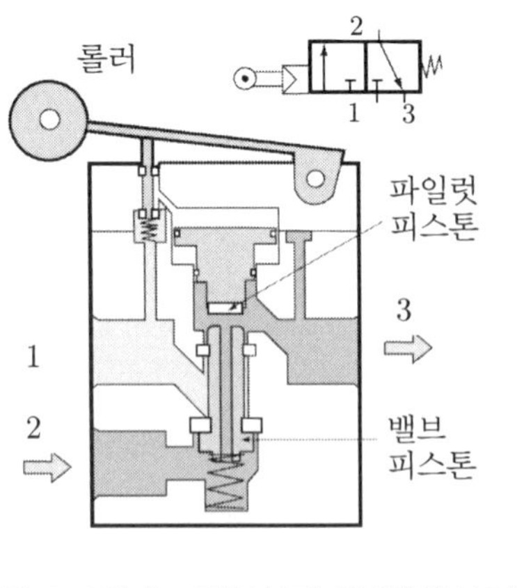

그림 5.12(d) 정상상태 닫힘형(N/C형)

가하게 되며, 파일럿 피스톤은 하향 이동하여 밸브 피스톤의 중앙 유로를 막아 포트 2로부터 포트 3으로의 유로를 차단시킨다.

롤러가 완전히 눌려 파일럿 압력이 계속 작용하면 밸브 피스톤이 하부의 스프링력을 이겨 하향 이동하면 밸브 몸체와 밸브 피스톤 사이의 간극유로를 통해 1로부터 2로의 유로가 열려 압축공기가 흐르게 된다.

이 밸브는 실린더의 전·후진 단에 설치하는 리밋밸브로서 많이 이용되고 있다.

정상상태 열림형은 그림 5.12(e)와 같이 초기에 1→2로 압축공기가 흐르지만 롤러가 작동하면 2→3으로 유로가 열려 압축공기가 흐르게 된다.

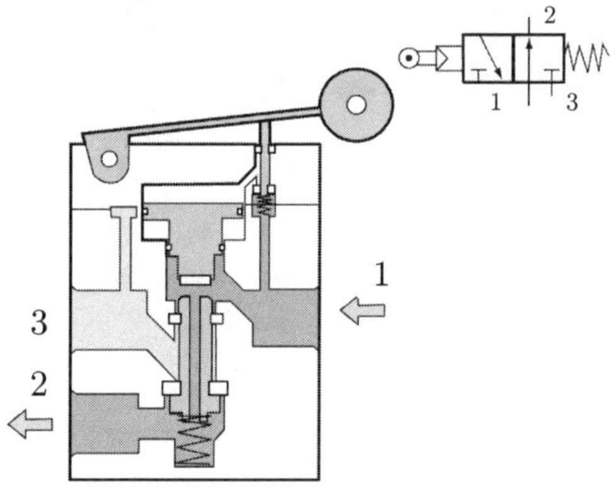

그림 5.12(e) 정상상태 열림형(N/O형)

예제 5.1

수동 슬라이드형 3/2-way 밸브의 구조와 작동원리를 설명하시오.

풀이 그림(예제 5.1)과 같은 상태에서는 2포트에서 3포트로 연결되며, 좌측 버튼을 누르면 위치변환 되어 슬라이더가 우측으로 밀려 1포트로부터 2포트로 공기가 흐르게 된다.

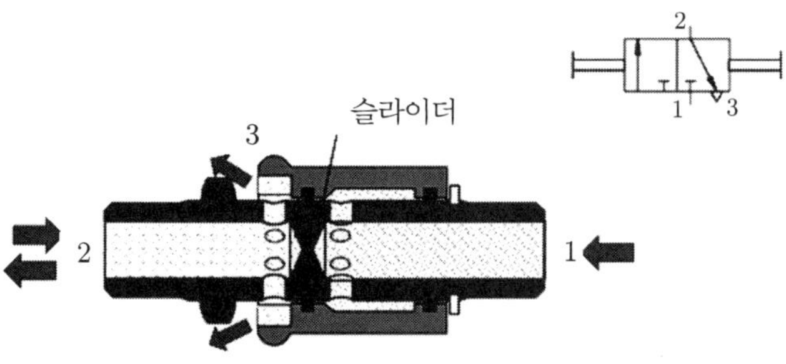

그림(예제 5.1) 3/2-way밸브(수동 slide형) ■

(3) 4/2-way밸브(4포트 2위치 밸브)

그림 5.13은 4포트 2위치 제어밸브이다. 초기상태에서는 양쪽의 디스크시트가 막혀 있으므로 압축공기는 1→2로 개방되어 흐르고 4→3으로 배기가 배출된다.

플런저가 외력에 의해 눌려지면 디스크시트가 개방되므로 1→4로는 압축공기가 흐르고, 2→3으로는 배기가 배출된다.

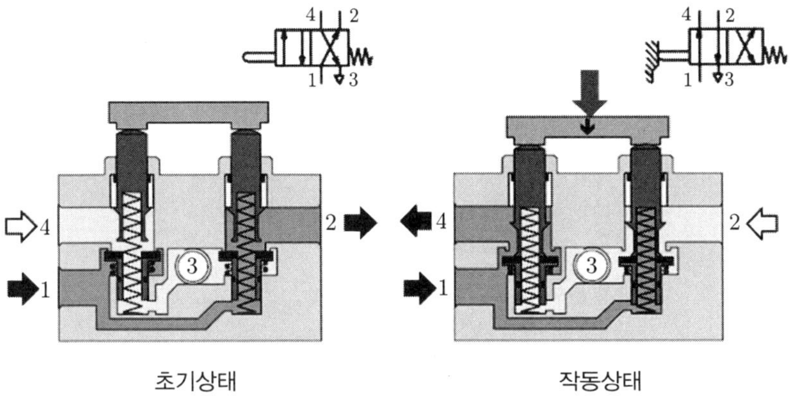

그림 5.13 4/2-way밸브(disc seat형)

(4) 5/2-way밸브

그림 5.14와 같이 5/2-way 슬라이드형 밸브(양쪽 공기 작동형)에서는 제어포트 12(우측)에 공기압이 입력되면 스풀이 좌측으로 미끄럼운동을 하여 공급포트 1(P)에 공급되는 공기는 작업포트 2(B)로 유입되고, 작업포트 4(A)의 공기는 배기포트 5(R)를 통해 배기된다. 이때 제어포트 12의 공기가 배기되어도 이 밸브는 그 상태를 유지하므로 공급공기는 계속 2(B)로 흐른다.

다른 제어위치, 즉 4(A)에서 압축공기를 얻으려면 반대편 제어포트 14(좌측)에 제어신호가 입력되어야 한다. 만일 양쪽 제어포트에 모두 제어신호가 입력되면 먼저 입력되는 제어신호만 유효하다. 이러한 메모리형 밸브는 복동 실린더를 제어하는 주 밸브로 이용된다.

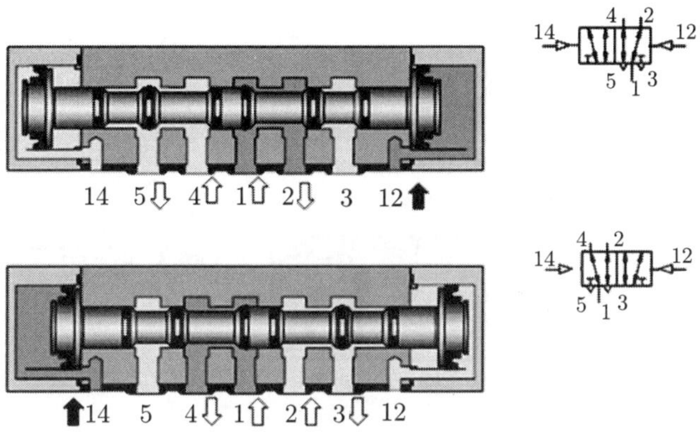

그림 5.14 5/2-way밸브(양쪽 공기 작동형, slide형)

한쪽 공기 작동형, 즉 스프링 복귀형 5/2-way밸브(한쪽 공기 작동형)는 그림 5.15와 같이 제어포트 14에서 공기압이 입력되면 슬라이드가 우측으로 이동하여 1포트로부터 4포트로 공기가 흐르며, 공기압을 제거시키면 반대편의 스프링력에 의해 슬라이드가 좌측으로 이동하여 1포트로부터 2포트로 흐르게 된다.

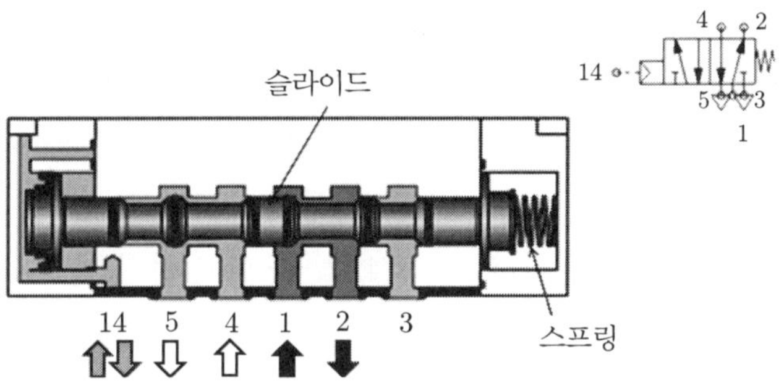

그림 5.15 5/2-way밸브(한쪽 공기 작동형, slide형)

(5) 5/3-way밸브

5/3-way밸브는 중립위치에 따라 여러 기능이 있으며, 그림 5.16의 5/3-way밸브인 경우에 (a)도는 모든 포트가 막혀 실린더가 중간정지를 할 수 있다. (b)도는 14포트에 공기압이 작용하는 경우이며, (c)도는 12포트에 공기압이 작용하는 경우이다.

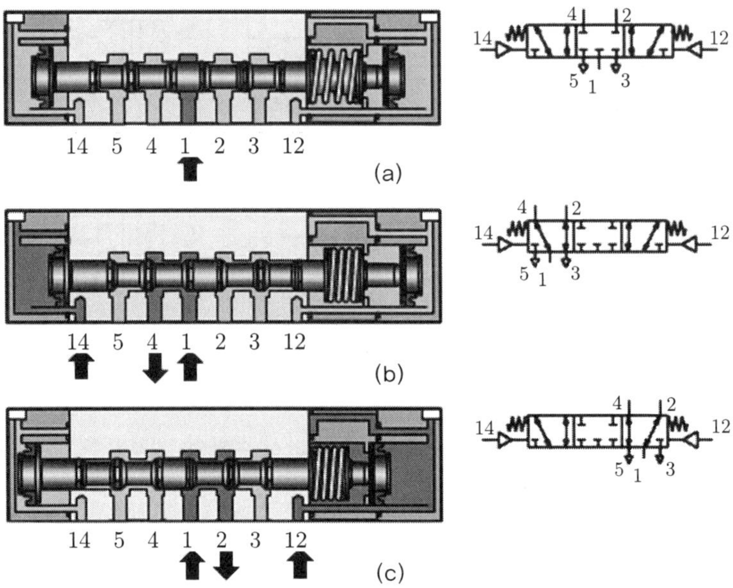

그림 5.16 5/3-way밸브

5.3.3 솔레노이드 작동 방향제어밸브

전자(電磁)밸브는 방향제어밸브와 전자석을 결합하여 전자석에 전류를 통전 또는 단전시킴에 따라 공기의 흐름을 변환시키는 밸브로서 **솔레노이드 밸브**(solenoid vale)라 한다.

솔레노이드 밸브(전자밸브)는 전자석 부분과 밸브 부분으로 구성되어 있으며, 전자석의 힘으로 밸브가 직접 구동되는 직동식(直動式)과 파일럿밸브가 내장된 간접식(間接式)(파일럿 작동형)으로 분류된다.

이것은 신호출력 매체로서의 공압밸브와 솔레노이드로 불리는 전기적 스위칭부로 구성되어 있으며, 전류가 솔레노이드에 가해지면 기전력이 발생하므로 아마추어를 동작시켜 흡인한다. 전류가 솔레노이드 코일로부터 제거되면 기전력이 없어지므로 흡인력도 제거되어 초기위치로 복귀된다.

밸브의 양측에 솔레노이드가 있는 밸브는 **양 솔레노이드밸브**(double solenoid valve)라 한다. 그리고 한쪽에만 솔레노이드가 존재하는 밸브는 **편 솔레노이드밸브**(single solenoid valve)라 하며, 그 반대쪽에는 스프링을 장착한다.

(1) 2/2-way 편 솔레노이드 밸브

그림 5.17은 2/2-way 편 솔레노이드 밸브이다. 밸브는 솔레노이드에 의하여 직접 작동되고 스프링에 의하여 리셋(reset)된다. 이 밸브에서는 솔레노이드 아마추어와 밸브 스템이 한 유닛(unit)으로 구성되어 있다.

그림 5.17에서 초기상태에서는 밸브가 닫혀 있으므로 1포트로부터 2포트로 압축공기가 유동하지 못한다. 전류가 코일에 입력되면 기전력이 발생하여 아마추어를 당겨 올린다. 그 결과 밸브가 열리므로 압축공기는 공급포트 1(P)에서 작업포트 2(A)로 흐른다.

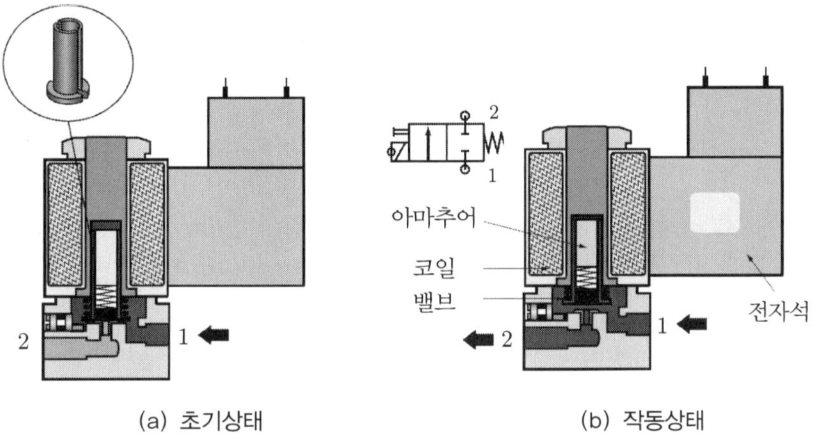

그림 5.17 2/2-way 편 솔레노이드 밸브

(2) 3/2-way 편 솔레노이드 밸브

그림 5.18은 3/2-way 편 솔레노이드 밸브로서, 초기상태에서는 밸브가 닫혀 있으므로 1포트로부터 2포트로 압축공기가 유동하지 못한다. 코일에 전류가 입력되면 기전력이 발생하여 아마추어를 당겨 올린다. 그 결과 밸브가 열리고 3포트의 유로는 아마추어의 상면에 의해서 막히므로 압축공기는 공급포트 1(P)에서 작업포트 2(A)로 흐른다.

이 밸브는 단동 실린더의 제어, 다른 밸브의 간접작동 제어시스템에서 공기압의 공급 및 차단 등에 이용된다.

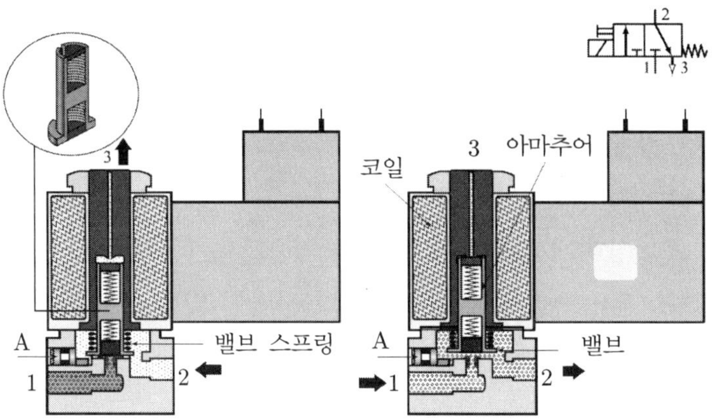

(a) 초기상태　　(b) 작동상태

그림 5.18 3/2-way 편 솔레노이드 밸브

(3) 4/2-way 편 솔레노이드 밸브

그림 5.19는 4/2-way 편 솔레노이드 밸브이다. 솔레노이드가 작동하지 않는 초기상태에서는 압축공기가 공급포트 1에서 포트 2로, 포트 4로부터 포트 3으로 흐른다. 솔레노이드가 여자 되면 아마추어는 상부쪽으로 흡인되며, 위치가 변환되어 압축공기는 1→4, 2→3으로 흐르게 된다.

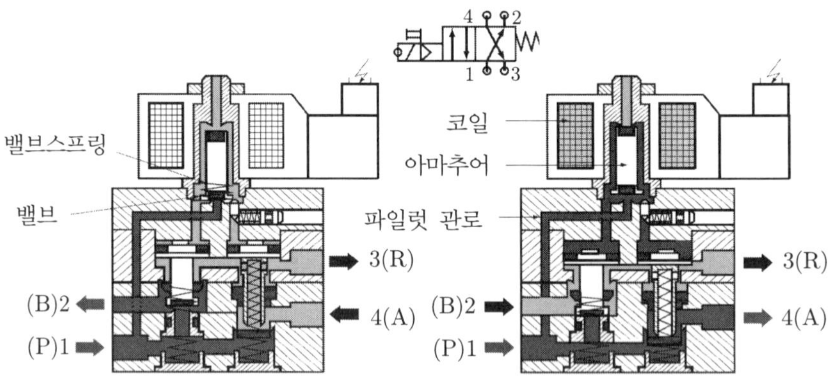

(a) 초기상태　　(b) 작동상태

그림 5.19 4/2-way 편 솔레노이드 밸브

(4) 4/2-way 양 솔레노이드 밸브

4/2-way 양 솔레노이드 밸브의 구조는 그림 5.20과 같이 양쪽에 솔레노이드가 있으

며, 아마추어가 압축공기 노즐을 막고 있다. Y1솔레노이드에 전기신호가 입력되면 좌측의 아마추어가 상부로 흡인되어 노즐이 열리므로 압축공기가 파일럿 관로에 유입하여 축방향 평면 슬라이드를 우측으로 이동시켜 1→4포트로 흐르게 되며, 2포트로 유입한 공기는 3포트로 배기된다.

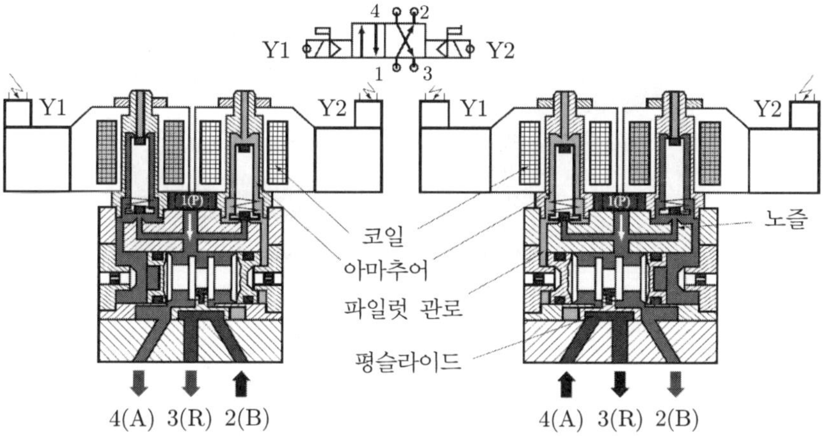

(a) 솔레노이드 Y1작동상태 (b) 솔레노이드 Y2작동상태

그림 5.20 4/2-way 양 솔레노이드 밸브

Y2에 전기신호가 입력되면 우측 아마추어가 상방향으로 흡인되어 압축공기가 노즐을 통해 우측 파일럿 관로에 유입하므로 슬라이드는 좌측으로 이동하여 1→2포트로 흐른다. 반대편의 솔레노이드에 전기신호가 입력되기까지는 이 상태가 유지되므로 **메모리 밸브**라고도 한다.

2개의 신호가 동시에 입력되면 먼저 입력되는 신호가 우선이다.

(5) 5/2-way 편 솔레노이드 밸브

그림 5.21(a)는 5/2-way 편 솔레노이드 밸브의 내부구조이며, 압축공기는 1번 포트로 공급되어 2번 포트로 유로가 열려 있고, 4번 포트와 배기포트인 5번 포트의 유로가 열려 있다. 그러나 솔레노이드 코일에 전기신호가 주어지면 그림 5.21(b)와 같이 아마추어가 좌측으로 흡인되어, 슬라이더의 좌측으로 압축공기가 공급되므로 슬라이더가 우측으로 이동한다. 따라서 1번 포트로부터 4번 포트로 압축공기가 공급되며, 2번과 3번 포트가 통하게 되어 배기된다.

솔레노이드 코일에 전기신호를 제거하면 아마추어는 스프링력에 의해 원위치 되어 1번 포트로부터 공급되는 유로가 차단되고 슬라이더의 좌측에 있던 압축공기는 아마추어의 홈을 따라 관로를 통해 84번 포트로 배기된다. 따라서 슬라이더는 복귀 스프링에 의해 좌측으로 밀려 원위치[그림 5.21(a)]로 돌아간다.

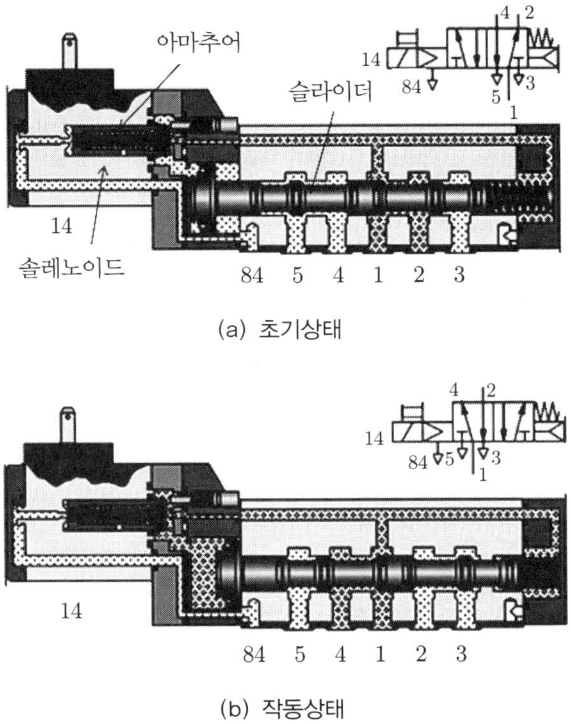

그림 5.21 5/2-way 편 솔레노이드 밸브

(6) 5/2-way 양 솔레노이드 밸브

그림 5.22는 5/2-way 양 솔레노이드 밸브의 내부구조이며, 5/2-way 편 솔레노이드 밸브와 같으나 복귀 스프링 대신에 동일한 솔레노이드가 양쪽에 있는 점이 다르다.

양 솔레노이드 밸브의 양측에 전기신호가 가해지는 경우는 먼저 입력되는 신호를 우선하여 슬라이더를 이동시켜 실행위치가 결정된다.

즉, 12번 솔레노이드에 전기신호를 인가하면 슬라이더가 좌측으로 이동하여 1번 포트와 2번 포트의 유로가 열리고, 작업포트 4로 들어온 압축공기는 배기포트 5로 배기된다.

그림 5.22와 같이 14번 솔레노이드에 전기신호를 인가하면 슬라이더가 우측으로 이동하여 1번 포트와 4번 포트의 유로가 열리고, 2번 포트의 공기는 5번 포트로 배기된다.

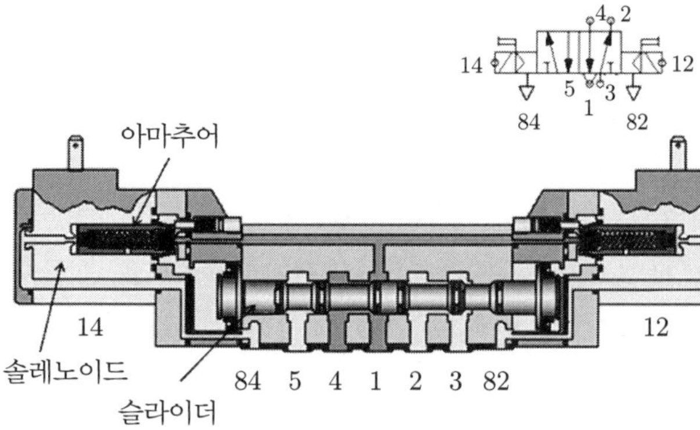

그림 5.22 5/2-way 양 솔레노이드 밸브

5.4 | 논-리턴 밸브

논-리턴 밸브(non-return valve)는 어느 한쪽 방향으로만 공기의 흐름을 허용하는 방향성이 있는 제어밸브이다. 이 밸브에는 체크밸브, 셔틀밸브, 2압 밸브, 교축 릴리프밸브, 급속배기밸브, 스톱밸브 등이 있다.

(1) 체크밸브

체크밸브(check valve)는 한쪽 방향으로만 유동이 허용되고 반대방향으로는 흐름이 차단되는 밸브로서 역류 방지용으로 사용된다. 차단방법에는 원추(cone), 볼(ball), 디스크(disc) 또는 다이어프램(diaphragm) 등이 사용된다.

그림 5.23은 스프링이 내장된 디스크형 체크밸브로서 입구측 공기압력이 스프링력보다 큰 경우에 우측방향으로 유로가 열려 흐를 수 있지만, 반대방향으로는 공기유로가 차단되어 흐를 수 없다.

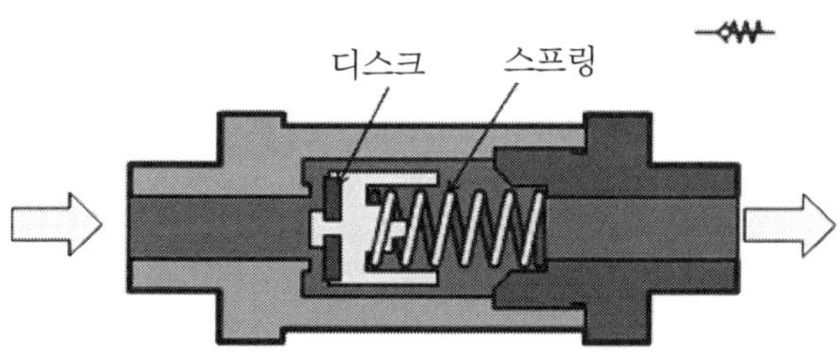

그림 5.23 체크밸브

(2) 셔틀밸브(OR밸브)

셔틀밸브(shuttle valve)는 **OR밸브**라고도 한다. 3개의 포트를 가지며 그림 5.24와 같이 두 개의 입력포트 A와 B, 출력포트는 P이다.

압축공기가 A에 입력되면 볼밸브가 입구 B를 차단시켜 A→P로 흐르게 되며, 압축공기가 B에 작용하면 볼밸브가 입구 A를 차단시켜 B→P로 흐른다. 만일 P포트로부터 배기가 들어오게 되는 경우는 밸브는 현재의 위치를 유지하여 입구포트로 유로가 열린다.

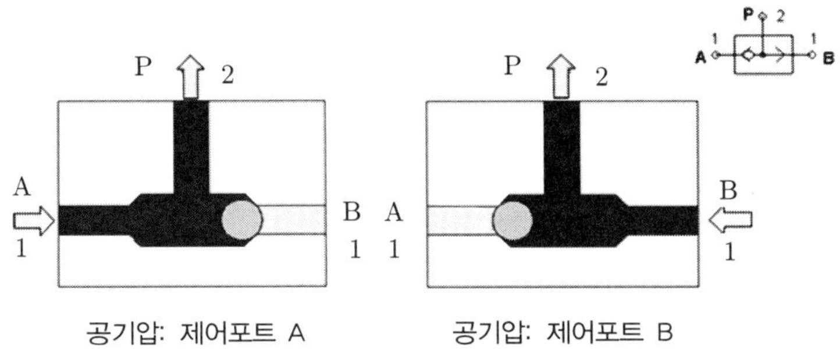

그림 5.24 셔틀밸브(OR밸브)

A와 B포트에 압축공기가 동시에 입력되는 경우에는 공기압력이 더 고압인 입력포트로부터 출구포트 P로 통로가 개방된다.

이 밸브는 실린더나 밸브가 두 개 이상의 위치로부터 작동되어야만 하는 경우에 사용된다.

(3) 이압밸브(AND밸브)

이압밸브(two pressure valve)는 **AND밸브**라고도 하며, 두 개의 입력포트와 한 개의 출력포트를 갖는 밸브로서 두 개의 입구에 압력이 모두 작용할 때만 출력이 나오는 밸브이다.

이 밸브는 그림 5.25에 표시한 바와 같이 두 개의 입력포트(A, B)에 입력신호가 동시에 입력되어야 출력포트 P로 출력이 나오며((b)도 참조), 동일한 압력으로 A와 B에 압력이 동시에 작용하지 않는 경우((a)도 참조)는 더 늦게 입력된 신호가 출구로 출력된다. 또 두 개의 압력신호가 서로 다른 압력인 경우에는 작은 압력쪽의 신호가 출구로 출력된다.

이 밸브는 안전제어, 연동제어, 검사기능에 주로 이용된다.

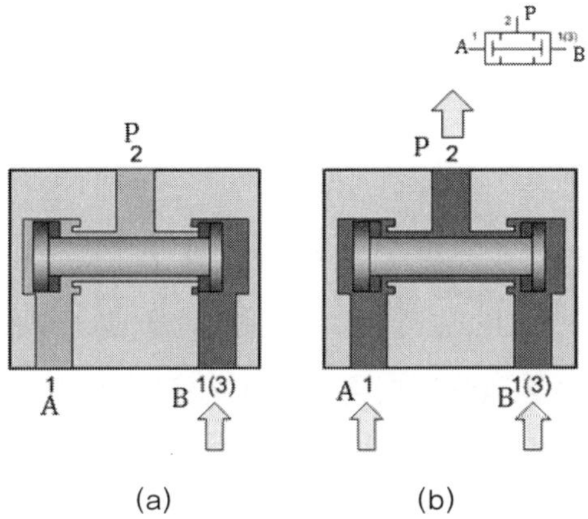

그림 5.25 이압밸브(AND밸브)

(4) 급속배기밸브

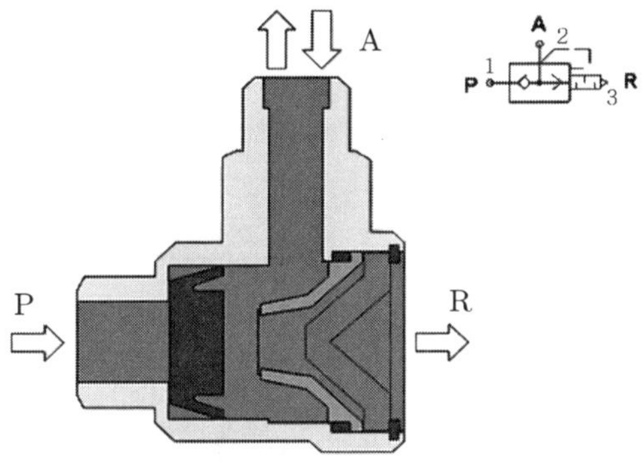

그림 5.26 급속배기밸브

급속배기밸브(quick exhaust valve)는 실린더의 귀환행정에서 피스톤의 속도를 증가시키는 목적으로 사용된다. 방향제어밸브를 경유하여 배기시키는 데 비하여 배기저항이 적어 피스톤을 거의 2배의 고속으로 작동시킬 수 있다.

그림 5.26은 급속배기밸브의 구조 및 작동상태를 나타낸다. 이 밸브는 압력공급포트(차단가능) P, 배기포트(차단가능) R, 작업포트 A를 가지며, 공기압력이 P에 작용하면 디스크가 배출구 R을 막게 되어 압축공기는 A로 흐른다.

실린더로부터 배기가 A포트로 들어오면 밀봉디스크는 포트 P를 막아 바로 배출구 R

을 통해 대기로 배출되어 피스톤의 후진속도가 증가한다. 이 밸브는 실린더에 가깝게 설치하는 것이 좋다.

5.5 | 시간지연 밸브

그림 5.27은 정상상태 닫힘형 **시간지연 밸브**(time delay valve)를 나타내며, 이 밸브는 3/2-way 밸브, 속도조절밸브(교축 릴리프밸브) 및 공기탱크로 구성되어 있다.

좌측 그림과 같이 제어포트 12에 압축공기가 공급되지 않는 상태에서는 공급라인 1로부터 작업라인 2로 압축공기가 차단되는 상태이다. 우측 그림에서 보는 바와 같이 압축공기가 제어포트 12에 입력되면 교축밸브를 통하여 공기탱크로 들어가며, 탱크 내의 압력이 설정치에 도달하면 피스톤이 하향으로 이동하여 디스크밸브가 열리므로 1→2로 유로가 열리며, 따라서 압축공기는 1→2로 흐른다.

공기탱크 내의 공기가 설정압력에 도달하는 시간이 밸브의 제어 지연시간이 되며, 12

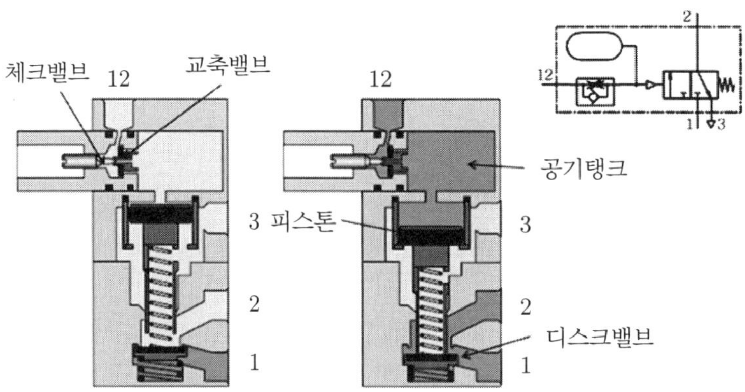

그림 5.27 시간지연 밸브

의 공급신호가 제거되면 공기탱크의 공기가 체크밸브를 통하여 배기되고 3/2-way밸브는 밸브스프링의 힘에 의하여 원위치 된다. 이것을 **ON-Delay 타이머**라 한다.

예제 5.2

언로드 밸브(무부하 밸브)의 구조와 기능을 설명하시오.

풀이 회로의 압력이 설정치에 달하면 작동하고, 압력이 소정의 값까지 저하하면 원상태로 돌아가게 하는 밸브이며, 이 작동을 이용하여 압축기의 운전 상태를 부하 또는 무부하 상태로 제어하는 파일럿 밸브이다.

압축기가 공기를 압축하여 공기탱크에 축적시킬 때 탱크 내 공기압력이 설정치에 달하면 압축기는 압축공기를 토출하지 않고 단순히 공기가 실린더 내를 출입하는 무부하운전이 된다.

그림 5.28을 참고하면 압축공기의 압력이 **언로드 밸브**(unload valve)의 설정압력 이상이 되면 언로드 밸브가 열리고 압축기에서 토출되는 공기는 방출포트를 통해 방출된다. 회로 내의 공기압력이 언로드 밸브의 조정스프링 압력 이하로 떨어지면 언로드 밸브가 닫혀 다시 압축공기가 회로 내로 이송된다.

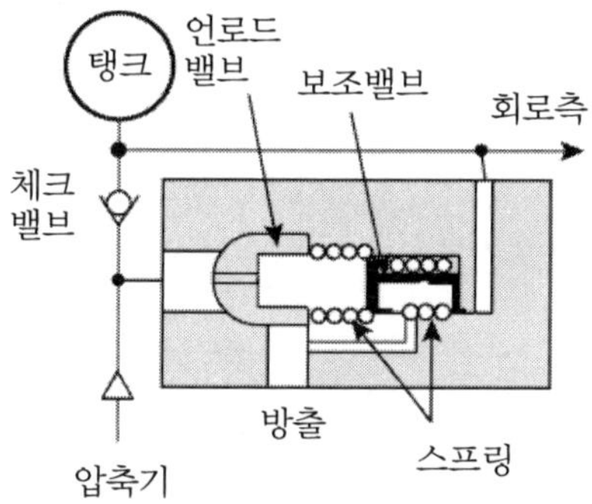

그림 5.28 언로드 밸브 ■

CHAPTER

06 공기압 배관

공기압 배관은 공기압을 이용하여 공압기기를 제어하기 위해 기기들을 연결하는 요소이다. 이러한 공기압 배관은 적절히 연결하지 않으면 큰 압력손실이 생기고 유량이 감소한다. 따라서 공압장치의 작동이 불량해지고, 드레인이 배출되지 않는 경우가 발생하기도 하고 관리가 어렵게 된다.

배관의 크기를 결정하려면 장치에 소요되는 공기유량, 압력 강하량, 작업압력, 교축부의 파악이 중요하다. 예로 배관의 직경은 공기탱크와 사용기계 사이의 압력강하가 10 kPa(0.1 bar)를 넘지 않는 범위 내에서 선정되어야 한다.

6.1 | 배관의 종류 및 특징

배관 재료는 금속관과 비금속관으로 나눌 수 있으며, 비금속관에서 수지제는 튜브(tube), 고무제는 호스(hose)라 한다.

6.1.1 금속관

(1) 배관용 탄소강관

금속관은 공장배관이나 대형 장치의 고정배관에 사용되며, 가장 일반적인 것은 강관이다. 강관은 강도, 내열성이 우수하지만 공기용으로는 드레인에 의한 녹 방지용으로 아연도금을 하여 사용한다.

배관의 크기는 예로서 10A(미터계) 또는 1/8B(인치계)로 불리며 그 종류는 표 6.1와 같다.

표 6.1 탄소강관(JIS G 3452)

호칭		외경(mm)	두께(mm)	내경(mm)
A	B			
6	1/8	10.5	2	6.5
8	1/4	13.8	2.3	9.2
10	3/8	17.3	2.3	12.7
15	1/2	21.7	2.8	16.1
20	3/4	27.2	2.8	21.6
25	1	34	3.2	27.6
32	$1\frac{1}{4}$	42.7	3.5	35.7
40	$1\frac{1}{2}$	48.6	3.5	41.6
50	2	60.5	3.8	52.9

(2) 스테인리스 강관

완전한 내식성을 요구하는 곳에 사용된다.

(3) 동관, 알루미늄 관

수지 튜브로는 문제가 있는 환경이나 곡관부가 있는 장소에 사용한다.

6.1.2 수지튜브

(1) 폴리아미드 튜브(나일론 튜브)

폴리아미드 튜브는 기계적 강도가 크고, 경량이며, 유연성이 우수하여 가동부분에서 사용할 수 있다.

내유성 및 내약품성(내알카리성), 내부식성이 우수하다. 또 내부의 마찰계수가 작고, 내부 청소가 용이하여 작은 직경을 갖는 배관에 적합하다. 그러나 고온에서는 파괴압력이 급격히 저하하므로 주의해야 하며, 사용압력은 파괴압력의 1/4을 기준으로 설정한다.

(2) 폴리우레탄 튜브

폴리우레탄 튜브는 나일론 튜브보다 유연성이 더 좋으며, 복원성이 있으므로 좁은 장소나 가동부분에 사용된다.

(3) 고무호스

고무호스는 탄성이 크므로 장치가 움직이는 경우에 적합하다. 그러나 윤활유에 의해 침식되지 않도록 주의해야 하며, 옥외에서 사용하는 경우에는 오존에 의하여 균열이 발생하는 것에 유의해야 한다.

푸시인 접속용 **수지튜브**의 치수는 다음의 표 6.2와 같다.

표 6.2 푸시인 접속용 수지튜브(JIS B 8381)

호칭	외경×내경(mm)		최소 곡률반경(mm)		최고 사용압력(MPa)	
	폴리아미드	폴리우레탄	폴리아미드	폴리우레탄	폴리아미드	폴리우레탄
4	4×2.5	4×2.5	20	10	1.5	0.8
6	6×4	6×4	30	15		
8	8×6	8×5	48	24		
10	10×7.5	10×6.5	60	30		
12	12×9	12×8	72	36		

6.2 | 배관의 선정

6.2.1 배관(파이프) 내경과 길이의 선정

배관(파이프)의 내경을 구하기 위하여 다음의 사항을 계산한다.

① 공압시스템에서 배관의 길이는 실제 배관의 길이와 마찰손실 및 부차적 압력강하에 상당하는 **등가길이**를 구한다. 따라서 손실을 고려한 총 배관길이는 실제 배관길이와 손실에 상당하는 등가길이를 합산한다.

② 액추에이터의 소요 공기량을 계산하고, 증가 예상 공기량은 소요 공기량의 약

50%, 누기량은 액추에이터의 소요 공기량과 예상 공기량의 합에 대한 10%로 하며, 이들을 모두 합산하여 총 소요 공기량으로 한다.

③ 허용 압력 강하량을 결정한다.

이들을 이용하여 **공압배관의 내경 선정 다이어그램**(그림 6.1)으로부터 배관(파이프)의 내경을 결정할 수 있다.

이 다이어그램의 사용방법은 다음과 같다.

파이프 길이, 소요 공기량, 작용 압력, 허용 압력 강하량이 결정되어 알고 있다고 하자. 우선 선 A(메인 파이프 길이)의 점과 선 B(총 소요 공기량)의 점을 연결하여 연장하면 선 C(축1)상에 교점을 얻을 수 있다. 선 E(작용압력)의 점과 선 G(허용 압력 강하량)의 점을 연결하여 선 F(축2)상의 점을 구한다. 선 C의 교점과 선 F의 교점을 연결하면 선 D(배관 내경)상에 교점이 결정되어 배관의 임시 내경이 구해진다.

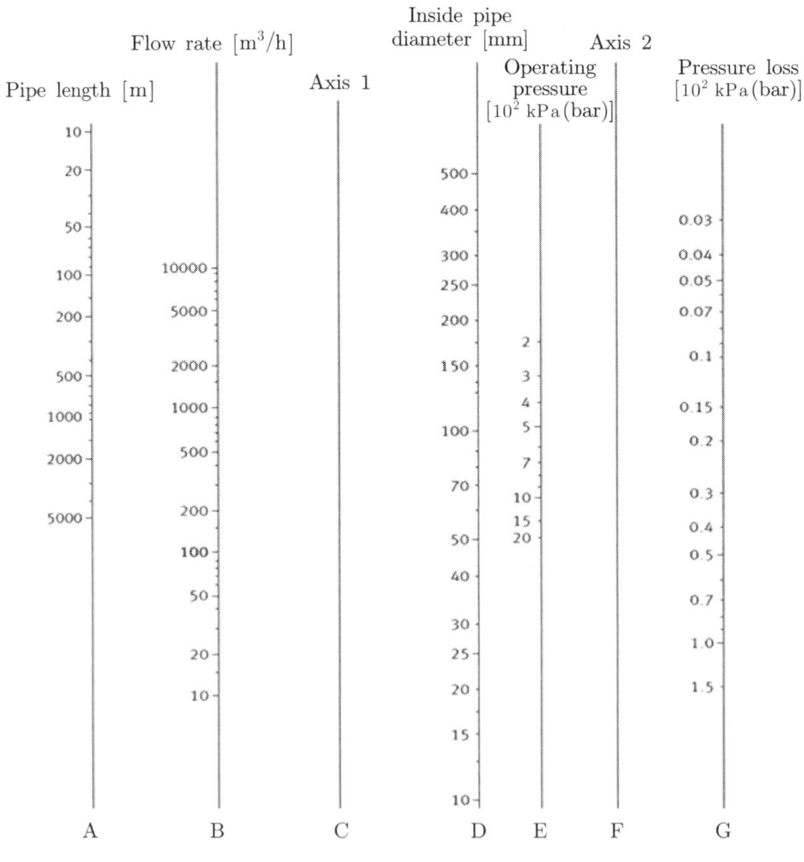

그림 6.1 공압배관의 내경 선정 다이어그램

그 후에 파이프 길이는 실제 메인 파이프 길이에, 파이프상의 압력손실을 야기하는 요소들(밸브, T, 엘보우 등)의 압력강하에 의한 유체저항의 등가길이를 합산하여 계산한 총 환산 배관길이를 결정한다.

여기서 유체저항 등가길이는, 배관의 임시직경을 이용하여 그림 6.2의 **등가길이 환산 그래프**에서 배관 중에 존재하는 여러 가지 교축요소의 등가길이를 구하여 합산한다. 또는 표 6.3의 교축요소의 등가길이를 이용하여 구할 수도 있다.

이렇게 구한 총 환산 배관길이를 이용하여 그림 6.1에서 전술한 과정을 다시 수행하여 최종 배관의 내경을 결정할 수 있다.

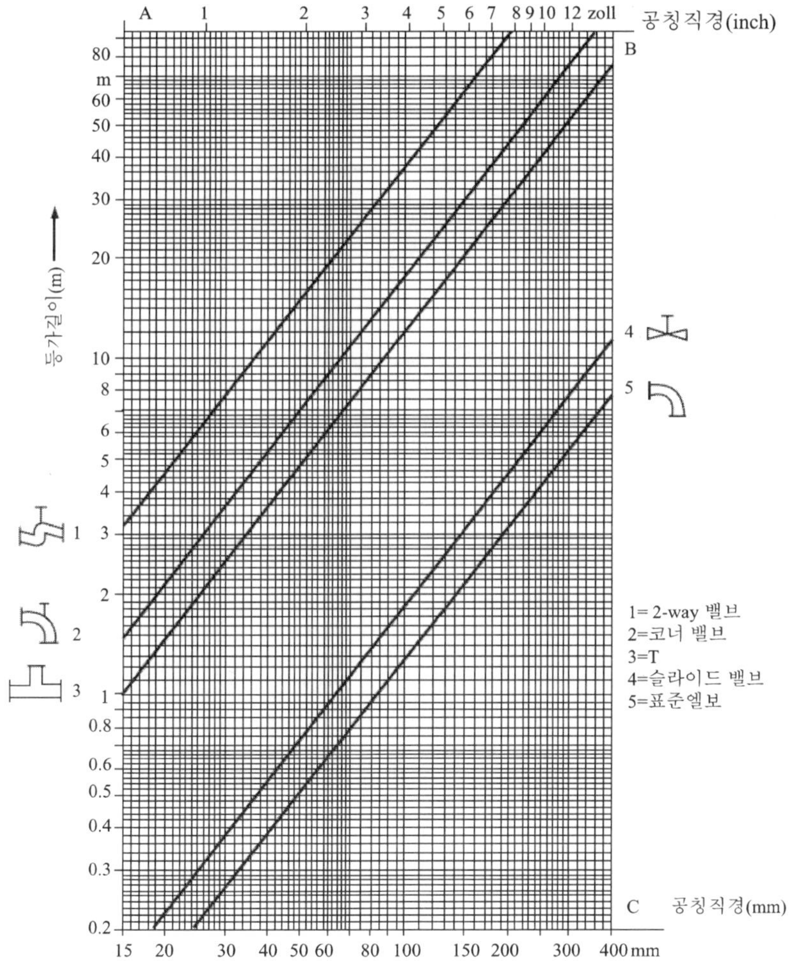

그림 6.2 교축요소의 등가길이 환산 그래프

표 6.3 교축요소의 등가길이

		등가길이(m)						
		내경(mm)						
		25	40	50	80	100	125	150
글로브밸브		3~6	5~10	7~15	10~25	15~30	20~50	25~60
다이어프램밸브		1.2	2.0	3.0	4.5	6	8	10
게이트밸브		0.3	0.5	0.7	1.0	1.5	2.0	2.5
엘보		1.5	2.5	3.5	5	7	10	15
밴드 $R=d$		0.3	0.5	0.6	1.0	1.5	2.0	2.5
밴드 $R=2d$		0.15	0.25	0.3	0.5	0.8	1.0	1.5
T-피스		2	3	4	7	10	15	20
리듀서		0.5	0.7	1.0	2.0	2.5	3.5	4.0

배관용 강관(파이프)에서 발생하는 **압력강하**는 다음의 실험식이 사용된다.

$$\Delta p = \frac{0.00237\,Q^2 l}{d_p^{5.31}(p_1 + 0.1013)} \quad [\mathrm{MPa}] \tag{6.1}$$

여기서 p_1 : 입구측 압력 [Mpa], l : 배관 길이 [m], d_p : 배관 내경 [mm],
Q : 유량 [l/min(ANR)]

예제 6.1

어느 공장의 공기소요량은 500 m^3/h의 수요가 예측된다. 파이프 길이는 100 m, 3개의 T, 2개의 표준형 엘보우(elbow), 1개의 2-way 밸브가 있다. 허용 압력강하는 10 kPa(0.1 bar)이며, 작업압력은 700 kPa이다. 그림 6.1과 그림 6.2를 이용하여 배관의 직경을 결정하라.

풀이 선 A(배관의 길이)의 100 m와 선 B(소요공기량)의 500 m^3/h의 점을 연결하여(실선) 연장하면 선 C(축 1)에 교점이 얻어진다. 선 E(작용압력)의 700 kPa(7 bar)과 선 G(허용 압력강하)의 0.1 bar의 점을 연결하여(실선) 선 F(축 2)상의 교점이 얻어진다. 선 C의 교점과 선 F의 교점을 연결하면(실선) 선 D(배관의 내경)상에 교점이 결정되며, 그 값이 구하고자 하는 배관의 내경 58 mm가 된다(그림 6.1(a) : 실선).

그러나 이 내경은 T, 엘보우, 2-way 밸브에서의 압력강하는 계산되지 않았으므로 그

요소들에서 발생하는 압력손실과 같은 손실을 가져오는 배관의 등가길이를 구하여 원래의 길이에 더해 줌으로써 모든 손실을 고려해야 한다. 그 등가길이는 그림 6.2의 등가길이 환산 그래프 또는 교축요소의 등가길이 표 6.3을 이용한다.

그림 6.2(a)에서 횡축에는 공칭직경(58 mm)을 택하고 각 요소의 선과 교점을 구해 종축의 등가길이를 구하면 다음과 같다.

$3 \times \mathrm{T} = 3 \times 6\ \mathrm{m} = 18\ \mathrm{m}$

$1 \times$ 2-way 밸브 $= 1 \times 18\ \mathrm{m} = 18\ \mathrm{m}$

$2 \times$ 엘보 $= 2 \times 0.62\ \mathrm{m} = 1.24\ \mathrm{m}$

따라서, 전 길이 $100+(18+18+1.24)=137.24\ \mathrm{m}$

배관길이 137.24 m에 대하여 그림 6.1에서 위와 같은 방법으로 배관의 직경을 구하면 60 mm가 된다(그림 6.1(a) : 점선).

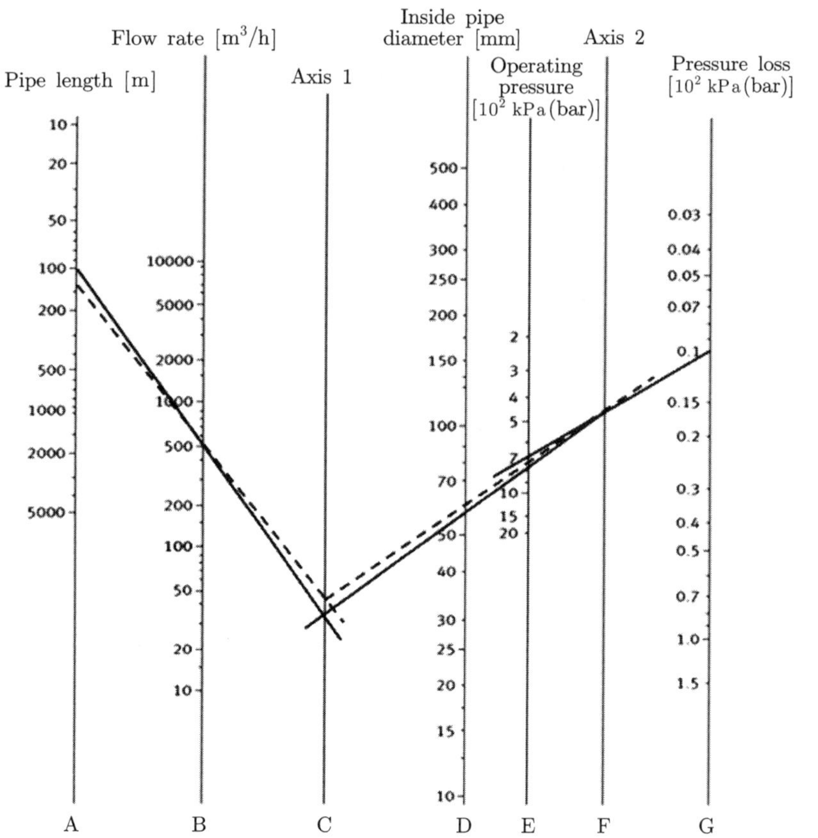

그림 6.1(a)

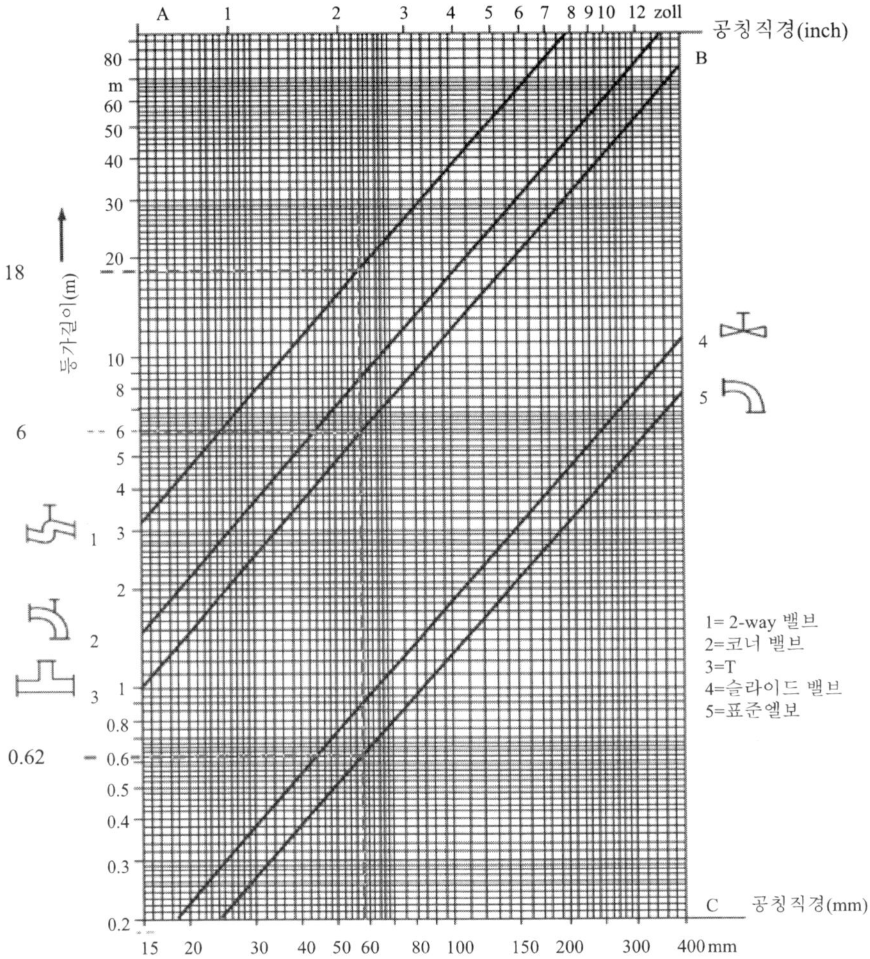

그림 6.2(a)

6.2.2 밸브유량과 배관직경의 선정방법

배관(튜브) 길이, 실린더 내경, 실린더 속도, 부하율의 값이 결정되어 있는 경우, 이 데이터를 이용하여 그림 6.3의 **밸브유량과 배관직경 선정 그래프**로부터 밸브유량과 배관직경을 선정한다. 이 선도를 사용하는 방법은 다음과 같다.

그림 6.3에서, 다이어그램1의 실린더의 속도로부터 부하율곡선까지 수직선을 그어 교점이 얻어지면 그 교점으로부터 다이어그램 2까지 수평선을 그어 실린더경의 선과의 교점을 얻는다. 그 교점으로부터 수직선을 그어 다이어그램 4의 끝까지 그어진 선보다 큰 밸브유량을 나타내는 선과의 교점을 구해 다이어그램 3으로 수평선을 그어 배관길이의

선과의 교점이 얻어지면 그보다 큰 배관(튜브)의 직경이 구하는 배관직경이 된다.

따라서 다이어그램 4에서 밸브유량이 구해지고, 다이어그램 3에서 배관(튜브)의 직경이 정해지게 된다.

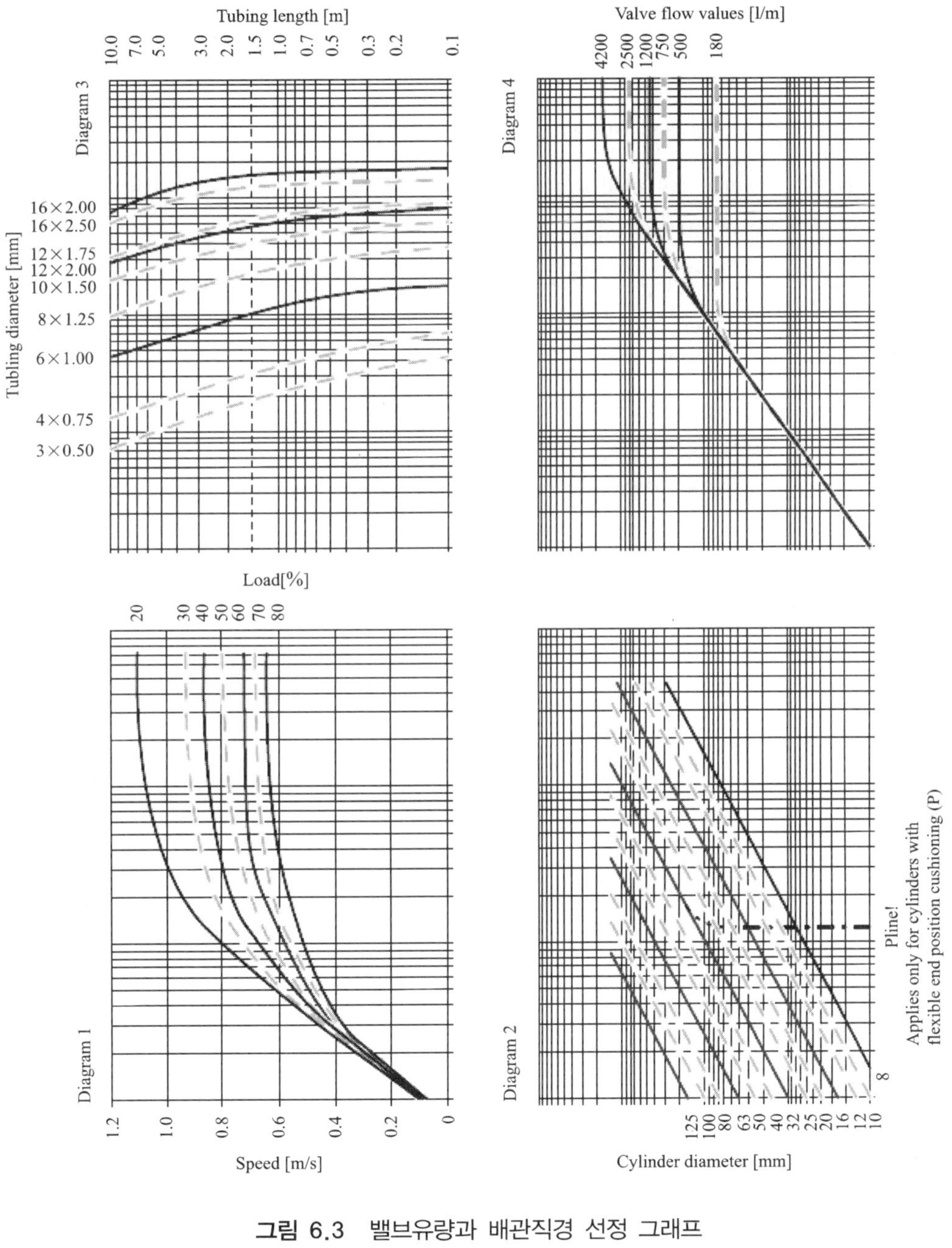

그림 6.3 밸브유량과 배관직경 선정 그래프

예제 6.2

다음에 제시하는 공압제어 시스템의 사양에서 필요한 밸브유량과 배관튜브의 직경을 구하라.

실린더(끝단 쿠션 내장형) 내경	50 mm
부하율	50%
행정속도	0.5 m/s
배관 길이	2 m

풀이 그림 6.3의 다이어그램을 이용하여 다음의 단계에 따라 공기유량과 배관직경을 구한다.

- 제1단계 : 그림 6.3의 다이어그램 1에서, 실린더 속도 0.5 m/s에서 부하율 50% 특성곡선까지 수직선을 긋는다.
- 제2단계 : 그 교점에서 다이어그램 2의 실린더 직경 50 mm 특성곡선까지 수평선을 그어 교점을 구한다.
- 제3단계 : 2단계에서 구한 교점으로부터 다이어그램 4의 유량특성곡선의 상부까지 수직선을 긋고 그 직선보다 큰 유량(좌측)의 곡선의 값이 구하는 밸브의 공기유량이다.
- 제4단계 : 그 유량곡선과의 교점에서 다이어그램3에 수평선을 그어 튜브길이의 선(수직선)과 교점에서 큰 쪽의 튜브가 구하는 배관의 직경×두께이다. 그 결과 밸브유량은 $500\,l/\mathrm{min}$, 배관의 직경은 8 mm(두께 1.25 mm)이다.

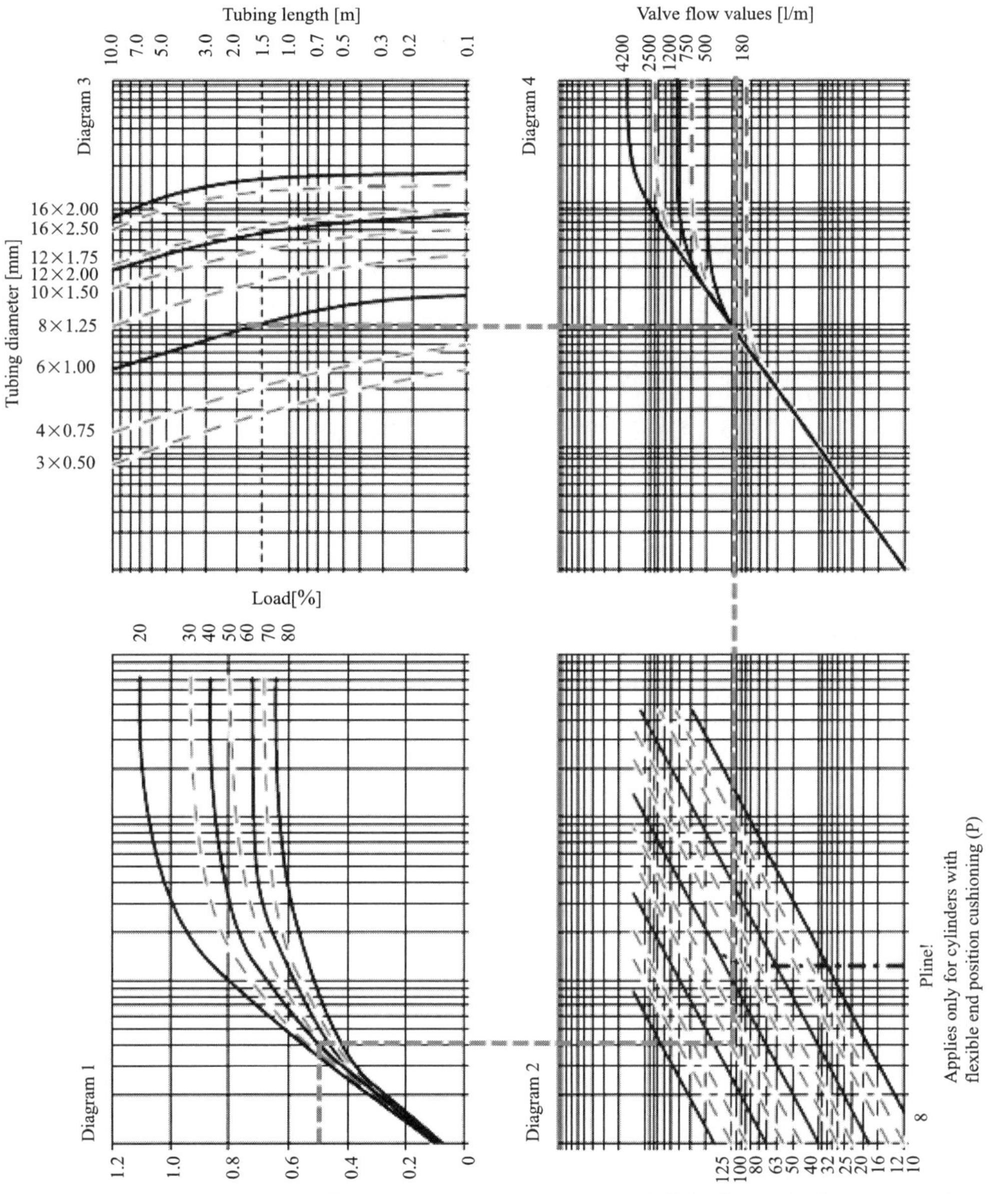
Tubing length [m]
Valve flow values [l/m]
Diagram 3
Diagram 4
Tubing diameter [mm]
16×2.00
16×2.50
12×1.75
12×2.00
10×1.50
8×1.25
6×1.00
4×0.75
3×0.50
Load[%]
Diagram 1
Diagram 2
Speed [m/s]
Cylinder diameter [mm]
Pline!
Applies only for cylinders with
flexible end position cushioning (P)

그림 6.3(a)

CHAPTER

07 그 외의 공압기기

7.1 | 진공흡입기기

일반 산업기계에서 사용하는 진공은 대기압보다 낮은 압력상태(부압)이며, −53∼−93 kPa 정도이다. 공기압을 부압에서 이용하는 데 필요한 기기를 진공기기라 한다.

진공흡입기기(vaccum suction tool)는 일반적으로 **진공패드**(vaccum pad) 또는 **진공캡**(vaccum cap)이라 한다. 재료는 고무, 금속, 세라믹, 소결금속 등이 이용된다.

이것을 사용하는 데 가장 중요한 점은 안전성이다. 흡착력은 사용방법, 조건을 충분히 고려하여 안전율을 포함시켜 결정한다. 즉, 수평패드의 경우는 4∼8, 수직패드의 경우는 8 이상의 안전율을 부여한다. 진공패드는 물건을 필요에 따라 흡착, 탈착의 역할을 하는 기기로서 패드와 물건의 미끄럼에 의한 이탈 등을 방지할 수 있어야 한다.

진공을 발생시키는 원리는 그림 7.1의 **진공 이젝터**(vaccum ejector)에서 보듯이 노

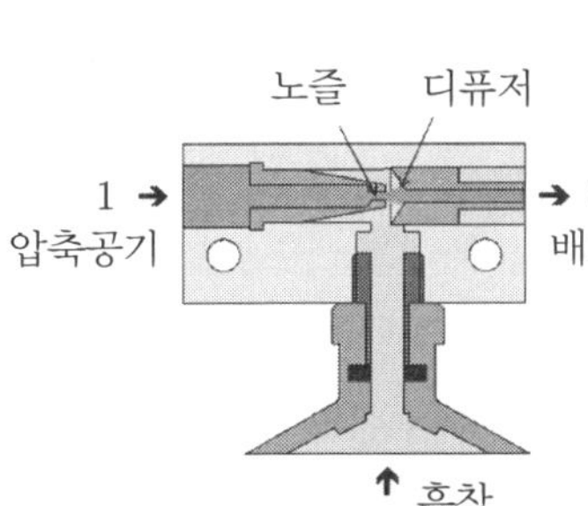

그림 7.1 진공흡입기기

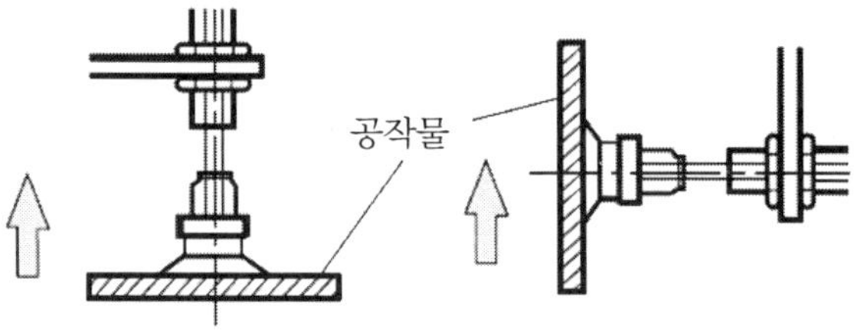

(a) 수평패드 (b) 수직패드

그림 7.2 진공패드

즐과 디퓨저로 구성되어 있으며, 노즐로부터 압축공기를 분출시킴에 따라 유속이 빨라지며, 이때 유체의 압력에너지가 운동에너지로 변환되어 부압(진공)이 발생하게 된다.

진공패드의 **흡착력** W[N]은 패드의 흡착면적 A[cm^2], 진공압력 p[kPa]가 결정되면 다음 식으로부터 구할 수 있다.

$$W = pA \times 0.1 \times \frac{1}{S}\ [\mathrm{N}] \tag{7.1}$$

여기서, S는 안전율로서 그림 7.2(a)와 같은 수평패드의 경우는 4~8, 그림 7.2(b)와 같은 수직패드의 경우는 8 이상으로 한다. 수직패드의 경우는 다른 기계적 보조수단이 없는 경우에는 가능한 사용하지 않는 것이 좋다.

예제 7.1

공작물의 질량 500 kg의 평강판을 직경 200 mm의 진공패드(수직패드)를 이용하여 이송한다. 패드면으로부터 누설은 없으며, 설정 진공도 $-66.65\,\mathrm{kPa}(-500\,\mathrm{mmHg})$의 경우 필요한 패드수는 얼마인가? 단, 안전율을 4로 한다.

풀이 식 (7.1)로부터 $W = pA \times 0.1 \times \frac{1}{S} = 66.65 \times \frac{\pi}{4} \times 20^2 \times 0.1 \times \frac{1}{4} = 523.2$ [N]

패드 수 : $n = \frac{mg}{W} = \frac{500 \times 9.81}{523.2} = 9.38 \rightarrow$ 10개

7.2 | 공압 척

공압 척(pneumatic chuck)은 공압 실린더나 산업용 로봇의 선단에 장착하여 핑거(finger)를 개폐시킴에 따라 가공물을 클램핑하여 유지하고, 이송이나 핸들링을 하는 목

적으로 사용된다. 가공물의 형상에 따라 2핑거, 3핑거, 4핑거 등이 있으며, 2핑거형은 동작 상태에 따라 분류하면 평행 개폐형과 지점 개폐형으로 분류된다.

그림 7.3은 2핑거형의 각각에 대한 구조도이다.

(1) 평행 개폐형

평행 개폐형 공압 척은 그림 7.3(a)와 같이 핑거가 서로 평행한 상태를 유지하면서 이동하여 개폐하는 형식으로서, 평행이동기구에는 선형 가이드(liner guide) 등을 사용하고 개폐시의 유연성과 고 정밀도가 유지되고 있다.

(2) 지점 개폐형

지점 개폐형 공압 척은 그림 7.3(b)와 같이 링크기구 등을 이용하여 핑거가 1점을 중심으로 회전하면서 개폐하는 형식이다.

이 두 형식 모두 핑거의 개폐에는 복동 실린더를 사용하는 것과 단동 실린더를 사용하는 것이 있으며, 단동 실린더를 사용하는 것에는 상시 열림형과 상시 닫힘형이 있다.

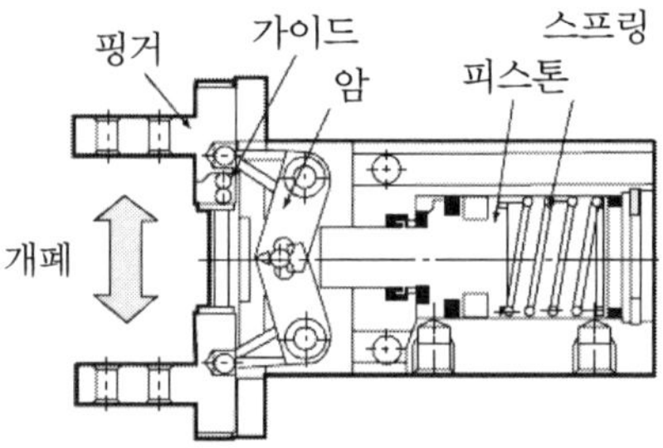

(a) 평행 개폐형(단동, 상시 open)

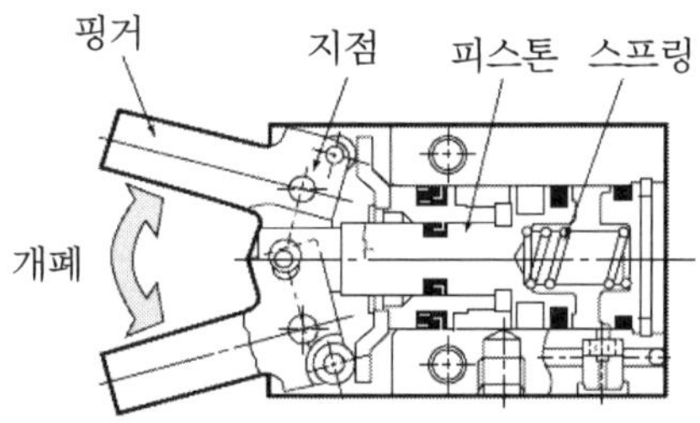

(b) 지점 개폐형(상시 open)

그림 7.3 공압 척의 구조

공압 척은 가공물의 형상에 따라 핑거부에 보조 핑거를 설치하여 사용한다. 이때 보조 핑거의 형상에 따라서 핑거에 작용하는 모멘트가 허용치를 초과하지 않는 범위에서 사용해야 한다.

공압 척의 클램핑력 F[N]은 다음 식으로 표시된다(그림 7.4).

$$F > \frac{mg}{2\mu}a = \frac{mg}{2 \times 0.2} \times 4 = (10 \sim 20)mg \tag{7.2}$$

여기서 μ : 보조 핑거와 가공물의 마찰계수(0.1～0.2), m : 가공물의 질량 [kg],

g : 중력 가속도 [m/s^2], a : 여유율(4)

따라서 일반적으로는 가공물 중량의 10～20배 이상의 클램핑력을 갖는 공압 척을 선정해야 한다.

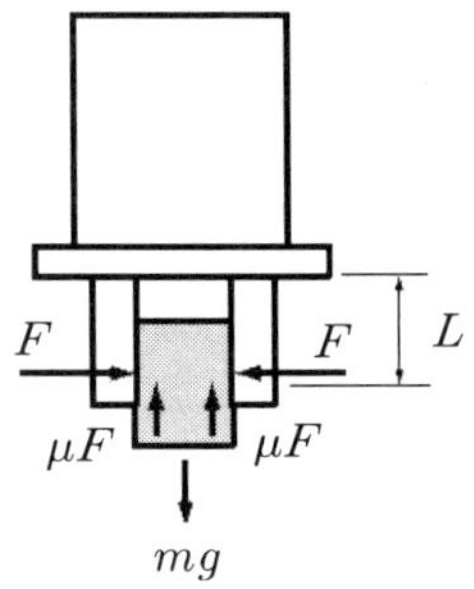

그림 7.4 가공물 중량과 클램핑

이상에서 핑거의 클램핑력이 명백해졌다면, 메이커가 제시하는 클래핑력 F의 값과 비교하여 조건이 맞는 것을 선택한다.

클램핑력 F의 실효값을 나타내는 그래프의 예를 그림 7.5에 제시하였다.

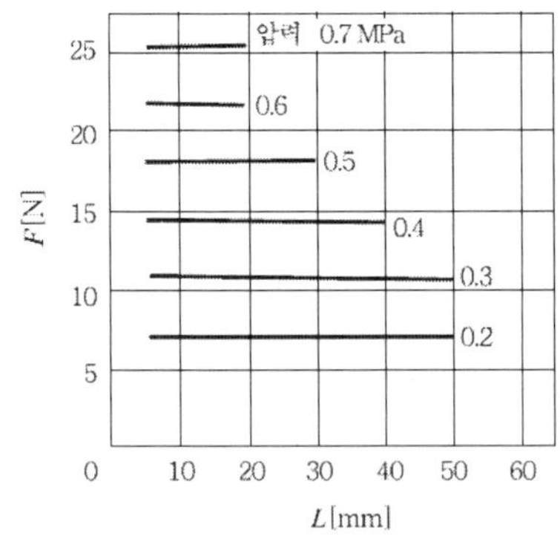

그림 7.5 클램핑력의 실효 값

클램핑력 F의 실효 값은 복동형, 단동형에 따라, 또는 클램핑이 가공물의 외측[그림 7.6(a)] 또는 내측[그림 7.6(b)]인가에 따라 달라지므로 사용조건에 가장 가까운 선도를 참조하여 선정한다.

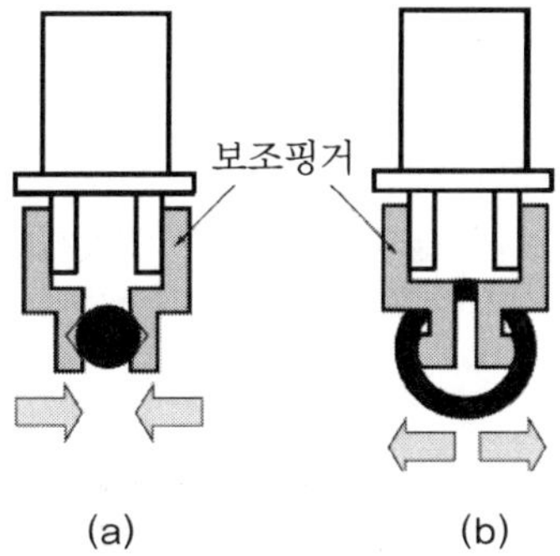

그림 7.6 가공물의 외측 및 내측의 클램핑

7.3 | 공유압 증압기

공유압 증압기(pneumatic hydraulic booster)는 입구 쪽 압력을 출구 쪽에서 높은 압력으로 변환하는 기기이며, 입구 쪽의 압력을 공기압으로, 출구 쪽의 압력을 유압으로 변환하여 압력을 증대시킨다.

공유압 증압기는 공압 실린더와 플런저를 조합시킨 구조로서 공압 실린더가 전진할 때의 추력을 플런저에 의해 유압으로 변환시키는 것이다. 이때 발생되는 유압은 공압 실린더의 피스톤에 가해지는 공기압력과, 플런저의 단면적에 대한 피스톤의 단면적의 비에 따라 정해지며, 그림 7.7의 공유압 증압기에서 다음 식으로 구할 수 있다.

$$p_2 = p_1 \times \frac{A_1}{A_2} \ \ [\mathrm{MPa}] \tag{7.3}$$

여기서 p_2 : 발생하는 유압 [MPa], p_1 : 공압 실린더에 가해지는 공기압력 [MPa],
A_1 : 공압 실린더의 피스톤의 단면적 [mm^2], A_2 : 플런저의 단면적 [mm^2]

따라서, 공압 실린더의 수압면적과 플런저의 수압면적의 비(A_1/A_2)가 클수록 높은 유압을 얻을 수 있다. 일반적으로 증압비는 10~15 정도가 많으며, 공기압이 0.5 MPa 일 때 유압은 5~12.5 MPa 정도이다.

공유압 증압기의 출구 측 토출유량은 누설이나 팽창을 고려하지 않는다면 다음 식으로 구할 수 있다.

$$Q = A_2 \cdot S \ \ [\mathrm{mm}^3] \tag{7.4}$$

여기서 Q : 공유압 증압기 출구측의 토출유량 [mm^3], A_2 : 플런저의 단면적 [mm^2],
S : 공기압 실린더의 행정거리 [mm]

높은 증압을 얻으려면 식 (7.3)으로부터 알 수 있듯이 A_2를 작게 해야 하므로 토출 유량은 작아진다[식 (7.4)].

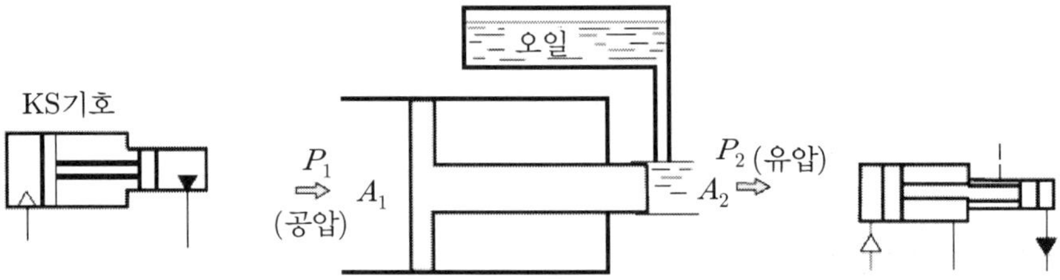

그림 7.7 공유압 증압기

CHAPTER

08 전기 제어기기

8.1 | 접점

전기기기에 전류를 통전(ON)시키거나 단전(OFF)시키는 역할을 하는 것이 접점(contact)이다. 즉, 접점은 회로 상에서 전류의 개폐기능을 갖는다. 예를 들어, 실린더의 운동 방향이나 순서를 제어할 때 솔레노이드 밸브의 솔레노이드 코일에 전류를 ON시키거나 OFF시켜야 될 때 접점이 그 역할을 하게 된다.

접점의 종류에는 그림 8.1에 나타낸 바와 같이 (a) 상시 열림 접점(a접점), (b) 상시 닫힘 접점(b접점), (c) 전환접점(c접점)이 있다.

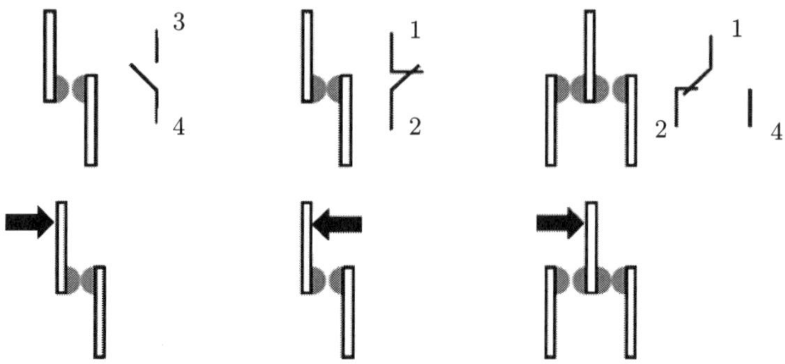

(a) a접점 (b) b접점 (c) c접점

그림 8.1 접점의 종류

(1) 상시 열림 접점(a접점)

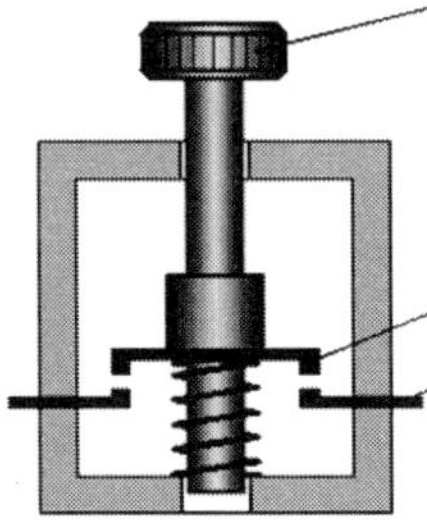

그림 8.2 a접점

그림 8.2와 같이 초기상태에서는 고정접점과 가동접점이 접촉하지 않은 상태이며 버튼을 눌러 조작력이 가해지면 두 접점이 접촉하여 전류가 통전(通電)되는 기능을 갖는 접점을 **상시 열림 접점**(normally open contact, N/O형) 또는 **a접점**, **make접점**이라 한다.

(2) 상시 닫힘 접점(b접점)

그림 8.3과 같이 a접점 스위치와 반대로 초기상태에서는 접점이 닫혀 있으므로 **상시 닫힘 접점**(normally closed contact, N/C형)이라 하며 전류가 접점을 통해 흐른다. 버튼을 작동시키면 연결되어 있던 접점이 떨어져 전류가 단전되며 break contact라 하여, 그 약자로 **b접점**이라 한다.

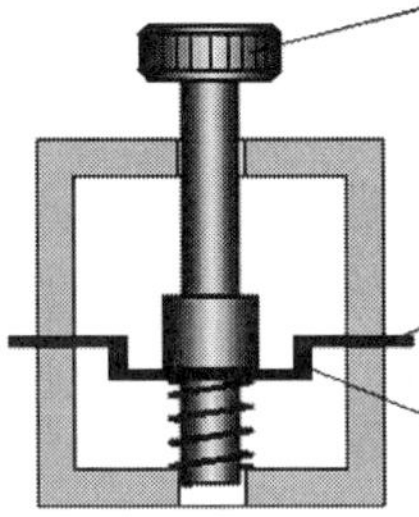

그림 8.3 b접점

(3) 전환 접점(c접점)

그림 8.4와 같이 초기상태에서는 상시 닫힘의 접점(b접점)상태로부터 버튼을 눌러 스

위치를 작동시키면 상시 닫힘 접점은 서로 떨어져 회로를 분리시키고, 상시 열림 접점(a접점)은 전류가 통할 수 있도록 회로가 연결되어 c접점 스위치는 하나의 스위치를 a 접점이나 b접점으로 사용이 가능한 스위치이다.

이 스위치는 작동되면 접점의 change-over가 일어나므로 **전환접점**(change over contact), 또는 c **접점**이라 한다.

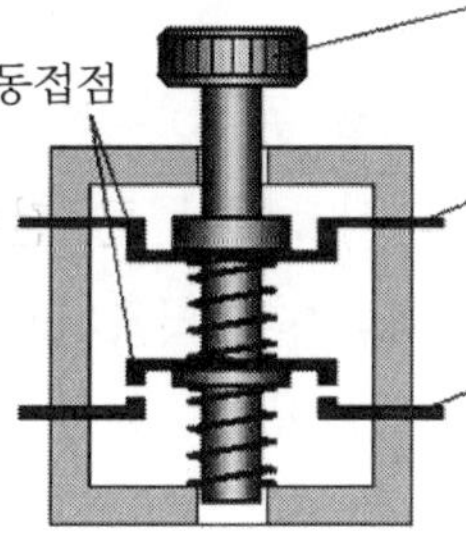

그림 8.4 c접점

다접점(多接点, multiple contacts)은 하나의 버튼이 여러 개의 독립된 접점을 갖는다. 즉 하나의 버튼을 작동시키면 여러 개의 접점이 동시에 ON 또는 OFF된다.

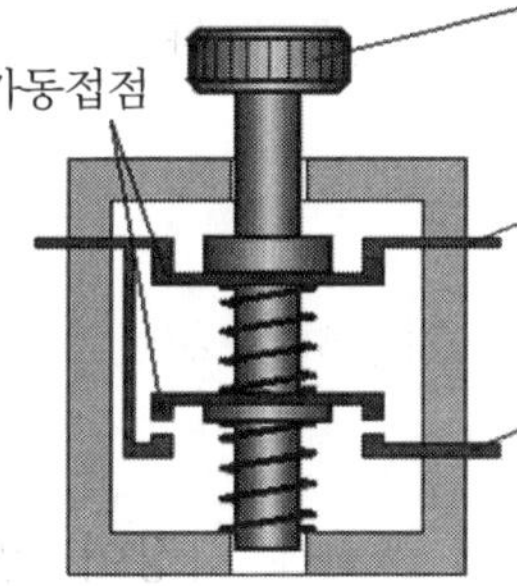

그림 8.5 다접점

독립된 접점이란 여러 개의 접점이 기계적으로는 연결되어 있으므로 같이 작동되지만, 전기적으로는 완전히 독립되어 있음을 의미한다. 각각의 접점에 서로 다른 전압을 사용하여도 각 접점 사이에는 절연되어 있으므로 아무 문제가 없다(그림 8.5).

8.2 | 릴레이

다접점 스위치는 여러 개의 독립된 접점을 갖고 있지만 전기 리밋 스위치나 센서는 일반적으로 하나의 독립된 접점을 갖고 있다. 따라서 전기적으로 독립된 여러 개의 접점이 필요한 경우에는 접점을 늘려야 한다. 이때 접점을 늘려주는 것이 **릴레이**(relay)이다.

이 릴레이는 전자석으로 작동되는 여러 개의 접점을 갖는 전기 스위치로서, 소량의 에너지를 이용하여 스위치의 개폐나 제어에 이용되는 요소이며 주로 신호처리에 이용된다.

리밋 스위치를 통하여 솔레노이드(solenoid)를 직접 작동시키면 접점에 과부하가 걸리므로 버퍼(buffer)와 같은 역할로 릴레이가 사용되어 큰 전류를 부담하게 된다. 회로에서의 릴레이의 또 다른 중요한 기능은 논리기능과 인터록(inter-lock)장치로서 사용된다.

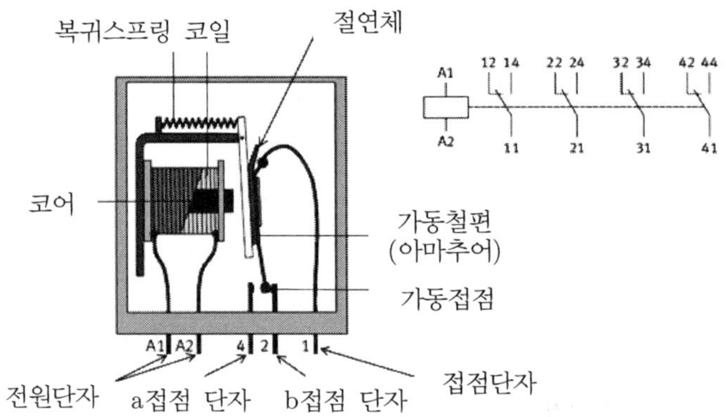

그림 8.6 릴레이

릴레이의 구조는 그림 8.6과 같이 자장을 형성하기 위한 코일, 전자석에 의하여 작동되는 접점 및 복귀스프링으로 구성되어 있다.

전기 릴레이의 코일에 전기를 통전시키면 코일에 자장이 형성되어 릴레이의 가동철편(amature)을 코일의 코어(core)로 잡아당긴다. 즉, 전자석에 의하여 아마추어와 기계적으로 연결된 여러 개의 접점이 작동되어 개폐된다. 코일에 통하는 전류를 차단시키면 자장이 OFF되므로 각 접점은 복귀스프링에 의하여 원상태로 회복된다.

전기 릴레이는 전기적으로 독립된 여러 개의 접점을 갖고 있다. 즉 릴레이의 각 접점은 전기적으로 절연되어 있으므로 각 접점에는 서로 다른 전압을 이용해도 문제가 발생하지 않는다. 24V용 릴레이라 할지라도 각 접점에는 110 V, 220 V 등의 다른 전압을 이용해도 된다.

8.3 | 검출 스위치

(1) 리밋 스위치

리밋 스위치는 기계적인 힘으로 접점을 작동시켜 전기신호로 변환하는 검출기기이며, 구조는 케이스 내에 마이크로 스위치를 내장한 것이다. 그림 8.7은 롤러 플런저형 리밋 스위치의 구조이다.

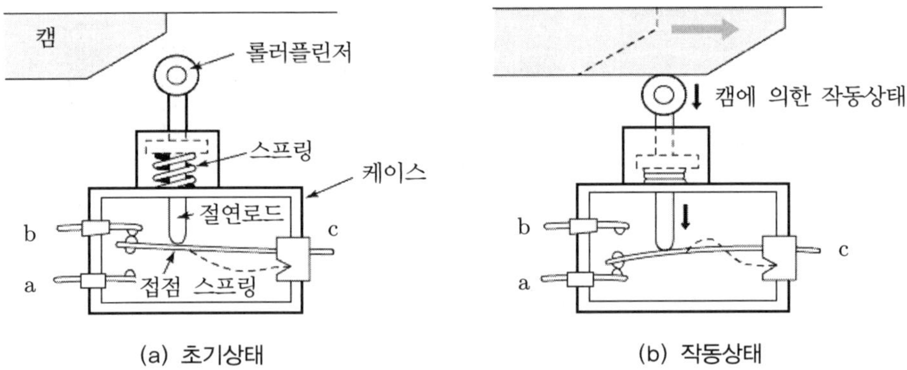

그림 8.7 리밋 스위치

접점은 c접점(전환접점)으로 되어 있으며, 그림 8.7(a)의 초기상태에서는 단자 a와 가동 접점 c는 a접점 상태, 단자 b와 가동 접점 c는 b접점 상태로 되어 있고, 리밋 스위치가 작동하고 있는 그림 8.7(b)의 상태에서는 가동 접점 c가 이동하여 단자 a와 접촉하게 된다. 따라서 단자 a와 c를 연결하는 회로가 연결되게 된다.

기계 가동부의 캠이 좌측으로 후진하여 캠이 롤러 플런저로부터 이탈되면 스프링 접점은 원래의 상태로 돌아간다.

(2) 근접 센서

근접 스위치는 **근접 센서**(proximity sensor)라고도 하며, 비접촉 상태로 물체를 검출하는 센서이다. 이것은 전자유도(電磁誘導)를 이용한 고주파 발진형(유도형), 자석을 이용한 자기형(磁氣形)과 정전용량의 변화를 이용한 정전용량형의 3종류가 있다.

① **유도형 센서**(inductive sensor)는 산업현장에서 널리 사용되는 센서로서 금속에만 반응한다. 이것은 검출코일에서 발생하는 고주파 자계 내에 검출물체(금속)가 접

근하면 전자유도현상에 따라 근접물체 표면에 유도전류(와전류)가 흘러 금속 내에 에너지 손실이 발생한다. 그러면 검출코일에서 발생하는 발진 진폭이 감쇠 또는 정지하며, 이 진폭의 변화량을 이용하여 검출물체(금속)의 존재 유무를 감지한다. 유도형 센서(그림 8.8)의 감지거리는 대체로 센서 직경의 1/2 정도이며 스위칭 시간도 2000 pulse/sec로서 짧다.

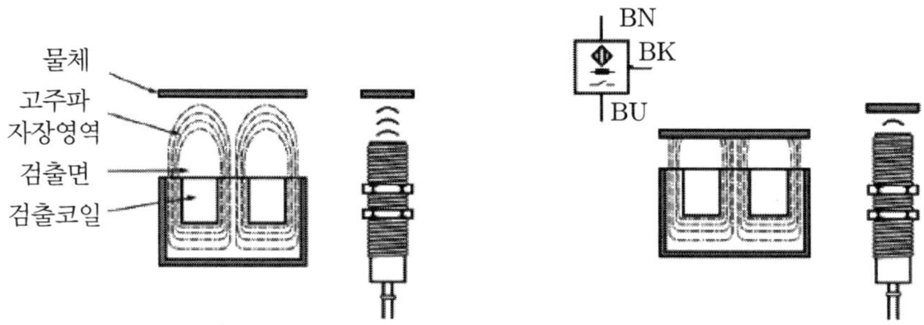

(a) 작동 전 (b) 작동상태

그림 8.8 유도형 근접센서

② **자기형 근접 스위치**(magnetic proximity sensor)는 자성체(磁性體) 또는 발진원(發振源)인 영구 자석의 접근을 검출하며, 자성체에 반응한다.

그림 8.9(a)는 **리드 스위치**(reed switch)로서 자성체로 되어 있는 한 쌍의 리드 편(reed blade)을 불활성 가스(질소 또는 진공)와 함께 유리관 내에 봉입하고, 리드 편의 접촉면은 로듐(Rh)이나 루테늄(Ru)으로 도금되어 있다.

그림 8.9(b)는 리드 스위치의 작동(ON)상태를 표시하였으며, 외부 자기장이 접근하면 두 리드 편의 접점이 접촉하여 ON동작을 하고, 자기장이 멀어지면 OFF된다.

(a) 기본 구조(작동 전) (b) 작동상태

그림 8.9 자기형 근접 스위치(리드 스위치)

③ **정전용량형 센서**(capacitive sensor, 靜電容量形 센서)는 금속, 비금속을 비롯한 모

든 물체에 반응한다.

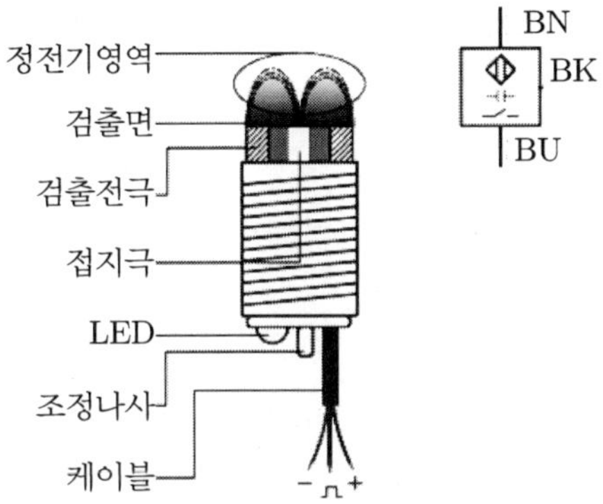

그림 8.10 정전용량형 근접 스위치

그림 8.10과 같이 이 센서는 검출부에 검출전극을 가지고 있어서 (+)전압을 인가하면 전극에는 (+)전하가, 대지 쪽에는 (-)전하가 발생하면서 전극과 대지 사이에 전계가 생긴다. 이 전극 쪽으로 물체가 접근하게 되면 물체 내부에 있는 전하들이 전극 쪽으로는 (-)전하가, 반대쪽으로는 (+)전하가 이동하게 되는데 이 현상을 분극현상이라 하며, 물체가 전극에서 멀어지면 분극현상이 약해져서 정전용량이 적어지고 전극 쪽으로 접근하면 분극현상이 커져서 전극에 (+)전하가 증가하여 정전용량(electric capacitance)이 증가한다. 즉, 콘덴서(condenser)의 두 판 사이에 유전율(di-electric constant)이 1보다 큰 물질이 놓여서 콘덴서의 용량이 증가하는 것과 마찬가지로 센서 앞에 어떤 물체가 놓이게 되면 센서에 평소보다 많은 전기가 저장될 수 있게 된다.

공기를 제외한 모든 물체는 유전율이 1보다 크므로 이 센서는 모든 물체를 검출할 수 있다. 스위칭 시간은 10 pulse/sec 정도로서 유도형 센서보다 길며, 감지거리는 3~25 mm이다.

(3) 광전 센서

① **투과식(대향식) 광전 센서**(through-beam or opposed mode)는 그림 8.11에서 보는 바와 같이 고유한 파장의 빛을 방사하는 발광기(transmitter)와 수광기(receiver) 사이에 어떤 물체가 존재하게 되면 빛의 차단에 의해 감지한다. 작동원리도는 그림 8.11과 같다.

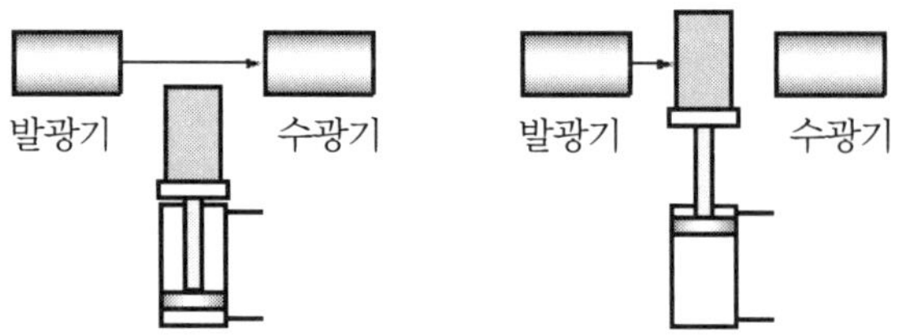

그림 8.11 투과식 광전 센서

② **반사식 광전 센서**(retroreflective or reflex)는 발광기와 수광기가 한 몸체로 이루어져 있으며, 고유의 곡면을 갖는 반사경(reflector)과 짝을 이룬다. 센서와 반사경 사이에 물체가 존재하게 되면 발광기에서 방사된 빛이 수광기에 도달될 수 없으므로 물체의 존재 유무를 검출한다. 작동원리도는 그림 8.12와 같다.

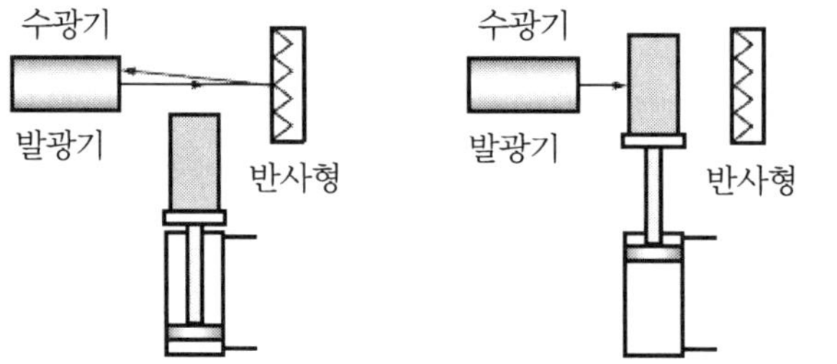

그림 8.12 반사식 광전 센서

CHAPTER

09 공압제어의 계산

9.1 | 공압제어의 계산

공기의 상태식

문제 9.1

압력 101.3 kPa, 온도 20℃인 공기의 비체적과 밀도는 각각 얼마인가? 단, 공기의 기체상수 $R = 287.03\ \mathrm{J/kgK}$ 이다.

풀이 $R = 287.03\,\mathrm{J/kgK}$, $p = 101.3\,\mathrm{kPa} = 101.3 \times 10^3\,\mathrm{Pa}$,
$T = 273.15 + t = 273.15 + 20 = 293.15\,\mathrm{K}$ 를 이상기체의 상태식 (1.15)를 변형하여 대입하면

$$\text{비체적 : } v = \frac{RT}{p} = \frac{287.03 \times 293.15}{101.3 \times 10^3} = 0.8306\,\mathrm{m^3/kg}$$

$$\text{밀도 : } \rho = \frac{1}{v} = \frac{1}{0.8306} = 1.204\,\mathrm{kg/m^3}$$

■

문제 9.2

내용적 $100\,l$인 용기에 온도 25℃의 산소를 충전했을 때, 압력이 14 MPa_g로 되었다고 한다. 산소의 충진량은 얼마인가? 산소의 기체상수 $R = 259.833\,\mathrm{J/kgK}$ 이다.

풀이 $V = 100\,l = 100 \times 10^{-3}\,\mathrm{m^3}$,

$p = 14\,\mathrm{MPa}_g = (14 + 0.1013)\,\mathrm{MPa}_{abs} = 14.1013 \times 10^6\,\mathrm{Pa}_{abs}$,

$T = 273.15 + 25 = 298.15\,\mathrm{K}$, 식 (1.15)로부터

$$m = \frac{pV}{RT} = \frac{14.1013 \times 10^6 \times 100 \times 10^{-3}}{259.833 \times 298.15} = 18.2\,\mathrm{kg}$$ ■

문제 9.3

내용적 $50\,l$의 산소봄베에 온도 40℃의 산소 9 kg을 충진했을 때의 압력 p [MPa]는 얼마인가? 단, 산소의 기체상수 $R = 259.833\,\mathrm{J/kgK}$ 이다.

풀이 $R = 259.833\,\mathrm{J/kgK}$, $V = 50\,l = 50 \times 10^{-3}\,\mathrm{m}^3$, $T = 273.15 + 40 = 313.15\,\mathrm{K}$, $m = 9\,\mathrm{kg}$을 식 (1.15)에 대입하여

$$p = \frac{mRT}{V} = \frac{9 \times 259.833 \times 313.15}{50 \times 10^{-3}} = 14646006.7\,\mathrm{Pa}_{abs} = 14.646\,\mathrm{MPa}_{abs}$$ ■

문제 9.4

압력 $0.7\,\mathrm{MPa}_g$, 온도 38℃의 압축공기를 매분 $1\,\mathrm{m}^3$로 토출하는 공기압축기가 있다. 이것은 매분 몇 m^3의 대기를 흡입하고 있는가? 단, 대기온도는 25℃로 하고, 공기압축기의 손실은 무시해도 좋다.

풀이 대기압 상태의 첨자를 1, 압축상태를 2로 하여 표시하면

$p_1 = 0.1013\,\mathrm{MPa}_{abs}$, $T_1 = 25 + 273.15 = 298.15\,\mathrm{K}$,

$p_2 = 0.7 + 0.1013 = 0.8013\,\mathrm{MPa}_{abs}$,

$T_2 = 38 + 273.15 = 311.15\,\mathrm{K}$, $V_2 = 1\,\mathrm{m}^3/\mathrm{min}$, 식 (1.14)에 의해

$$V_1 = V_2 \frac{p_2}{p_1} \frac{T_1}{T_2} = 1 \times \frac{0.8013}{0.1013} \times \frac{298.15}{311.15} = 7.58\,\mathrm{m}^3/\mathrm{min}$$ ■

문제 9.5

대기압(0.1013 MPa)의 공기 $8\,l$를 $1\,l$까지 압축했을 때의 압력(MPa)을 구하라.

풀이 식 (1.12)로 표시되는 보일의 법칙에 따라 다음과 같이 계산한다.

$p_1 V_1 = p_2 V_2$로부터 $p_2 = p_1 \dfrac{V_1}{V_2} = 0.1013 \times \dfrac{8}{1} = 0.8104\,\mathrm{MPa}_{abs}$

게이지압력으로 환산하면 $p_2 = 0.8104 - 0.1013 = 0.7091\,\mathrm{MPa}_g$

대기압의 공기를 체적이 1/8로 압축하면 약 $0.7\,\mathrm{MPa}_g$의 압축공기로 된다. ■

문제 9.6

구형 탱크 내에 온도 30℃, 압력 $15\,\mathrm{MPa}_g$인 질량 10 kg의 공기가 충진되어 있다. 그 후 탱크를 조사했더니 압력 $5\,\mathrm{MPa}_g$, 온도 12℃로 변화했다고 한다. 몇 kg의 공기가 누설된 것인가?

풀이 식 (1.15)로부터 $p_1V_1 = m_1RT_1$, $p_2V_2 = m_2RT_2$, $m_2 = \dfrac{p_2V_2}{RT_2}$, $R = \dfrac{p_1V_1}{m_1T_1}$ 그리고 $V_1 = V_2 = V$

$$\therefore\ m_2 = \frac{m_1T_1}{p_1V}\cdot\frac{p_2V}{T_2} = \frac{p_2T_1}{p_1T_2}\cdot m_1$$

$$= \frac{(5+0.1013)\times10^6\times(273.15+30)}{(15+0.1013)\times10^6\times(273.15+12)}\times10 = 3.59\,\mathrm{kg}$$

따라서 누설량 $m = m_1 - m_2 = 10 - 3.59 = 6.41\,\mathrm{kg}$ ■

문제 9.7

표준상태(온도 $t = 20℃$, 압력 $p = 101.3\,\mathrm{kPa}$, 상대습도 $\phi = 0.65$)와 기준상태($t = 0℃$, $p = 101.3\,\mathrm{kPa}$, $\phi = 0$)에서 각각 공기의 밀도를 구하라.

풀이 표준상태에서의 표 1.5의 포화 습공기표로부터 $p_s = 2.3366\,\mathrm{kPa}$, $\phi = 0.65$, 식 (1.10)에서

$$\therefore\ \rho = 1.293\times\frac{273.15}{273.15+t}\times\frac{p-0.377\phi p_s}{101.3}$$

$$= 1.293\times\frac{273.15}{273.15+20}\times\frac{101.3-0.377\times0.65\times2.3366}{101.3} = 1.2\,\mathrm{kg/m^3}$$

기준상태에서는

$$\rho = 1.293\times\frac{273.15}{273.15+t}\times\frac{p}{101.3}$$

$$= 1.293\times\frac{273.15}{273.15+0}\times\frac{101.3}{101.3}$$

$$= 1.293\,\mathrm{kg/m^3}$$ ■

밀도, 점도

문제 9.8

온도 300 K, 압력 $0.1\,\mathrm{MPa}_{abs}$에 있어서 공기의 점성계수, 동점성계수를 각각 구하라. 단, 실험상수 $C = 123.6$, 공기밀도 $\rho = 1.16\,\mathrm{kg/m^3}$이다.

풀이 $\mu_o = 17.23\times10^{-6}\,\text{Pa·s}$, $T = 300\,\text{K}$, $C = 123.6$, $\rho = 1.16\,\text{kg/m}^3$, 식 (1.11)로부터 점성계수는

$$\mu = \mu_o\left(\frac{273.15 + C}{T + C}\right)\left(\frac{T}{273.15}\right)^{\frac{3}{2}}$$
$$= 17.23\times10^{-6}\times\left(\frac{273.15 + 123.6}{300 + 123.6}\right)\times\left(\frac{300}{273.15}\right)^{\frac{3}{2}}$$
$$= 18.57\times10^{-6}\,\text{Pa·s} = 18.57\,\mu\text{Pa·s}$$

동점성계수는 점성계수를 그 유체의 밀도로 나누면 되므로

$$\nu = \frac{\mu}{\rho} = \frac{18.57\times10^{-6}}{1.16} = 16\times10^{-6}\,\text{m}^2/\text{s} = 16\,\text{mm}^2/\text{s} = 16\text{cst}$$ ■

문제 9.9

게이지압 0.6 MPa, 온도 42℃, 상대습도 60%인 습공기의 밀도는 얼마인가? 또 비체적은 얼마인가?

풀이 표 1.5로부터 $t = 42$℃ 일 때 포화증기압 $p_s = 8.1985\,\text{kPa}_{abs}$, 상대습도 $\phi = 0.6$,

$p = 0.6 + 0.1013 = 0.7013\,\text{MPa}_{abs} = 0.7013\times10^3\,\text{kPa}_{abs}$

따라서 식 (1.10)으로부터 습공기의 밀도는

$$\rho = 1.293\times\frac{273.15}{273.15 + t}\times\frac{p - 0.377\,\phi p_s}{101.3}$$
$$= 1.293\times\frac{273.15}{273.15 + 42}\times\frac{0.7013\times10^3 - 0.377\times0.6\times8.1985}{101.3} = 7.738\,\text{kg/m}^3$$

비체적 $v\,[\text{m}^3/\text{kg}]$은

$$v = \frac{1}{\rho} = \frac{1}{7.738} = 0.1292\,\text{m}^3/\text{kg}$$ ■

습도, 수분량

문제 9.10

온도 30℃에서 상대습도 70%인 대기 1 kg 중에는 몇 kg의 수증기가 함유되어 있는가?

풀이 $t = 30$℃ 일 때 포화증기압 $p_s = 4.2415\,\text{kPa}_{abs} = 4.2415\times10^{-3}\,\text{MPa}_{abs}$, 상대습도 $\phi = 0.7$, 전압 $p_t = 0.1013\,\text{MPa}_{abs}$

식 (1.25)로부터

$$x = \frac{0.622\,\phi p_s}{p_t - \phi p_s} = \frac{0.622 \times 0.7 \times 4.2415 \times 10^{-3}}{0.1013 - 0.7 \times 4.2415 \times 10^{-3}} = 0.0188\,\mathrm{kg/kg'}$$ ■

문제 9.11

(1) 표준 대기압 하에서 온도 30℃, 상대습도 65%인 공기 중의 수분량과 수증기 분압은 각각 얼마인가?

(2) 이 상태에서 공기를 게이지압으로 686.5 kPa까지 압축했을 때, 온도가 64℃로, 상대습도가 80%로 되었다. 이때 공기 중의 수분량과 수증기 분압은 각각 얼마인가?

풀이 (1) 표 1.5로부터 $t = 30$℃ 일 때 포화증기압 $p_s = 4.2415 \times 10^{-3}\mathrm{MPa}_{abs}$, 상대습도 $\phi = 0.65$, 전압 $p_t = 0.1013\,\mathrm{MPa}_{abs}$을 식 (1.25)에 대입하면 절대습도, 즉 수분량은

$$x = \frac{0.622\,\phi p_s}{p_t - \phi p_s} = \frac{0.622 \times 0.65 \times 4.2415 \times 10^{-3}}{0.1013 - 0.65 \times 4.2415 \times 10^{-3}} = 0.0174\,\mathrm{kg/kg'}$$

식 (1.24)로부터 수증기 분압은

$$p_w = \phi p_s = 0.65 \times 4.2415 \times 10^{-3} = 2.757 \times 10^{-3}\,\mathrm{MPa}_{abs} = 2.757\,\mathrm{kPa}_{abs}$$

(2) 표 1.5로부터 $t = 64$℃ 일 때 포화증기압 $p_s = 23.912 \times 10^{-3}\mathrm{MPa}_{abs}$, 상대습도 $\phi = 0.8$, 전압 $p_t = 686.5 + 101.3 = 787.8\,\mathrm{kPa}_{abs} = 787.8 \times 10^{-3}\mathrm{MPa}_{abs}$이다. 식 (1.25)로부터 수분량

$$x = \frac{0.622\,\phi p_s}{p_t - \phi p_s} = \frac{0.622 \times 0.8 \times 23.912 \times 10^{-3}}{787.8 \times 10^{-3} - 0.8 \times 23.912 \times 10^{-3}} = 0.01548\,\mathrm{kg/kg'}$$

식 (1.24)로부터 수증기 분압

$$p_w = \phi p_s = 0.8 \times 23.912 \times 10^{-3} = 19.13 \times 10^{-3}\mathrm{MPa}_{abs} = 19.13\,\mathrm{kPa}_{abs}$$ ■

문제 9.12

온도 50℃, 상대습도 60%, 압력 700 kPa의 공기 중 수분량과 수증기 분압은 각각 얼마인가?

풀이 표 1.5의 포화 습공기표로부터 $t = 50$℃ 일 때의 포화증기압 $p_s = 12.335\,\mathrm{kPa}_{abs}$, 상대습도 $\phi = 0.6$, 전압 $p_t = 700 + 101.3 = 801.3\,\mathrm{kPa}_{abs}$이므로 식 (1.25)로부터

$$x = \frac{0.622\,\phi p_s}{p_t - \phi p_s} = \frac{0.622 \times 0.6 \times 12.335}{801.3 - 0.6 \times 12.335} = 0.0058\,\mathrm{kg/kg'}$$

식 (1.24)로부터 수증기 분압 $p_w = \phi p_s = 0.6 \times 12.335 = 7.401\,\mathrm{kPa}_{abs}$ ■

문제 9.13

(1) 공기온도 32℃, 상대습도 80%인 대기 중의 공기를 압축기에서 0.7 MPa로 압축한 후 실린더에서 냉각하여 40℃가 되었을 때 실린더로부터 분리되는 드레인량을 구하라.

(2) 0.7 MPa의 공기가 실린더로부터 나와 배관을 통과하는 사이에 냉각되어 주위온도와 같은 32℃로 되었을 때 배관 속에 발생하는 드레인량을 구하라.

풀이 (1) 표 1.6으로부터 32℃의 포화수증기량은 $33.8\,\mathrm{g/m^3}$이다.

따라서, $1\,\mathrm{m^3}(ANR)$의 공기 중에 함유된 수증기량은

$$G_1 = G_{s1}\frac{\phi_1}{100}\times\frac{0.1013}{p_1+0.1013}\times\frac{t_1+273.15}{293.15}$$

$$= 33.8\times\frac{80}{100}\times\frac{0.1013}{0+0.1013}\times\frac{32+273.15}{293.15} = 28.15\,\mathrm{g/m^3}(ANR)$$

표 1.6으로부터 0.7 MPa, 40℃로 압축 · 냉각한 후 포화수증기량은 $51\,\mathrm{g/m^3}$이다.

이 상태에서 $1\,\mathrm{m^3}(ANR)$의 공기 중에 포함되는 최대 수증기량은

$$G_2 = G_{s2}\frac{0.1013}{p_2+0.1013}\times\frac{t_2+273.15}{293.15}$$

$$= 51\times\frac{0.1013}{0.7+0.1013}\times\frac{40+273.15}{293.15} = 6.9\,\mathrm{g/m^3}(ANR)$$

∴ 발생하는 드레인량은 $G_1 - G_2 = 28.15 - 6.9 = 21.25\,\mathrm{g/m^3}(ANR)$

(2) 표 1.6으로부터 32℃의 포화수증기량은 $33.8\,\mathrm{g/m^3}$이므로 $1\,\mathrm{m^3}(ANR)$의 공기 중에 함유되는 최대 수증기량은

$$G_3 = G_{s3}\times\frac{0.1013}{p_3+0.1013}\times\frac{t_3+273.15}{293.15}$$

$$= 33.8\times\frac{0.1013}{0.7+0.1013}\times\frac{32+273.15}{293.15} = 4.448\,\mathrm{g/m^3}(ANR)$$

(1)에서 배관 입구에서는 $6.9\,\mathrm{g/m^3}(ANR)$의 수증기를 함유하고 있었으므로 이것을 G_2라 하면 $G_2 > G_3$. 따라서 발생하는 드레인량은 $G_2 - G_3 = 6.9 - 4.448 = 2.452\,\mathrm{g/m^3}(ANR)$ ■

연속의 식, 베르누이 식

문제 9.14

내경 600 mm인 관내를 압력 $0.5\,\mathrm{MPa}_g$, 온도 40℃의 공기가 질량유량 50 kg/s로 흐를 때의 공기밀도, 체적유량(유량), 평균유속은 얼마인가? 단, 공기의 기체상수 $R = 287.03\,\mathrm{J/kgK}$이다.

풀이 식 (1.15)의 이상기체의 상태식(보일-샤를의 법칙) $pv = RT$와 $v = 1/\rho$로부터

$$p\frac{1}{\rho} = RT \quad \therefore\ \rho = \frac{p}{RT} = \frac{(0.5+0.1013)\times 10^6}{287.03\times(273.15+40)} = 6.69\,\mathrm{kg/m^3}$$

또 식 (1.28)과 식 (1.29)로부터 체적유량 Q, 평균유속 v는 각각

$$\text{체적유량} : Q = \frac{Q_m}{\rho} = \frac{50}{6.69} = 7.474\,\mathrm{m^3/s}$$

$$\text{유속} : v = \frac{Q}{A} = \frac{Q}{\frac{\pi}{4}d^2} = \frac{7.474}{\frac{\pi}{4}(600\times 10^{-3})^2} = 26.447\,\mathrm{m/s}$$

■

문제 9.15

그림 1.5에 있어서 $z_1 = 2\,\mathrm{m}$, $p_1 = 0.12\,\mathrm{MPa}_g$, $v_1 = 4.5\,\mathrm{m/s}$, $z_2 = 5\,\mathrm{m}$, $p_2 = 0.116\,\mathrm{MPa}_g$일 때 $v_2\,[\mathrm{m/s}]$를 구하라. 단, 공기의 밀도 $\rho = 1.2\,\mathrm{kg/m^3}$이다.

풀이 단면 ①, ②에서의 전 헤드 $H_1\,[\mathrm{m}]$, $H_2\,[\mathrm{m}]$를 구한다.

$$p_1 = 0.12 + 0.1013 = 0.2213\,\mathrm{MPa}_{abs},\quad p_2 = 0.116 + 0.1013 = 0.2173\,\mathrm{MPa}_{abs}$$

식 (1.30)으로부터 양변을 mg로 나누어 표시하면

$$H_1 = \frac{v_1^2}{2g} + \frac{p_1}{\rho g} + z_1 = \frac{4.5^2}{2\times 9.8} + \frac{0.2213\times 10^6}{1.2\times 9.81} + 2 = 18801.9\,\mathrm{m}$$

$$H_2 = \frac{v_2^2}{2g} + \frac{p_2}{\rho g} + z_2 = \frac{v_2^2}{2\times 9.8} + \frac{0.2173\times 10^6}{1.2\times 9.81} + 5 = \frac{v_2^2}{19.62} + 18464.06\,\mathrm{m}$$

베르누이 정리(에너지 보존법칙)으로부터, $H_1 = H_2$이다. 따라서

$$18801.9 = \frac{v_2^2}{19.62} + 18464.06$$

$$\therefore\ v_2 = \sqrt{19.62\times(18801.9 - 18464.06)} = 81.415\,\mathrm{m/s}$$

■

오리피스 유량

문제 9.16

온도 40℃의 공기를 유효 단면적 $25\,\mathrm{mm}^2$의 밸브를 통하여 유동시킬 때, 밸브 상류측의 압력이 $0.6\,\mathrm{MPa}_g$이고 하류측이 $0.3\,\mathrm{MPa}_g$일 때, 유량은 얼마인가?

풀이 $p_1 = 0.6 + 0.1013 = 0.7013\,\mathrm{MPa}_{abs}$, $p_2 = 0.3 + 0.1013 = 0.4013\,\mathrm{MPa}_{abs}$,

$1.893\,p_2 = 1.893 \times 0.4013 = 0.7597\,\mathrm{MPa}_{abs}$

$\therefore\ p_1 < 1.893\,p_2$ 따라서 식 (1.36)으로부터

$$Q = 226S\sqrt{(p_1 - p_2)p_2}\sqrt{\frac{273.15}{T}}$$

$$= 226 \times 25 \times \sqrt{(0.7013 - 0.4013) \times 0.4013} \times \sqrt{\frac{273.15}{273.15 + 40}}$$

$$= 1830.9\,l/\mathrm{min}(ANR)$$

■

문제 9.17

공기원(空氣源)의 압력 $0.8\,\mathrm{MPa}_{abs}$, 온도 20℃의 공기를 유효단면적 $50\,\mathrm{mm}^2$의 오리피스로부터 대기 중으로 방출할 때의 유량을 구하라.

풀이 $1.893\,p_2 = 1.893 \times 0.1013 = 0.19176\,\mathrm{MPa}_{abs}$, $p_1 = 0.8\,\mathrm{MPa}_{abs}$이므로 $p_1 > 1.893\,p_2$ 따라서 식 (1.35)로부터

$$Q = 113Sp_1\sqrt{\frac{273.15}{273.15 + t}} = 113 \times 50 \times 0.8 \times \sqrt{\frac{273.15}{273.15 + 20}}$$

$$= 4363.09\,l/\mathrm{min}(ANR)$$

■

문제 9.18

유효면적 $1\,\mathrm{mm}^2$의 오리피스로부터 0.6 MPa의 공기를 무한대 크기의 압력 0.1 MPa의 탱크 속으로 방출할 때의 유량을 구하라(단, 오리피스를 통과할 때의 공기온도는 20℃).

풀이 $p_1 = 0.6 + 0.1013 = 0.7013\,\mathrm{MPa}_{abs}$,

$1.893\,p_2 = 1.893 \times (0.1 + 0.1013) = 0.38106\,\mathrm{MPa}_{abs}$,

$\therefore\ p_1 > 1.893\,p_2$, 식 (1.35)로부터 아음속이므로

$$Q = 113Sp_1\sqrt{\frac{273.15}{T}} = 113 \times 1 \times 0.7013 \times \sqrt{\frac{273.15}{273.15+20}}$$

$$= 76.5\, l/\min(ANR)$$ ■

유효 단면적

문제 9.19

유효 단면적이 $40\,\mathrm{mm}^2$, $60\,\mathrm{mm}^2$, $80\,\mathrm{mm}^2$의 밸브를 직렬접속과 병렬접속한 경우 각각의 합성 유효단면적을 계산하라.

풀이 직렬접속의 경우 식 (1.40)으로부터

$$S = \sqrt{\frac{1}{\frac{1}{S_1^2}+\frac{1}{S_2^2}+\cdots+\frac{1}{S_n^2}}} = \sqrt{\frac{1}{\frac{1}{40^2}+\frac{1}{60^2}+\frac{1}{80^2}}} = 30.73\,\mathrm{mm}^2$$

병렬접속의 경우 식 (1.41)로부터

$$S = 40+60+80 = 180\,\mathrm{mm}^2$$ ■

문제 9.20

그림(문제 9.20)의 경우 합성 유효단면적은 얼마인가? 단, 표시된 각 수치는 각각의 유효 단면적 $[\mathrm{mm}^2]$으로 표시한다.

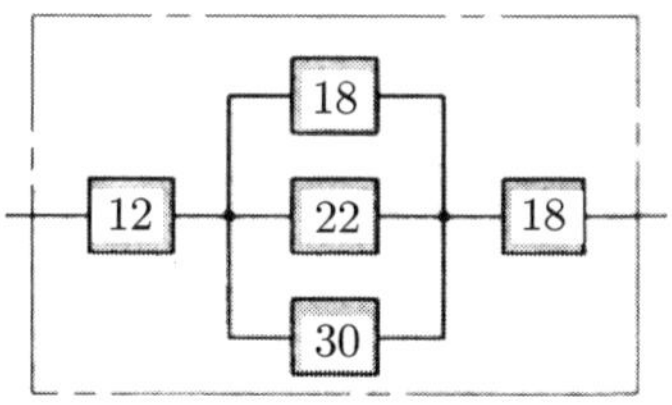

그림(문제 9.20)

풀이 직병렬 접속의 예이다.

$$S = \sqrt{\frac{1}{\frac{1}{12^2}+\frac{1}{(18+22+30)^2}+\frac{1}{18^2}}} = 9.885\,\mathrm{mm}^2$$

문제 9.21

상류측 압력 $0.6\,\mathrm{MPa}_g$, 온도 30℃인 공기를 대기로 개방되어 있는 교축부에 접속하여, $500\,l/\min(ANR)$를 흐르게 하고자 한다. 교축부의 유효 단면적은 얼마인가?

풀이 $1.893\,p_2 = 1.893 \times 0.1013 = 0.19176\,\mathrm{MPa}_{abs}$, $p_1 = 0.6 + 0.1013 = 0.7013\,\mathrm{MPa}_{abs}$

$\therefore\ p_1 > 1.893\,p_2$, 식 (1.35)로부터

$$S = \frac{Q}{113 p_1 \sqrt{\dfrac{273.15}{273.15+t}}} = \frac{500}{113 \times 0.7013 \sqrt{\dfrac{273.15}{273.15+30}}} = 6.647\,\mathrm{mm}^2$$

■

마찰 및 압력손실

문제 9.22

송풍관의 직경 300 mm, 직관의 길이 30 m인 배관을 통해 온도 20℃의 공기 $30\,\mathrm{m}^3/\min$을 보내고자 한다.

(1) 관마찰 계수 $f = 0.02$, 공기밀도 $1.2\,\mathrm{kg/m}^3$로서 관마찰 손실헤드 h_f를 구하라. 또, 비에너지 손실 e_f는 얼마인가?

(2) 관 길이 30 m 후에 90° 곡관(밴드)을 설치하였다. 이 부분의 손실헤드를 구하라. 또 그에 대한 비에너지 손실은 얼마인가?

풀이 (1) 유속 : $v = \dfrac{Q}{\dfrac{\pi}{4}d^2} = \dfrac{30 \times \dfrac{1}{60}}{\dfrac{\pi}{4}(300 \times 10^{-3})^2} = 7.077\,\mathrm{m/s}$

관마찰손실헤드 : $h_f = f\dfrac{l}{d}\dfrac{v^2}{2g} = 0.02 \times \dfrac{30}{300 \times 10^{-3}} \times \dfrac{7.077^2}{2 \times 9.81} = 5.105\,\mathrm{m}$

압력손실 : $\Delta p = \rho g h_f = 1.2 \times 9.81 \times 5.105 = 60.1\,\mathrm{Pa}$

비에너지 손실 : $e_f = g h_f = 9.81 \times 5.105 = 50.08\,\mathrm{J/kg}$

(2) $\rho = 1.2\,\mathrm{kg/m}^3$, $v = 7.077\,\mathrm{m/s}$, 그림 1.11로부터 손실계수 K=1.12로 하면

손실헤드 : $h_s = K\dfrac{v^2}{2g} = 1.12 \times \dfrac{7.077^2}{2 \times 9.81} = 2.859\,\mathrm{m}$

압력손실 : $\Delta p = \rho g h_s = 1.2 \times 9.81 \times 2.859 = 33.656\,\mathrm{Pa}$

비에너지 손실 : $e_s = g h_s = 9.81 \times 2.859 = 28.05\,\mathrm{J/kg}$

■

문제 9.23

손실계수 K값이 1.5인 배관에 압력 600 kPa, 30℃의 공기를 25 m/s로 흐르게 할 때 관로형상에 의한 압력손실 헤드, 압력손실, 비에너지 손실을 구하라. 단, 공기의 기체상수 $R = 287.03$ J/kgK 이다.

풀이 $R = 287.03\,\mathrm{J/kgK}$ 따라서 식 (1.15)로부터 비체적은

$$v = \frac{RT}{p} = \frac{287.03 \times (273.15 + 30)}{600 \times 10^3} = 0.145\,\mathrm{m^3/kg}$$

$$\therefore\ \rho = \frac{1}{v} = \frac{1}{0.145} = 6.897\,\mathrm{kg/m^3}$$

식 (1.43)으로부터 유속 $v = 25\,\mathrm{m/s}$ 이므로 압력손실 헤드는

$$h_s = K\frac{v^2}{2g} = 1.5 \times \frac{25^2}{2 \times 9.81} = 47.78\,\mathrm{m}$$

또한, 압력손실은 $\Delta p = \rho g h_s = 6.897 \times 9.81 \times 47.78 = 3232.8\,\mathrm{Pa} = 3.233\,\mathrm{kPa}$

비에너지 손실은 $e_s = gh_s = 9.81 \times 47.78 = 468.72\,\mathrm{J/kg}$ ■

문제 9.24

(1) 유량 $6000\,l/\min(ANR)$, 상류측(1차측) 압력 $0.6\,\mathrm{MPa}_g$의 공기압 배관으로 1B(25A)의 SGP(배관용 탄소강강관)을 사용할 때 압력손실과 하류측(2차측)의 압력을 구하라. 단, 관의 길이는 20 m이다.

(2) 1 m당 압력손실을 0.00025 MPa 이하로 하고 싶다. 이때의 관경과 호칭경을 구하라.

풀이 (1) 유량 $6000\,l/\min(ANR)$, 표 6.1로부터 관 내경 $d = 34 - 2 \times 3.2 = 27.6\,\mathrm{mm}$, $p_1 = 0.6\,\mathrm{MPa}_g$, $l = 20\,\mathrm{m}$, 식 (1.44)로부터 압력손실은

$$\Delta p = \frac{0.00237\,Q^2 l}{d^{5.31}(p_1 + 0.1013)} = \frac{0.00237 \times 6000^2 \times 20}{27.6^{5.31}(0.6 + 0.1013)} = 0.0543\,\mathrm{MPa}$$

$$\therefore\ \text{하류 측 압력 : } p_2 = p_1 - \Delta p = 0.6 - 0.0543 = 0.5457\,\mathrm{MPa}_g$$

(2) $\Delta p = 0.00025 \times 20 = 0.005\,\mathrm{MPa}$, 식 (1.44)로부터

$$d^{5.31} = \frac{0.00237\,Q^2 l}{(p_1 + 0.1013)\Delta p} = \frac{0.00237 \times 6000^2 \times 20}{(0.6 + 0.1013) \times 0.005} = 486639098.8$$

$$\therefore\ d = 486639098.8^{\frac{1}{5.31}} = 43.25\,\mathrm{mm}$$

표 6.1의 SGP 2B(50A)를 선택하면, 내경 $d = 60.5 - 2 \times 3.8 = 52.9\,\mathrm{mm}$로 된다. ■

문제 9.25

(1) 직경 1/2 B(15 A). 길이 15 m의 SGP관에서 압력 0.6 MPa_g의 공기를 500 l/min (ANR)로 흐를 때 압력강하를 하리스의 식으로 구하라. 또 출구 측 압력은 얼마나 되는가?

(2) 1 m당 압력강하를 0.00035 MPa 이하로 하고 싶다. SGP관의 크기를 선정하라.

풀이 (1) $Q = 500\,l/\mathrm{min}(ANR)$, 표 6.1로부터 $d = 21.7 - 2 \times 2.8 = 16.1\,\mathrm{mm}$, $p_1 = 0.6\,\mathrm{MPa}_g$, $l = 15\,\mathrm{m}$ 이다. 하리스의 식 (1.44)로부터

$$\text{압력강하 : } \Delta p = \frac{0.00237 Q^2 l}{d^{5.31}(p_1 + 0.1013)} = \frac{0.00237 \times 500^2 \times 15}{16.1^{5.31}(0.6 + 0.1013)}$$

$$= 0.00495\,\mathrm{MPa}$$

$$\therefore \text{ 출구 측 압력 : } p_2 = p_1 - \Delta p = 0.6 - 0.00495 = 0.59505\,\mathrm{MPa}_g$$

(2) $\Delta p = 0.00035 \times 15 = 0.00525\,\mathrm{MPa}$, 식 (1.44)로부터

$$d^{5.31} = \frac{0.00237 Q^2 l}{(p_1 + 0.1013)\Delta p} = \frac{0.00237 \times 500^2 \times 15}{(0.6 + 0.1013) \times 0.00525} = 2413884.4$$

$$\therefore\ d = 2413884.5^{\frac{1}{5.31}} = 15.92\,\mathrm{mm}$$

표 6.1의 SGP 1/2 B(15 A)를 선정하면, 내경 $d = 21.7 - 2 \times 2.8 = 16.1\,\mathrm{mm}$ ■

실린더 공기소요량 및 배관 공기소요량

문제 9.26

실린더 내경 50 mm, 행정거리(stroke) 160 mm의 실린더를 공기압력 0.6 MPa에서 1분간에 15회 왕복시키는 경우, 실린더의 공기소비량을 구하라.

풀이 $A_1 = \dfrac{\pi}{4} D^2 = \dfrac{\pi}{4} \times 50^2 = 1962.5\,\mathrm{mm}^2$, $L_1 = 160\,\mathrm{mm}$, $p = 0.6\,\mathrm{MPa}$, $n = 15$

$$Q_1 = 2A_1 L_1 n \times \frac{p + 0.1013}{0.1013} \times 10^{-6}$$

$$= 2 \times 1962.5 \times 160 \times 15 \times \frac{0.6 + 0.1013}{0.1013} \times 10^{-6}$$

$$= 65.215\,l/\mathrm{min}(ANR)$$ ■

문제 9.27

실린더 내경 50 mm의 실린더를 속도 250 mm/s, 공기압력 0.6 MPa로 구동했을 때의 소요 공

기량은 얼마인가?

(풀이) $A_1 = \frac{\pi}{4}D^2 = \frac{\pi}{4} \times 50^2 = 1962.5\,\text{mm}^2$, $v_1 = 250\,\text{mm/s}$, $p = 0.6\,\text{MPa}$

$$Q_1 = 60A_1v_1 \times \frac{p+0.1013}{0.1013} \times 10^{-6}$$
$$= 60 \times 1962.5 \times 250 \times \frac{0.6+0.1013}{0.1013} \times 10^{-6}$$
$$= 203.8\,l/\text{min}(ANR)$$

■

문제 9.27A

실린더 내경 50 mm, 피스톤로드 직경 16 mm의 실린더를 압력 0.5 MPa로 전진 시, 후진 시 모두 300 mm/s로 동작시킨다. 각각의 동작에 필요한 공기유량(표준상태 환산)을 구하라.

(풀이) 전진 시, 후진 시 각각의 수압면적은

$$A_1 = \frac{\pi}{4}D^2 = \frac{\pi}{4}50^2 = 1962.5\,\text{mm}^2$$

$$A_2 = \frac{\pi}{4}(D^2 - d^2) = \frac{\pi}{4}(50^2 - 16^2) = 1761.54\,\text{mm}^2$$

따라서 각각의 표준상태 환산유량은, 식 (1.45)와 식 (1.46)을 사용하고,

$L/t_1 = L/t_2 = v_1 = v_2$로 표시하여 구하면 다음과 같다.

$$Q_1 = 60A_1v_1 \times \frac{p+0.1013}{0.1013} \times 10^{-6}$$
$$= 60 \times 1962.5 \times 300 \times \frac{0.5+0.1013}{0.1013} \times 10^{-6} = 209.68\,l/\text{min}(ANR)$$

$$Q_2 = 60A_2v_2 \times \frac{p+0.1013}{0.1013} \times 10^{-6}$$
$$= 60 \times 1761.54 \times 300 \times \frac{0.5+0.1013}{0.1013} \times 10^{-6} = 188.2\,l/\text{min}(ANR)$$

■

문제 9.28

그림(문제 9.28)에서, 0.5 MPa의 사용공기압력으로 실린더를 150 mm 움직이는 데 1초가 걸렸다고 한다. 다음을 구하라.

(1) 실린더 부분에 필요한 공기량

(2) 배관 부분에 필요한 공기량

(3) 실린더를 움직이기 위해 필요한 공기량

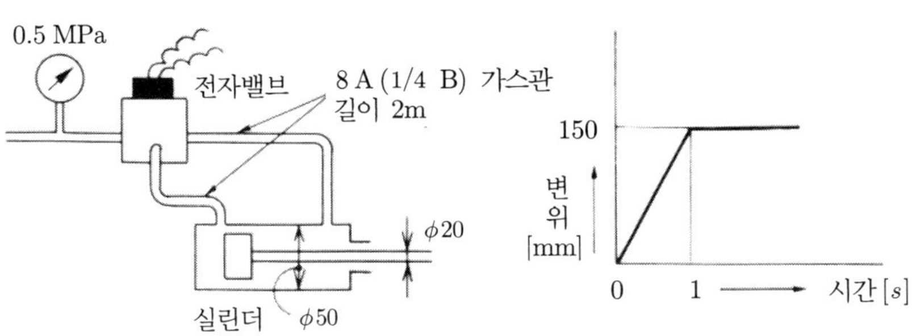

그림(문제 9.28)

풀이 (1) $A_1 = \frac{\pi}{4}D^2 = \frac{\pi}{4} \times 50^2 = 1962.5\,\text{mm}^2$, $v_1 = \frac{L_1}{t} = \frac{150}{1} = 150\,\text{mm/s}$,

$p = 0.5\,\text{MPa}$

$$Q_1 = 60A_1v_1 \times \frac{p + 0.1013}{0.1013} \times 10^{-6}$$
$$= 60 \times 1962.5 \times 150 \times \frac{0.5 + 0.1013}{0.1013} \times 10^{-6}$$
$$= 104.84\,l/\text{min}(ANR)$$

(2) 표 6.1로부터 8A(1/4 B)의 배관은 외경 13.8 mm, 두께 2.3 mm이므로 배관 내 단면적 a는 배관 내경을 d_p로 표시할 때

$$a = \frac{\pi}{4}d_p^2 = \frac{\pi}{4}(13.8 - 2 \times 2.3)^2 = 66.44\,\text{mm}^2,$$

배관 내 유속 $v = \frac{l}{t} = \frac{2000}{1} = 2000\,\text{mm/s}$, 사용압력 $p = 0.5\,\text{MPa}$이므로 식 (1.50)과 식 (1.51)을 고려하여 배관 부분에 필요한 공기량은 다음과 같다.

$$Q_3 = 60av \times \frac{p}{0.1013} \times 10^{-6} = 60 \times 66.44 \times 2000 \times \frac{0.5}{0.1013} \times 10^{-6}$$
$$= 39.352\,l/\text{min}(ANR)$$

(3) 실린더와 배관에 필요한 총 소요공기량은 다음과 같다.

$$Q = Q_1 + Q_3 = 104.84 + 39.352 = 144.192\,l/\text{min}(ANR)$$ ■

문제 9.29

실린더 내경 50 mm, 피스톤로드 직경 16 mm, 행정거리 100 mm의 복동 실린더를 압력 0.8 MPa로 매분 1회 왕복시키는 경우의 전 공기소비량은 얼마인가? 단, 배관 부분의 공기소비량은 고려하지 않는다고 한다.

풀이 식 (1.47)과 식 (1.48)을 합하여

$$Q_m = \frac{\pi}{4}[D^2 + (D^2 - d^2)]Ln \times \frac{p + 0.1013}{0.1013} \times 10^{-6}$$
$$= \frac{\pi}{4}[50^2 + (50^2 - 16^2)] \times 100 \times 1 \times \frac{0.8 + 0.1013}{0.1013} \times 10^{-6}$$
$$= 3.3134\,l/\min(ANR)$$

■

문제 9.30

실린더 내경 40 mm, 피스톤로드 직경 12 mm, 행정거리 160 mm인 공기압 실린더를 압력 0.6 MPa로 작동시키고자 한다. 매분 1회 왕복하기 위한 전 공기소비량은 얼마인가? 단, 배관경은 8A(1/4 B)이고(표 6.1 참조) 길이를 2 m로 한다.

풀이 실린더 공기소비량은 1회 왕복 시 식 (1.45)와 식 (1.46)을 더하면

$$Q_{c1} = \frac{\pi}{4}[D^2 + (D^2 - d^2)]Ln \times \frac{p + 0.1013}{0.1013} \times 10^{-6}$$
$$= \frac{\pi}{4}[40^2 + (40^2 - 12^2)] \times 160 \times 1 \times \frac{0.6 + 0.1013}{0.1013} \times 10^{-6}$$
$$= 2.657\,l/\min(ANR)$$

배관 내경 $d_p = 13.8 - 2 \times 2.3 = 9.2\,\text{mm}$ 이므로 식 (1.51)로부터 배관의 소요공기량을 구하면

$$Q_{c2} = 2 \times \frac{\pi}{4} d_p^2 ln \times \frac{p}{0.1013} \times 10^{-6}$$
$$= \frac{\pi}{2} \times 9.2^2 \times 2000 \times 1 \times \frac{0.6}{0.1013} \times 10^{-6} = 1.574\,l/\min(ANR)$$

따라서 실린더 1회 왕복 시 소요되는 전 공기량은 다음과 같다.

$$\therefore\ Q_c = Q_{c1} + Q_{c2} = 2.657 + 1.574 = 4.231\,l/\min(ANR)$$

■

문제 9.31

실린더 내경 50 mm, 피스톤로드 직경 16 mm인 공기압 실린더를 최대 피스톤속도 400 mm/s, 공기압력 0.6 MPa로 작동시키는 경우, 실린더 행정길이 125 mm, 배관 길이 2 m이다. 소요되는 전 공기량은 얼마인가?

풀이 실린더 전진 시 : 식 (1.45)로부터

$$Q_{r1} = 60\frac{\pi}{4}D^2 v \times \frac{p+0.1013}{0.1013} \times 10^{-6}$$
$$= 60 \times \frac{\pi}{4} \times 50^2 \times 400 \times \frac{0.6+0.1013}{0.1013} \times 10^{-6} = 326.07\,l/\min(ANR)$$

실린더 후진 시 : 식 (1.46)으로부터

$$Q_{r2} = 60\frac{\pi}{4}(D^2 - d^2)\cdot v \times \frac{p+0.1013}{0.1013} \times 10^{-6}$$
$$= 60 \times \frac{\pi}{4}(50^2 - 16^2) \times 400 \times \frac{0.6+0.1013}{0.1013} \times 10^{-6} = 292.68\,l/\min(ANR)$$

$$\therefore\ Q_{r1} > Q_{r2}$$

또 실린더 행정거리 125 mm, 표 6.1에서 관을 SPG로 하여 배관경 8A(1/4 B), 배관 길이 2 m로서 배관의 소요 공기량과 전 소요공기량을 계산해보자.

$$v = \frac{L}{t} \text{ 이므로 } t = \frac{L}{v} = \frac{125}{400} = 0.3125\,s$$

$l = 2\,\text{m} = 2000\,\text{mm}$, $d_p = 13.8 - 2 \times 2.3 = 9.2\,\text{mm}$를 식 (1.50)을 변형시킨 식에 사용하면

$$Q_{r3} = 60\frac{\pi}{4}d_p^{\,2}\frac{l}{t} \times \frac{p}{0.1013} \times 10^{-6}$$
$$= 60 \times \frac{\pi}{4} \times 9.2^2 \times \frac{2000}{0.3125} \times \frac{0.6}{0.1013} \times 10^{-6} = 151.12\,l/\min(ANR)$$

따라서 전 소요 공기량은

$$Q_r = Q_{r1} + Q_{r3} = 326.07 + 151.12 = 477.19\,l/\min(ANR)$$ ■

문제 9.32

실린더 내경 63 mm, 피스톤로드 직경 16 mm인 공압 실린더를 공기압력 0.6 MPa, 행정거리 200 mm에서 움직이는 데 0.5초가 걸렸다고 한다. 배관 포트경 8A(1/4B), 배관 길이 2.5 m로서 전 소요공기량을 구하라.

풀이 실린더의 전진 시 소요 공기량은 식 (1.45)로부터

$$Q_{r1} = 60\frac{\pi}{4}D^2\frac{L}{t} \times \frac{p+0.1013}{0.1013} \times 10^{-6}$$
$$= 60 \times \frac{\pi}{4} \times 63^2 \times \frac{200}{0.5} \times \frac{0.6+0.1013}{0.1013} \times 10^{-6} = 517.67\,l/\min(ANR)$$

실린더의 후진 시 소요 공기량은 식 (1.46)으로부터

$$Q_{r2} = 60\frac{\pi}{4}(D^2 - d^2)\frac{L}{t} \times \frac{p + 0.1013}{0.1013} \times 10^{-6}$$

$$= 60 \times \frac{\pi}{4}(63^2 - 16^2) \times \frac{200}{0.5} \times \frac{0.6 + 0.1013}{0.1013} \times 10^{-6} = 484.3\,l/\min(ANR)$$

$$\therefore\ Q_{r1} > Q_{r2}$$

배관 내경은 $d_p = 13.8 - 2 \times 2.3 = 9.2\,\mathrm{mm}$ 이므로(표 6.1 참조) 배관의 소요 공기량은 다음 식에서 구한다.

$$Q_{r3} = 60\frac{\pi}{4}d_p^{\,2}\frac{l}{t} \times \frac{p}{0.1013} \times 10^{-6}$$

$$= 60 \times \frac{\pi}{4} \times 9.2^2 \times \frac{2500}{0.5} \times \frac{0.6}{0.1013} \times 10^{-6} = 118.06\,l/\min(ANR)$$

전 공기 소요량은 실린더의 전진 시의 유량을 적용하고 배관의 소요 공기량을 더하면 된다.

$$\therefore\ Q = Q_{r1} + Q_{r3} = 517.67 + 118.06 = 635.73\,l/\min(ANR)$$ ■

문제 9.33

실린더 내경 50 mm, 피스톤로드 직경 16 mm인 공압 실린더를 최대속도 300 mm/s, 공기압력 0.6 MPa로 작동시키는 경우, 전 공기 소비량을 구하라. 단, 배관 내경 9.2 mm, 배관 길이 2 m인 경우로 하며, 실린더의 행정거리는 125 mm이다.

풀이 전진 시 실린더의 공기소비량[식 (1.45)]으로부터 $L/t_1 = v_1$으로 놓으면

$$Q_1 = 60\frac{\pi}{4}D^2 v_1 \times \frac{p + 0.1013}{0.1013} \times 10^{-6}$$

$$= 60 \times \frac{\pi}{4} \times 50^2 \times 300 \times \frac{0.6 + 0.1013}{0.1013} \times 10^{-6} = 244.56\,l/\min(ANR)$$

후진 시[식 (1.46)의 $L/t_2 = v_2$로 놓으면]

$$Q_2 = 60\frac{\pi}{4}(D^2 - d^2)v_2 \times \frac{p + 0.1013}{0.1013} \times 10^{-6}$$

$$= 60 \times \frac{\pi}{4}(50^2 - 16^2) \times 300 \times \frac{0.6 + 0.1013}{0.1013} \times 10^{-6} = 219.51\,l/\min(ANR)$$

$$\therefore\ Q_1 > Q_2,$$

배관의 공기소비량은 $t = L/v = 125/300 = 0.417\,\mathrm{sec}$이므로 식 (1.51)을 변형시켜

$$Q_3 = 60\frac{\pi}{4}d_p^2 \times \frac{l}{t} \times \frac{p}{0.1013} \times 10^{-6}$$

$$= 60\frac{\pi}{4}\times 9.2^2\times\frac{2000}{0.417}\times\frac{0.6}{0.1013}\times 10^{-6} = 113.25\,l/\min(ANR)$$

$\therefore$ 전 공기 소비량 : $Q = Q_1 + Q_3 = 244.56 + 113.25 = 357.81\,l/\min(ANR)$ ■

과제 9.1

모노그램을 이용한 물류이송 컨베이어의 배관의 선정

• 과제

그림 (과제 9.1)의 시스템도에서 보듯이 높이가 서로 다른 3개의 컨베이어로부터 이송되어 오는 물류를 한 컨베이어로 이송시킨다. 내경 100 mm, 행정거리가 각각 1500 mm, 750 mm인 두 개의 공압 실린더의 조합에 의해 경사 컨베이어의 위치가 제어되며, 평균적으로 실린더가 1분에 1회의 왕복운동을 한다. 이 경우 다음을 구하라.

(1) 두 실린더의 공기소비량의 계산

(2) 두 실린더에 필요한 압축공기 배관(파이프) 내경의 계산과 선정
이 공장에서 위와 같은 세트 장치의 사용 개수는 10개이다.

• 시스템 사양

- 배관(파이프) 길이 : $L = 25$ m
- 작동압력 : $p = 6$ bar(600 kPa)
- 최대 압력손실 : $\Delta p = 0.3$ bar(30 kPa)
- 배관의 저항 요소 : ① 볼밸브 2개, ② T피스(메인라인에 2개와 분기라인에 2개),
③ 관통밸브 2개

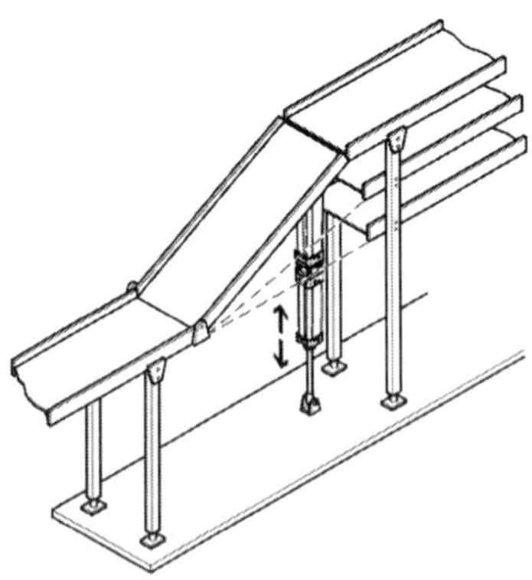

그림(과제 9.1a) 물류이송 컨베이어 시스템

• 실린더의 공기소비량 : 아래의 다이어그램으로부터 구한다.

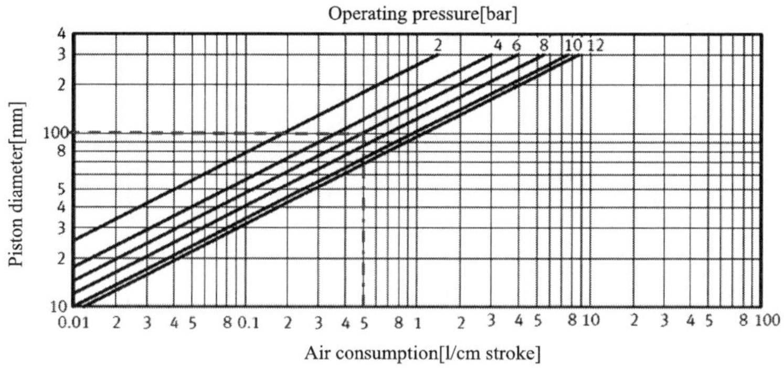

그림(과제 9.1b)

위의 그래프에서 내경 100 mm 실린더의 행정거리 1 cm당 공기소비량은 6 bar에서 약 $0.5\,l/\mathrm{cm\,stroke}$ 이고, 분당 1회 왕복하므로

실린더 1(직경 $D = 100\,\mathrm{mm}$, 행정거리 $L = 1500\,\mathrm{mm}$)의 공기소비량

$$= 0.5\,l/\mathrm{cm} \times 150\,\mathrm{cm} \times 2(\text{왕복}/\text{분}) = 150\,l/\mathrm{min}$$

실린더 2(직경 $D = 100\,\mathrm{mm}$, 행정거리 $L = 750\,\mathrm{mm}$)의 공기소비량

$$= 0.5\,l/\mathrm{cm} \times 75\,\mathrm{cm} \times 2(\text{왕복}/\text{분}) = 75\,l/\mathrm{min}$$

전 실린더 공기소비량$= (150 + 75) \times 10 = 2250\,l/\mathrm{min} = 135\,\mathrm{m^3/h}$

• 다음의 배관직경 모노그램으로부터 임시 배관직경을 구한다.

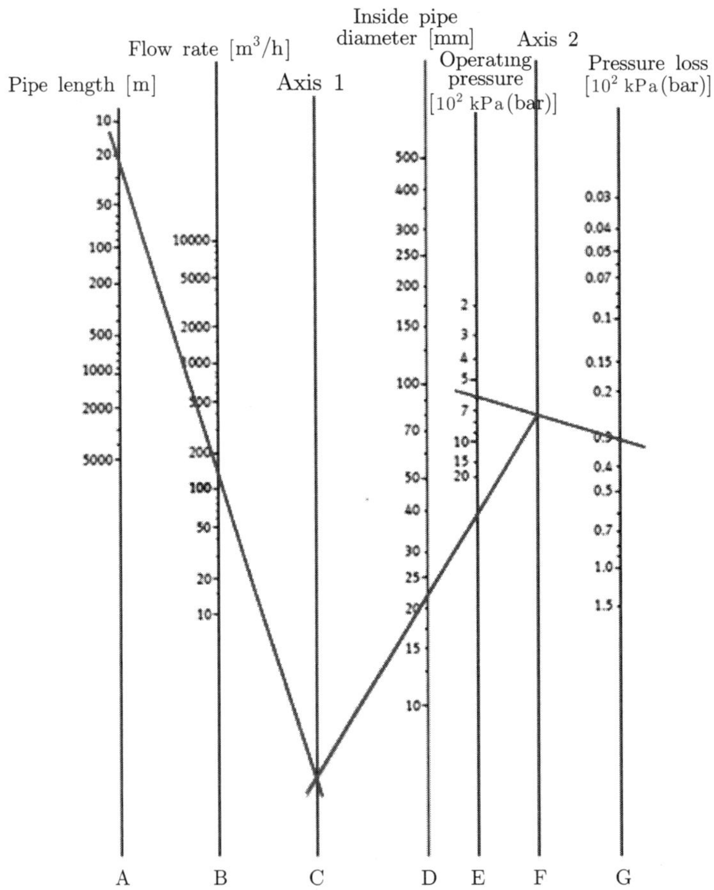

그림(과제 9.1c)

파이프라인 길이 25 m, 유량 135 m^3/h, 작동압력 6 bar, 최대압력손실 0.3 bar인 조건을 적용하여 구한다. 그 결과 임시 배관직경은 22 mm이다.

- 아래의 "등가길이 모노그램"을 이용하여 배관 유체저항요소의 등가길이를 구한다. 앞에서 구한 임시 배관직경을 이용한다.

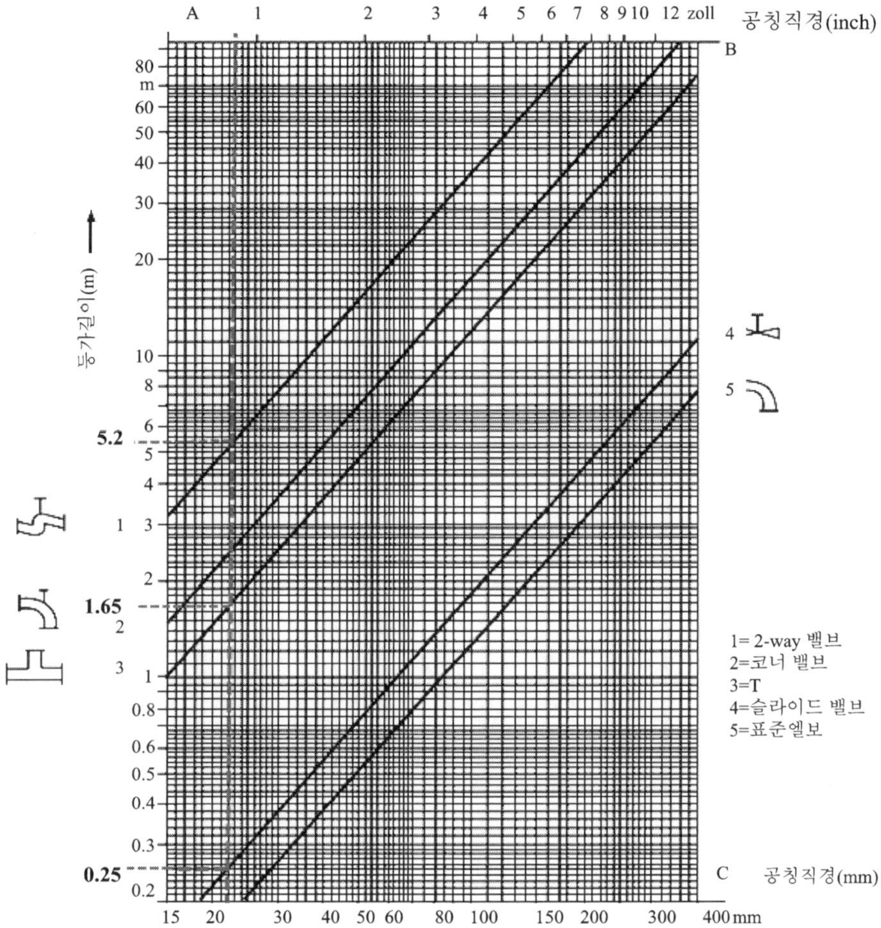

배관 직경

그림(과제 9.1d)

임시 배관직경에 대한 저항요소의 등가길이를 구한다. 그 결과는 다음과 같다.

- 볼밸브 2개 : $0.25 \times 2 = 0.5$ m
- T피스 4개 : $1.65 \times 4 = 6.6$ m
- 관통밸브 2개 : $5.2 \times 2 = 10.4$ m

전 등가길이 $= 0.5 + 6.6 + 10.4 = 17.5$ m

$\therefore$ 전 배관길이 $= 25 + 17.5 = 42.5$ m

• 수정된 배관길이(42.5 m)에 대한 최종 배관직경을 배관직경 모노그램으로부터 구한다(점선으로 표시).

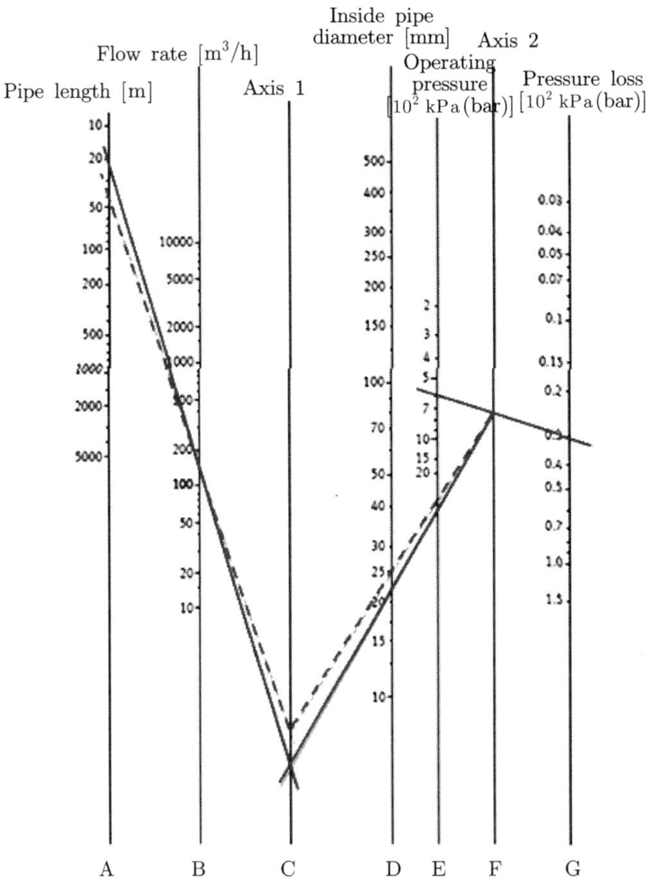

그림(과제 9.1e)

그 결과는 배관 길이 42.5 m이며, 배관(파이프) 직경은 25 mm이다. ■

공기압축기

문제 9.34

그림(문제 9.34)에서 사용 공기압력을 0.6 MPa로 하고, 1분간에 4회 왕복시키는 데 필요한 공기소비량(공기압축기의 용량)을 다음 순서로 구하라.

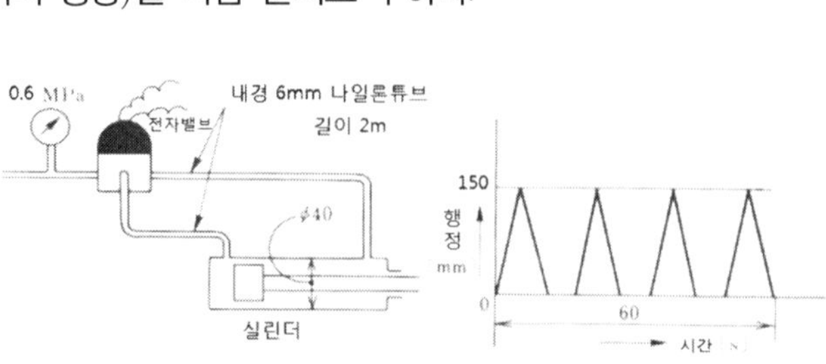

그림(문제 9.34)

(1) 실린더 부분의 공기소비량

(2) 배관 부분의 공기소비량

(3) 전 공기소비량

(4) 공기압축기의 용량

풀이 (1) $A_1 = \frac{\pi}{4}D^2 = \frac{\pi}{4} \times 40^2 = 1256\,\text{mm}^2$, $L_1 = 150\,\text{mm}$, $p = 0.6\,\text{MPa}$,

분당 왕복횟수 $n = 4$, 실린더의 후진 시에도 전진 시와 동일한 공기소비량으로 취급하여 1회 왕복 시 식 (1.47)의 2배로 계산한다.

$$Q_1 = 2A_1L_1n \times \frac{p + 0.1013}{0.1013} \times 10^{-6}$$
$$= 2 \times 1256 \times 150 \times 4 \times \frac{0.6 + 0.1013}{0.1013} \times 10^{-6} = 10.43\,l/\text{min}(ANR)$$

(2) 배관단면적 $a = \frac{\pi}{4}d_p^2 = \frac{\pi}{4} \times 6^2 = 28.26\,\text{mm}^2$, 배관의 총 길이 $2\,\text{m} = 2000\,\text{mm}$, $n = 4$

식 (1.51)로부터 $2l = 2000\,\text{mm}$에 해당하므로

$$Q_3 = 2aln \times \frac{p}{0.1013} \times 10^{-6} = 28.26 \times 2000 \times 4 \times \frac{0.6}{0.1013} \times 10^{-6}$$
$$= 1.34\,l/\text{min}(ANR)$$

(3) $Q_t = Q_1 + Q_3 = 10.43 + 1.34 = 11.77\,l/\text{min}(ANR)$

(4) $Q_t = 11.77\,l/\text{min}(ANR)$의 50%의 여유를 두어 $18\,l/\text{min}(ANR)$라 하면 표 2.1로부터 0.7 MPa의 란에서 전동기의 출력은 여유를 두어 0.4 kW, $32\,l/\text{min}(ANR)$를 토출하는 공기압축기로 선정한다. ■

문제 9.35

그림(문제 9.35)에서 다음의 값을 구하라. 단, 부하율을 80%로 한다.

(1) 실제 필요한 출력

(2) 필요한 속도

(3) 실린더 내경

(4) 실린더 부분에 필요한 공기량

(5) 배관 부분에 필요한 공기량

(6) 실린더를 움직이기 위해 필요한 전 공기량

(7) 실린더 부분의 공기소비량(실린더의 1분간 왕복횟수는 2회)

(8) 배관 부분의 공기소비량

(9) 전 공기소비량

(10) 공기압축기의 용량

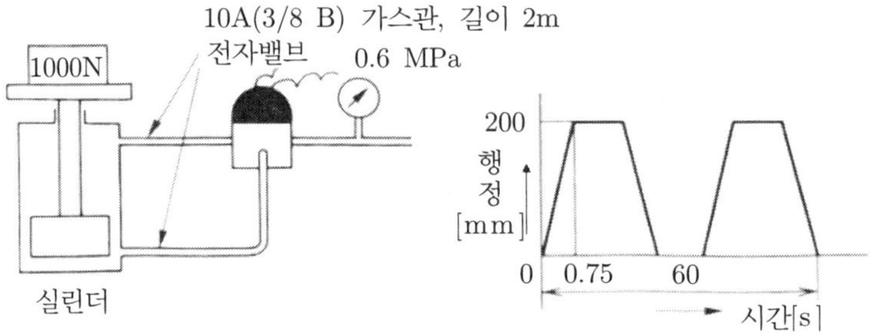

그림(문제 9.35)

풀이 (1) $F = \dfrac{1000}{0.8} = 1250\,\mathrm{N}$

(2) $V_1 = \dfrac{L_1}{t} = \dfrac{200}{0.75} = 266.67\,\mathrm{mm/s}$

(3) $D = \sqrt{\dfrac{4F}{\pi p}} = \sqrt{\dfrac{4 \times 1250}{\pi \times 0.6}} = 51.52\,\mathrm{mm} \rightarrow 63\,\mathrm{mm}$

(4) $A_1 = \dfrac{\pi}{4} D^2 = \dfrac{\pi}{4} \times 63^2 = 3115.7\,\mathrm{mm}^2$, $V_1 = 266.67\,\mathrm{mm/s} = L/t_1$,

식 (1.45)로부터

$$Q_1 = 60 A_1 V_1 \times \frac{p + 0.1013}{0.1013} \times 10^{-6}$$

$$= 60 \times 3115.7 \times 266.67 \times \frac{0.6 + 0.1013}{0.1013} \times 10^{-6}$$

$$= 345.12\,l/\min(ANR)$$

(5) $a = \dfrac{\pi}{4} d_p^2 = \dfrac{\pi}{4}(17.3 - 2 \times 2.3)^2 = 126.6\,\mathrm{mm}^2$, $v = \dfrac{l}{t} = \dfrac{2000}{0.75} = 2666.7\,\mathrm{mm/s}$,

즉 배관 전 길이($2l$)에 걸쳐 동일속도로 취급하여 식 (1.51)을 적용하면

$$Q_3 = 60\,av \times \frac{p}{0.1013} \times 10^{-6} = 60 \times 126.6 \times 2666.7 \times \frac{0.6}{0.1013} \times 10^{-6}$$

$$= 119.98\,l/\min(ANR)$$

(6) $Q = Q_1 + Q_3 = 345.12 + 119.98 = 465.1\,l/\min(ANR)$

(7) 실린더의 전진과 후진 시에 최대 유량으로서 취급하여, 1회 왕복 시 식 (1.47)의 유량이 2배가 된다고 계산한다.

$$q_1 = 2 A_1 L_1 n \times \frac{p + 0.1013}{0.1013} \times 10^{-6} = 2 \times 3115.7 \times 200 \times 2$$

$$\times \frac{0.6+0.1013}{0.1013} \times 10^{-6}$$

$$= 17.26\,l/\min(ANR)$$

(8) 배관의 총 길이 $2l = 2000\,\text{mm}$ 이므로

$$q_2 = 2aln \times \frac{p}{0.1013} \times 10^{-6} = 126.6 \times 2000 \times 2 \times \frac{0.6}{0.1013} \times 10^{-6}$$

$$= 3\,l/\min(ANR)$$

(9) $q = q_1 + q_2 = 17.26 + 3 = 20.26\,l/\min(ANR)$

(10) 표 2.1로부터 압축기의 최고 사용압력 600 kPa(0.6 MPa)의 위의 700 kPa(0.7 MPa)의 란에서 $20.26\,l/\min(ANR)$를 상회하는 $32\,l/\min(ANR)$[무급유는 $30\,l/\min(ANR)$]로 되지만, 전동기의 출력은 충분히 여유를 갖는 0.4 kW로 한다. ■

문제 9.36

(1) 1단 왕복 공기압축기에 의해 공기를 $1.5\,\text{m}^3/\min$의 비율로 흡입하여, 대기압으로부터 압력 $0.8\,\text{MPa}_{abs}$ 까지 높이는 경우의 단열 공기동력을 구하라. 또, 전 단열효율을 75%로 했을 때의 압축기 구동에 요하는 동력(축동력)을 구하라. 단, 단열지수를 1.4로 한다.

(2) 위의 압축을 폴리트로프 압축으로 했을 때의 폴리트로프 공기동력을 계산하라. 단, 폴리트로프 지수를 1.3으로 한다.

풀이 (1) $k = 1.4$, $p_1 = 0.1013 \times 10^6\,\text{Pa}$, $p_2 = 0.8 \times 10^6\,\text{Pa}$, $Q_1 = 1.5\,\text{m}^3/\min$를 식 (2.1)에 대입하면(중간 냉각기가 없으므로 $m = 0$) 단열 공기동력은

$$L_{ad} = \frac{k}{k-1} \cdot \frac{p_1 Q_1}{6 \times 10^4} [(\frac{p_2}{p_1})^{\frac{k-1}{k}} - 1]$$

$$= \frac{1.4}{1.4-1} \times \frac{0.1013 \times 10^6 \times 1.5}{6 \times 10^4} [(\frac{0.8 \times 10^6}{0.1013 \times 10^6})^{\frac{1.4-1}{1.4}} - 1] = 7.133\,\text{kW}$$

또한 식 (2.2)로부터 축동력은

$$L_s = \frac{L_{ad}}{\eta_{ad}} = \frac{7.133}{0.75} = 9.51\,\text{kW}$$

(2) $$L_{pol} = \frac{n}{n-1} \cdot \frac{p_1 Q_1}{6 \times 10^4} [(\frac{p_2}{p_1})^{\frac{n-1}{n}} - 1]$$

$$= \frac{1.3}{1.3-1} \times \frac{0.1013 \times 10^6 \times 1.5}{6 \times 10^4} [(\frac{0.8 \times 10^6}{0.1013 \times 10^6})^{\frac{1.3-1}{1.3}} - 1] = 6.706\,\text{kW}$$ ■

문제 9.37

1단 왕복압축기에 의해 공기 $200\,l/\text{min}$의 비율로 흡입하여 정격 공기압력 $0.8\,\text{MPa}_g$까지 높일 수 있는 압축기의 단열 공기동력, 축동력, 전동기 동력을 구하라. 단, 전 단열효율을 60%로 한다.

풀이 식 (2.1)로부터 단열 공기동력

$$L_{ad} = \frac{k}{k-1} \cdot \frac{p_1 Q_1}{6\times 10^4}[(\frac{p_2}{p_1})^{\frac{k-1}{k}} - 1]$$

$$= \frac{1.4}{1.4-1} \times \frac{0.1013\times 10^6 \times 200 \times 10^{-3}}{6\times 10^4}[(\frac{0.8+0.1013}{0.1013})^{\frac{1.4-1}{1.4}} - 1]$$

$$= 1.025\text{kW}$$

식 (2.2)로부터 축동력 $L_s = \dfrac{L_{ad}}{\eta_{ad}} = \dfrac{1.025}{0.6} = 1.708\,\text{kW}$

전동기 동력: $L_m = (1.05 \sim 1.1)L_s = (1.05 \sim 1.1) \times 1.708$

$= 1.7934 \sim 1.8791\,\text{kW} \rightarrow 2.2\,\text{kW}$

■

문제 9.38

다음 작업조건에 적합한 공기압축기의 용량과 단열 공기동력, 축동력, 전동기 동력을 구하라. 단, 전 단열효율을 55%로 한다.

작업조건 : 사용 공기압, 공구 : 에어 드라이버(1/4), 표준 공기소비량 : $300\,l/\text{min}(ANR)$, 사용 대수 : 10대, 상용 사용압력 : $0.6\,\text{MPa}_g$(최고 사용압력 $0.8\,\text{MPa}_g$), 사용률 : 30%(동시 사용대수/총 사용대수)

풀이 압축기 용량 : 에어 드라이버 10대를 사용률 30%로 하면, 공기 소비량 $Q\,[l/\text{min}]$는

$$Q = 300\times 10 \times 0.3 = 900\,l/\text{min}(ANR)$$

제조사의 카탈로그로부터 공기압축기의 사양이 실린더 경 $D = 100\,\text{mm}$, 스트로크 $s = 100\,\text{mm}$, 실린더 수 $z = 4$, 회전속도 $n = 500\,\text{rpm}$, 체적효율 $\eta_v = 70\%$라 하면, 실제 공기유량 $Q_1\,[l/\text{min}]$는

$$Q_1 = nV_c\eta_v = n\frac{\pi}{4}D^2 sz\eta_v = 500\times\frac{\pi}{4}(100\times 10^{-3})^2 \times 100\times 10^{-3} \times 4 \times 0.7$$

$$= 1.099\,\text{m}^3/\text{min} = 1099\,l/\text{min} > 900\,l/\text{min}$$

단열 공기동력 :

$$L_{ad}=\frac{k}{k-1}\cdot\frac{p_1Q_1}{6\times10^4}[(\frac{p_2}{p_1})^{\frac{k-1}{k}}-1]$$

$$=\frac{1.4}{1.4-1}\times\frac{0.1013\times10^6\times1.099}{6\times10^4}[(\frac{0.9013}{0.1013})^{\frac{1.4-1}{1.4}}-1]=5.63\,\mathrm{kW}$$

축동력 : $L_s=\frac{L_{ad}}{\eta_{ad}}=\frac{5.63}{0.55}=10.24\,\mathrm{kW}$

전동기 동력 : $L_m=(1.05\sim1.1)L_s=(1.05\sim1.1)\times10.24=10.75\sim11.264\,\mathrm{kW}$ ■

문제 9.39

실린더 내경 80 mm, 행정거리(stroke) 100 mm, 실린더 수 2, 최고 사용압력 0.8 MPa_g인 1단 소형 왕복 공기압축기를 회전속도 600 rpm으로 사용하고자 한다. 다음 값을 구하라. (1) 피스톤 압출용적, (2) 공급 공기유량(체적효율 65%), (3) 단열 공기동력, (4) 축동력(전 단열효율 55%), (5) 전동기 동력, (6) 필요한 공기탱크의 용량

풀이 (1) $V_c=\frac{\pi}{4}D^2sz=\frac{\pi}{4}(80\times10^{-3})^2\times100\times10^{-3}\times2=0.001005\,\mathrm{m}^3$

(2) 체적효율 $\eta_v=65\%\,(0.65)$, 회전속도 $n\,[\mathrm{rpm}]$이라 하면

$$Q_1=nV_c\eta_v=600\times0.001005\times0.65=0.392\,\mathrm{m}^3/\mathrm{min}$$

(3) $k=1.4$, $p_1=0.1013\times10^6\,\mathrm{Pa}_{abs}$, $p_2=(0.8+0.1013)\times10^6$

$=0.9013\times10^6\,Pa_{abs}$

식 (2.1)로부터 $m=0$이므로

$$L_{ad}=\frac{k}{k-1}\cdot\frac{p_1Q_1}{6\times10^4}[(\frac{p_2}{p_1})^{\frac{k-1}{k}}-1]$$

$$=\frac{1.4}{1.4-1}\times\frac{0.1013\times10^6\times0.392}{6\times10^4}[(\frac{0.9013}{0.1013})^{\frac{1.4-1}{1.4}}-1]=2.009\,\mathrm{kW}$$

(4) 식 (2.2)로부터 $L_s=\frac{L_{ad}}{\eta_{ad}}=\frac{2.009}{0.55}=3.653\,\mathrm{kW}$

(5) $L_m=(1.05\sim1.1)L_s=(1.05\sim1.1)\times3.653=3.836\sim4.018\,\mathrm{kW}\rightarrow5.5\,\mathrm{kW}$

(6) $R_d=\frac{p_2}{p_1}=\frac{0.9013\times10^6}{0.1013\times10^6}=8.897$, $V_c=0.001005\,\mathrm{m}^3$,

식 (2.5)로부터 공기탱크의 용적은 다음 값 이상의 크기로 한다.

$$V \geq \frac{200\,V_c}{R_d} = \frac{200 \times 0.001005}{8.897} = 0.0226\,\mathrm{m}^3 = 22.6\,l$$ ■

공기탱크

문제 9.40

필요한 공기탱크의 용량은 $7.014\,l$ 이상이다. 이것에 기초하여 그림 2.7의 공기탱크를 설계하였다. 내용적을 구하라. 단, 치수는 다음과 같이 하였다.

$l_1 = 860\,\mathrm{mm}$, $l_2 = 66\,\mathrm{mm}$, $D = 300\,\mathrm{mm}$, $R = 300\,\mathrm{mm}$, $r = 25\,\mathrm{mm}$, $t = 3.2\,\mathrm{mm}$, $t_1 = 3.6\,\mathrm{mm}$, $l = 16\,\mathrm{mm}$

풀이 원통부 : $V_1 = \frac{\pi}{4}D^2 l_1 = \frac{\pi}{4}(300 \times 10^{-3})^2 \times 860 \times 10^{-3} = 0.061\,\mathrm{m}^3$

경부 : $V_2 = \frac{\pi}{6}h(3a^2 + h^2) \times 2$ 에서 $a = \frac{D}{2}$, $h = l_2$

$$\therefore\ V_2 = \frac{\pi}{6} \times 0.066 \times [3 \times (\frac{0.3}{2})^2 + 0.066^2] \times 2 = 0.004964\,\mathrm{m}^3$$

$$\therefore\ V = V_1 + V_2 = 0.061 + 0.004964 = 0.066\,\mathrm{m}^3 = 66\,l > 7.014\,l$$ ■

문제 9.41

문제 9.40에서 원통판의 재료 SS400, 탱크 내경 300 mm, 통의 이음효율 65%, 최고 사용압력 0.8 MPa, 부식치 1 mm, 인장강도에 대한 허용 인장응력의 비율 $x = 1/4$ 이라 했을 때 원통판의 두께 t 와 경판의 두께 t_1 을 계산하라.

풀이 식 (2.7)로부터

$$t = \frac{pD}{2\sigma x\eta - 1.2p} + C = \frac{0.8 \times 300}{2 \times 400 \times \frac{1}{4} \times 0.65 - 1.2 \times 0.8} + 1$$

$$= 2.86\,\mathrm{mm} \rightarrow 3.2\,\mathrm{mm}$$

로 한다.

다음에 $r \geq 3t = 3 \times 3.2 = 9.6\,\mathrm{mm}$, $r \geq 0.06D = 0.06 \times 300 = 18\,\mathrm{mm}$, $r = 25\,\mathrm{mm}$ 로 한다.

$R \leq 1.5D = 1.5 \times 300 = 450\,\mathrm{mm} \rightarrow 300\,\mathrm{mm}$ 로 한다.

$l \geq 6\,\mathrm{mm} \rightarrow 16\,\mathrm{mm}$ 로 한다.

따라서 식 (2.9)로부터

$$W = \frac{1}{4}\left(3 + \sqrt{\frac{R}{r}}\right) = \frac{1}{4}\left(3 + \sqrt{\frac{300}{25}}\right) = 1.616\,\text{mm}$$

식 (2.8)로부터

$$t_1 = \frac{pRW}{2\sigma x\eta - 0.2p} + C = \frac{0.8 \times 300 \times 1.616}{2 \times 400 \times \frac{1}{4} \times 0.65 - 0.2 \times 0.8} + 1$$

$$= 3.987\,\text{mm} \rightarrow 4\,\text{mm}$$

로 한다. ■

문제 9.42

실린더 내경 50 mm, 행정거리(stroke) 100 mm, 실린더 수 2개, 최고 사용압력 0.8 MPa의 1단 소형 왕복 공기압축기가 있다. 필요한 공기탱크 용량을 구하라.

풀이 공기탱크의 용적 $V\,[\text{m}^3]$은 압축기 최종단의 피스톤 압축량 $V_c\,[\text{m}^3]$, 최종단의 압력비를 R_d라 하면 식 (2.5)의 $V \geq 200\,V_c / R_d\,[\text{m}^3]$의 식을 적용한다. z는 실린더의 수이다.

$$V_c = \frac{\pi}{4}D^2 Lz = \frac{\pi}{4} \times (50 \times 10^{-3})^2 \times 100 \times 10^{-3} \times 2$$

$$= 3.925 \times 10^{-4}\,\text{m}^3 = 0.3925\,l$$

$$R_d = \frac{p_2}{p_1} = \frac{0.8 + 0.1013}{0.1013} = 8.897$$

$$\therefore\ V \geq \frac{200\,V_c}{R_d} = \frac{200 \times 3.925 \times 10^{-4}}{8.897} = 8.823 \times 10^{-3}\,\text{m}^3 = 8.823\,l$$ ■

실린더 추력

문제 9.43

실린더 내경 50 mm, 피스톤로드 직경 16 mm인 실린더를 공기압력 0.6 MPa에서 사용하였다. 전진 시 이론추력과 후진 시 이론추력을 각각 구하라.

풀이 전진 시 실린더의 추력 :

$$F_1 = p\frac{\pi}{4}D^2 = 0.6 \times \frac{\pi}{4} \times 50^2 = 1177.5\,\text{N}$$

후진 시 실린더의 추력 :

$$F_2 = p\frac{\pi}{4}(D^2 - d^2) = 0.6 \times \frac{\pi}{4} \times (50^2 - 16^2) = 1056.9\,\text{N}$$ ■

문제 9.44

실린더 내경 100 mm, 피스톤로드 직경 30 mm인 복동 실린더를 공급 공기압력 0.8 MPa에서 사용할 때 실린더가 전진하는 경우와 후진하는 경우의 실제 추력을 구하라. 단, 실린더의 추진효율(부하율)을 90%로 한다.

풀이 $F_1 = \frac{\pi}{4}D^2 p\eta = \frac{\pi}{4}100^2 \times 0.8 \times 0.9 = 5652\,\text{N}$

$F_2 = \frac{\pi}{4}(D^2 - d^2)p\eta = \frac{\pi}{4}(100^2 - 30^2) \times 0.8 \times 0.9 = 5143.32\,\text{N}$ ■

문제 9.45

실린더 내경 50 mm, 피스톤로드직경 16 mm인 복동 실린더를 공급 공기압력 0.5 MPa에서 사용할 때 전진 시, 후진 시의 실제 추력을 구하라. 단, 부하율을 65%로 한다.

풀이 $F_1 = \frac{\pi}{4}D^2 p\eta = \frac{\pi}{4}50^2 \times 0.5 \times 0.65 = 637.8\,\text{N}$

$F_2 = \frac{\pi}{4}(D^2 - d^2)p\eta = \frac{\pi}{4}(50^2 - 16^2) \times 0.5 \times 0.65 = 572.5\,\text{N}$ ■

문제 9.46

공기압 실린더를 이용하여 중량 600 N의 가공물을 수직방향으로 밀어 올리는 작업을 한다. 사용 압력은 0.5 MPa이다. 필요한 실린더 내경을 이하의 표준 사이즈 중에서 선정하여라.
실린더 내경[mm] : 20, 25, 32, 40, 50, 63, 80, 100, 125

풀이 수직방향으로 들어 올리는 작업이므로 그림 3.6으로부터 부하율 $\eta = 0.5$로 한다. 식 (3.4)로부터 이론추력은

실린더의 이론추력 : $F = \frac{\text{실제의 부하}}{\eta} = \frac{600\,\text{N}}{0.5} = 1200\,\text{N}$

따라서 필요한 실린더의 수압면적은

$$A = \frac{F}{p} = \frac{1200\,\text{N}}{0.5\,\text{MPa}} = 2400\,\text{mm}^2$$

이로부터 실린더 내경은

$$A = \frac{\pi}{4}D^2,\ D = \sqrt{\frac{4A}{\pi}} = \sqrt{\frac{4 \times 2400}{\pi}} = 55.3\,\text{mm}$$

이상으로부터 ⌀63 mm 의 실린더를 선정한다. ■

문제 9.47

실린더 내경 63 mm이며 실린더의 후진 시 추력 1000 N을 얻고자 할 때 사용 공기압력을 얼마로 하면 되는가? 단, 피스톤로드 직경 16 mm, 부하율 65%로 한다.

풀이 식 (3.4)로부터

$$p = \frac{F_2}{\frac{\pi}{4}(D^2 - d^2)\eta} = \frac{1000}{\frac{\pi}{4}(63^2 - 16^2) \times 0.65} = 0.528\,\text{MPa}$$ ■

문제 9.48

실린더 내경 63 mm, 피스톤로드 직경 16 mm인 공기압 실린더를 작동압력 0.6 MPa에서 사용한 경우의 전진 시, 후진 시의 추력은 얼마인가? 부하율을 65%로 한다.

풀이 전진 시의 실린더 추력 :

$$F_1 = \frac{\pi}{4}D^2 p\eta = \frac{\pi}{4} \times 63^2 \times 0.6 \times 0.65 = 1215.1\,\text{N} = 1.215\,\text{kN}$$

후진 시의 실린더 추력 :

$$F_2 = \frac{\pi}{4}(D^2 - d^2)p\eta = \frac{\pi}{4}(63^2 - 16^2) \times 0.6 \times 0.65 = 1136.7\,\text{N} = 1.137\,\text{kN}$$ ■

문제 9.49

그림(문제 9.49)와 같은 1500 N의 대차를 수평방향으로 밀고 있다. 실린더의 추력 및 실린더 내경을 구하라. 단, 사용 공기압력 0.6 MPa, 마찰계수 $\mu = 0.3$, 부하율 $\eta = 60\%$로 한다.

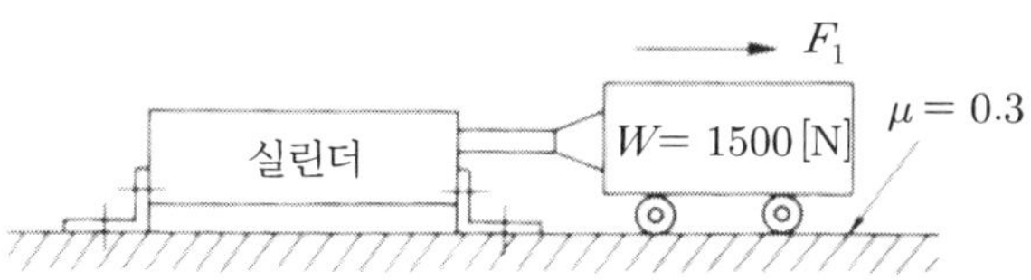

그림(문제 9.49)

풀이 필요한 실린더 추력 F_1 =(외력 W) + (마찰력 F')인데, 외부로부터 실린더에 작용하

고 있는 힘은 없다. 따라서

$$W = 1500\,\text{N} \quad \therefore \; F_1 = F' = \mu W = 0.3 \times 1500 = 450\,\text{N}$$

실린더경은 식 (3.2)로부터

$$D = \sqrt{\frac{4F_1}{\pi p \eta}} = \sqrt{\frac{4 \times 450}{\pi \times 0.6 \times 0.6}} = 39.9\,\text{mm} \rightarrow 50\,\text{mm}$$ ■

문제 9.50

사용 공기압력 0.6 MPa로 후진 시 실린더 추력 1000 N을 얻고 싶다. 필요한 실린더 내경을 구하라. 단, 피스톤로드 직경 16 mm, 부하율 65%로 한다.

풀이 $$D = \sqrt{\frac{4F_2}{\pi p \eta} + d^2} = \sqrt{\frac{4 \times 1000}{\pi \times 0.6 \times 0.65} + 16^2} = 59.35\,\text{mm} \rightarrow 63\,\text{mm}$$ ■

문제 9.51

사용 공기압력 600 kPa이며 후진 시의 실린더 추력 3500 N을 얻고 싶다. 실린더의 내경을 선정하라. 단, 피스톤로드 직경 32 mm, 부하율은 65%로 한다.

풀이 식 (3.4)로부터

$$D = \sqrt{\frac{4F_2}{\pi p \eta} + d^2} = \sqrt{\frac{4 \times 3500}{\pi \times 600 \times 10^{-3} \times 0.65} + 32^2} = 111.61\,\text{mm} \rightarrow 125\,\text{mm}$$

■

문제 9.52

실린더 내경 20 mm인 단동 압출형 공기압 실린더를 사용압력 0.5 MPa에서 사용할 때 행정거리(stroke) 0과 행정거리 50 mm일 때의 스프링력을 각각 6 N과 14 N이라 한다. 행정거리 0 및 행정거리 50 mm일 때의 실린더 추력은 각각 얼마인가? 단, 실린더 부하율을 65%라 한다.

풀이 행정거리 50 mm일 때,

$$F_1 = (A_1 p - f_2)\eta = \left(\frac{\pi}{4}D^2 p - f_2\right)\eta = \left(\frac{\pi}{4} \times 20^2 \times 0.5 - 14\right) \times 0.65 = 92.95\,\text{N}$$

행정거리 0일 때,

$$F_1 = (A_1 p - f_1)\eta = \left(\frac{\pi}{4}D^2 p - f_1\right)\eta = \left(\frac{\pi}{4} \times 20^2 \times 0.5 - 6\right) \times 0.65 = 98.15\,\text{N}$$ ■

문제 9.53

실린더 내경 50 mm, 피스톤로드 직경 12 mm, 사용 공기압력 0.6 MPa, 실린더 추력 1000 N의 경우 전진 시, 후진 시의 부하율을 각각 구하라.

풀이 전진 시 부하율은 식 (3.2)로부터

$$\eta_1 = \frac{F_1}{\frac{\pi}{4}D^2 p} = \frac{1000}{\frac{\pi}{4}\times 50^2 \times 0.6} = 0.849 = 84.9\%$$

후진 시 부하율은 식 (3.3)으로부터

$$\eta_2 = \frac{F_2}{\frac{\pi}{4}(D^2 - d^2)p} = \frac{1000}{\frac{\pi}{4}(50^2 - 12^2)\times 0.6} = 0.901 = 90.1\%$$

■

문제 9.54

실린더 내경 50 mm, 피스톤로드 직경 20 mm, 행정거리 250 mm인 실린더의 전진 시, 후진 시의 용적은 각각 얼마인가?

풀이 전진 시 용적 :

$$V_1 = \frac{\pi}{4}D^2 s = \frac{\pi}{4}(50\times 10^{-3})^2 \times 250 \times 10^{-3} = 0.000491\,\mathrm{m}^3 = 0.491\,l$$

후진 시 용적:

$$V_2 = \frac{\pi}{4}(D^2 - d^2)s = \frac{\pi}{4}[(50\times 10^{-3})^2 - (20\times 10^{-3})^2]\times 250\times 10^{-3}$$

$$= 0.000412\,\mathrm{m}^3 = 0.412\,l$$

■

문제 9.55

실린더 내경 32 mm, 피스톤로드 직경 10 mm, 행정거리(stroke) 100 mm인 경우, 전진 시, 후진 시의 실린더 용적은 각각 얼마인가?

풀이 전진 시 용적 :

$$V_1 = \frac{\pi}{4}D^2 s = \frac{\pi}{4}\times (32\times 10^{-3})^2 \times 100 \times 10^{-3} = 0.00008\,\mathrm{m}^3 = 0.08\,l$$

후진 시 용적 :

$$V_2 = \frac{\pi}{4}(D^2 - d^2)s = \frac{\pi}{4}[(32\times 10^{-3})^2 - (10\times 10^{-3})^2]\times 100\times 10^{-3}$$

$$= 0.0000725\,\text{m}^3 = 0.0725\,l$$ ■

문제 9.56

실린더 내경 80 mm에서 전진 시 추력 2000 N을 얻고 싶다. 사용압력은 얼마인가? 단, 부하율은 70%이다.

풀이 $$p = \frac{F_1}{\frac{\pi}{4}D^2\eta} = \frac{2000}{\frac{\pi}{4}\times 80^2 \times 0.7} = 0.569\,\text{MPa}$$ ■

문제 9.57

실린더 내경 25 mm의 단동 압출형 실린더를 공기압 0.6 MPa에서 사용할 때, 행정거리 0인 경우와 행정거리 최대 시 실린더 추력을 구하라. 단, 행정거리가 0일 때의 반력 7.6 N, 행정거리가 최대일 때의 반력을 39.5 N, 부하율을 65%로 한다.

풀이 행정거리 0일 때,

$$F_1 = [\frac{\pi}{4}D^2p - f_1]\eta = [\frac{\pi}{4}\times 25^2 \times 0.6 - 7.6]\times 0.65 = 186.4\,\text{N}$$

행정거리가 최대일 때,

$$F_1 = [\frac{\pi}{4}D^2p - f_2]\eta = [\frac{\pi}{4}\times 25^2 \times 0.6 - 39.5]\times 0.65 = 165.67\,\text{N}$$ ■

문제 9.58

사용 공기압력 0.8 MPa로 전진 시 실린더 추력 500 N을 얻고자 한다. 실린더 내경을 선정하라. 단, 부하율은 65%이다.

풀이 $F_1 = \frac{\pi}{4}D^2p\eta$로부터 $D = \sqrt{\frac{4F_1}{\pi p\eta}} = \sqrt{\frac{4\times 500}{\pi\times 0.8\times 0.65}} = 34.99\,\text{mm} \rightarrow 40\,\text{mm}$ ■

문제 9.59

실린더 내경 80 mm일 때 후진의 추력 2000 N을 얻고자 한다. 사용 공기압력을 얼마로 하면 되는가? 단, 피스톤로드 직경 20 mm, 추력계수(부하율)는 65%이다.

풀이 식 (1.30) $F_2 = \frac{\pi}{4}(D^2 - d^2)p\cdot\eta$로부터

$$p = \frac{F_2}{\frac{\pi}{4}(D^2 - d^2)\eta} = \frac{2000}{\frac{\pi}{4}(80^2 - 20^2) \times 0.65} = 0.6533\,\mathrm{MPa}$$

■

문제 9.60

공압 실린더를 이용하여 중량 800 N의 공작물을 수직방향으로 들어 올리는 작업을 할 때 사용압력은 0.6 MPa이다. 필요한 실린더 경을 구하라. 단, 부하율은 0.5이다.

풀이 부하율을 0.5로 하면 이론 추력은

$$F = pA\eta = p\frac{\pi}{4}D^2\eta$$

$$\therefore\ D = \sqrt{\frac{4F}{\pi p \eta}} = \sqrt{\frac{4 \times 800}{\pi \times 0.6 \times 0.5}} = 58.28\,\mathrm{mm} \rightarrow 63\,\mathrm{mm}$$

■

실린더 횡하중, 휨, 좌굴하중

문제 9.61

실린더 내경 100 mm, 피스톤로드 직경 30 mm의 실린더를 수평방향으로 320 mm의 행정거리(stroke)에서 왕복운동 시킬 때 피스톤로드 선단의 휨량을 구하라. 단, 실린더가 후진상태에서 피스톤로드가 실린더 끝 단면으로부터 50 mm만큼 나와 있으며, $g = 9.80665\,\mathrm{m/s^2}$이다. 단, 피스톤로드의 종탄성계수는 $2.06 \times 10^5\,\mathrm{MPa}$이다. 탄소강의 비중은 7.8이다.

풀이 식 (3.5a)로부터

$$w = \frac{\pi}{4}d^2 \times 7.8 \times 10^{-6} \times g = \frac{\pi}{4} \times 30^2 \times 7.8 \times 10^{-6} \times 9.80665 = 0.054\,\mathrm{N/mm}$$

$$I = \frac{\pi}{64}d^4 = \frac{\pi}{64} \times 30^4 = 39740.63\,\mathrm{mm}^4$$

따라서 식 (3.5)로부터

$$\delta = \frac{wl^4}{8EI} = \frac{0.054 \times (320 + 50)^4}{8 \times 2.06 \times 10^5 \times 39740.63} = 0.0155\,\mathrm{mm}$$

■

문제 9.62

그림(문제 9.62)에 있어서, $D = 100\,\mathrm{mm}$, $L_1 = 200\,\mathrm{mm}$, $L_2 = 80\,\mathrm{mm}$, $p = 0.6\,\mathrm{MPa}$이라 할 때 허용 최대 횡하중을 구하라.

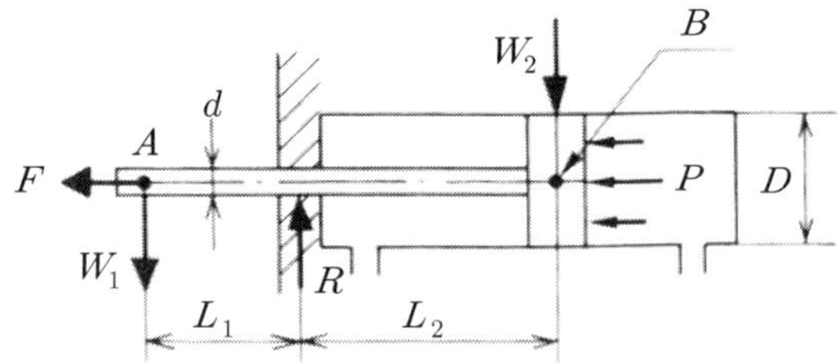

그림(문제 9.62)

(풀이) 식 (3.6)으로부터

$$W_1 \leq \frac{1}{20}\frac{L_2}{L_1+L_2}\frac{\pi}{4}D^2p = \frac{1}{20}\times\frac{80}{200+80}\times\frac{\pi}{4}100^2\times 0.6 = 67.29\,\mathrm{N}$$

■

(참고) $R=\frac{F}{20}$, $F=\frac{\pi}{4}D^2p$, B점 주위의 모멘트는 $W_1(L_1+L_2)=RL_2$이므로

$W_1 \leq \frac{1}{20}\frac{L_2}{L_1+L_2}\frac{\pi}{4}D^2p$이다.

문제 9.63

실린더 내경 80 mm, 피스톤로드 직경 25 mm인 공기압 실린더에서 행정거리(stroke) 500 mm일 때 자중에 의한 피스톤로드 선단의 휨량을 구하라. 단, 피스톤로드가 복귀했을 때 피스톤로드는 실린더 끝 단면으로부터 60 mm만큼 나와 있는 것으로 하며, 피스톤로드의 종탄성계수는 $2.06\times10^5\,\mathrm{MPa}$이다.

(풀이) $d=25\,\mathrm{mm}$, $g=9.81\,\mathrm{m/s^2}$을 식 (3.5a)에 대입하면

$$w=\frac{\pi}{4}d^2\times7.8\times10^{-6}g=\frac{\pi}{4}\times25^2\times7.8\times10^{-6}\times9.81=0.038\,\mathrm{N/mm}$$

로드가 복귀했을 때 실린더 끝으로부터 돌출하고 있는 길이 $l_o\,[\mathrm{mm}]$, 행정거리 $s\,[\mathrm{mm}]$라 하면 $l\,[\mathrm{mm}]$는

$$l=s+l_o=500+60=560\,\mathrm{mm}$$

피스톤로드의 단면2차 모멘트 $I=\frac{\pi}{64}d^4=\frac{\pi}{64}\times25^4=19165.04\,\mathrm{mm}^4$

따라서 식 (3.5)로부터

$$\delta=\frac{wl^4}{8EI}=\frac{0.038\times560^4}{8\times2.06\times10^5\times19165.04}=0.1183\,\mathrm{mm}$$

■

문제 9.64

그림(문제 9.64)과 같은 실린더 내경 125 mm, 피스톤로드 직경 $d = 27\,\text{mm}$, 행정길이 $s = 500\,\text{mm}$인 실린더를 사용하고자 한다. 선단하중(좌굴하중 W_k)은 몇 N까지 가능할까? 단, 피스톤로드의 종탄성계수를 $2.06 \times 10^5\,\text{N/mm}^2$, 로드가 후진하였을 때 로드 선단은 플랜지면으로부터 $l_o = 100\,\text{mm}$ 나와 있다고 한다. 안전율은 5로 한다.

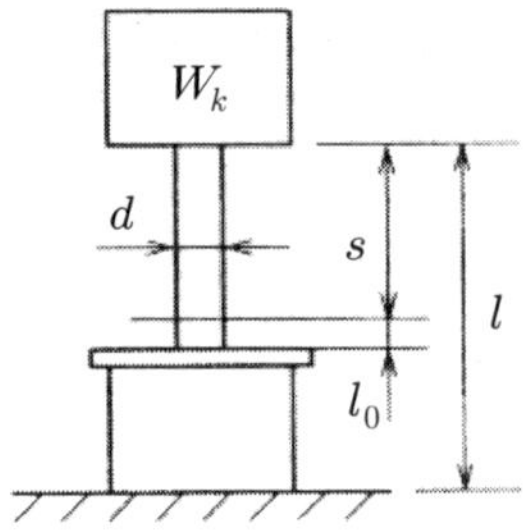

그림(문제 9.64)

풀이 단말계수 $n = 1/4$이므로 식 (3.7)로부터 좌굴길이

$$L = \frac{l}{\sqrt{n}} = \frac{l}{\sqrt{1/4}} = 2l$$

또한 $l = 2s + l_o = 2 \times 500 + 100 = 1100\,\text{mm}$

따라서 좌굴길이 $L = 2 \times (2s + l_o) = 2 \times 1100 = 2200\,\text{mm}$

또한 $I = \frac{\pi}{64} d^4 = \frac{\pi}{64} \times 27^4 = 26073.82\,\text{mm}^4$

구하는 좌굴하중은 식 (3.7)에서 안전율을 5로 할 때

$$W_k = \frac{n\pi^2 EI}{S l^2} = \frac{1}{4} \times \frac{\pi^2 \times 2.05 \times 10^5 \times 26073.82}{5 \times 1100^2} = 2177.72\,\text{N}$$

■

문제 9.65

그림(문제 9.65)과 같은 취부형식의 실린더에서 선단하중 2500 N을 수직상방으로 400 mm 들어올리고자 한다. 공급 사용압력 0.6 MPa, 실린더 부하율 65%로 했을 때, 피스톤로드경과 실린더 내경을 구하라. 단, 피스톤로드가 후진상태일 때 피스톤 로드는 실린더 끝 단면으로부터 150 mm 나와 있는 것으로 한다.

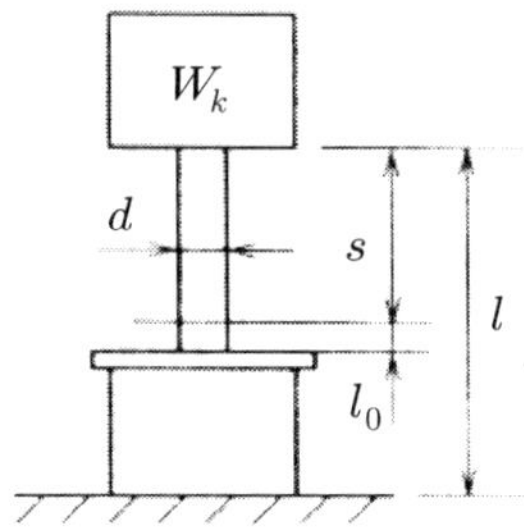

그림(문제 9.65)

(풀이) 단말계수 : $n = 1/4$,

좌굴길이 : $L = \dfrac{l}{\sqrt{n}} = 2l = 2(2s + l_o) = 4s + 2l_o = 4 \times 400 + 2 \times 150 = 1900\,\mathrm{mm}$

식 (3.7)로부터

$$W_k = \frac{n\pi^2 EI}{l^2} = \frac{n\pi^2 E \dfrac{\pi d^4}{64}}{l^2} = \frac{n\pi^3 Ed^4}{64l^2},$$

$l = L/2$로 하고 피스톤로드 직경 d를 구하면

$$d = \left(\frac{64l^2 W_k}{n\pi^3 E}\right)^{\frac{1}{4}} = \left[\frac{64 \times (1900/2)^2 \times 2500}{\dfrac{1}{4}\pi^3 \times 2.06 \times 10^5}\right]^{\frac{1}{4}} = 17.35\,\mathrm{mm}$$

식 (3.2)를 이용하면 실린더 내경 : $D = \sqrt{\dfrac{4W_k}{\pi p \eta}} = \sqrt{\dfrac{4 \times 2500}{\pi \times 0.6 \times 0.65}} = 90.37\,\mathrm{mm}$

표준 실린더를 선택하면 $D = 100\,\mathrm{mm}$, $d = 20\,\mathrm{mm}$를 선택한다. ■

문제 9.66

실린더 내경 125 mm, 피스톤로드 직경 27 mm인 실린더가 있다. 선단하중 2 kN으로 그림(문제 9.66)의 취부형식으로 사용하고자 한다. 최대 행정거리는 얼마인가? 단, 피스톤로드 선단은 자유, 실린더는 고정, 피스톤로드의 종탄성계수를 $2.06 \times 10^5\,\mathrm{N/mm^2}$으로 한다.

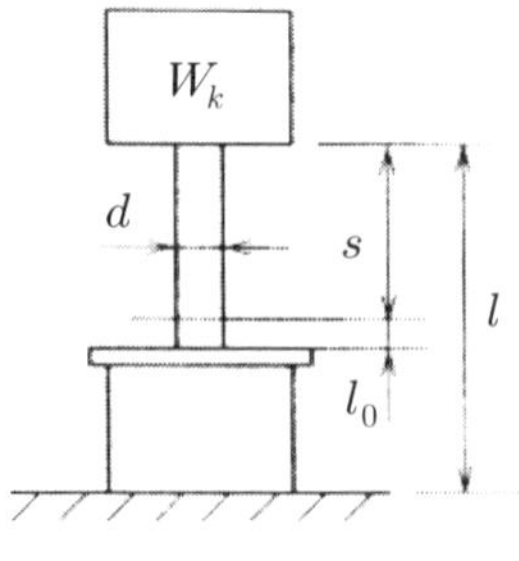

그림(문제 9.66)

풀이 단면2차 모멘트 : $I = \frac{\pi}{64}d^4 = \frac{\pi}{64} \times 27^4 = 26073.82\,\mathrm{mm}^4$

단말계수 : $n = 1/4$, 종탄성계수 $E = 2.06 \times 10^5\,\mathrm{N/mm^2}$,

좌굴하중 : $W_k = 2\,\mathrm{kN} = 2000\,\mathrm{N}$

식 (3.7)로부터

$$l = \sqrt{\frac{n\pi^2 EI}{W_k}} = \sqrt{\frac{\pi^2 \times 2.06 \times 10^5 \times 26073.82}{4 \times 2000}} = 2572.89\,\mathrm{mm}$$

로드가 실린더 끝 단면으로부터 $l_o = 100\,\mathrm{mm}$ 나와 있다고 하면

$$L = \frac{l}{\sqrt{n}} = 2l = 2 \times (2s + l_o) = 4s + 2l_o = 4s + 2 \times 100 = 4s + 200$$

따라서 최대 행정거리 s는 $l = L$로서

$$s = \frac{l - 200}{4} = \frac{2572.89 - 200}{4} = 593.22\,\mathrm{mm}$$ ■

진공패드

문제 9.67

질량 250g의 표준형 · 고정형의 진공패드(수평패드)를 이용하여 이송을 한다. 패드의 흡착면으로부터 진공압의 누설은 없으며, 설정 진공도를 $-350\,\mathrm{mmHg}$로 한 경우의 패드직경을 구하라. 단, 안전율 2로 한다.

풀이 $m = 250\,\mathrm{g} = 0.25\,\mathrm{kg}$, $g = 9.81\,\mathrm{m/s^2}$ $\therefore$ $W = mg = 0.25 \times 9.81 = 2.4525\,\mathrm{N}$

$p = -\frac{350}{760} \times 101.3 = -46.65\,\mathrm{kPa}$(−는 부압), 안전율 $S = 2$를 식 (7.1)에 대입하여

$A = \frac{WS}{0.1p} = \frac{2.4525 \times 2}{0.1 \times 46.65} = 1.05\,\mathrm{cm}^2$, 따라서 패드의 직경 D는

$$D = \sqrt{\frac{4A}{\pi}} = \sqrt{\frac{4 \times 1.05}{\pi}} = 1.157\,\mathrm{cm} = 11.57\,\mathrm{mm}$$

이상으로부터 패드직경은 $\phi 15$ 이상의 표준규격 치수인 것을 사용한다. ■

문제 9.68

공작물의 하중 5000 N(5 kN)의 평강판을 직경 150 mm의 진공패드(수평패드)를 이용하여 수평

으로 올리기 위해서는 몇 개의 패드가 필요한가? 단, 진공압력을 $-600\,\text{mmHg}$, 안전율 2로 한다.

(풀이) $-1\,\text{mmHg} = -0.133322\,\text{kPa}$,

$p = -600\,\text{mmHg} = -0.133322 \times 600 = -80\,\text{kPa}$ (-)는 부압의 의미임), 안전율 $S=2$, $A = (\pi/4)D^2 = (\pi/4) \times 15^2 = 176.63\,\text{cm}^2$을 식 (7.1)에 대입하여, 패드 1개당 올리는 하중을 구하면

$$W = pA \times 0.1 \times \frac{1}{S} = 80 \times 176.63 \times 0.1 \times \frac{1}{2} = 706.52\,\text{N}$$

따라서 구하는 진공패드의 수는 $n = \dfrac{5000}{706.52} = 7.08 \rightarrow 8$개 ■

문제 9.69

호스 내경 $25\,\text{mm}$, 진공도 $-150\,\text{mmHg}$의 가정용 소형 전기청소기의 흡착력은 얼마인가? 단, 안전율을 2로 한다.

(풀이) $A = \dfrac{\pi}{4}d^2 = \dfrac{\pi}{4}(25 \times 10^{-1})^2 = 4.91\,\text{cm}^2$

$p = -150 \times 0.133322 = -20\,\text{kPa}$ (-는 부압)

$W = pA \times 0.1 \times \dfrac{1}{S} = 20 \times 4.91 \times 0.1 \times \dfrac{1}{2} = 4.91\,\text{N}$ ■

문제 9.70

평강판($100 \times 200 \times 1.6\,\text{cm}$)를 직경 $10\,\text{cm}$의 표준평형패드(수평패드)에서 이송시키는 경우, 몇 개 이상의 패드가 필요한가? 단, 패드의 흡착면으로부터 공기 누설은 없으며, 설정 진공도를 $-550\,\text{mmHg}$, 안전율을 2, 강의 비중을 7.85로 한다.

(풀이) 평강판의 하중 $W = mg = 1 \times 2 \times (1.6 \times 10^{-2}) \times 7.85 \times 1000 \times 9.81 = 2464.3\,\text{N}$

압력 mmHg를 kPa의 단위로 바꾸어 쓰면

$$p = -550\,\text{mmHg} = -550 \times 0.133322 = -73.33\,\text{kPa}$$

$$(101.3/760 = 0.133322)$$

패드 1개가 올리는 힘은 식 (7.1)로부터

$$W_1 = pA \times 0.1 \times \frac{1}{S} = 73.33 \times \frac{\pi}{4} \times 10^2 \times 0.1 \times \frac{1}{2} = 287.82\,\text{N}$$

따라서 구하는 패드 수 $n = \dfrac{W}{W_1} = \dfrac{2464.3}{287.82} = 8.562 \rightarrow 9$개 ■

문제 9.71

질량 400 g의 가공물을 진공패드로 수평 이송시키려고 한다. 패드 흡착면의 설정 진공도를 $-400\,\mathrm{mmHg}$로 하는 경우의 패드경을 선정하라. 단, 안전율은 2로 한다.

풀이 $W = mg = 0.4 \times 9.81 = 3.924\,\mathrm{N}$, $p = -101.3 \times \dfrac{400}{760} = -53.3\,\mathrm{kPa}$

식 (7.1)로부터

$$\therefore\ A = \frac{WS}{0.1p} = \frac{3.924 \times 2}{0.1 \times 53.3} = 1.4724\,\mathrm{cm}^2$$

$$\therefore\ D = \sqrt{\frac{4A}{\pi}} = \sqrt{\frac{4 \times 1.4724}{\pi}} = 1.37\,\mathrm{cm} = 13.7\,\mathrm{mm}$$ ■

문제 9.72

유량 $3000\,l/\mathrm{min}(ANR)$, 상류 측 압력 0.6 MPa의 공압배관에서 배관용 강관을 사용할 때 압력손실과 하류 측의 압력을 구하라. 단, 관의 길이는 15 m이며, 관경은 27.6 mm이다.

풀이 식 (1.44)로부터

$$\Delta p = \frac{0.00237\,Q^2 l}{d_p^{5.31}(p_1 + 0.1013)} = \frac{0.00237 \times 3000^2 \times 15}{27.6^{5.31} \times (0.6 + 0.1013)} = 0.0102\,\mathrm{MPa}$$

$$p_2 = p_1 - \Delta p = 0.6 - 0.0102 = 0.5898\,\mathrm{MPa}$$ ■

문제 9.73

문제 9.72에서 1 m당 압력손실을 0.00025 MPa 이하로 하고 싶다. 이때의 관경을 구하라.

풀이 $\Delta p = 0.00025 \times 15 = 0.00375\,\mathrm{MPa}$, 식 (1.44)로부터

$$d_p = \left[\frac{0.00237\,Q^2 l}{(p_1 + 0.1013)\Delta p}\right]^{\frac{1}{5.31}} = \left[\frac{0.00237 \times 3000^2 \times 15}{(0.6 + 0.1013) \times 0.00375}\right]^{\frac{1}{5.31}}$$

$= 32.02\,\mathrm{mm}$ 이상 ■

배관

문제 9.74

유량 $6000\,l/\mathrm{min}(ANR)$, 상류 측 압력 0.8 MPa인 공압배관에서 1B(25A)의 SGP(배관용 탄소강관)을 사용할 때 압력손실과 하류 측의 압력을 구하라. 단, 관의 길이는 20 m이다.

풀이 표 6.1로부터 배관경 25A는 $d_p = 34 - 2 \times 3.2 = 27.6\,\mathrm{mm}$ 이다. 식 (1.44)로부터

$$\Delta p = \frac{0.00237\,Q^2 l}{d_p^{5.31}(p_1 + 0.1013)} = \frac{0.00237 \times 6000^2 \times 20}{27.6^{5.31} \times (0.8 + 0.1013)} = 0.0423\,\mathrm{MPa}$$

$$\therefore\ p_2 = p_1 - \Delta p = 0.8 - 0.0423 = 0.7577\,\mathrm{MPa}$$

■

문제 9.75

배관재료를 나일론 튜브로 하고자 한다. 튜브의 길이는 20 m, 내경은 5 mm이다. 유효단면적을 구하고 튜브의 치수를 결정하라. 관마찰계수는 0.013이다.

풀이 식 (1.37)에서 관마찰계수는 0.013으로 하면, 유효단면적은

$$S = \frac{\pi d^2}{4} \times \frac{1}{\sqrt{\lambda \frac{l}{d} + 1}} = \frac{\pi \times 5^2}{4} \times \frac{1}{\sqrt{0.013 \frac{20000}{5} + 1}} = 2.7\,\mathrm{mm}^2$$

그림 1.7(b)로부터 $\phi 8 \times \phi 5$보다 약간 큰 튜브가 필요하며, 그 다음 치수를 갖는 $\phi 8 \times \phi 5.5$를 선택한다. 즉 튜브의 외경 8 mm, 내경 5.5 mm인 튜브를 사용하면 된다.

■

CHAPTER

10 공압제어 시스템의 설계

10.1 | 자동도어 시스템 설계

10.1.1 설계 과제

(1) 실린더 추력과 자동도어의 열림속도 계산

(2) 실린더의 선정

(3) 공기유량과 튜브배관직경의 선정

10.1.2 제어시스템의 제어사양과 자동도어 시스템도

표 10.1 제어시스템의 사양 및 조건

항 목	사양 또는 조건
도어하중	450 kg
마찰계수	$\mu = 0.1$
실린더 행정거리	$s = 1.25$ m
도어 열림시간	$t = 2$ sec
작동압력	$p = 6$ bar (0.6 MPa)

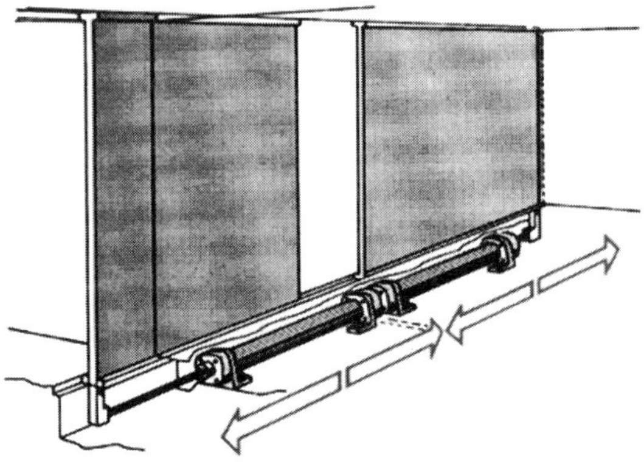

그림 10.1 자동도어 시스템도

10.1.3 실린더 추력 및 열림속도의 계산

(1) 요구되는 실린더 힘(추력) 계산

$$F = mg\mu = 450 \times 9.8 \times 0.1 = 441\,\mathrm{N}$$

(2) 평균 도어 열림속도

$$V = \frac{s}{t} = \frac{1.25}{2} = 0.625\,\mathrm{m/s}$$

10.1.4 실린더 내경

사용 공기압력 0.6 MPa, 부하율을 50%로 하고, 추력이 441 N이므로 식 (3.2)의 $F = \frac{\pi}{4}D^2 p\eta$로부터 실린더 내경은 다음과 같이 계산된다.

$$D = \sqrt{\frac{4F}{\pi p \eta}} = \sqrt{\frac{4 \times 441}{\pi \times 0.6 \times 0.5}} = 43.3\,\mathrm{mm}$$

따라서 표 10.2로부터 1차적으로 실린더 내경은 50 mm, 피스톤로드경은 16 mm로 선정한다. 그런데 실린더의 행정거리가 1.25 m이므로 좌굴응력을 검토해야 한다. 따라서 그림 10.2의 실린더 좌굴하중 선도로부터 실린더 추력 441 N과 행정거리 1250 mm에 해당하는 피스톤로드경은 20 mm로 최종 선정한다(표 3.3).

따라서 두 개의 실린더의 크기(실린더 내경×피스톤로드경×행정길이)는 같은 크기이며, 다음과 같이 결정할 수 있다.

실린더 : $\phi50\times\phi20\times1250\,(\mathrm{mm})$

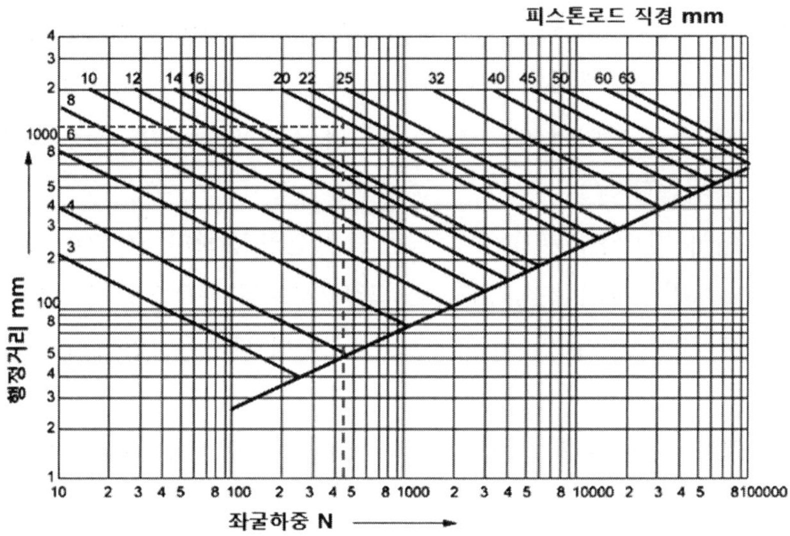

그림 10.2 실린더 좌굴하중 선도

표 10.2 실린더 내경-피스톤로드경

실린더 내경(mm)	피스톤 로드경(mm)
8	4
10	4
12	6
16	6
20	8
25	10
32	10, 12
40	12, 16
50	16, 20
63	16, 20
80	20, 25
100	20, 25
125	27, 32

10.1.5 공기유량과 튜브배관의 선정

현재까지 결정된 실린더 치수는 실린더 내경 50 mm, 피스톤로드경 20 mm, 행정거리 1250 mm, 부하율 50%이다.

이 데이터를 이용하여 그림 10.3의 밸브유량과 튜브배관직경 선정 그래프로부터 밸브유량과 튜브배관의 직경을 선정한다. 이 값들을 구하는 방법은 다음과 같다.

이 그래프에서 다이어그램 1로부터 부하율 50%, 속도 0.625 m/s의 교점을 구하여 우측으로 수평선을 긋고 다이어그램 2에서 실린더 직경 50 mm의 특성곡선과의 교점을 구한 후 수직선을 긋는다.

다이어그램 4에서 밸브유량은 앞에서 그린 수직선의 값보다 큰 750 l/min로 구해지며, 그 수직선과 750 l/min의 특성곡선과의 교점으로부터 좌측으로 수평선을 그어 다이어그램 3에서 배관길이 1.25 m의 선과의 교점으로부터 배관은 12×2 mm(외경×두께)로 결정된다.

이 공기압용 튜브배관으로 하는 경우에 튜브배관의 길이는 1~2 m까지 사용할 수 있다. 즉 실린더 1개당 결정된 값을 정리하면 다음과 같다.

- **밸브유량** : 750 l/min(실린더 1개당)
- **튜브배관직경** : $\phi 12 \times 2$ (mm)
- 튜브배관직경에 따른 실린더 1개당 적정 튜브배관길이 : 1~2 m이다.

실린더 1개당 소요 공기유량을 계산적으로 구해보면 식 (1.45)로부터 다음과 같다.

$$Q = \frac{\pi}{4} D^2 V \times \frac{p + 0.1013}{0.1013} \times 60 \ [\mathrm{m^3/min}]$$
$$= \frac{\pi}{4} \times 0.05^2 \times 0.625 \times \frac{0.6 + 0.1013}{0.1013} \times 60 = 0.509\,\mathrm{m^3/min} = 509\ l/\mathrm{min}(ANR)$$

따라서 소요 공기유량보다 큰 유량이 흐를 수 있으므로 선정한 배관 크기는 충분하다. 실린더는 2개를 사용하므로 총 밸브유량은 $750 \times 2 = 1500\,l$/min이며, 총 소요 공기유량은 $509 \times 2 = 1018\,l$/min, 그리고 총 튜브배관길이는 2~4 m이다.

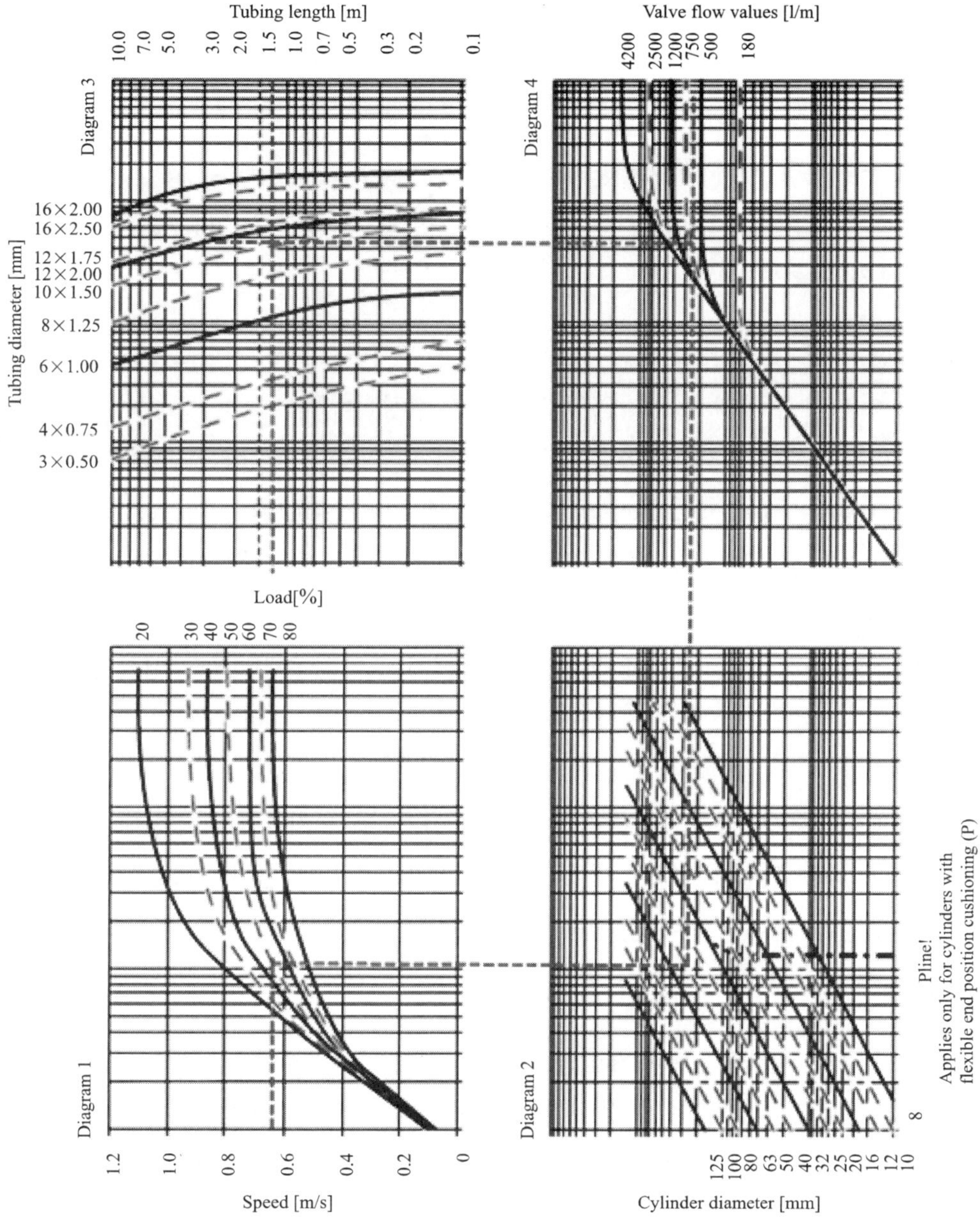

그림 10.3 밸브유량과 튜브배관직경 선정 그래프

10.2 | 물류 이송장치 시스템의 설계

공기압 시스템의 설계수순을 다음과 같이 정리한다.

10.2.1 기기선정의 수순

공기압 시스템의 일반적인 기기선정의 수순은 다음과 같다.

① 실린더의 선정 → ② 순간 공기소비량의 계산 → ③ 방향전환 밸브 및 배관의 선정 → ④ 보기류(補器類)의 선정 → ⑤ 잔압배기밸브 및 조질기기(調質機器)의 선정 → ⑥ 공기압축기의 선정

① 필요한 출력 및 사용할 압축공기의 압력과 부하율로부터 실린더 내경을 결정하고, 동작의 거리에 따라 실린더의 행정거리를 결정한다.
② 실린더경과 행정거리 및 동작시간으로부터 순간 공기소비량을 계산한다.
③ 목표로 하는 제어동작으로부터 방향전환 밸브의 종류(2위치 싱글, 더블, 또는 3위치 등)을 결정하고, 순간 공기소비량으로부터 동작에 필요한 유효단면적을 계산한다. 유효단면적으로부터 밸브의 크기를 결정하고, 밸브가 결정되면 전기적 사양(DC, AC, 배선방식 등), 배관방식(직접배관, 베이스 배관, 매니홀드 배관)을 결정한다. 그리고 순간 공기소비량과 배관거리 및 유효단면적을 고려하여 적절한 배관직경을 선정한다.
④ 속도제어밸브(스피드 콘트롤러), 이음, 소음기 등 보기류를 선정한다.
⑤ 필요에 따라 잔압배기밸브 및 FRL유닛 등의 조질기기를 선정한다.
⑥ 공기압원이 필요한 경우는 평균 공기소비량을 생산할 수 있는 공기압축기를 선정한다.

실린더 선정을 위해서 위의 계산을 통해 결정할 수 있지만, 실용적으로는 제조사가 제시하는 카탈로그의 실린더 선정 그래프 등을 참고하여 결정할 수 있다. 또, 선정한 실린더에 의해 권장되는 방향제어밸브, 속도제어밸브, 배관의 조합도 메이커에서 제시하는 자료가 있다면 대략적인 결정을 할 수 있다.

10.2.2 제어조건과 공기압회로의 설계

표 10.3 제어조건

동작	① 부하를 수직방향으로 상향이송 ② 부하를 수평방향으로 수평이송 ③ 2개의 실린더를 동시에 원위치로 복귀 시퀀스 : $A+B+$동시$(A-B-)$
부하중량	200 N (20 kg)
행정거리(stroke)	상향이송 : 100 mm, 수평이송 : 125 mm
시간	상향이송 : 2 sec, 수평이송 : 2.5 sec
동작의 빈도	각각 6회왕복/min
사용 공기압력	0.6 MPa
급유·무급유	무급유
제어	공압제어 회로

(1) 시스템의 구성

제어조건(표 10.3)을 갖는 시스템 구성은 그림 10.4와 같으며, 공기압회로의 설계를 한다.

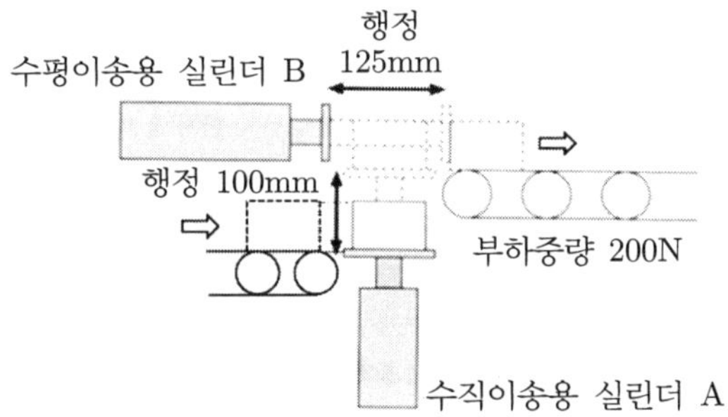

그림 10.4 물류 이송장치 시스템

(2) 회로의 구성 설계

① 어느 동작도 직선동작이므로 액추에이터의 종류는 공압 실린더이다.

② 공압회로는 일반적인 미터아웃 방식의 속도제어회로로 한다.

③ 수평이송용 실린더 B는 편 솔레노이드 방향제어 밸브(브레이크 붙임)로 한다.

④ 수직이송용 실린더 A의 동작은, 제어계의 트러블 발생을 고려하여 양 솔레노이드

방향제어밸브에 의해 수행한다. 수평이송용 및 수직이송용 실린더 각각의 방향제어밸브는 베이스 배관방식으로 한다.

⑤ 이송의 스트로크가 짧으므로 실린더의 중간정지는 고려하지 않는다.

⑥ 작업종료 후에는 잔압배기를 위해 입구에 잔압배기밸브를 설치한다.

이상을 고려한 회로 예를 그림 10.5에, 동작의 타임차트를 그림 10.6에 표시한다.

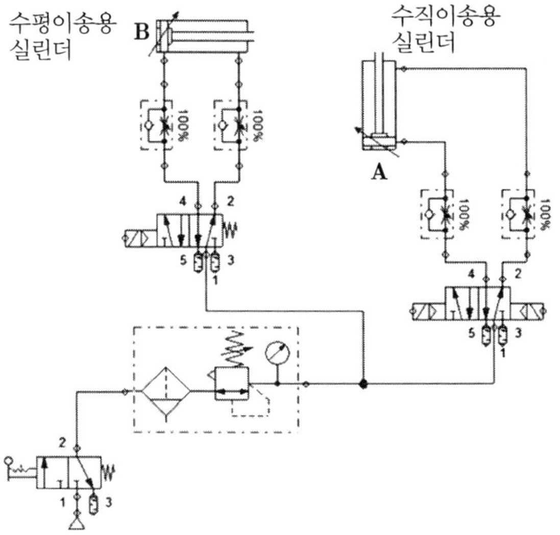

그림 10.5 회로도

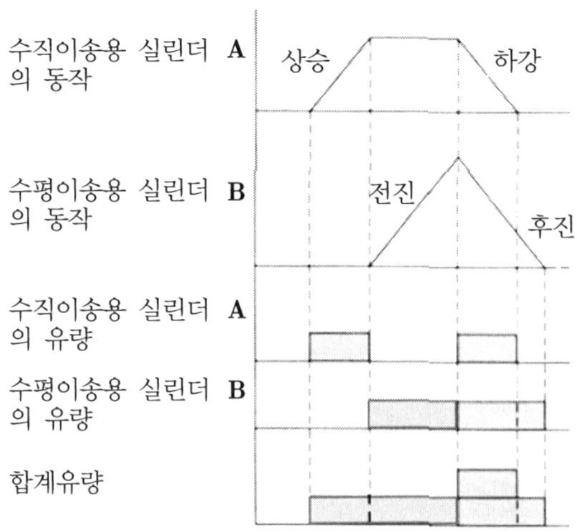

그림 10.6 타임차트

10.2.3 제어기기의 선정

(1) 실린더의 선정

우선 실린더 내경을 결정한다. 수평방향 및 수직방향의 어느 실린더도 부하율 η를 0.5로 하여 이론추력을 계산한다.

실린더의 이론추력 $F = 200\,\mathrm{N}/0.5 = 400\,\mathrm{N}$이 된다. 또 사용 공기압력은 0.6 MPa이므로 실린더에 필요한 단면적 $A = F/p = 400\,\mathrm{N}/0.6\,\mathrm{MPa} = 666.7\,\mathrm{mm}^2$이 되고, 따라서 실린더 내경은 다음과 같이 계산할 수 있다.

$$\frac{\pi}{4}D^2 = 666.7\,\mathrm{mm}^2$$

$$\therefore \; D = \sqrt{\frac{4 \times 666.7}{\pi}} = 29.14\,\mathrm{mm}$$

표 3.2의 표준 실린더의 크기 $\phi 29.14\,\mathrm{mm}$ 이상에서 가장 가까운 것을 선택하면 $\phi 32\,\mathrm{mm}$이다.

피스톤로드 직경은 좌굴하중에 대한 검토를 하여 선정한다. 즉 부하율 50%를 적용하여 행정거리 125 mm, 400 N의 좌굴하중에 견딜 수 있는 피스톤로드직경은 그림 10.7의 좌굴하중선도(본문에서는 그림 3.9b)로부터 8 mm 이상이면 된다. 따라서 표준 실린더를 사용하는 경우 표 3.2로부터 실린더경 32 mm, 피스톤로드경 10 mm로 결정한다.

따라서 각 실린더의 크기(실린더 내경 × 피스톤로드경 × 행정길이)는 다음과 같이 선정한다.

수직이송용 실린더 : $\phi 32 \times \phi 10 \times 100\,st$ [mm]

수평이송용 실린더 : $\phi 32 \times \phi 10 \times 125\,st$ [mm]

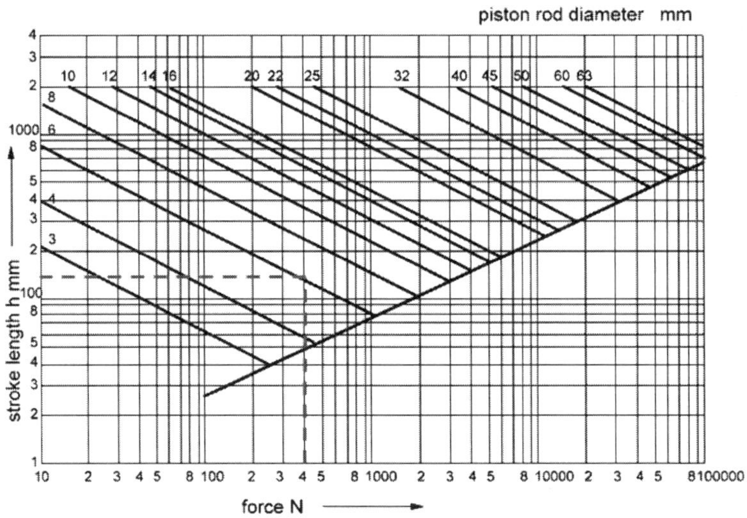

그림 10.7 피스톤로드의 좌굴하중 선도

(2) 순간 공기소비량의 계산

동작 제어조건으로부터 실린더는 행정거리 100 mm, 125 mm를 각각 2 sec 및 2.5 sec로 동작한다. 따라서 평균속도는 수직 및 수평 실린더가 모두 $v = 50\,\mathrm{mm/s}$ 로 된다.

그런데 실제 실린더의 동작이 시작 시에는 느리고, 그 후 서서히 가속하면서 행정말(스트로크엔드)에 도달한다. 따라서 스트로크의 종단에서 평균속도의 2배인 속도 $v = 100\,\mathrm{mm/s}$ 에 달한다고 가정하여, 최대 순간 공기소비량을 계산한다.

식 (1.45)로부터

$$Q_1 = \frac{\pi}{4}D^2 v \times \frac{p + 0.1013}{0.1013} \times 10^{-6} \times 60$$

$$= \frac{\pi}{4} \times 32^2 \times 100 \times \frac{0.6 + 0.1013}{0.1013} \times 10^{-6} \times 60 = 33.4\,l/\mathrm{min}(ANR) \rightarrow$$

$$35\,l/\mathrm{min}(ANR)$$

이 되며, 각각의 실린더에는 최대치로서 순간적으로 약 $35\,l/\mathrm{min}(ANR)$의 공기가 흐른다고 계산된다. 따라서 두 개의 실린더에 대한 최대 순간 공기소비량은 $35 \times 2 = 70\,l/\mathrm{min}(ANR)$이 된다.

(3) 방향제어밸브 및 배관의 선정

각 실린더에 대한 방향제어밸브 및 배관의 사이즈(유효단면적)를 결정한다. 우선, 위에서 한 실린더당 계산한 순간공기소비량 $35\,l/\text{min}(ANR)$를 흐르게 하기 위해 필요한 합성유효단면적을 구한다.

2차측 압력손실의 허용치를 사용공기압력인 $p_1 = 0.6\,\text{MPa}$로부터 10%(0.06 MPa) 강하한 $p_2 = 0.54\,\text{MPa}$로 가정한다. $p_1 < 1.893\,p_2$(아음속)이므로 식 (1.36)으로부터 공기의 온도는 20℃라고 하면

$$Q = 226S\sqrt{(p_1 - p_2)p_2} \times \sqrt{\frac{273.15}{T}} \quad [l/\text{min}(ANR)]\text{ 로부터}$$

$$S = \frac{Q}{226\sqrt{(p_1 - p_2)p_2} \times \sqrt{\frac{273.15}{T}}} = \frac{35}{226\sqrt{(0.6 - 0.54)0.54} \times \sqrt{\frac{273.15}{293.15}}}$$

$$= 0.891\,\text{mm}^2 \rightarrow 0.9\,\text{mm}^2$$

따라서 사용하는 기기를 직렬 접속한 합성유효단면적이 $0.9\,\text{mm}^2$ 이상이 되도록 기기를 선정한다.

그림 10.5의 회로도로부터, 한 실린더에 스피드 콘트롤러(속도제어밸브), 배관, 방향제어밸브, 소음기 2개의 기기가 직렬접속으로 된다. 따라서 각각의 기기의 유효단면적은 $0.9\,\text{mm}^2$의 2배인 대략 $1.8\,\text{mm}^2$ 이상의 것을 선정하고, 최종적으로는 스피드 콘트롤러에서 스트로크 시간에 맞추어 조정하면 된다.

이 시스템에서는 앞에서 설명한 대로 베이스 배관형으로서 다음과 같이 선정한다.

수직이송용 실린더 : 5포트 2위치 양 솔레노이드 방향 제어밸브

수평이송용 실린더 : 5포트 2위치 편 솔레노이드 방향제어밸브

배관은 접속이나 다루기가 간단한 수지형 튜브를 사용한다. 재질은 나일론, 폴리우레탄, 소프트 나일론 등이 있다. 재질에 따라서 내압이나 최소 곡률반경 등이 다르므로 사용환경에 맞는 적절한 것을 선택한다.

필요한 튜브 길이는, 어느 것도 2 m로 한다. 그림 10.8에 나타내는 배관 길이와 유효단면적의 그래프로부터 내경 2.5 mm보다 크면 되므로 내경 3 mm 이상의 튜브를 선정한다. 따라서 표 6.2로부터 표준튜브로 하면 다음과 같이 선정한다.

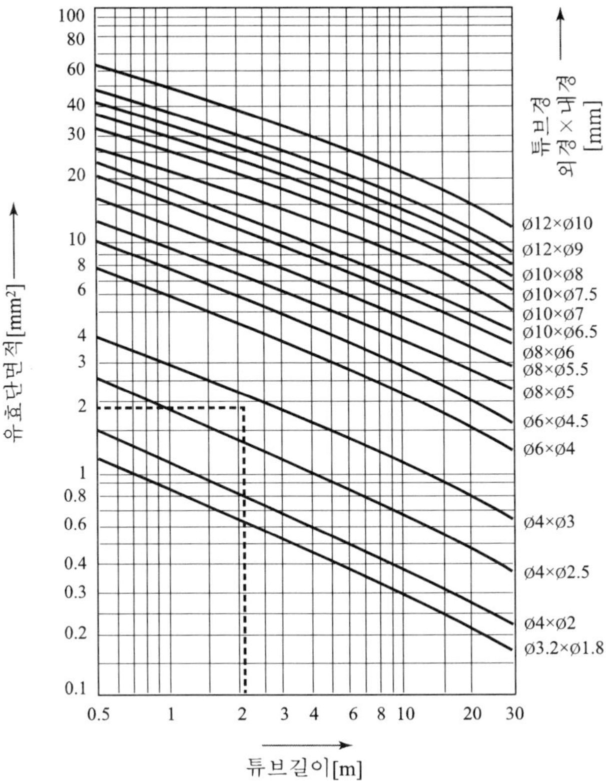

그림 10.8 튜브의 유효단면적

튜브배관(외경×내경) $= \phi 6 \times \phi 4\,\mathrm{mm}$(호칭 6)튜브

(4) 보기류의 선정

속도제어밸브(스피드 콘트롤러), 밸브에 장착시키는 소음기 등의 보기류를 선정한다.

① 속도제어밸브는 인 라인형과 포트 직결형이 있다. 포트 직결형의 경우는 사용하는 실린더의 접속 포트경과 튜브경 및 속도제어밸브의 유량특성으로부터 선정한다. 포트경은 M3, M5(밀리 사이즈) 및 1/8, 1/4, 3/8, 1/2, 3/4, 1(인치 사이즈) 등이 있는데, 실린더의 사이즈에 따라 대략 결정한다. $\phi 32\,\mathrm{mm}$의 실린더라면 1/8 인치 사이즈 정도가 일반적이다.
제조사에서 제시하는 속도제어밸브(스피드 콘트롤러)의 유량특성은 일반적으로 그래프로 나타낸다. 예로서, 1/8포트(실린더측)-$\phi 3$원터치 관이음(튜브측) 속도제어밸브(스피드 콘트롤러)의 유량특성을 나타내는 그래프를 그림 10.9에 나타낸다.

그래프는 횡축이 니들회전수, 종축에 유량 및 유효단면적으로 표시되어 있다.

그래프에 표시하는 니들회전수가 8회 이상의 선의 경사가 급한 부분은, 니들회전수에 대하여 유량이 급격히 변화하는 것을 나타내며, 유량조정이 곤란하게 된다. 따라서 실용상 유량조정범위는 그림의 점선으로 둘러싸인 부근으로 된다. 이 경우는, 각각의 실린더의 순간유량이 $35\,l/\text{min}(ANR)$이었으므로, 이 스피드 콘트롤러는 유량조정범위도 적절하다.

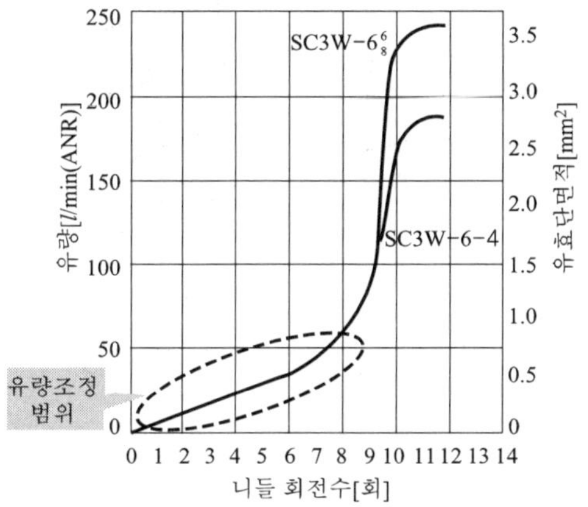

그림 10.9 속도제어밸브(스피드 콘트롤러)의 유량특성

② 소음기는 방향변환부의 포트경에 맞추어 선정한다. 앞에서 선정한 유효단면적 $2\,\text{mm}^2$ 정도($1.8\,\text{mm}^2$ 이상)의 방향제어밸브라면 포트경은 1/8인치 사이즈 정도가 일반적이다. 1/8 사이즈의 소음기에서는 그 유효단면적은 $5\sim10\,\text{mm}^2$ 정도로 된다.($(\pi/4)(25.4/8)^2 = 7.9\,\text{mm}^2$이므로)

(5) 조질기기, 잔압배기밸브의 선정

조질기기는 순간공기소비량을 고려하여 선정한다.

① FRL유닛(감압밸브 포함)

FRL유닛(감압밸브 포함)은 무급유기기를 사용하므로 윤활기는 필요 없다. 따라서 그림 10.5에 표시한 바와 같이 릴리프 기능 붙임 FRL유닛을 사용하기로 한다.

또 그림 10.6에 나타낸 타임차트 및 이 시스템의 "순간 공기소비량의 계산"의 항(② 항)으로부터, 조질기기에는 최대 순간 공기소비량 $35\,l/\text{min}(ANR)$(즉 입력용 배선과

출력용 배선)의 공기가 흐른다고 생각하여 기기를 선정한다.

예로서, 선정한 FRL유닛(감압밸브)의 유량특성을 그림 10.10에 나타낸다. 이 기기의 특성선도 상에서 최대 순간공기소비량인 $35l/\min(ANR)$을 유동시키는 경우, 0.6MPa에 대한 2차측 압력에 10% 이상의 압력강하는 일어나지 않는다.

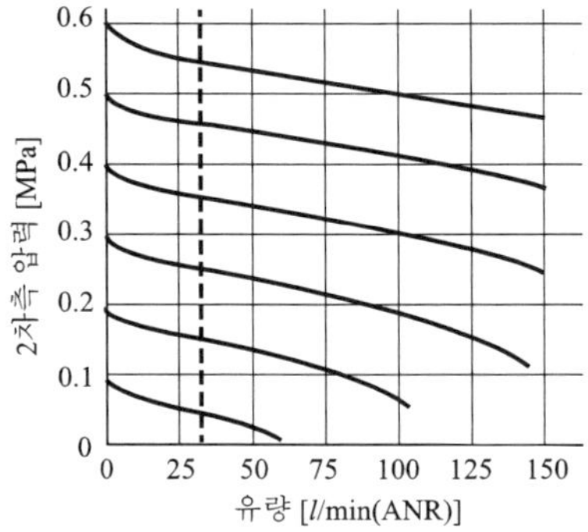

그림 10.10 FRL유닛의 유량특성

② 잔압배기밸브

잔압배기밸브도 마찬가지로, 순간공기소비량과 유효단면적을 고려하여 선정한다.

(6) 공기압축기의 선정

최후에 공기압축기 선정의 목표가 되는 평균공기소비량을 계산한다. 선정한 실린더는 수직이송용 실린더 $\phi 32 \times \phi 10 \times 100\,st\,[\text{mm}]$ 및 수평이송용 실린더 $\phi 32 \times \phi 10 \times 125\,st\,[\text{mm}]$, 사용공기압력은 0.6MPa, 동작횟수는 1분당 6회 왕복하므로 식 (1.47), (1.48)로부터 각 실린더의 평균공기소비량을 계산한다.

① 수직이송용 실린더의 평균공기소비량

$$Q_{m1} = \frac{\pi}{4} D^2 L \frac{p + 0.1013}{0.1013} \times 10^{-6} n$$

$$= \frac{\pi}{4} 32^2 \times 100 \times \frac{0.6 + 0.1013}{0.1013} \times 10^{-6} \times 6 = 3.34\,l/\min(ANR)$$

$$Q_{m2} = \frac{\pi}{4} (D^2 - d^2) L \frac{p + 0.1013}{0.1013} \times 10^{-6} n$$

$$= \frac{\pi}{4}(32^2 - 10^2) \times 100 \times \frac{0.6 + 0.1013}{0.1013} \times 10^{-6} \times 6 = 3.013\,l/\mathrm{min}(ANR)$$

$$Q_m = Q_{m1} + Q_{m2} = 3.34 + 3.013 = 6.353\,l/\mathrm{min}(ANR)$$

② 수평이송용 실린더의 평균공기소비량

$$Q_{m1} = \frac{\pi}{4}D^2 L \frac{p + 0.1013}{0.1013} \times 10^{-6} n$$

$$= \frac{\pi}{4}32^2 \times 125 \times \frac{0.6 + 0.1013}{0.1013} \times 10^{-6} \times 6 = 4.174\,l/\mathrm{min}(ANR)$$

$$Q_{m2} = \frac{\pi}{4}(D^2 - d^2) L \frac{p + 0.1013}{0.1013} \times 10^{-6} n$$

$$= \frac{\pi}{4}(32^2 - 10^2) \times 125 \times \frac{0.6 + 0.1013}{0.1013} \times 10^{-6} \times 6 = 3.766\,l/\mathrm{min}(ANR)$$

$$Q_m = Q_{m1} + Q_{m2} = 4.174 + 3.766 = 7.94\,l/\mathrm{min}(ANR)$$

③ 합계

$$6.353 + 7.94 = 14.293\,l/\mathrm{min}(ANR)$$

이 결과에 누기 및 안정성을 위해 여유를 주어, 약 2배인 $30\,l/\mathrm{min}(ANR)$로 한다.

평균 공기소비량 $30\,l/\mathrm{min}(ANR)$을 기준으로 할 때 표 2.1로부터 작동압력 0.6MPa보다 0.1MPa만큼 높은 0.7MPa의 $32\,l/\mathrm{min}(ANR)$의 압축공기를 생산할 수 있는 1단, 0.4kW의 공기압축기로 선정한다.

10.2.4 기기선정 목록 및 회로도

이상, 기기의 선정에 대해서 설명하였다. 그리고 선정한 기기는 표 10.4에 나타내었으며, 선정기기를 표시한 회로도는 그림 10.11에 나타내었다.

여기서는 기본적인 회로구성으로 했지만, 필요에 따라서 수직이송용 실린더의 하강 스트로크 방향, 수평이송용 실린더의 후진방향에 체크밸브 붙임 감압밸브 등을 조합시키면 에너지 절약을 더욱 배려한 회로구성이 된다.

표 10.4 물류 이송장치의 기기 선정 목록

기기명	규 격
① 수직이송용 실린더	$\phi 32 \times \phi 10 \times 100\,st$ [mm], 실린더 리드스위치 장착
② 속도제어밸브	포트직결형 one touch관이음 부착, 1/8포트-ϕ3원터치형
③ 수지튜브	호칭 6의 튜브 외경×내경 $\phi 6 \times \phi 4$mm, 길이 2m×2
④ 방향제어밸브	5/2-way 양 솔레노이드 밸브, 유효단면적 1.8mm^2 이상
⑤ 소음기	1/8인치
⑥ 수평이송용 실린더	$\phi 32 \times \phi 10 \times 125\,st$ [mm], 실린더 리드스위치 장착
⑦ 방향제어밸브	5/2-way 편 솔레노이드 밸브, 유효단면적 1.8mm^2 이상
⑧ FRL유닛	릴리프 붙임 필터-레귤레이터
⑨ 잔압배기밸브	3/2-way밸브(N/C형)
⑩ 공기압축기	왕복식 1단, 0.4kW 공기압축기(0.6MPa)

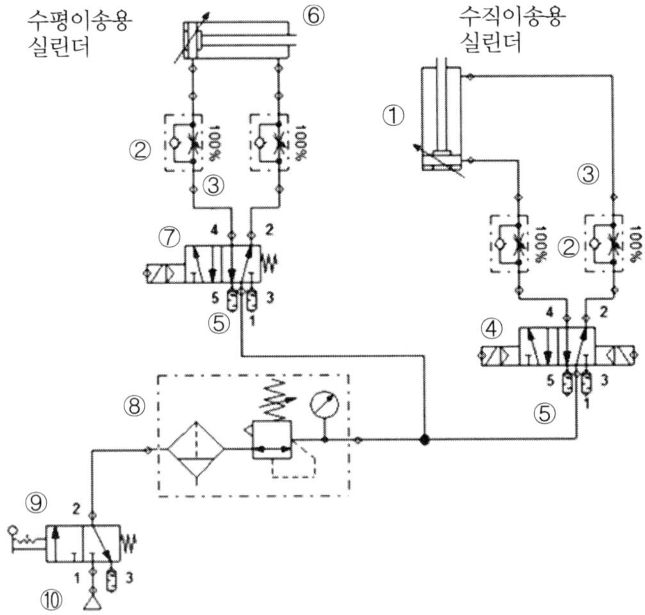

그림 10.11 물류 이송장치 기기구성 회로도

10.3 | 탁상 공기압프레스의 설계

10.3.1 탁상 공기압 프레스 제어설계를 위한 기계 본체의 구조

프레스 본체의 구조는 제작의 용이성, 기계의 강성을 중시하여 4개의 기둥을 갖는 문형구조(그림 10.14 참조)로 하며, 제어조건은 표 10.5에 제시하였다.

10.3.2 프레스용 공작물의 사양과 공기압 실린더의 출력 계산

(1) 굽힘 프레스 시스템

이 설계에서는 그림 10.12에 표시하듯이 V자 굽힘 프레스 시스템으로 한다.

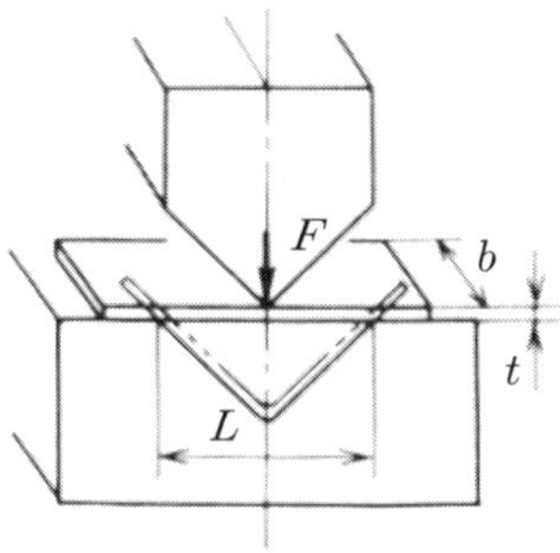

그림 10.12 굽힘 프레스

판 두께 $t = 1.8\,\text{mm}$, 굽힘 길이 $b = 50\,\text{mm}$인 연강판(0.2%C, $\sigma_B = 400\,\text{MPa}$)의 V굽힘 프레싱(90°)을 한다. 이때 V자 다이스(dies)의 폭 L은 판 두께의 15배, 곡률반경(펀치 선단의 반경)은 판 두께의 1.2배로 한다.

(2) 실린더의 출력

판재의 V자 굽힘 프레싱을 하는 경우에 필요한 힘은 다음 식에서 구할 수 있다.

$$F = \frac{k_1 b t^2 \sigma_B}{L} \tag{10.1}$$

여기서 F : V자 굽힘에 필요한 힘 [N], t : 재료의 판 두께 [mm]
k_1 : 수정계수(그림 10.13), L : V 다이스의 폭 [mm]
b : 재료의 굽힘 길이 [mm], σ_B : 재료의 인장강도 [MPa]

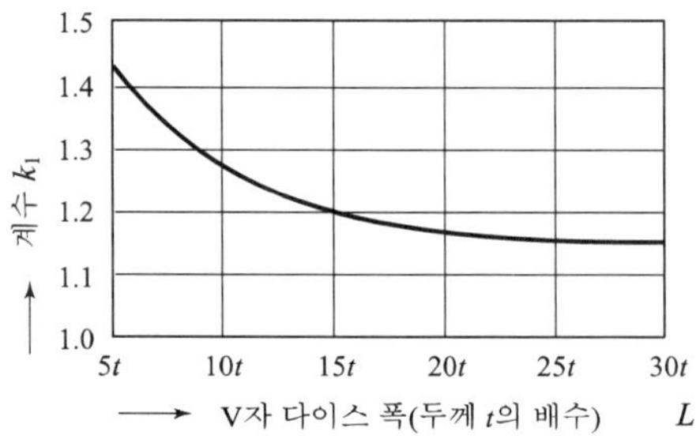

그림 10.13 수정계수 k_1

다이스 폭 $L = 1.8 \times 15 = 27\,\text{mm}$, 그림 10.13으로부터 k_1=1.2이며, 이들을 식 (10.1)에 대입하면 프레싱에 필요한 힘은 다음과 같다.

$$F = \frac{k_1 b t^2 \sigma_B}{L} = \frac{1.2 \times 50 \times 1.8^2 \times 400}{27} = 2880\,\text{N} \rightarrow 3000\,\text{N}$$

10.3.3 탁상 공기압 프레스 제어설계의 구상

그림 10.14에 나타낸 탁상 공기압 프레스에서 가공물의 장착 및 탈착은 수동으로 하며, 그 외의 작동을 수행하는 프레스용 실린더와 클램프용 실린더의 종단에는, 그 작동이 행해지는 것을 확실하게 스위치로 검출하고, 그 전기신호에 따라서 실린더 작동의 시퀀스 제어를 하는 것으로 한다.

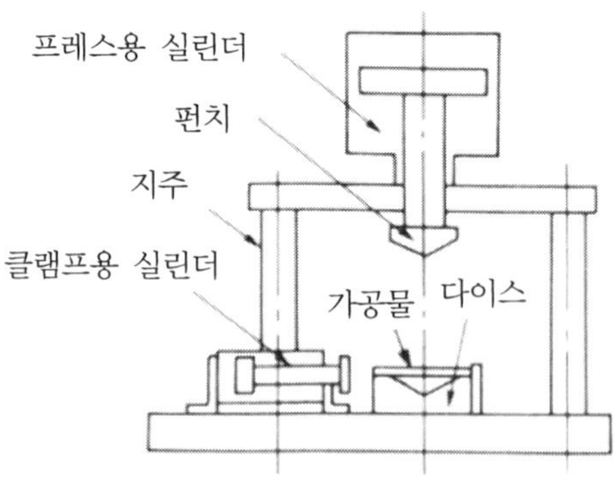

그림 10.14 탁상 공기압 프레스의 시스템

(1) 제어조건

① 공작물을 수동으로 프레스 다이스(dies)에 장착하고, start용 양손 푸시버튼 스위

치를 누른다. 이때 공작물을 장착하는 데 걸리는 시간은 3초로 한다.

② 클램프용 실린더(A)가 전진하여 공작물을 클램핑 한다. 행정거리(스트로크) 50 mm, 소요시간을 1초로 한다.

③ 프레스용 실린더(B)가 하강(전진)하여 공작물을 프레싱(V자 굽힘)한다. 행정거리 80 mm, 소요시간을 1초로 한다.

④ 가공물의 프레싱 종료 후 프레스용 실린더는 상승(후진)한다. 1스트로크의 소요시간을 0.5초로 한다.

⑤ 클램프용 실린더가 후진한다. 1스트로크의 소요시간을 0.5초로 한다.

⑥ 공작물을 다이스로부터 수동으로 탈착시킨다.

⑦ 작동 시퀀스는 $A+B+B-A-$이다.

(2) 공기압 프레스의 설계사양

프레스용 실린더의 출력(추력)을 3000 N으로 하고, 클램프용 실린더로 공작물을 죄는 데 필요한 힘을 500 N으로 한다. 또 사용 공기압력을 0.7 MPa로 하여 설계사양을 표 10.5와 같이 한다.

이 설계사양을 기초로 양 실린더의 행정거리, 작동시간, 속도의 관계를 표시하는 타임차트는 그림 10.15와 같이 된다.

표 10.5 탁상 공기압 프레스의 설계사양

항목	클램프용 실린더(A)	프레스용 실린더(B)
실린더 출력(추력)	$F_1 = 500\,\text{N}$	$F_2 = 3000\,\text{N}$
실린더 속도	전진 시 $V_{11} = 50\,\text{mm/s}$ ($t_{11} = 1\,\text{sec}$)	전진(하강) 시 $V_{21} = 80\,\text{mm/s}$ ($t_{21} = 1\,\text{sec}$)
	후진 시 $V_{12} = 100\,\text{mm/s}$ ($t_{12} = 0.5\,\text{sec}$)	후진(상승) 시 $V_{22} = 160\,\text{mm/s}$ ($t_{22} = 0.5\,\text{sec}$)
실린더 행정거리	$s_1 = 50\,\text{mm}$	$s_2 = 80\,\text{mm}$
사용 공기압력	$p = 0.7\,\text{MPa}$	

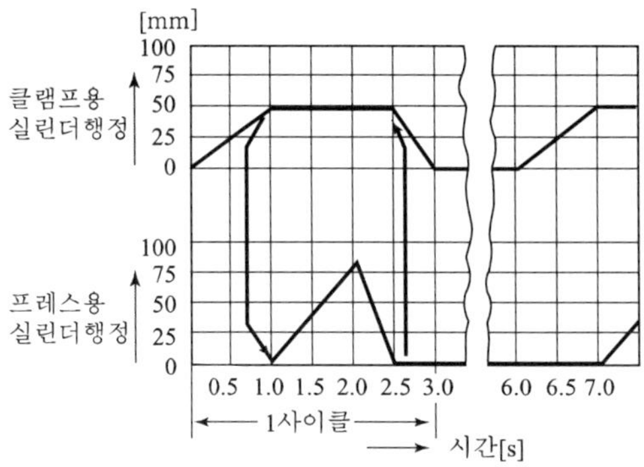

그림 10.15 타임차트

10.3.4 공압 기기(空氣壓 機器)의 선정

(1) 공압 실린더의 선정

공압 실린더의 추력과 실린더 내경, 사용공기압력, 실린더의 추력효율(부하율) 사이의 관계는 식 (3.2)와 같으며, 그 식으로부터 실린더 내경은 다음과 같이 구할 수 있다.

$$F = \frac{\pi}{4} D^2 p\eta$$

$$\therefore \; D = \sqrt{\frac{4F}{\pi\eta p}} \tag{10.2}$$

여기서 F : 압출측 실린더 출력(전진 시의 출력) [N], D : 실린더 내경 [mm]
p : 사용공기압력 [MPa], η : 실린더의 부하율(추진효율)

따라서 클램프용 실린더와 프레스용 실린더의 크기를 다음과 같이 선정한다.

① 클램프용 실린더는 $F_1 = 500\,\text{N}$, 부하율 $\eta = 0.8$로 하고 식 (10.2)를 이용하여 실린더 내경을 구하면

$$D_1 = \sqrt{\frac{4F_1}{\pi\eta p}} = \sqrt{\frac{4 \times 500}{\pi \times 0.8 \times 0.7}} = 33.73\,\text{mm} \rightarrow 40\,\text{mm}$$

따라서 표 3.3으로부터 실린더 내경 $D_1 = 40\,\text{mm}$, 피스톤로드경 $d_1 = 12\,\text{mm}$로 한다.

② 프레스용 실린더는 $F_2 = 3000\,\text{N}$, 부하율 $\eta = 0.8$로 하고 식 (10.2)를 이용하여 실

린더 내경을 구하면 다음과 같다.

$$D_2 = \sqrt{\frac{4F_2}{\pi\eta p}} = \sqrt{\frac{4\times3000}{\pi\times0.8\times0.7}} = 82.6\,\text{mm} \rightarrow 100\,\text{mm}$$

따라서 표 3.3으로부터 표준 실린더를 선정하여 실린더 내경 $D_2 = 100\,\text{mm}$, 피스톤로드경 $d_2 = 20\,\text{mm}$로 한다.

(2) 방향제어밸브(전자밸브)의 선정

방향제어밸브(전자밸브)를 선정하기 위해 실린더 부분의 소요공기량과 배관부분의 소요공기량을 계산한다.

① 클램프용 실린더라인 방향제어밸브의 선정

실린더 내경 $D_1 = 40\,\text{mm}$, 행정거리 $s_1 = 50\,\text{mm}$의 클램프용 실린더가 최대속도 $s_1/t_{12} = 50/0.5 = 100\,\text{mm/s}$로 작동한다고 생각하여 클램프용 실린더의 소요공기량을 구하면 다음과 같다.

$$\begin{aligned} Q_1 &= 60\times\frac{\pi}{4}D_1^2\times\frac{s_1}{t_{12}}\times\frac{p+0.1013}{0.1013}\times10^{-6} \\ &= 60\times\frac{\pi}{4}40^2\times100\times\frac{0.7+0.1013}{0.1013}\times10^{-6} = 59.61\,l/\min(ANR) \end{aligned}$$

클램프 실린더라인 튜브배관부분(길이 $l = 2\text{m}$)의 소요공기량을 구하기 위해 그 배관의 유효단면적을 구한다.

2차측 압력손실의 허용치를 사용 공기압력인 0.7 MPa로부터 10%(0.07 MPa) 강하한 0.63 MPa로 가정한다. $p_1 < 1.893\,p_2$(아음속)이므로 공기온도를 20℃라 할 때 식 (1.36)으로부터 유효단면적은 다음과 같이 구한다.

$$Q = 226S\sqrt{(p_1-p_2)p_2}\times\sqrt{\frac{273.15}{T}}\quad[l/\min(ANR)]$$

$$S = \frac{Q}{226\sqrt{(p_1-p_2)p_2}\times\sqrt{\frac{273.15}{T}}}$$

$$= \frac{59.61}{226\sqrt{(0.7-0.63)0.63} \times \sqrt{\frac{273.15}{293.15}}}$$

$$= 1.3\,\text{mm}^2$$

그림 10.16에 나타내는 "튜브길이-유효단면적"의 그래프로부터 여유를 두어 내경 $d_p = 3\,\text{mm}$ 이상의 튜브를 선정한다. 표준 튜브로서(표 6.2) 폴리아미드 호칭 6인 외경 × 내경 $= 6 \times 4\,\text{mm}$를 선택하여 튜브 내경 $d_{p1} = 4\,\text{mm}$로 선정한다.

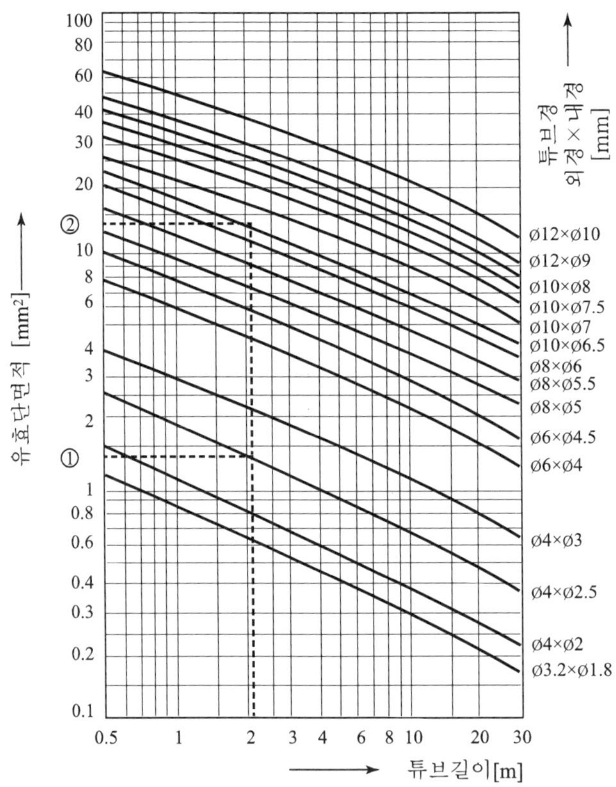

그림 10.16 튜브의 유효단면적

따라서 이 클램프 실린더라인 튜브배관을 흐르는 공기량은 다음과 같이 구하며

$$Q_{p1} = 60 \times \frac{\pi}{4} d_{p1}^2 \frac{l}{t_{12}} \times \frac{p}{0.1013} \times 10^{-6}$$

$$= 60 \times \frac{\pi}{4} \times 4^2 \times \frac{2000}{0.5} \times \frac{0.7}{0.1013} \times 10^{-6} = 20.83\,l/\text{min}\,(ANR)$$

따라서 클램프용 실린더 및 배관의 소요공기량 Q_{1total} 는

$$Q_{1total} = Q_1 + Q_{p1} = 59.61 + 20.83 = 80.44\, l/\min(ANR)$$

제조사가 제시하는 방향제어밸브(전자밸브)에 대한 카탈로그상의 유량특성이 예로서 그림 10.17과 같다고 하면, $80.44\, l/\min(ANR)$의 유량에서 압력강하가 사용압력 0.7 MPa의 10%인 0.07 MPa 이하가 되므로 이 전자밸브를 선택하면 된다.

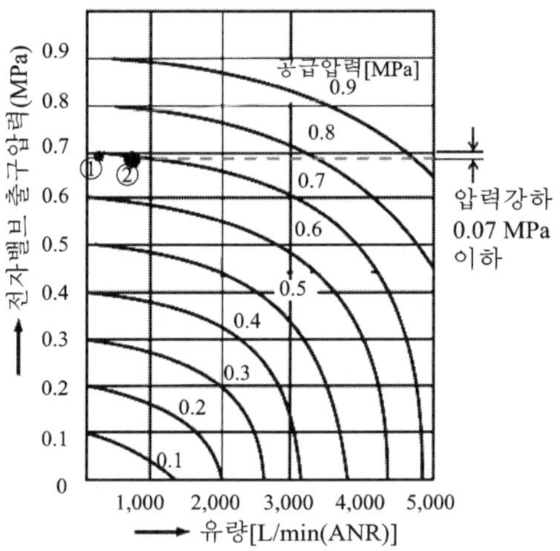

그림 10.17 전자밸브(방향제어밸브)의 유량특성 예

② 프레스용 실린더라인 방향제어밸브의 선정

실린더 내경 $D_2 = 100\,\text{mm}$, 행정거리 $s_2 = 80\,\text{mm}$의 클램프용(프레스용) 실린더가 최대속도 $s_2/t_{22} = 80/0.5 = 160\,\text{mm/s}$로 작동한다고 생각하여 소요공기량을 구하면 다음과 같다.

$$Q_2 = 60 \times \frac{\pi}{4} {D_2}^2 \times \frac{s_2}{t_{22}} \times \frac{p + 0.1013}{0.1013} \times 10^{-6}$$

$$= 60 \times \frac{\pi}{4} 100^2 \times 160 \times \frac{0.7 + 0.1013}{0.1013} \times 10^{-6} = 596.11\, l/\min(ANR)$$

프레스용 실린더라인 튜브배관 부분(길이 $l = 2\,\text{m}$)의 소요공기량을 구하기 위해 배관의 유효단면적을 구한다.

2차측 압력손실의 허용치를 사용 공기압력인 0.7 MPa로부터 10%(0.07 MPa) 강하한

0.63 MPa로 가정한다. $p_1 < 1.893 p_2$(아음속)이므로 식 (1.36)으로부터 유효단면적은 다음과 같이 구한다.

$$Q = 226 S \sqrt{(p_1 - p_2)p_2} \times \sqrt{\frac{273.15}{T}} \quad [l/\min(ANR)]$$

$$\therefore \; S = \frac{Q}{226\sqrt{(p_1 - p_2)p_2} \times \sqrt{\frac{273.15}{T}}}$$

$$= \frac{596.11}{226\sqrt{(0.7 - 0.63)0.63} \times \sqrt{\frac{273.15}{293.15}}}$$

$$= 13.012\,\text{mm}^2$$

튜브(배관)의 내경을 구하기 위해 그림 10.16에 나타내는 "튜브길이-유효단면적" 그래프로부터 배관(튜브) 길이 2 m와 유효단면적 13.012 mm^2의 조건에서 튜브 내경 $d_{p2} = 6.5\,\text{mm}$ 이상의 튜브를 선정하면 된다. 따라서 표 6.2를 참조하여 폴리아미드 튜브(나일론 튜브)의 호칭 10인 외경×내경= $10\,\text{mm} \times 7.5\,\text{mm}$로 선정하여 튜브내경 $d_{p2} = 7.5\,\text{mm}$로 선정할 수 있다.

따라서 프레스용 실린더라인 배관(튜브)을 흐르는 공기량은 식 (1.51)을 변형시킨 다음 식에서 구한다.

$$Q_{p2} = 60 \times \frac{\pi}{4} d_{p2}^2 \frac{l}{t_{22}} \times \frac{p}{0.1013} \times 10^{-6}$$

$$= 60 \times \frac{\pi}{4} \times 7.5^2 \times \frac{2000}{0.5} \times \frac{0.7}{0.1013} \times 10^{-6} = 73.23\, l/mim(ANR)$$

따라서 프레스용 실린더 및 그 라인 튜브배관의 전 소요공기량 Q_{2total}는 다음과 같다.

$$Q_{2total} = Q_2 + Q_{p2} = 596.11 + 73.23 = 669.34\, l/\min(ANR)$$

제조사가 제시하는 방향제어밸브(전자밸브)에 대한 카탈로그상의 유량특성이 예로서 그림 10.17과 같다고 하면, $669.34\, l/\min(ANR)$의 유량에서 압력강하가 사용압력 0.7 MPa의 10%인 0.07 MPa 이하가 되므로 프레스용 실린더에 사용하는 전자밸브도 이 전자밸브를 선택하면 된다.

여기서 클램프용 실린더라인의 튜브 배관경도 프레스용 실린더라인과 동일한 배관경으로 사용한다면 튜브길이가 2 m로서 동일하므로 튜브를 흐르는 공기량이

$73.23\,l/\min(ANR)$이 되어 클램프용 실린더라인의 소요공기량은 $59.61 + 73.23 = 132.84\,l/\min(ANR)$이 된다.

따라서 그림 10.17의 데이터에서 0.7 MPa의 압력강하가 10% 미만이므로 이 경우에도 이 밸브를 선택할 수 있다. 그러므로 시스템의 모든 튜브 배관경을 7.5 mm로 선정해도 문제가 없다.

(3) 공기압 조정 유닛(FRL유닛)의 선정

① 최대 소요공기량의 계산

두 개의 실린더 부분에 필요한 최대 소요공기량을 구한다.

클램프용 실린더와 그 튜브배관에 필요한 최대 소요공기량은 $80.44\,l/\min(ANR)$이며, 프레스용 실린더와 그의 튜브배관에 필요한 최대 소요공기량은 전 항에서 구한 바와 같이 $669.34\,l/\min(ANR)$이므로 이 시스템에 필요한 최대 소요공기량은 다음과 같다.

$$80.44 + 669.34 = 749.78\,l/\min(ANR)$$

실제로는 여유를 두어 1.5배로 하면 $Q_{\max} = 1.5 \times 749.78 = 1124.67\,l/\min(ANR)$을 최대 소요공기량으로 설정한다.

② FRL유닛(감압밸브)의 선정

$Q_{\max} = 1124.67\,l/\min(ANR)$을 기초로 하여, 제조사가 제시하는 카탈로그로부터 기종을 선정한다. 예를 들면 그림 10.18과 같이 압력강하가 사용압력의 10%(0.07 MPa) 이하가 되는 용량을 갖는다면 이 기종을 선정한다.

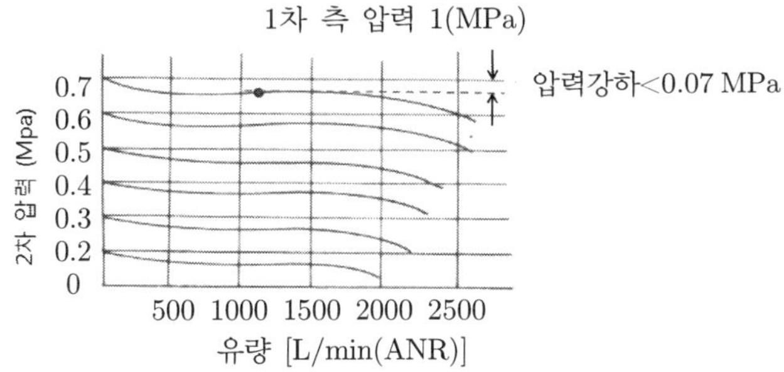

그림 10.18 FRL유닛의 유량 특성 예

(4) 속도제어밸브(스피드 콘트롤러)의 선정

① 클램프용 실린더에 사용하는 속도제어밸브의 선정

클램프용 실린더에 필요한 최대 공기유량은 80.44 l/min(ANR)이다. 50%의 여유를 가산하면 $80.44 \times 1.5 = 120.66$ l/min(ANR)의 공기유량을 제어할 수 있는 속도제어밸브를 선정하기로 한다.

사용압력 0.7 MPa, 속도조절밸브의 조절나사(니들)를 회전했을 때의 제어유량이 0 ~ 120 l/min(ANR)의 범위에서 직선적으로 증가해 가는 특성을 갖는 기종을 제조사의 카탈로그로부터 선택한다.

그림 10.19는 제조사에서 제시한 속도제어밸브의 예이며, 이것은 상기한 조건을 만족하므로 선택할 수 있다.

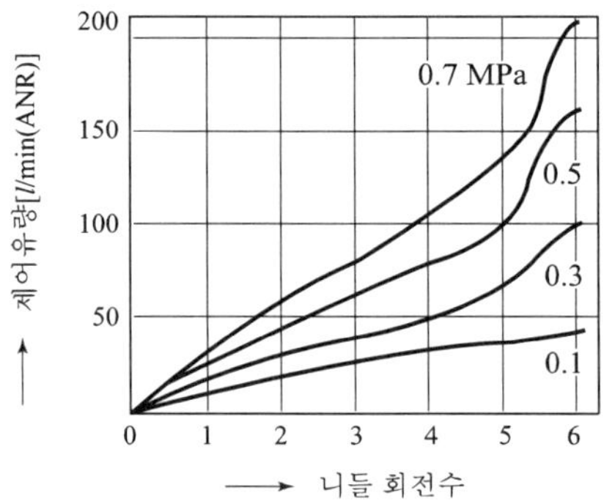

그림 10.19 속도제어밸브의 유량특성 예(a)

② 프레스용 실린더에 사용하는 속도제어밸브의 선정

프레스용 실린더에 필요한 최대 공기유량은 669.34 l/min(ANR)이다. 50%의 여유를 가산하면 $669.34 \times 1.5 = 1004$ l/min(ANR)의 공기유량을 제어할 수 있는 속도제어밸브를 선정하기로 한다.

사용압력 0.7 MPa, 속도조절밸브의 조절나사(니들)를 회전했을 때의 제어유량이 0 ~ 1000 l/min(ANR)의 범위에서 직선적으로 증가해 가는 특성을 갖는 기종을 제조사의 카탈로그로부터 선택한다.

그림 10.20은 제조사에서 제시하는 속도제어밸브의 예이며, 이것은 상기한 조건을 만족하므로 선택할 수 있다.

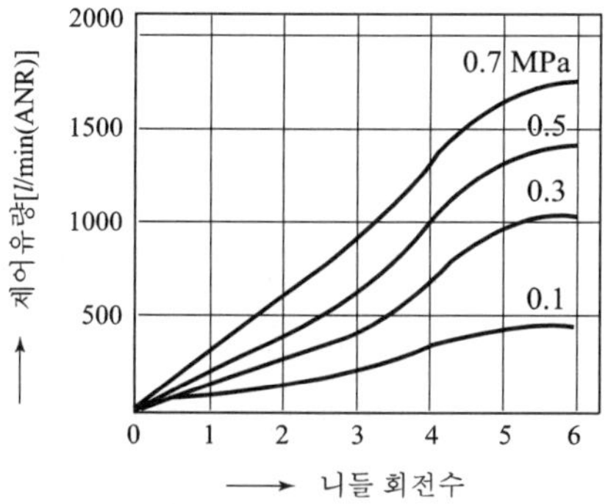

그림 10.20 속도제어밸브의 유량특성 예(b)

(5) 공기압 배관(강관) 사이즈의 선정

메인 배관(탄소강관) 길이는 20 m로 하고, 최대 소요공기량은 전 항에서 구한 $1124.67\,l/\mathrm{min}\,(ANR) = 67.48\,\mathrm{m^3/h}$ 이며, 사용 공기압력 0.7 MPa의 압력을 공급할 수 있고, 압력손실은 10%로서 0.07 MPa까지 허용하는 사이즈의 관을 선택한다.

배관(강관)의 내경을 선정하기 위하여 그림 6.1(그림 10.21과 동일)의 공압배관의 내

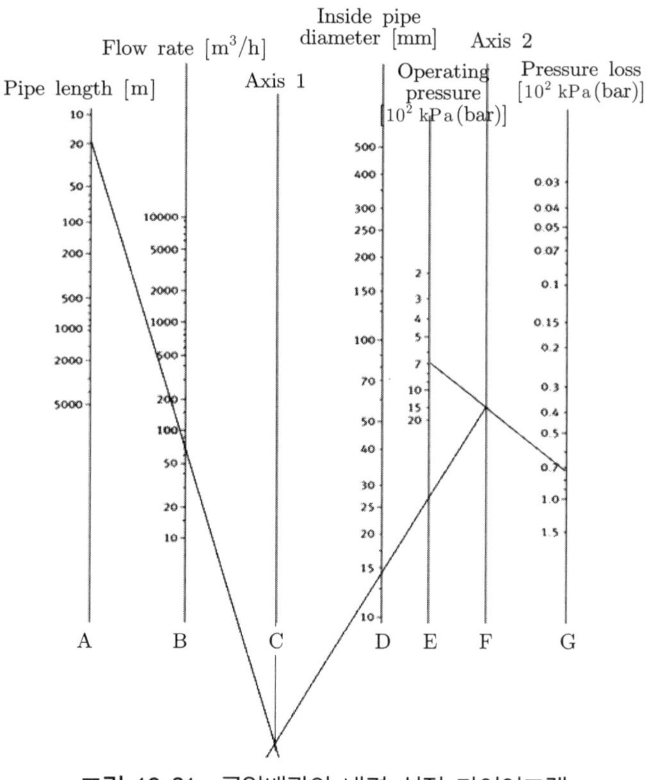

그림 10.21 공압배관의 내경 선정 다이어그램

경 선정 다이어그램을 이용한다.

즉, A축에 배관길이 20 m의 점과 B축에는 최대 소요공기량 67.48 m^3/h의 점을 구해 선을 연결하고 그 선을 연장시켜 C축(축1)과의 교점을 구한다. 다음에 E축 상에 사용하는 압축공기압력 7 bar(0.7 MPa)의 점과 배관의 허용 압력강하 0.7 bar의 점을 연결하고 F축(축2)과의 교점을 구한다. 그리고 축1(C축)에 구한 교점과 축2(F축)에 구한 교점을 연결하여 D축과의 교점을 구하면 배관의 내경이 결정된다.

그 값을 구한 결과, 내경 14 mm인 배관으로 구하였다.

본 설계에서는 표 6.1(표 10.6과 동일)을 참조하여 15A(1/2B)(외경×내경= 21.7×16.1 mm)를 선택하기로 한다.

표 10.6 탄소강관(배관 사이즈)

호칭		외경(mm)	두께(mm)	내경(mm)
A	B			
6	1/8	10.5	2	6.5
8	1/4	13.8	2.3	9.2
10	3/8	17.3	2.3	12.7
15	1/2	21.7	2.8	16.1
20	3/4	27.2	2.8	21.6
25	1	34	3.2	27.6
32	$1\frac{1}{4}$	42.7	3.5	35.7
40	$1\frac{1}{2}$	48.6	3.5	41.6
50	2	60.5	3.8	52.9

(6) 공기압축기의 선정

목표로 하는 출력과 속도로 실린더를 1분간에 n회 왕복시키는 공기압축기의 용량은, 전·후진 모두 식 (1.47)의 전진 시 공기소비량으로 여유 있게 구하기 위해 다음 식에 의해 식 (10.3)의 공기소비량(복동 실린더)과, 식 (1.51)[식 (10.4)와 동일]의 튜브배관의 공기소비량을 계산하고, 그들을 합산하여 이것을 기준으로 용량을 결정한다.

$$q_1 = 2A_1 s_1 n \times \frac{p+0.1013}{0.1013} \times 10^{-6} \tag{10.3}$$

$$q_{p1} = 2aln \times \frac{p}{0.1013} \times 10^{-6} \tag{10.4}$$

$$q = q_1 + q_{p1} \tag{10.5}$$

여기서 q_1 : 실린더 부분의 공기소비량 $[l/\min(ANR)]$

q_{p1} : 배관 부분의 공기소비량 $[l/\min(ANR)]$

q : 전 공기소비량 $[l/\min(ANR)]$

s : 실린더의 행정거리 [mm]

l : 배관(수지튜브) 길이 [mm]

n : 실린더 1분당 왕복횟수

$A_1 = (\pi/4)D_1^2$: 전진 시 실린더 단면적 $[\mathrm{mm}^2]$

$a = (\pi/4)d_p^{\,2}$: 튜브배관 단면적 $[\mathrm{mm}^2]$

d_p : 튜브배관 내경 [mm]

그림 10.15의 타임차트로부터 클램프용 실린더가 전진한 후에 프레스용 실린더에서 V자 굽힘프레싱이 행해지고 클램프용 실린더가 후진하기까지의 시간, 즉 1사이클은 3 sec이다. 가공물을 탈착하고 새로운 가공물을 다이스에 설치한 후 푸시버튼 스위치를 누르기까지의 시간을 3초로 가정하면,

① 클램프용 실린더의 분당 왕복횟수도 $n = 60/(3+3) = 10$이 되며, 실린더경 $D_1 = 40\,\mathrm{mm}$, 피스톤로드경 $d_1 = 12\,\mathrm{mm}$, 행정거리 $s_1 = 50\,\mathrm{mm}$, 튜브내경 $d_{p1} = 4\,\mathrm{mm}$, 실린더 왕복횟수 $n = 10$, $p = 0.7\,\mathrm{MPa}$로 하여, 튜브배관의 길이 $l = 2\,\mathrm{m}$이므로

$$A_1 = \frac{\pi}{4} D_1^{\,2} = \frac{\pi}{4} \times 40^2 = 1256\,\mathrm{mm}^2,$$

$$a_1 = \frac{\pi}{4} d_{p1}^2 = \frac{\pi}{4} \times 4^2 = 12.56\,\mathrm{mm}^2,\ l = 2\,\mathrm{m} = 2000\,\mathrm{mm}$$

이들을 식 (10.3)과 식 (10.4)에 대입하여

$$q_1 = 2A_1 s_1 n \times \frac{p+0.1013}{0.1013} \times 10^{-6}$$

$$= 2 \times 1256 \times 50 \times 10 \times \frac{0.7 + 0.1013}{0.1013} \times 10^{-6} = 9.935\, l/\min(ANR)$$

$$q_{p1} = 2a_1 l n \times \frac{p}{0.1013} \times 10^{-6}$$

$$= 2 \times 12.56 \times 2000 \times 10 \times \frac{0.7}{0.1013} \times 10^{-6} = 3.472\, l/\min(ANR)$$

$$q_{1total} = q_1 + q_{p1} = 9.935 + 3.472 = 13.41\, l/\min(ANR)$$

② 프레스용 실린더의 분당 왕복횟수는 $n = 60/(3+3) = 10$이 되며, 실린더 내경 $D_2 = 100\,\mathrm{mm}$, 피스톤로드경 $d_2 = 20\,\mathrm{mm}$, 행정거리(stroke) $s_2 = 80\,\mathrm{mm}$, 튜브내경 $d_{p2} = 7.5\,\mathrm{mm}$, 실린더의 분당 왕복횟수 $n = 10$, 사용압력 $p = 0.7\,\mathrm{MPa}$로 하고, 배관(튜브관)의 길이를 $l = 2\,\mathrm{m}$이고 실린더 전진 시와 후진 시 중에서 전진 시의 소요공기량이 많으므로 후진 시의 소요공기량도 그 값을 적용하여 계산한다.

$$A_2 = \frac{\pi}{4} D_2^2 = \frac{\pi}{4} \times 100^2 = 7850\,\mathrm{mm}^2,$$

$$a_2 = \frac{\pi}{4} d_{p2}^2 = \frac{\pi}{4} \times 7.5^2 = 44.16\,\mathrm{mm}^2,\ l = 2\,\mathrm{m} = 2000\,\mathrm{mm}$$

이들을 식 (10.3)과 식 (10.4)에 대입하여

$$q_2 = 2A_2 s_2 n \times \frac{p + 0.1013}{0.1013} \times 10^{-6}$$

$$= 2 \times 7850 \times 80 \times 10 \times \frac{0.7 + 0.1013}{0.1013} \times 10^{-6} = 99.352\, l/\min(ANR)$$

$$q_{p2} = 2a_2 l n \times \frac{p}{0.1013} \times 10^{-6}$$

$$= 2 \times 44.16 \times 2000 \times 10 \times \frac{0.7}{0.1013} \times 10^{-6} = 12.21\, l/\min(ANR)$$

$$q_{2total} = q_2 + q_{p2} = 99.352 + 12.21 = 111.562\, l/\min(ANR)$$

③ 전 공기소비량은 $q = q_{1total} + q_{2total} = 13.41 + 111.562 = 124.972\, l/\min(ANR)$

이 설계의 경우, 0.7 MPa에서 $q = 125\, l/\min(ANR)$에 50% 여유를 주어 $125 \times 1.5 = 187.46 \fallingdotseq 190\, l/\min(ANR)$의 압축공기를 생산할 수 있는 공기압축기를 표 2.1로부터 선정하면 1단 2.2 kW가 된다.

(7) 공기탱크 용량

공기탱크의 용적 $V[\mathrm{m}^3]$은 압축기 최종단의 피스톤 압축량 $V_c[\mathrm{m}^3]$, 최종단의 압력비를 R_d라 하면 식 (2.5)인 $V \geq 200\,V_c/R_d\ [\mathrm{m}^3]$의 식을 이용하여 구한다.

여기서 두 실린더의 압출용적은 다음과 같이 구한다.

$$V_c = \frac{\pi}{4}(D_1^2 s_1 + D_2^2 s_2) = \frac{\pi}{4} \times (40^2 \times 50 + 100^2 \times 80)$$

$$= 690800\,\mathrm{mm}^3 = 6.908 \times 10^{-4}\,\mathrm{m}^3$$

압력비는 $R_d = \dfrac{p_2}{p_1} = \dfrac{0.7 + 0.1013}{0.1013} = 7.91$, 공기탱크의 용량은 식 (2.5)로부터

$$\therefore\ V \geq \frac{200\,V_c}{R_d} = \frac{200 \times 6.908 \times 10^{-4}}{7.91} = 0.0175\,\mathrm{m}^3 = 17.5\,l$$

따라서 여유 50%를 가산하여 결정하면 공기탱크의 용량을 $26.25\,l$ 이상의 크기로 결정한다.

10.3.5 기기선정 목록 및 회로도

설계한 회로도는 그림 10.22와 같으며, 시스템의 기기선정목록은 표 10.7과 같다.

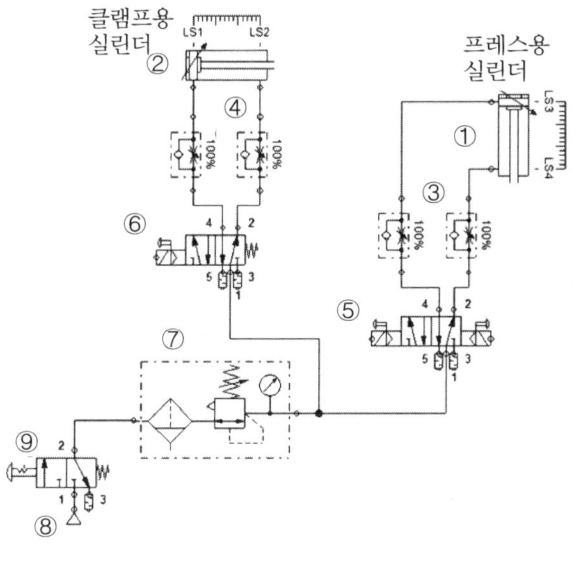

그림 10.22 회로도

표 10.7 탁상 공기압 프레스의 기기선정 목록

기기명	규 격
① 클램프용 실린더	$\phi 40 \times 12 \times 50\,st$ [mm], 실린더 리드스위치 장착
② 프레스용 실린더	$\phi 100 \times 20 \times 80\,st$ [mm], 실린더 리드스위치 장착
③ 속도제어밸브	$0 \sim 120\,l/\mathrm{min}(ANR)$ 유량범위에서 니들회전수에 대한 직선변화 기종(제조사 카탈로그)
④ 속도제어밸브	$0 \sim 1000\,l/\mathrm{min}(ANR)$ 유량범위에서 니들회전수에 대한 직선변화 기종(제조사 카탈로그)
⑤ 방향제어밸브 (프레스용 실린더용)	5/2-way 양 솔레노이드 밸브, 유효단면적 $13\,\mathrm{mm}^2$ 이상
⑥ 방향제어밸브 (클램프용 실린더용)	5/2-way 편 솔레노이드 밸브, 유효단면적 $1.3\,\mathrm{mm}^2$ 이상
⑦ FRL유닛	$0 \sim 1125\,l/\mathrm{min}(ANR)$유량범위에서 압력강하 0.07 MPa미만인 기종(제조사 카탈로그)
⑧ 공기압축기	왕복식 1단, 2.2 kW 공기압축기(0.7 MPa)
⑨ 잔압배기밸브	3/2-way 푸시버튼(유지형)
⑩ 공기탱크	$27\,l$ 이상

2편

공압제어 회로

CHAPTER

11 공기압 회로를 구성하는 기호

11.1 | 유로

설명	기호
배관 · 유로	————————
파일럿 유로	- - - - - - - - - - - - -
기호 내 유로	↑ 화살표 방향 흐름 ↕ 양방향 흐름

11.2 | 관로

설명	기호
접속 · 분기	 접속
교차	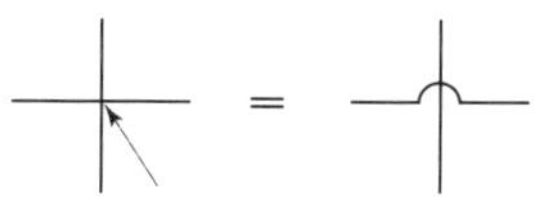 교차

11.3 | 공기압 공급원, 공기탱크와 차단밸브

설명	기호
공기압 공급원	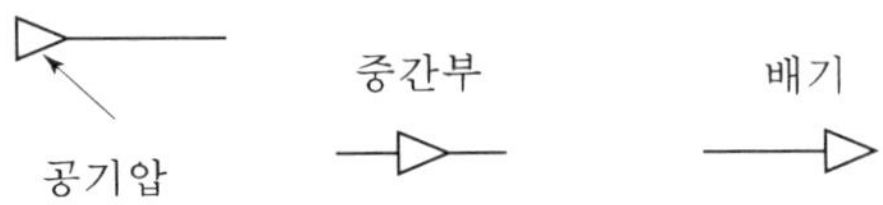
공기압축기	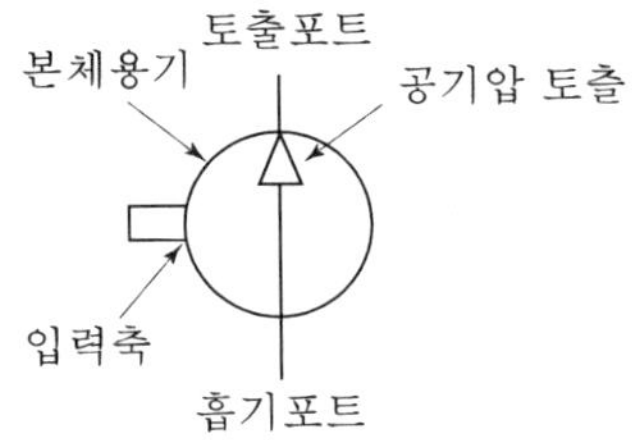
공기탱크	
차단밸브	

11.4 | 직선 액추에이터: 실린더

설명	기호
복동 실린더	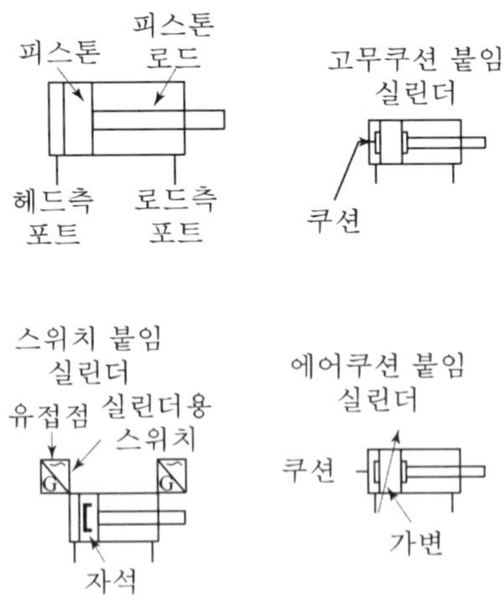
단동 실린더	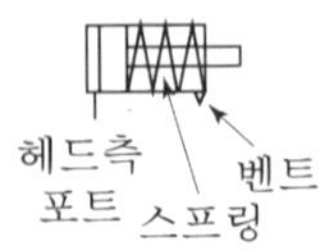

11.5 | 회전 액추에이터: 요동형 액추에이터 및 에어모터

설명	기호
요동형 액추에이터	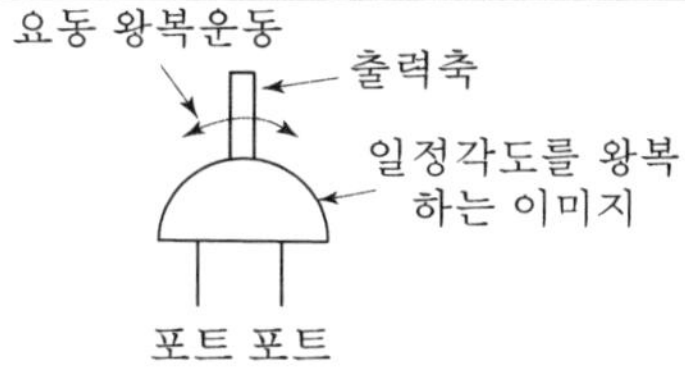
공압모터	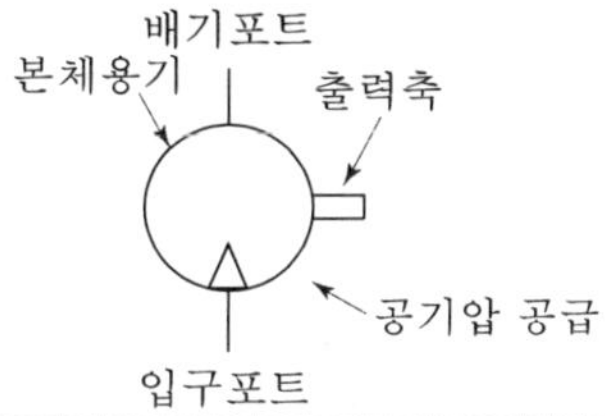

11.6 | 메인라인 기기

설명	기호
필터	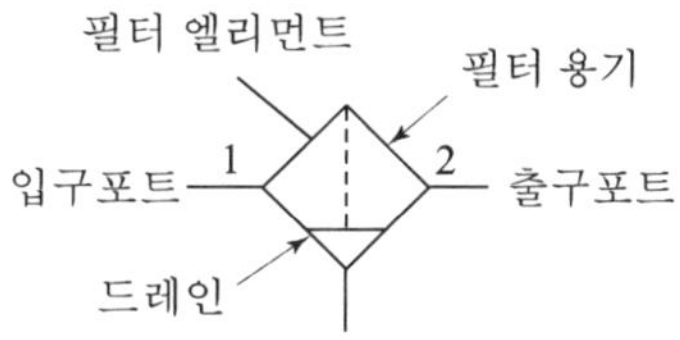
윤활기	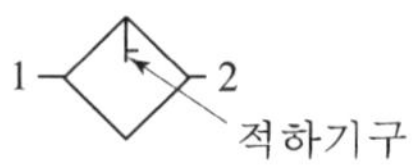
공기 건조기	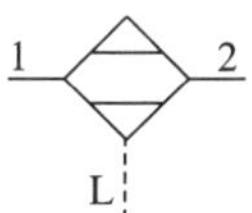
애프터 쿨러(수냉식)	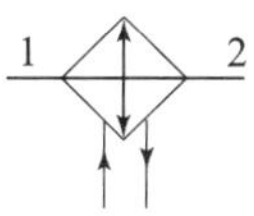

11.7 | 보조기기의 기호

설명	기호
압력계	
유량계	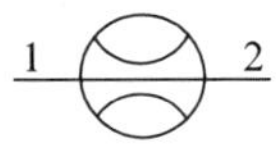
교축부	
가변 교축부	
오리피스	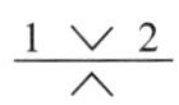

11.8 | 보조밸브

설명	기호
체크밸브	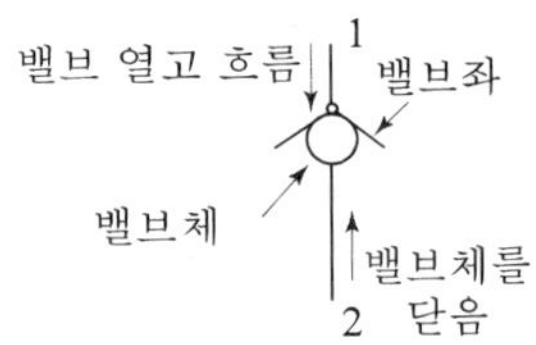
스프링 붙임 체크밸브	
셔틀밸브	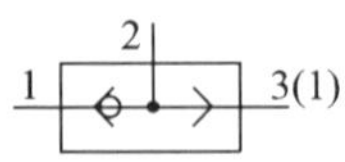
이압밸브	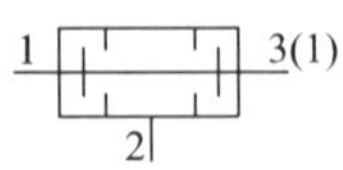

(연결)

설명	기호
급속배기밸브	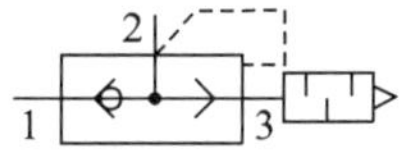
잔압배기밸브	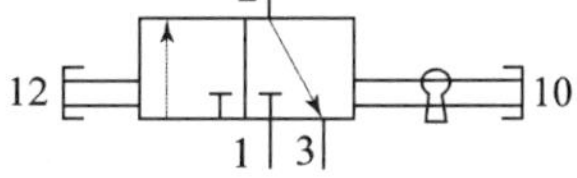
속도제어밸브	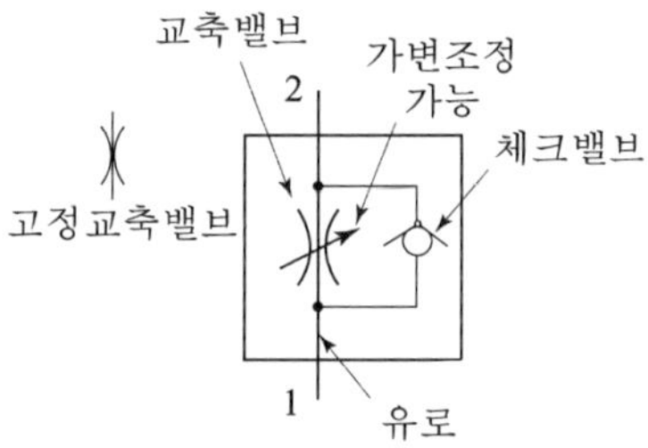
소음기	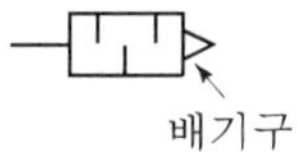

11.9 | 감압밸브(레귤레이터)

설명	기호
감압밸브	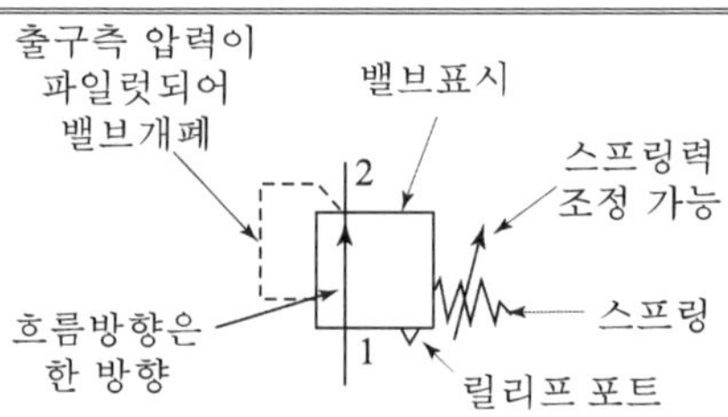
양방향 흐름 가능 감압밸브	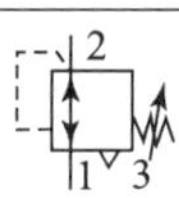
논릴리프 감압밸브	
출구압력 상승 시 릴리프 되는 경우	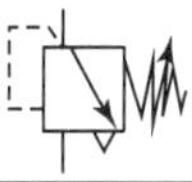

11.10 | 변환밸브

(1) 수동·기계조작 밸브

설명	기호
3포트 2위치 수동식 밸브	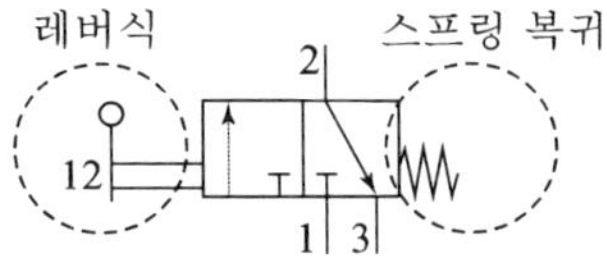
4포트 3위치 수동식 밸브	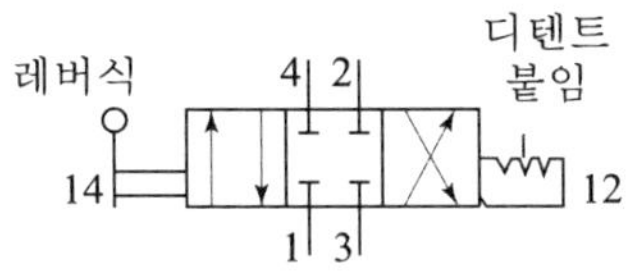

(2) 전기·전자·공기조작 밸브

설명	기호
2포트 직동 솔레노이드 밸브	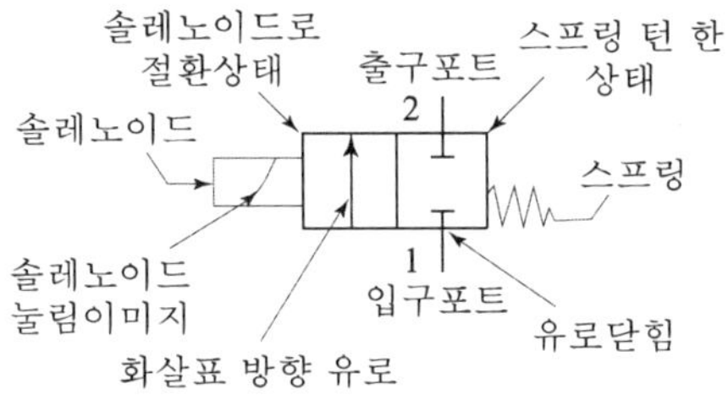
5포트 직동 솔레노이드 밸브	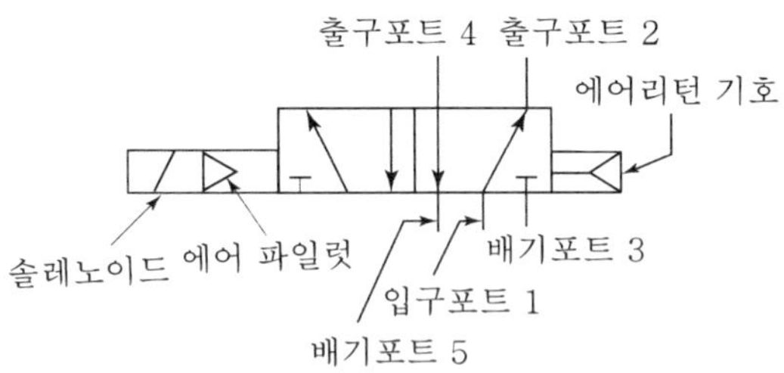

CHAPTER

12 기본회로

12.1 | 급기회로

공압시스템에 공급하는 압축공기는, 드레인이나 오물, 기름찌꺼기 등이 제거된 상태여야 한다. 이들이 완전히 제거되지 않은 상태에서는, 시스템 내 기기의 내구성 악화, 공기압 액추에이터가 안정적으로 작동하지 않는 등의 문제가 생긴다.

또 시스템에 공급되는 압축공기의 압력과 유량이 확보되지 않으면 액추에이터(실린더, 공압모터 등)에서 출력의 부족, 속도의 저하 등이 발생한다.

따라서 이들을 해결하는 회로는 필수적이다. **급기회로(FRL유닛)**는 이들을 조절하는 회로로서 그림 12.1과 같이 급기회로를 구성할 수 있으며, 그 회로에 **잔압배기밸브**를 추가하여 그림 12.2와 같이 구성할 수 있다.

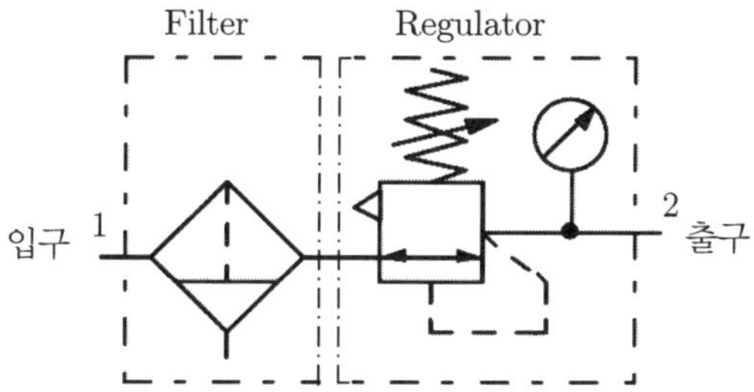

그림 12.1 급기회로

급기회로는 공장 내의 공기압 공급구로부터 압축공기를 공압시스템에 공급하는 경우, 기본회로로서 그림 12.1과 같이 **필터**(Filter)와 **레귤레이터**(Regulator, **감압밸브**)로 구성된다.

압축기로부터 공급되는 압축공기는 메인라인에 설치되어 있는 필터와 건조기를 통과한다. 그 공기는 오물과 수분이 제거되어 있지만 배관 내의 오물 등의 이물질이 시스템 내로 혼입되는 것을 막기 위해 공압회로 입구에는 급기회로를 구성하여 반드시 필터를 설치하고, 필터의 2차 측에는 시스템에 필요한 일정한 압력을 안정적으로 공급하기 위해서 레귤레이터(감압밸브)를 설치한다.

급기회로에는 공급공기를 차단하고 시스템 내의 잔압을 배출하는 잔압배기밸브를 설치하는 것이 바람직하다(그림 12.2). 시스템 내의 메인트넌스는 공급공기를 차단하고 회로 내 압력을 대기로 개방한 후 행한다.

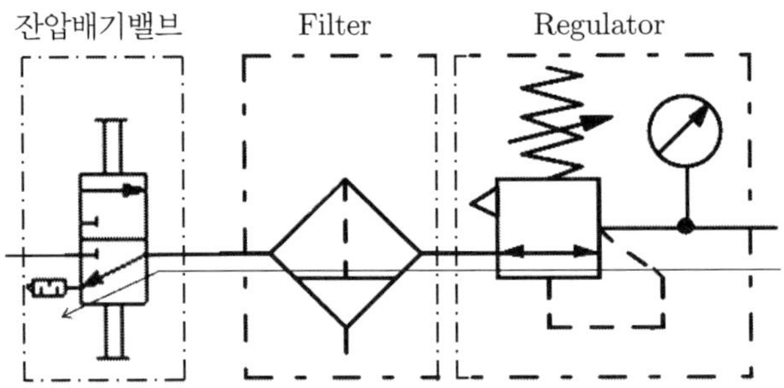

그림 12.2 잔압배기밸브 붙임 급기회로

12.2 | 배기회로

액추에이터를 작동하는 회로에서 **배기회로**를 그림 12.3에 나타내었다.

이 회로에서 솔레노이드에 통전하면 피스톤로드 측 공기가 배기유로를 통해 소음기 2로 배기된다. 실린더의 크기가 크거나 실린더의 작동속도가 빠른 경우에는 배기소음이 커지므로 밸브의 배기포트에는 보통 소음기를 설치한다.

솔레노이드 밸브를 여러 개 사용하는 경우와 실외로 배기하는 경우에는 배기회로를 모아서 옥외로 연결되는 덕트를 통해 배기한다. 이와 같은 경우에는 배기가 다른 실린더의 구동회로에 영향을 미치지 않도록 해야 한다.

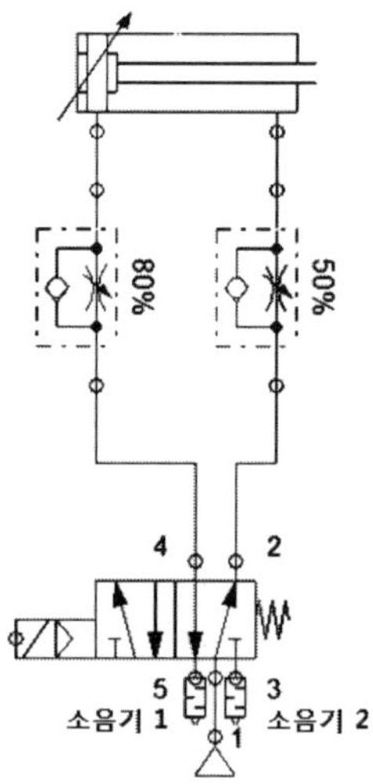

그림 12.3 배기회로

12.3 | 단동 실린더의 구동회로

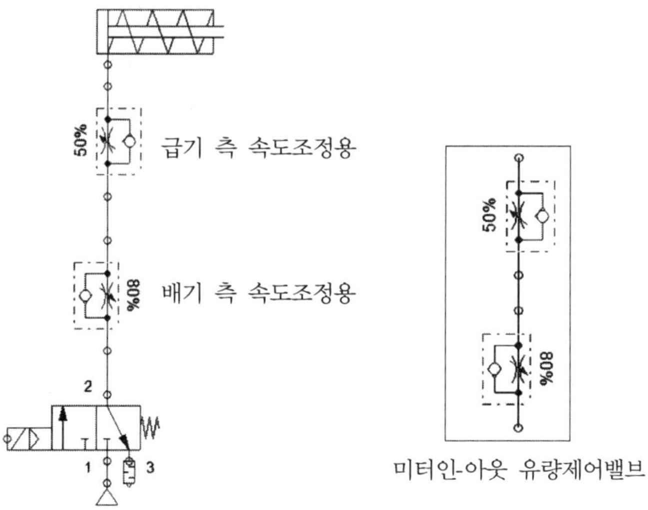

그림 12.4 단동 실린더 회로

단동 실린더는 압축공기의 급기 및 배기를 위한 포트가 한 개밖에 없으며 그 포트를 통해 압축공기를 공급하여 전진시키며, 역시 그 포트를 통해 압축공기를 배기하면 내장된 스프링에 의해 복귀한다. 실린더의 한 포트에 급기와 배기를 변환시키면서 작동시키므로 그림 12.4에 나타내는 3/2-way밸브를 사용한다.

실린더의 속도제어가 필요한 경우에는 급기와 배기의 유량조정이 가능한 유량제어밸브(**미터인-미터아웃 유량제어밸브**) 또는 유량제어밸브를 2개 사용한다.

12.4 | 복동 실린더의 구동회로

복동 실린더는 실린더의 양측에 압축공기를 급기 또는 배기할 수 있는 포트가 있으므로 전진 또는 후진의 동작이 가능하다.

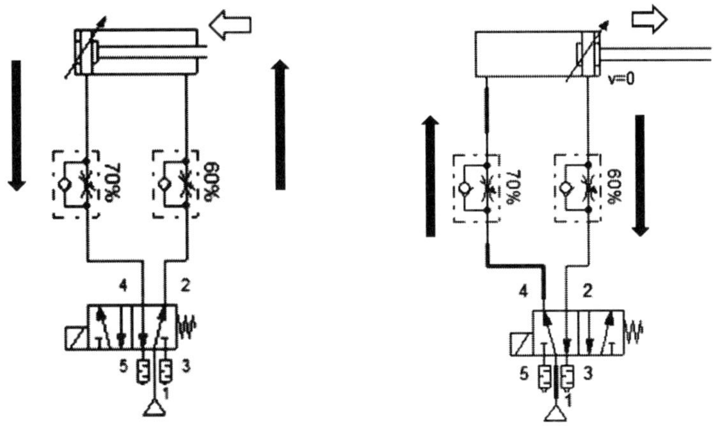

(a) 초기(Normal) 위치　　(b) 솔레노이드 통전 위치

그림 12.5 복동 실린더 회로

그림 12.5에 편 솔레노이드 5/2-way 밸브를 사용하는 복동 실린더의 작동회로를 나타내었다. 이 밸브의 스프링 측을 초기(Normal)위치라 하며, 피스톤 로드 측에 급기되고, 실린더 헤드 측에서는 배기되어 피스톤 로드가 인장상태로 된다. 솔레노이드에 통전하면 밸브의 위치가 변환되어 실린더 헤드 측에 급기되고, 피스톤 로드 측으로부터 배기되어 피스톤 로드측은 압출된다.

그림 12.6은 양 솔레노이드 5/2-way 밸브를 사용하는 복동 실린더의 작동회로이다.

양 솔레노이드 밸브는 한쪽의 솔레노이드에 통전하면 밸브가 위치변환하고 통전을 해제하더라도 밸브가 그 위치를 유지한다. 즉, 다른 쪽 솔레노이드에 통전하기까지 그 위치를 유지하므로 **자기유지 밸브**라고도 하며, 메모리 기능을 갖는다. 따라서 전기 시퀀스의 자기유지회로의 기능을 갖는다.

이 밸브는 정전이나 신호선의 단선 등에 의해 솔레노이드로의 통전이 단전되는 경우에, 실린더가 그 동작을 유지할 필요가 있을 때 사용된다.

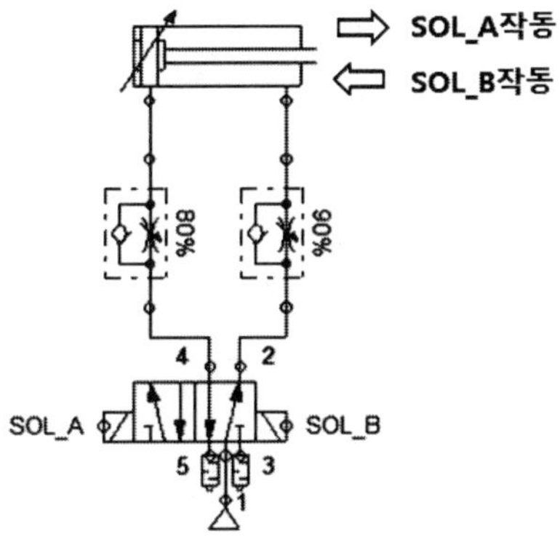

그림 12.6 양 솔레노이드 밸브에 의한 자기유지 회로

12.5 | 속도제어 회로

공압 액추에이터의 작동속도를 제어하기 위해서는, 액추에이터로의 유입유량과 배기유량의 제어를 해야 한다. 공기유량의 제어에는 유량제어밸브가 사용되며, 유량제어밸브의 밸브 열림율을 조정함에 따라 유입 또는 유출하는 공기유량을 변화시켜 액추에이터의 작동속도를 제어한다.

액추에이터의 속도제어 방법은 미터인 회로 구성방식과 미터아웃 회로 구성방식의 두 가지가 있다.

(1) 미터인 회로

미터인(meter-in) 회로는 그림 12.7과 같이 액추에이터로의 공기 유입량을 조절하는 방식이며, 복동 실린더나 공압모터에 사용된다.

이 회로는 후술하는 미타아웃 회로에 비하여 초기의 피스톤 속도는 안정되는 장점이 있다. 그러나 피스톤의 속도가 부하의 상태에 따라 불안정한 단점이 있다. 따라서 피스톤 로드에 작용하는 부하가 불규칙한 경우와 피스톤 로드에 인장하중이 작용하는 경우에는 미터인 회로(**공급공기 조절방식**)를 사용하지 않는 것이 좋다.

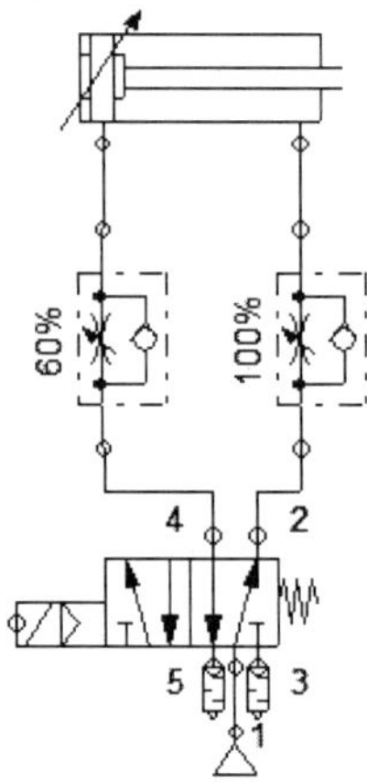

그림 12.7 미터인 회로

(2) 미터아웃 회로

미터아웃(meter-out) 회로는, 그림 12.8과 같이 액추에이터로부터 공기배출량을 조절하는 방식으로서, 복동 실린더의 속도제어에 사용되는 기본회로이다.

이 회로는 전술한 미터인 회로에 비하여 초기속도는 불안정하지만 피스톤 로드에 작용하는 부하의 변동에 대한 영향을 그다지 받지 않는 장점이 있다. 또한, 피스톤 로드에 인장하중이 작용하는 경우에도 속도제어가 가능하므로 복동 실린더의 속도제어는 거의 모두 미터아웃 회로 방식(**배기조절 방식**)을 사용한다.

또한 미터아웃 회로는 유량제어밸브의 열림율(開度)과 속도의 비례성, 작동 개시시의 응답성이 양호하므로 많이 사용되고 있다.

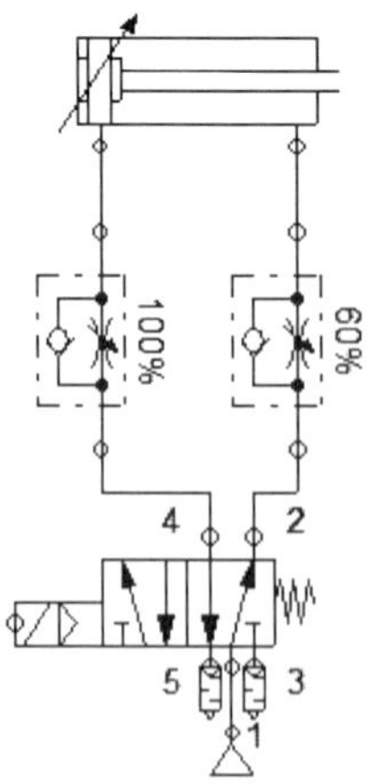

그림 12.8 미터아웃 회로

유량제어 밸브는 액추에이터에 직접 연결하여 장착하는 것이 속도 제어성에서 우수하다. 그림 12.8은 액추에이터와 최종 방향제어밸브 사이에 유량제어 밸브를 설치한 경우이며, 그림 12.9는 유량제어밸브를 방향제어밸브의 배기포트에 장착시킨 경우이다.

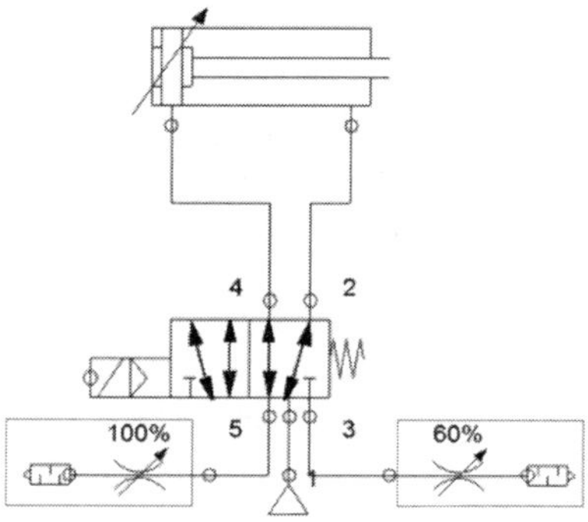

그림 12.9 배기포트에서의 속도제어 회로

12.6 | 중간정지 회로

복동 실린더의 구동회로에 있어서 회로에 의해 실린더를 행정의 도중에서 정지시키는 경우에는 3위치 변환밸브에 의한 정지회로가 사용된다. 여기서 사용빈도가 가장 높은 closed center형 3위치 밸브에 의한 **중간정지 회로**를 소개한다.

그림 12.10에 나타낸 closed center형 3위치 밸브는, 양쪽의 솔레노이드가 모두 단전상태(초기위치)이거나 양쪽 모두 통전되었을 때 실린더에 접속되는 2개의 유로가 차단되며, 실린더 헤드 측과 피스톤로드 측의 공기가 봉입된 상태로 되어 실린더가 정지하게 된다.

실린더, 유량제어밸브, 배관과 변환밸브에 공기 누출이 없다면 실린더는 정지상태를 유지하지만, 공기의 누출이 있다면 실린더가 움직이게 된다. 이 회로는 실린더의 비상정지 등 일시적인 정지회로에 이용된다.

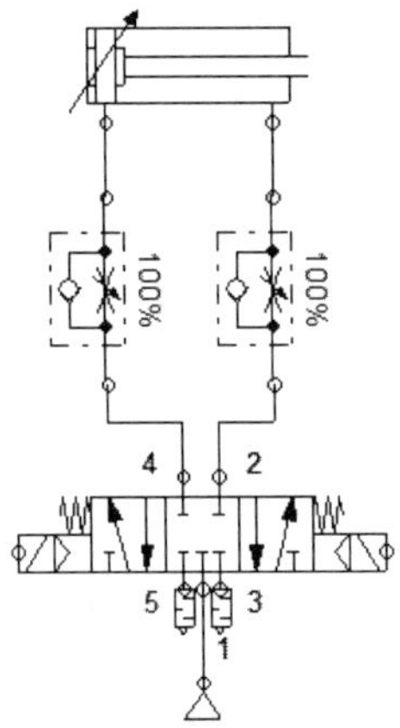

그림 12.10 closed center형 3위치 밸브에 의한 중간정지 회로

12.7 | 실린더의 고속 작동회로

변환밸브로부터 실린더까지의 배관길이가 긴 경우에는 마찰손실에 의해 실린더의 속도가 느려진다. 이와 같은 경우, 그림 12.11에 나타내듯이 실린더의 피스톤로드 측에 급속 배기밸브를 설치하면 실린더의 전진속도를 빠르게 할 수 있으며, 실린더 헤드 측에 설치하면 후진속도를 빠르게 할 수 있다.

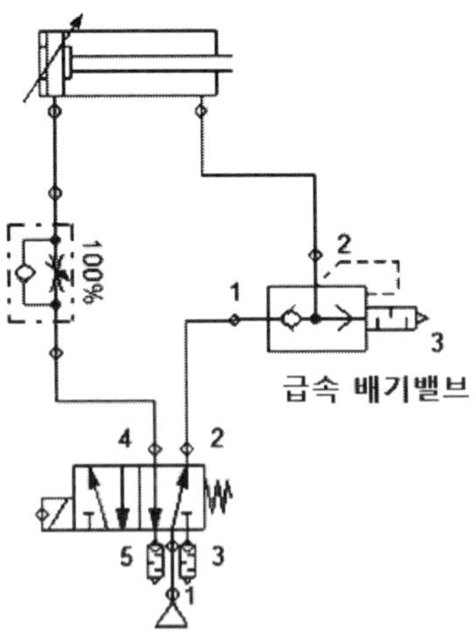

그림 12.11 급속 배기밸브에 의한 고속작동 회로

12.8 | 실린더의 고속 · 저속 작동회로

실린더를 고속 · 저속의 2속으로 작동시키는 경우에 대한 회로의 예를 그림 12.12에 나타내었다.

closed center형 3위치 밸브를 사용하고 미터아웃회로에 직동 2포트 밸브의 배기유로를 추가하면, 2포트 밸브의 ON/OFF에 따라 고속/저속의 변환이 된다.

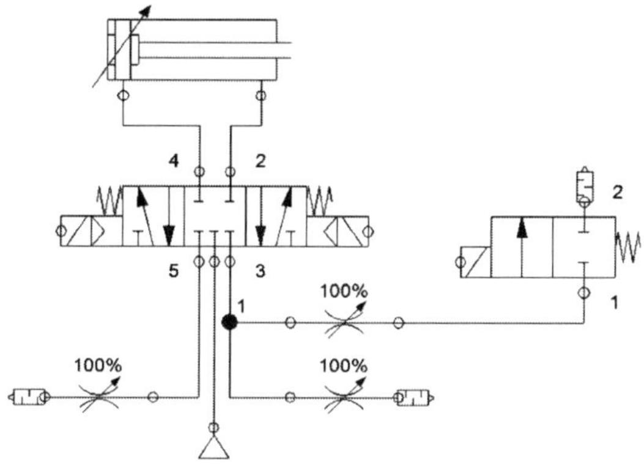

그림 12.12 고속 · 저속 작동회로

12.9 | 밸런스 회로

밸런스 회로는, 실린더 부하와 실린더 추력의 평형을 유지시켜 부하의 질량을 제어하는 회로이다. 밸런스 회로를 설계하는 경우, 실린더의 저항(부하), 레귤레이터의 성능(설정압력의 정확도와 릴리프 특성)에 주의해야 한다.

그림 12.13에 밸런스 회로를 나타내었다. 실린더 부하와 실린더 추력이 평형상태인 경우, 부하를 움직이려고 했을 때 필요한 힘은 실린더의 저항 값이 된다. 부하를 빠른 속도로 움직이기 위해서는 레귤레이터의 유량특성(상승 시에는 공급능력)과 릴리프 특성(하강 시에는 배기능력)에 의해 저항 값이 결정된다.

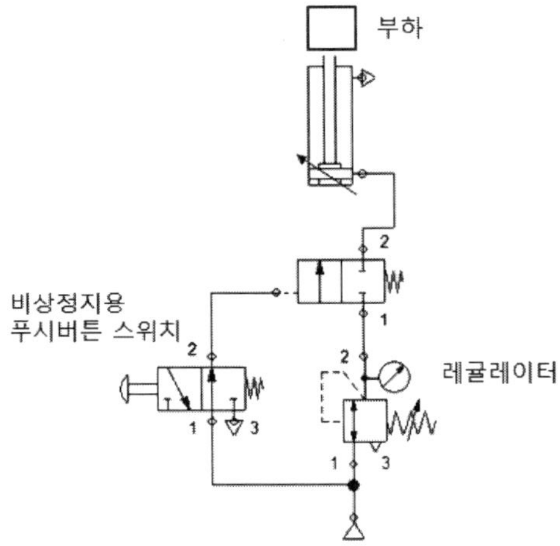

그림 12.13 밸런스 회로

CHAPTER

13 논리회로

기계나 장치에 주는 입력신호 ON/OFF와 그 신호에 의한 출력신호를 2개의 상태로 대응시킬 때 그 입력과 출력의 법칙적인 관계를 논리라 하며, 그 관계를 나타내는 회로를 **논리회로**라 한다.

13.1 | YES논리 회로

YES논리는 입력(A)이 존재하면 출력(Y)이 존재하는 논리이다. 즉 입력이 존재하지 않으면 출력도 존재할 수 없다. 이 논리를 식으로 나타내면 식 (13.1)과 같이 표시되며, 순수공압회로와 전기공압회로로 나타내면 그림 13.1과 같다.

$$Y = A \tag{13.1}$$

공압(a도)에서는 입력과 출력 모두 압축공기의 작동으로 표현되며, 전기(b도)에서는 입력은 a접점 스위치, 출력은 솔레노이드로 표시하였다.

입력은 푸시버튼, 센서, 리밋스위치 등이 사용되며, 출력은 구동요소로서 실린더 또는 모터에 사용되는 최종 방향제어밸브의 솔레노이드, 램프 등이 많이 사용되고 있다.

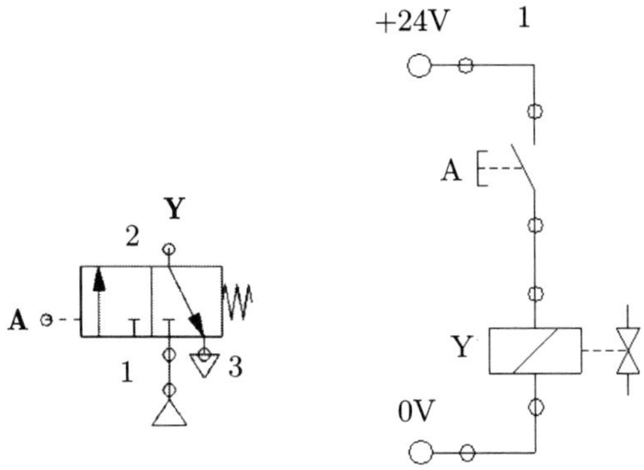

(a) 공압회로　　　　(b) 전기회로

그림 13.1 YES논리 회로

진리표와 타임차트로 나타내면 그림 13.2와 같다.

입력	출력
A	Y
0	0
1	1

(a) 진리표

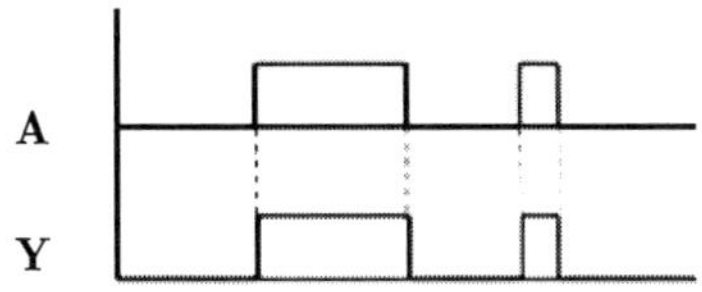

(b) 타임차트

그림 13.2 YES논리의 진리표와 타임차트

13.2 | NOT논리 회로

NOT(논리부정)논리는 입력신호가 존재하면 출력신호가 존재하지 않는다. 즉 입력신호가 존재하지 않아야 출력신호가 존재한다. 이 논리는 YES논리와 상반된다.

이 논리를 식으로 나타내면 식 (13.2)와 같으며, 순수공압과 전기공압회로로 나타내면 그림 13.3과 같다. 이 회로에서 전기회로의 입력요소는 b접점 스위치를 사용한다.

$$Y = \overline{A} \tag{13.2}$$

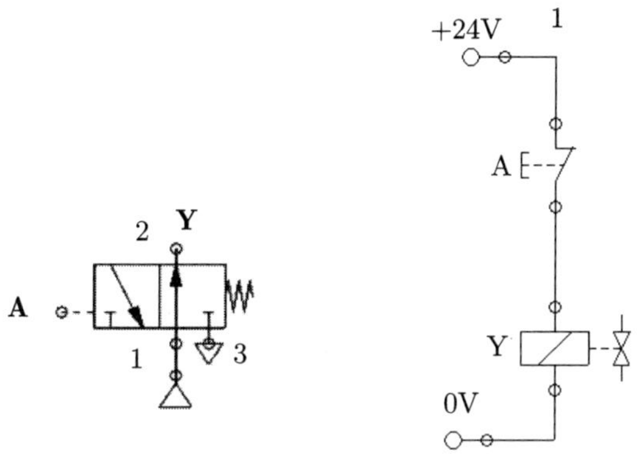

(a) 공압회로 (b) 전기회로

그림 13.3 NOT논리 회로

진리표와 타임차트는 그림 13.4와 같다.

입력	출력
A	Y
0	1
1	0

(a) 진리표

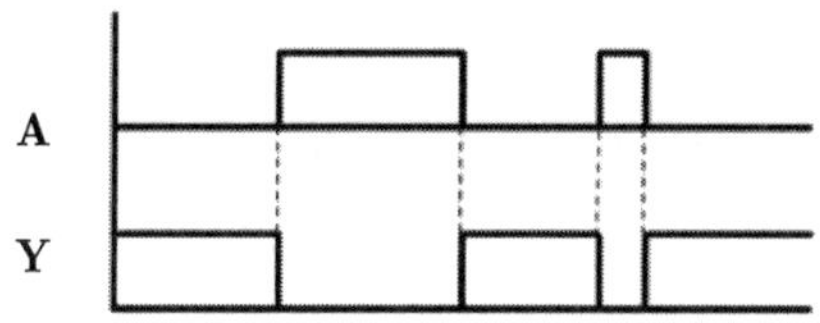

(b) 타임차트

그림 13.4 NOT논리의 진리표와 타임차트

13.3 | AND논리 회로

AND(논리곱)논리는 두 가지 이상의 모든 입력신호가 존재하면 출력신호가 존재하는 논리이다. 관련 입력신호 중 어느 하나라도 존재하지 않으면 출력신호는 존재하지 않는다.

이 논리는 식 (13.3)으로 나타낼 수 있으며, 순수공압과 전기공압회로로 나타내면 그림 13.5와 같다. 이 회로에서 전기회로의 입력요소는 a접점 스위치, 이압밸브, 센서 등을 사용한다.

$$Y = A1 \cdot A2 \qquad (13.3)$$

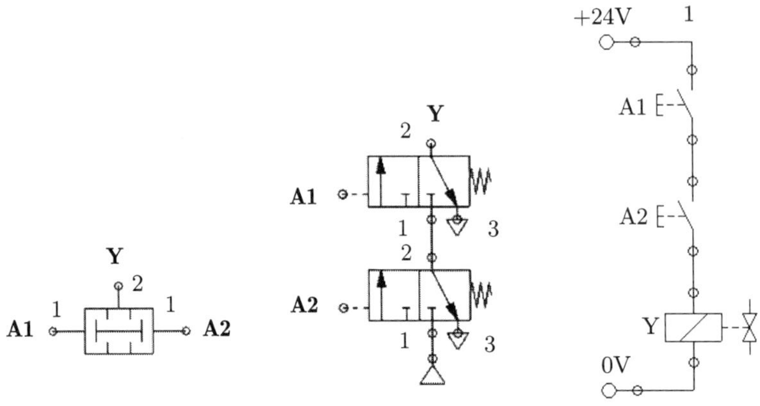

(a) 공압회로 (b) 전기회로

그림 13.5 AND논리 회로

AND논리 회로의 진리표 및 타임차트는 그림 13.6과 같다.

입력		출력
A1	A2	Y
0	0	0
0	1	0
1	0	0
1	1	1

(a) 진리표

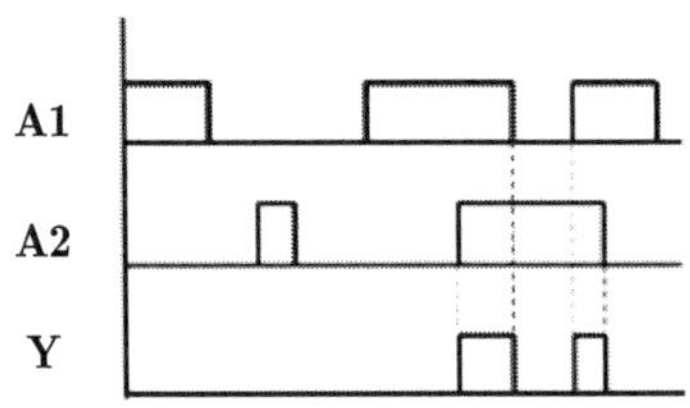

(b) 타임차트

그림 13.6 AND논리의 진리표와 타임차트

13.4 | OR논리 회로

OR(논리합)논리는 여러 개의 입력신호 중에서 어느 하나의 입력신호만 존재해도 출력신호가 존재하는 논리이다.

OR논리는 식 (13.4)와 같이 표시되며, OR논리 회로는 그림 13.7과 같이 순수 공압 회로, 전기공압 회로로서 각각 표현할 수 있다. 이 회로에서 입력요소는 a접점 스위치, 셔틀밸브, 센서 등을 사용한다.

$$Y = A1 + A2 \tag{13.4}$$

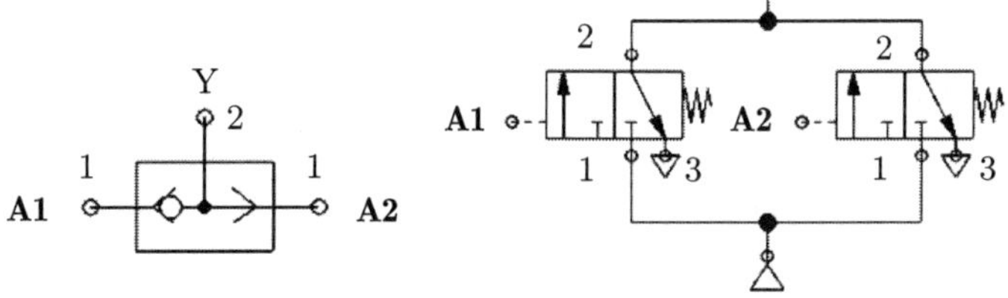

(a) 공압회로

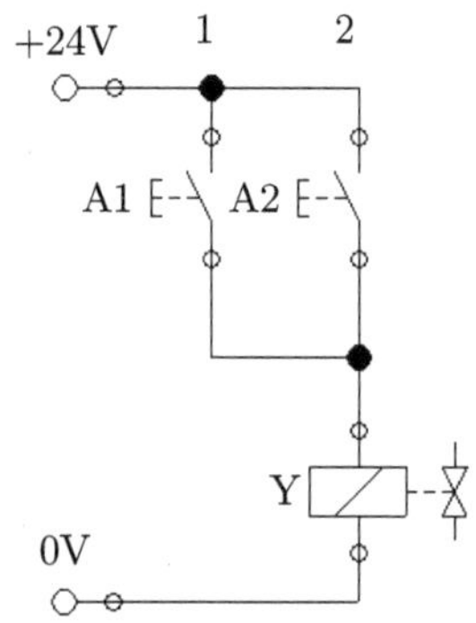

(b) 전기회로

그림 13.7 OR논리 회로

OR논리 회로의 진리표 및 타임차트는 그림 13.8과 같다.

입력		출력
A1	A2	Y
0	0	0
0	1	1
1	0	1
1	1	1

(a) 진리표

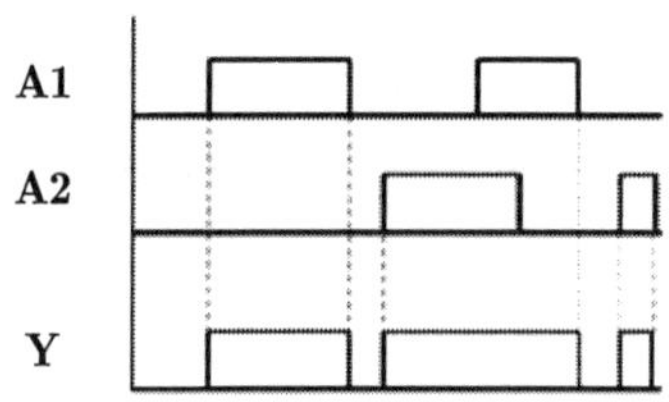

(b) 타임차트

그림 13.8 OR논리의 진리표와 타임차트

13.5 | NAND논리 회로

NAND(논리곱 부정)논리는 2개의 입력신호가 모두 존재하면 출력신호가 존재하지 않는 논리이다. 즉 2개의 입력신호 중 어느 하나라도 존재하지 않으면 출력신호가 존재한다. 이 논리는 AND논리의 역이다.

NAND논리를 식으로 표시하면 식 (13.5)와 같으며, 순수공압 및 전기회로로 표현하면 그림 13.9와 같이 구성된다.

$$Y = \overline{A1 \cdot A2} \tag{13.5}$$

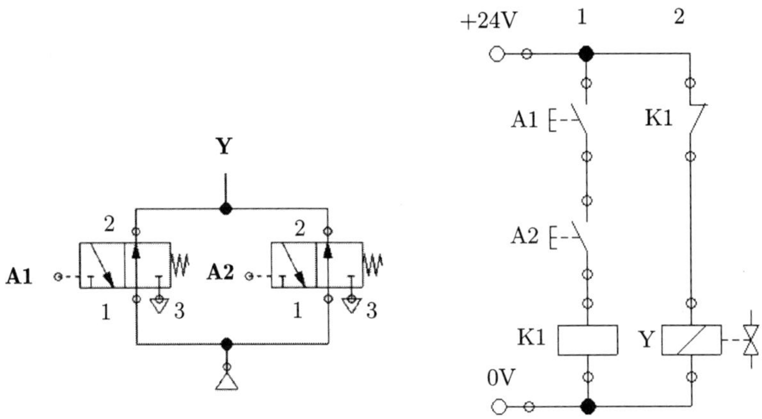

(a) 공압회로　　　(b) 전기회로

그림 13.9 NAND논리 회로

NAND논리 회로의 진리표 및 타임차트는 그림 13.10과 같다.

입력		릴레이	출력
A1	A2	K1	Y
0	0	0	1
1	0	0	1
0	1	0	1
1	1	1	0

(a) 진리표

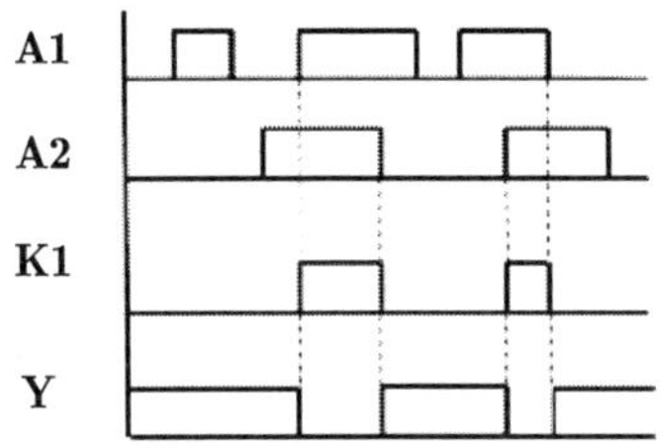

(b) 타임차트

그림 13.10 NAND논리 회로의 진리표 및 타임차트

13.6 | NOR논리 회로

NOR(논리합 부정)논리는 2개의 입력신호 중 어느 하나라도 존재하면 출력신호가 존재하지 않는 논리이다. 즉 모든 입력신호가 존재하지 않아야 출력신호가 존재하는 논리로서, OR논리의 역이다.

NOR논리를 식으로 표시하면 식 (13.6)과 같으며, 순수공압 및 전기회로로 표현하면 그림 13.11과 같이 구성된다.

$$Y = \overline{A1 + A2} \tag{13.6}$$

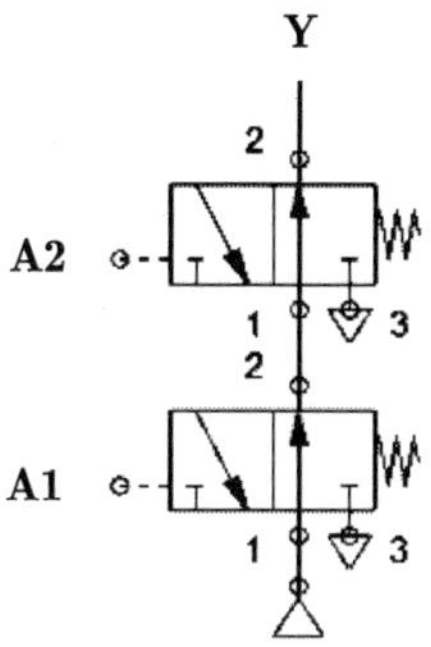

(a) 공압회로

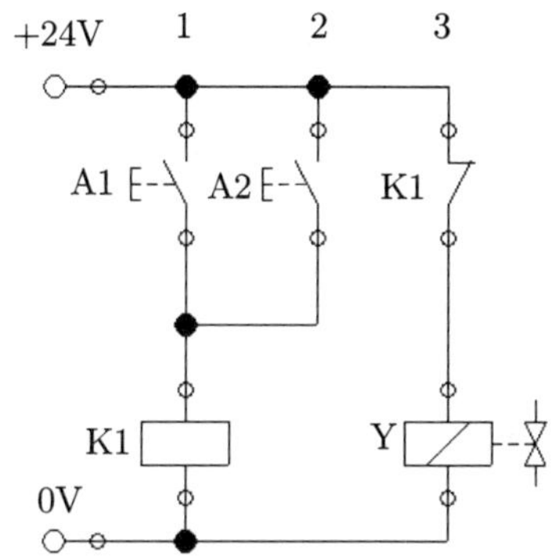

(b) 전기회로

그림 13.11 NOR논리 회로

NOR논리 회로의 진리표 및 타임차트는 그림 13.12와 같다.

입력		릴레이	출력
A1	A2	K1	Y
0	0	0	1
1	0	1	0
0	1	1	0
1	1	1	0

(a) 진리표

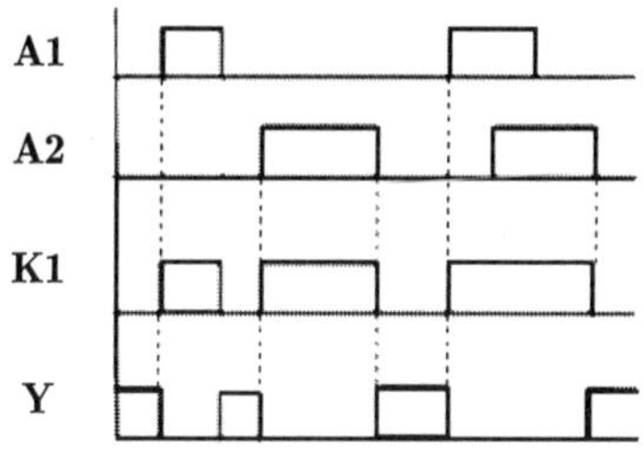

(b) 타임차트

그림 13.12 NOR논리 회로의 진리표 및 타임차트

13.7 | XOR논리 회로

XOR(배타적 논리합, 불일치 논리)논리는 두 개의 입력신호 중 어느 하나가 존재하고 다른 하나는 존재하지 않는 경우에 출력신호가 존재한다. 즉 2개의 입력신호 유무에 대한 불일치를 검출하는 회로에 사용된다.

XOR논리를 식으로 표시하면 식 (13.7)과 같으며, 순수공압 및 전기회로로 표현하면 그림 13.13과 같이 구성된다.

$$Y = A1 \cdot \overline{A2} + \overline{A1} \cdot A2 \tag{13.7}$$

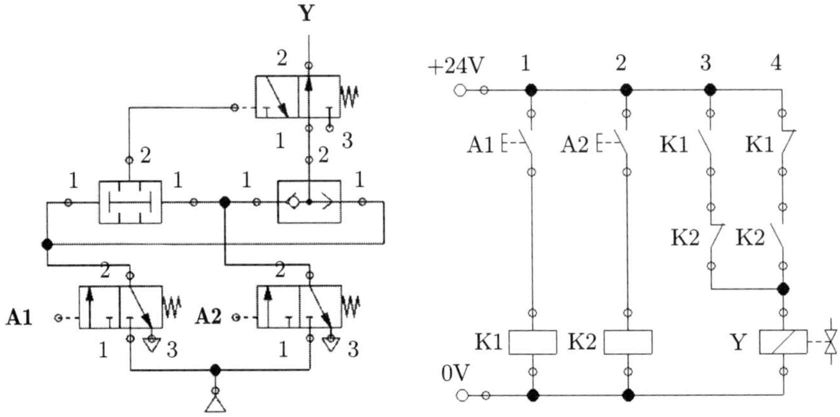

(a) 공압회로 (b) 전기회로

그림 13.13 XOR논리 회로(불일치논리 회로)

XOR논리 회로의 진리표 및 타임차트는 그림 13.14와 같다.

입력		출력
A1	A2	Y
0	0	0
0	1	1
1	0	1
1	1	0

(a) 진리표

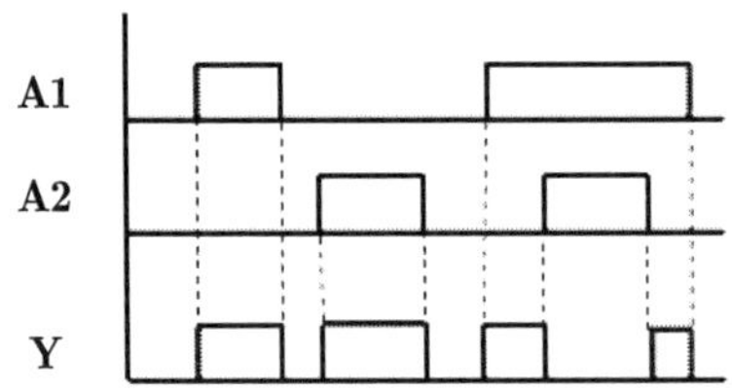

(b) 타임차트

그림 13.14 XOR논리 회로의 진리표 및 타임차트

13.8 | XNR논리 회로

XNR(배타적 논리곱)논리는 두 개의 입력신호가 모두 존재하거나 모두 존재하지 않는 경우에 출력신호가 존재한다. 즉 2개의 입력신호의 유무에 대한 일치를 검출하는 회로에 사용된다.

XNR논리를 식으로 표시하면 식 (13.8)과 같으며, 전기회로로 표현하면 그림 13.15와 같이 구성된다.

$$Y = A1 \cdot A2 + \overline{A1} \cdot \overline{A2} \tag{13.8}$$

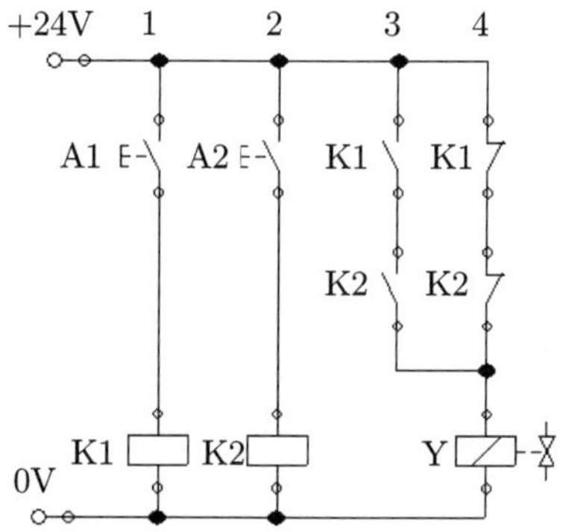

그림 13.15 XNR논리 회로(일치논리 회로)

XNR논리 회로의 진리표 및 타임차트는 그림 13.16과 같다.

입력		출력
A1	A2	Y
0	0	1
0	1	0
1	0	0
1	1	1

(a) 진리표

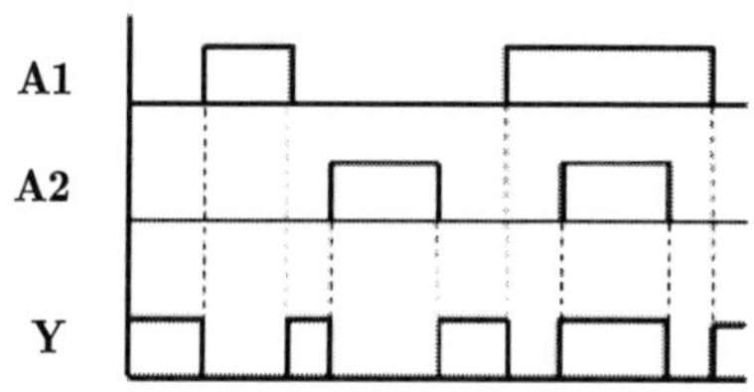

(b) 타임차트

그림 13.16 XNR논리 회로의 진리표 및 타임차트

CHAPTER

14 순수공압 기초회로

14.1 | 실린더의 전·후진 제어 회로

그림 14.1은 전진용 버튼과 후진용 버튼을 이용하여 실린더의 전진, 후진을 직접 제어할 수 있다.

이 회로에 사용한 양쪽 공기 작동형 5/2-way밸브는 메모리 기능을 갖는다. 즉, 전진용 버튼을 ON시키면 밸브 1.1의 좌측 포트에 공기압이 가해져 밸브의 위치가 변환하며, 따라서 실린더가 전진한다. 이 경우 전진용 버튼을 OFF시켜도 밸브의 위치는 변환된 위치를 그대로 유지하여 실린더의 전진상태를 유지한다. 이때 후진용 버튼을 ON시키면 밸브는 원래의 위치로 복귀하여 실린더가 후진한다.

그러나 좌측의 전진용 버튼을 ON시킨 상태에서 우측의 후진용 버튼을 ON시키면 밸

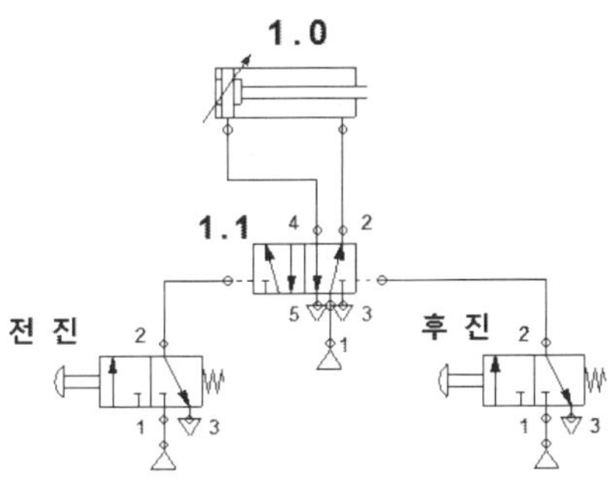

그림 14.1 실린더의 전후진 제어 회로

브의 위치가 전환될 수 없다. 이 경우에는 전진용 버튼을 OFF시킨 상태에서 후진용 버튼을 ON시켜야 된다.

14.2 | 자기유지 회로

기억회로라고도 하며, ON버튼을 터치하면 구동요소인 실린더가 전진하여 전진상태를 유지할 수 있도록 최종 방향제어밸브의 위치가 변환된 상태를 유지할 수 있는 회로를 말한다. 이 회로에는 OFF우선 자기유지 회로와 ON우선 자기유지 회로가 있다.

(1) OFF우선 자기유지 회로

그림 14.2와 같이 ON버튼(1.2)을 터치하면 1.1밸브의 위치가 변환되어 실린더가 전진하며, 1.4밸브와 1.1밸브 사이에서 압축공기가 계속하여 순환하면서 1.1밸브의 좌측포트에 공기압이 작용하게 되므로 자기유지 된다.

이때 OFF버튼(1.3)을 터치하면 순환공기가 배기되어 1.1밸브에 공기압이 작용하지 못하므로 자기유지가 해제되고 스프링력에 의해 위치가 복귀되어 실린더가 후진한다.

이 회로에서 ON버튼과 OFF버튼을 동시에 ON시키면 1.1밸브의 위치가 변환되지 않으므로 실린더가 작동하지 않는다. 따라서 **OFF우선 자기유지 회로**라 한다.

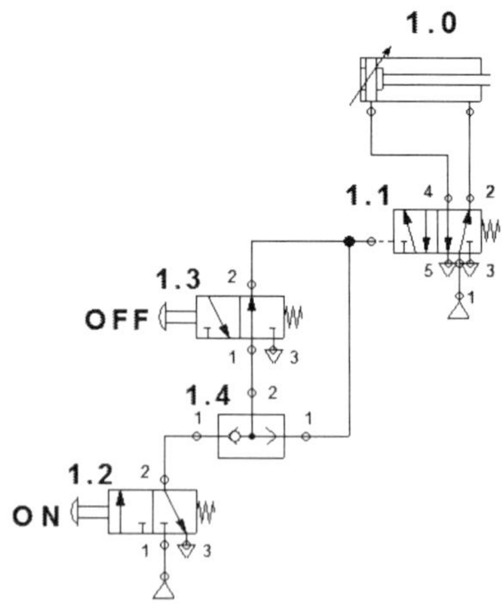

그림 14.2 OFF우선 자기유지 회로

(2) ON우선 자기유지 회로

그림 14.3의 회로에서 ON버튼(1.2)을 터치하면 1.1밸브의 위치를 변환시켜 실린더를 전진시키고, 일부의 압축공기는 1.4밸브와 1.3밸브를 순환하면서 1.1밸브의 좌측 제어포트에 계속 공기압을 가하므로 자기유지 된다.

이때 OFF버튼(1.3)을 터치하면 순환공기가 배기되어 1.1밸브의 좌측 제어포트에 공기압이 작용하지 못하게 되므로 자기유지가 해제되고, 1.1밸브는 스프링력에 의해 복귀되어 실린더가 후진한다.

ON버튼과 OFF버튼을 동시에 ON하면 1.1밸브의 좌측 제어포트에 공기압이 작용하게 되어 위치가 변환되므로 실린더는 전진한다. 따라서 이 회로를 **ON우선 자기유지 회로**라 한다.

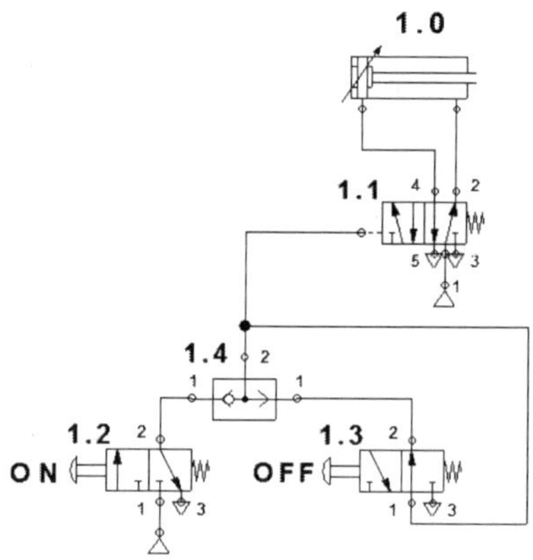

그림 14.3 ON우선 자기유지 회로

14.3 | 실린더의 1회 왕복회로

그림 14.4는 **실린더의 1회 왕복회로**로서, 실린더의 전진 단에 리밋밸브 1.3이 장착되어 있다. start버튼(1.2)을 터치하면 1.1밸브의 위치가 변환되어 실린더가 전진하고, 전진 완료 후 리밋밸브 1.3이 ON되면 1.1밸브의 위치가 복귀되므로 실린더는 후진하여 정지한다. 즉, 1회 왕복운동을 수행한다.

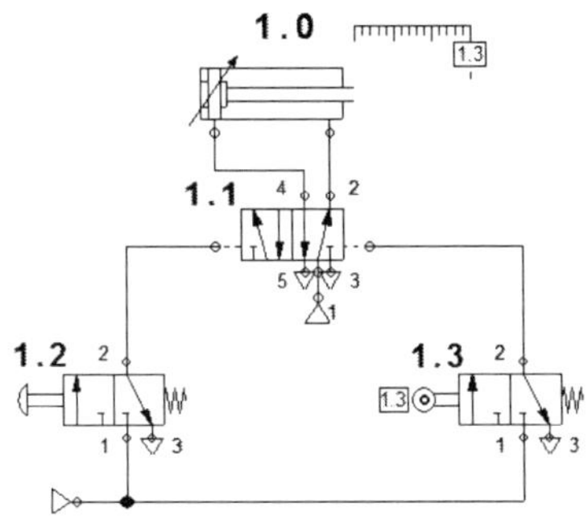

그림 14.4 1회 왕복운동 회로

14.4 | 실린더의 연속 왕복회로

그림 14.5는 **실린더의 연속 왕복회로**로서 실린더의 전·후진 단에 각각 리밋밸브가 장착되어 있다. 이 회로에서 start버튼(1.2, 유지형)을 ON시키면 최초에 리밋밸브 1.4가 작동 중에 있으므로 1.1밸브가 위치변환 되어 실린더가 전진하고, 전진이 완료되면 리밋밸브 1.3이 ON되어(이때 리밋밸브 1.4는 OFF됨) 실린더가 후진한다.

따라서 1회의 왕복운동이 종료되고 1.2버튼은 ON상태를 유지하고 있으므로 리밋밸브 1.4가 다시 ON됨으로서 새로운 사이클이 시작되어 왕복운동은 연속적으로 반복된다. 1.2버튼을 OFF시키면 실린더의 현 행정이 완료된 후 정지한다.

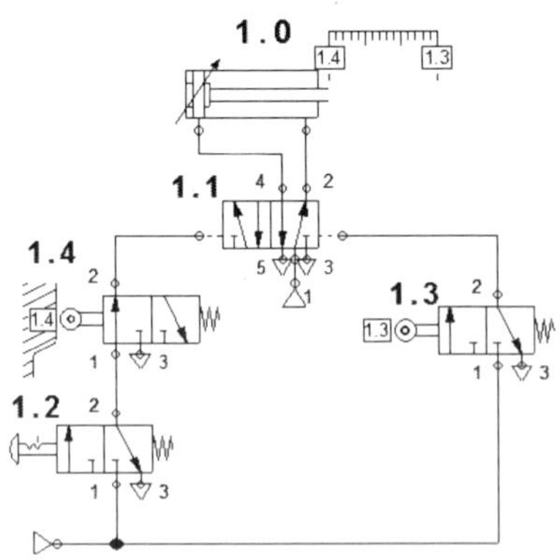

그림 14.5 연속 왕복운동 회로

14.5 | 압력제어 회로

그림 14.6은 실린더의 출력압력이 설정압력으로 되도록 제어하는 **압력제어 회로**이며, 실린더의 전진 단에 리밋밸브 1.5를 설치하였다.

1.2버튼(start버튼)을 터치하면 1.1밸브의 위치가 변환되어 실린더가 전진하고, 리밋밸브 1.5가 ON될 때 실린더의 좌측포트에 공급되는 공기압이 압력 시퀀스 밸브 1.3에서의 설정압력 이상이 되면 1.3밸브가 동작하여 1.1밸브의 위치가 복귀되므로 실린더가 후진할 수 있다. 여기서 압력시퀀스 밸브는 신호처리의 역할을 하게 된다.

만일 공기압력이 압력시퀀스 밸브 1.3의 설정압력보다 낮으면 1.3 밸브가 작동할 수 없으므로 실린더의 후진이 불가능하다.

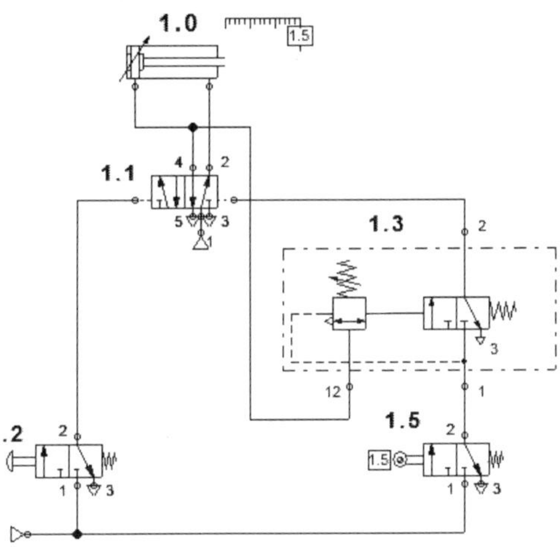

그림 14.6 압력 시퀀스제어 회로

14.6 | 플립-플롭회로

그림 14.7은 **플립-플롭(Flip-Flop)회로**로서, ON버튼을 터치하면 1.2밸브를 통과하는 압축공기가 1.3밸브를 ON시키므로 1.5밸브를 통과하는 압축공기가 1.1밸브를 위치변환 시켜 실린더가 전진한다. 이 상태에서 ON버튼을 OFF시켜도 1.3밸브를 통과한 압축공기의 일부가 셔틀밸브 1.2를 통해 1.3밸브의 좌측포트에 계속 공급되어 1.3밸브가 ON 상태를 유지하므로 실린더는 전진상태를 계속 유지한다.

한편 이때 OFF버튼을 터치하면 1.5밸브가 위치변환 되어 1.1밸브에 공급되던 압축공기가 1.5밸브의 배기포트를 통해 대기 중으로 방출되므로 1.1밸브의 좌측 제어포트에 공기압이 제거되어 밸브의 위치는 원래 상태로 복귀되며, 따라서 실린더가 후진하고 그 후진상태를 유지한다.

즉, 세트신호(ON버튼의 신호)를 ON시킨 후 제거해도 파일럿 신호에 의해 실린더의 전진상태가 계속 유지되며, OFF버튼을 ON시킨 후 제거해도 실린더의 후진상태가 유지되는 플립-플롭을 계속 형성한다.

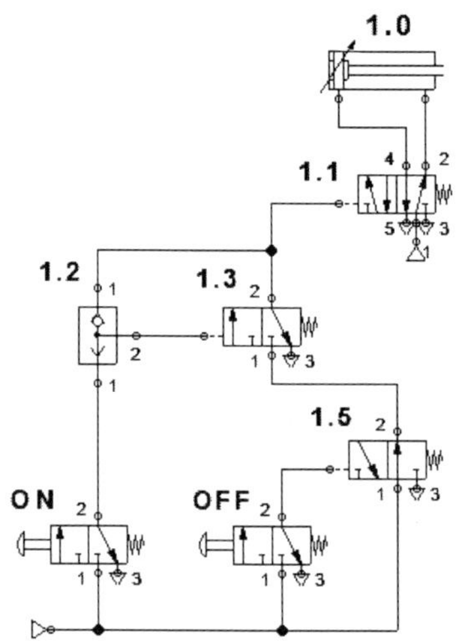

그림 14.7 플립-플롭회로

14.7 | 인터록 회로

그림 14.8은 **인터록(inter-lock) 회로**로서 1.2버튼(유지형)을 ON시키면 밸브 1.1의 위치가 변환되어 실린더가 전진한다. 이때 1.3버튼(유지형)을 ON시켜도 1.1밸브의 위치가 변환되지 못하므로 실린더가 후진할 수 없다. 이것은 1.1밸브가 양쪽 공기작동형 밸브이므로 상대 쪽 포트에 공기압이 작동 중에는 이쪽 포트에 공기압을 작동시켜도 밸브의 위치를 변화시킬 수 없는 특성 때문이다. 이와 같이 현재 포트의 공기압은 상대 쪽 포트의 작동을 잠근다고 하여 인터록 회로라 한다.

이때 1.2버튼을 OFF시키면 1.3버튼의 작동에 의해 실린더가 후진한다. 왜냐하면 잠금 상태가 해제되었기 때문이다.

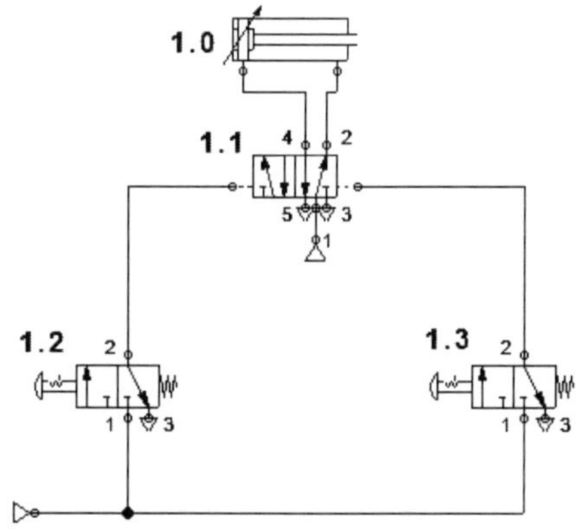

그림 14.8 인터록 회로

마찬가지로 처음에 1.3버튼(유지형)을 ON시키면 실린더는 후진상태를 유지하고, 이때 1.2버튼을 ON시켜도 실린더가 전진할 수 없다.

14.8 | 교번제어 회로

그림 14.9는 **교번제어 회로**로서, start버튼을 터치하면 1.1밸브의 위치가 변환되어 실린더가 전진한다. 이때 셔틀밸브 1.3에 의해 1.2밸브의 위치를 변환시킨다.

다시 start버튼을 터치하면 1.1밸브의 위치가 원래의 위치로 복귀되어 실린더가 후진한다. 이때 셔틀밸브 1.4에 의해 1.2밸브의 위치가 복귀되며, 또 start버튼을 터치하면 1.1밸브의 위치가 변환되어 실린더는 다시 전진한다.

결국 start버튼을 ON시킬 때마다 실린더는 전진/후진을 교대로 수행한다. 이와 같은 회로를 교번제어 회로라 한다.

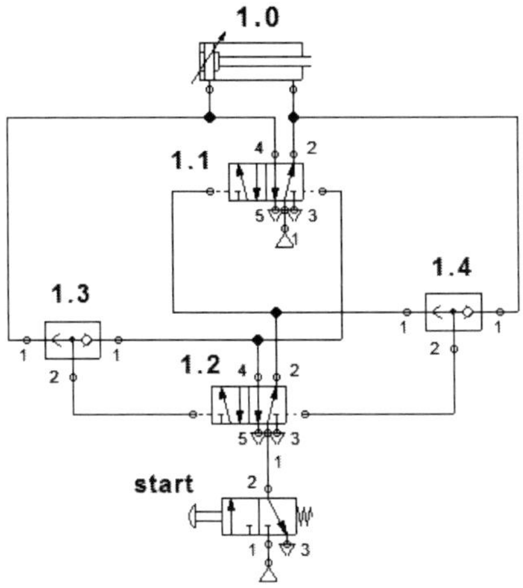

그림 14.9 교번제어 회로

14.9 | 시간제어 회로

그림 14.10은 **On delay timer회로**로서 실린더의 전후진단에 리밋밸브가 장착되어 있다. start버튼을 터치하면 후진단 리밋밸브 S1이 ON상태이므로 1.1밸브의 위치가 변환되어 실린더가 전진한다. 전진이 완료되면 전진단 리밋밸브 S2가 ON되며(이때 리밋밸브 S1은 OFF됨) ON delay timer 1.3의 제어포트 12에 공기압이 공급되고, 타이머에서 설정한 시간이 경과하면 타이머가 작동하여 1.1밸브의 우측 제어포트에 공기압이 작용

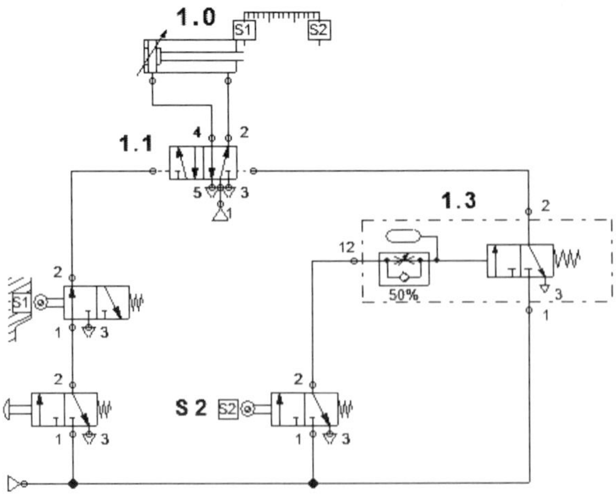

그림 14.10 시간제어 회로(On delay timer회로)

하므로 밸브의 위치가 복귀되어 실린더가 후진한다.

따라서 입력신호 S2가 ON된 후 설정시간이 경과한 시점에서 후진의 출력이 나오는 회로를 ON delay timer회로라 한다.

14.10 | 펄스 회로

그림 14.11은 **펄스(Pulse) 회로**이다. start버튼(유지형)을 ON시키면 Pulse timer 1.3이 ON되어 1.1밸브의 위치를 변화시키므로 실린더가 전진한다. 그 후 타이머에서 설정한 시간이 지나면 타이머 1.3이 OFF되므로 공기압이 대기로 방출되어 1.1밸브의 좌측 제어포트에 공기압이 제거되고 스프링에 의해 위치가 복귀된다. 따라서 실린더는 후진한다.

이와 같이 입력신호에 의해 출력이 설정시간 동안 ON되었다가 그 시간이 지나면 출력이 OFF되는 회로를 펄스 회로라 한다.

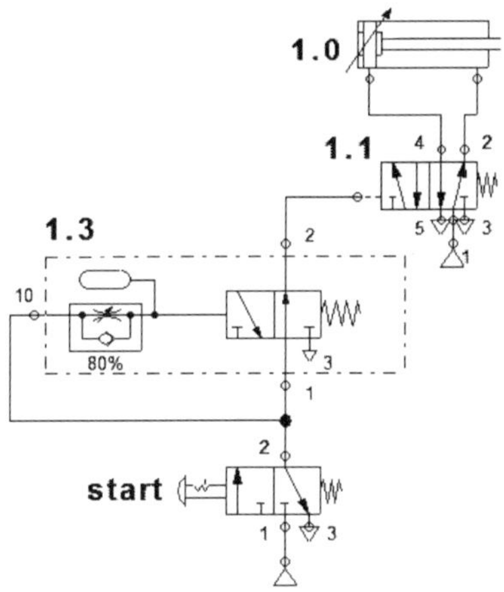

그림 14.11 펄스 회로

14.11 | 플리커 회로

플리커(Flicker) 회로는 한시타이머(On delay timer)를 이용하여 출력신호를 반복해서 ON/OFF시키는 회로이다. 즉 출력의 점멸동작이 가능하며, 점멸시간을 설정할 수 있다.

그림 14.12는 플리커 회로로서 On delay timer 1.6과 1.5에서 설정시간을 설정하고

start버튼(유지형)을 ON하면 타이머 1.6에서 설정한 시간 후에 1.1밸브의 위치가 변환하여 실린더가 전진한다. 전진이 완료되면 리밋밸브 1.3이 ON되며 타이머 1.5에서의 설정시간이 경과하면 그 타이머를 경유한 공기압이 1.1밸브의 우측 제어포트에 작용하여 1.1밸브의 위치가 복귀되므로 실린더가 후진한다.

이러한 동작은 start버튼을 OFF시킬 때까지 계속 된다.

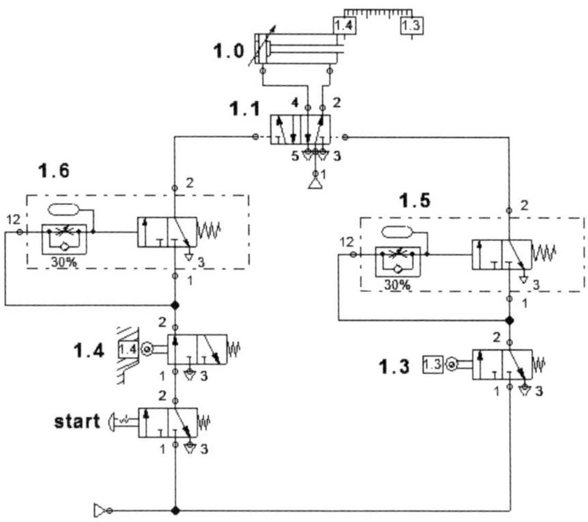

그림 14.12 플리커 회로

14.12 | 계수 회로

그림 14.13은 **계수(counter) 회로**로서 복동 실린더의 전후진단에 각각 리밋밸브가 설치되어 있고 계수기가 설치되어 있는 시스템이다.

start버튼(유지형)을 ON시키면 실린더의 후진 단에 장착되어 있는 리밋밸브 LS1이 ON상태이므로 1.1밸브의 위치가 변환되어 실린더가 전진한다. 전진이 완료되면 리밋밸브 LS2가 ON되어 셔틀밸브 1.5를 통과하여 1.1밸브의 위치를 복귀시키므로 실린더가 후진함으로써 1회의 왕복운동이 완료된다. 이때 계수기 1.3의 횟수는 1만큼 계수(감소)한다.

start버튼은 ON상태를 유지하고 있으므로 1회 왕복운동이 완료된 후 새로운 사이클이 시작되어 위와 같은 과정이 반복되며, 3회의 왕복운동을 완료하면 계수기 1.3이 작동하여 횟수가 0이 되면서 그 접점이 연결되어 1.1밸브의 우측 제어포트에 공기압이 작동하므로 실린더가 후진하여 정지한다.

이때 start버튼은 ON상태이므로 1.1밸브의 좌측 제어포트에 공기압이 작용해도 우측 제어포트에 압축공기가 작동하고 있으므로 1.1밸브의 위치변환이 불가하여 실린더는 더 이상 작동하지 않는다.

이 경우에 reset버튼을 ON시키면 계수기가 리셋 되어 초기화 되며 다시 새로운 사이클이 작동하게 되어 3회의 왕복운동이 시작된다.

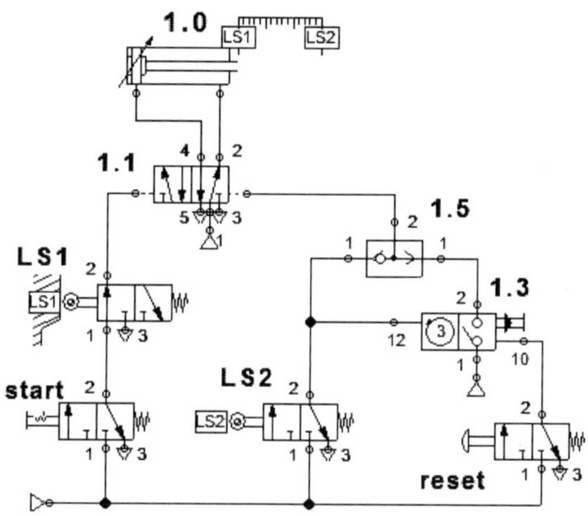

그림 14.13 계수(카운터)회로

CHAPTER

15 순수공압 시퀀스 제어회로

공압을 이용하는 대부분의 자동화 장치는 직선운동 액추에이터(실린더 등)나, 회전운동 액추에이터(모터 등)가 2개 이상으로 구성되어 그 장치가 요구하는 제어순서와 작동기능에 따라 각 단계를 순차적으로 작동한다. 이와 같은 제어를 **시퀀스 제어**(sequence control)라 하고, 그 시스템을 시퀀스 제어시스템(sequence control system)이라 한다.

이 제어계에서는 기계가 수행할 동작을 순서대로 기억시켜 놓고, 시동버튼을 누르면 제어장치가 각 단계를 순서에 따라 최종 단계까지 수행한다. 시퀀스 제어는 각종 작업을 개시하여 종료단계까지 가기 위한 순차제어(프로그램 제어)와 조건제어 및 시간제어(타이밍 제어)를 목표로 한다.

15.1 | 변위단계선도와 제어선도

(1) 변위단계선도

여러 개의 실린더를 정해진 순서에 따라 순차적으로 작동시키는 경우, 그 변위를 각 실린더별, 단계별로 도표화한 것을 **변위단계선도**(displacement step diagram)라 하며, **시퀀스 차트**(sequence chart)라고도 한다.

이 선도는 작동단계에 따라 실린더(피스톤)의 변위를 다음의 원칙에 따라 작성한다.

① 각 실린더별로 일정한 간격의 두 평행선을 그리고, 실린더 사이의 간격은 그 간격의 약 1/2 간격으로 띄운다.

② 전 시스템의 "단계 수+1"만큼의 단계선(스텝선: 수직선)을 실린더의 작동시간과 관계없이 동일한 간격으로 그린다.

③ 실린더의 동작은 단계번호선(스텝번호선: 1, 2 …)에서 변화시켜 그린다.

④ 작동상태의 표시는 전진상태의 경우는 상향 대각선, 후진상태의 경우는 하향 대각선, 정지상태는 수평선으로 표시하며, 후진상태는 0, 전진상태는 1로 표시한다.

⑤ 리밋밸브나 센서 등이 작동하는 위치는 단계선상이며, 그 작동에 뒤따르는 실린더의 작동 개시점까지 화살표로 연결한다.

⑥ 최종 단계선은 바로 최초 단계선과 일치함을 의미한다.

실린더의 변위단계에 대한 표현은 약술기호로서 전진운동의 경우는 (+) 기호, 후진운동의 경우는 (-) 기호를 실린더의 명칭 뒤에 붙여 순서에 따라 나타낸다.

예로서 실린더 "A전진→B전진→A후진→B후진"의 작동순서를 약술기호로 나타내면 다음과 같다.

$$A+B+A-B-$$

(2) 제어선도

제어선도(control diagram)는 실린더의 작동에 따라 리밋밸브나 센서 등의 작동상태를 나타내는 선도로서, 각 리밋밸브별로 세로축은 작동스텝, 가로축은 그 밸브의 ON(선 1 상에 표시), OFF(선 0 상에 표시) 상태를 펄스 형태로 나타내며, 일반적으로 제어선도는 변위단계선도의 아래쪽에 나타낸다.

(3) 변위단계선도와 제어선도의 예

그림 15.1과 같이 두 개의 실린더 A 및 B의 공기압 시스템에서 작동순서를 다음과 같이 제어한다.

· 작동순서 : 실린더 A전진→B전진→A후진→B후진 ($A+B+A-B-$)

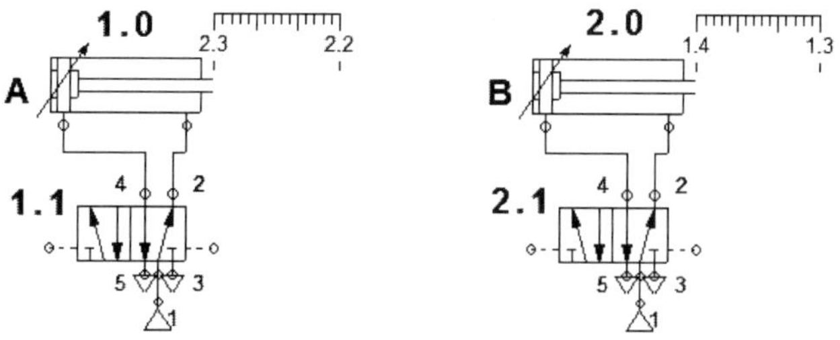

그림 15.1 공압시스템

그림 15.2는 두 개의 실린더 A와 B의 작동순서가 실린더 A전진→B전진→A후진→B후진 $(A+B+A-B-)$인 경우의 변위단계선도와 제어선도를 함께 표시한 선도이다.

이 선도의 작동상태를 기술하면 다음과 같다.

위의 공압시스템이 초기상태에서 리밋밸브 1.4가 ON상태이며, start버튼(Ⓢ)을 ON시키면 실린더 A가 전진하고, 실린더 A의 전진이 완료되면 리밋밸브 2.2가 작동하여 실린더 B를 전진시킨다. 실린더 B의 전진이 완료되면 리밋밸브 1.3이 작동하여 실린더 A를 후진시키고, 실린더 A의 후진이 완료되면 리밋밸브 2.3이 작동하여 실린더 B가 후진함으로서 한 사이클이 완료된다.

그러면 리밋밸브 1.4가 작동상태에 있게 되므로 start버튼을 다시 ON시키면 새로운 사이클을 수행할 수 있다.

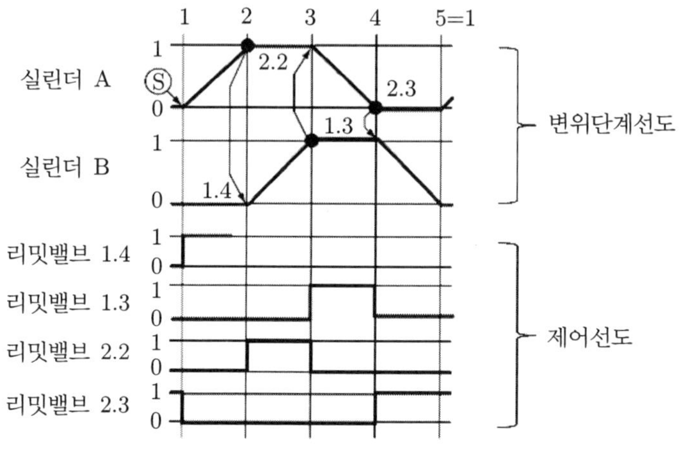

그림 15.2 변위단계선도와 제어선도$(A+B+A-B-)$

15.2 | 신호간섭현상과 간섭현상의 신호제거

제어선도에서는 각 실린더에 사용하는 최종 방향제어밸브의 양쪽 제어포트에 공기압이 동시에 공급되는지를 검토할 수 있으며, 제어선도 상에서 각 실린더에 장착된 리밋밸브들이 동일한 스텝영역에서 ON상태인 경우에 실린더의 전진제어신호와 후진제어신호가 동시에 작용하게 된다. 이러한 경우에는 먼저 입력된 신호만 유효하고, 늦게 입력된 신호는 작용하지 못한다. 이러한 상태를 **신호중복** 또는 **신호간섭현상**이라 한다.

그림 15.2에서는 실린더 A를 동작시키는 1.4 및 1.3의 리밋밸브가 동일 스텝영역에서 작동하지 않으며, 실린더 B를 동작시키는 2.2 및 2.3의 리밋밸브도 동일 스텝영역에서 작동하지 않으므로 신호간섭현상은 발생하지 않고 있다.

만일 제어선도를 작성하여 신호간섭현상이 발생하게 되면 실린더가 작동하지 못하거나, 제어조건에 맞지 않는 동작을 하게 되므로 간섭현상을 제거해야 한다.

이러한 신호간섭현상을 해결하기 위해서는 다음과 같은 방법을 이용할 수 있다.

① 두 개의 리밋밸브 중 어느 하나는 방향성 리밋밸브를 사용하는 방법
② 공압 펄스타이머를 추가하는 방법(시간제어도 동시에 가능한 방법)
③ 회로를 캐스케이드 회로로 구성하는 방법
④ 회로를 스테퍼 회로로 구성하는 방법(전기공압 회로에 해당)
⑤ 시프트 레지스터 모듈을 이용하는 방법 등이 있다.

이 절에서는 방향성 리밋밸브를 이용하는 방법과, 공압 펄스타이머에 의한 신호제거 방법을 소개하고, 그 회로의 예는 15.4절에서 기술한다. 그리고 캐스케이드 회로 구성방법은 15.5절에서 기술한다.

15.2.1 방향성 리밋밸브에 의한 신호간섭의 제거방법

리밋밸브에 의하여 최종 제어요소인 방향제어밸브의 양쪽 제어포트에 입력신호가 동시에 주어지는 경우에는 신호간섭(신호 중복)을 피하기 위하여 방향성 롤러 리밋밸브(그림 15.3 참조: 3/2-way 방향성 롤러 리밋밸브)를 사용하여 불필요한 신호를 제거할 수 있다.

방향성 롤러 리밋밸브는 한쪽 방향으로만 작동하므로 실린더의 전진 또는 후진이 완

료되기 직전에 작동하도록 완료위치 전에 설치하면 피스톤로드의 캠이 롤러를 작동시키고 지나가게 되어 신호가 펄스신호로 바뀐다. 따라서 그 방향성 롤러 리밋밸브는 계속 ON상태가 아니라 바로 OFF상태로 바뀌게 되어 동시 2중 신호가 발생하지 않게 된다.

이러한 방향성 롤러 리밋밸브를 사용하는 경우에는 그 설치위치를 정확하게 잡아야 하며, 작업완료 위치에서 작동된 상태를 유지할 수 없으므로 지속적인 동작제어 및 감시 등의 목적으로는 적합하지 않다.

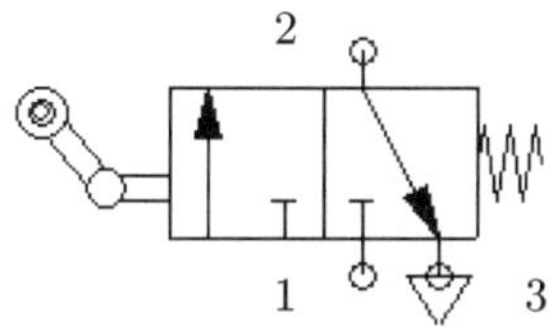

그림 15.3 방향성 롤러 리밋밸브

15.2.2 펄스 타이머에 의한 신호제거

그림 15.4는 공압 펄스 타이머이다. 정상상태 열림형 시간지연밸브를 이용하여 압축공기 공급라인(P)과 밸브의 제어라인(Z)을 연결하면 결국 펄스 시간제어회로가 되며, 펄스신호가 얻어져 신호출력(A)을 Δt 시간 후에 자동적으로 제거하여 신호중복을 피할 수 있다.

이 경우에는 타이머를 구성하는 유량제어밸브의 교축 정도를 적절히 조절해야 하며, 따라서 정교한 제어에 사용할 경우는 그 조절이 복잡하고, 또 비용이 많이 든다.

그러나 방향성 리밋밸브를 사용해야 하는 위치에 보통 리밋밸브를 사용하고 그 밸브와 직렬로 펄스 타이머를 연결하여 사용하게 되면 신호제거뿐 아니라 시간제어도 가능한 방법이 될 수 있다.

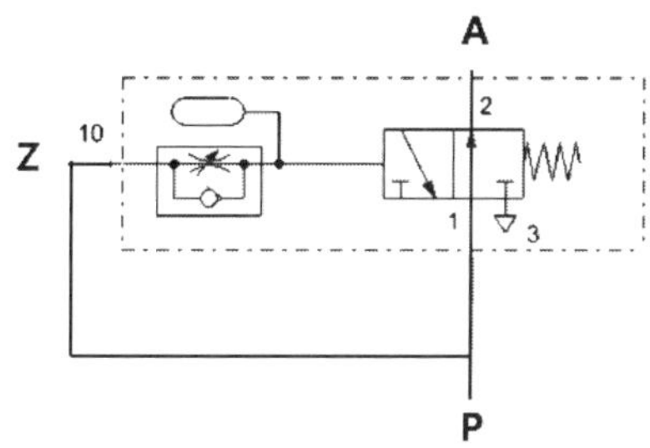

그림 15.4 펄스 타이머

15.3 | 시퀀스제어 회로의 설계순서

여러 개의 구동요소(실린더)에 대한 제어의 순서가 정해졌다면 변위단계선도 및 제어선도를 작성하여 시퀀스제어를 위한 회로도를 작성한다. 이때 제어선도로부터 신호중복이 확인되면 상기한 15.2절의 방법들을 이용하여 신호중복을 제거한 후 회로도를 다시 작성한다. 그리고 부가조건이 있는 경우에는 그 조건들을 고려하여 작성된 회로를 단계별로 확장시켜 작성해야 한다.

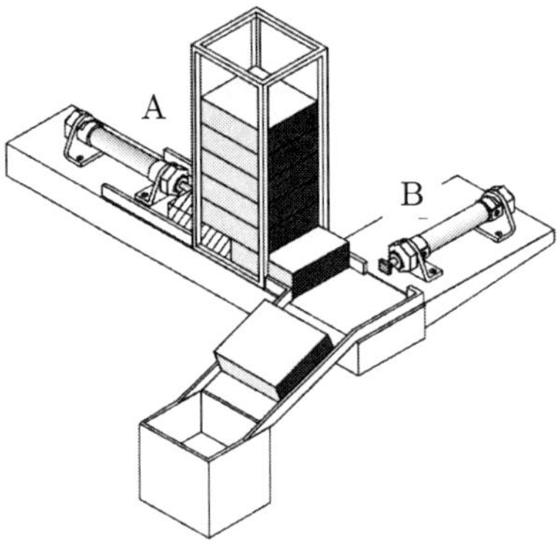

그림 15.5 매거진 내 공작물 이송장치

여기서는 전절에서 언급한 A, B 두 개의 실린더를 갖는 시스템(그림 15.5)이 $A+B+A-B-$의 제어(신호중복이 없는 경우)를 위한 회로를 설계하기로 하며, 일반적으로 회로도는 다음의 과정에 따라 설계도를 작성한다.

① 구동요소(공압실린더, 공압모터 등)를 그린다.

② 각 구동요소에 관련된 최종 제어요소(방향제어밸브)를 그린다.

③ 최종 제어요소에 대한 신호입력요소를 그린다. 최종 제어요소가 메모리밸브(양쪽 공기작동형 밸브)인 경우에는 2개의 신호가 필요하므로 각 메모리밸브마다 2개의 신호요소를 그린다. 만일 최종 제어요소가 스프링 복귀형인 경우에는 신호요소가 1개 필요하다. start버튼을 초기 제어과정에 구성한다.

④ 에너지 공급선과 신호제어선을 그린다.

⑤ 각 요소에 번호를 붙인다(구동요소에는 1.0, 2.0, …, 최종 방향제어밸브에는 해당 구동요소의 번호에 소수점 첫 자리에 1을 붙여 1.1, 2.1, …, 리밋밸브에는 그 밸

브가 작동방향을 제어하게 되는 구동요소의 번호에 소숫점 첫 자리에 전진역할인 경우에는 짝수(1.2, 1.4, 2.2, …) 후진역할인 경우에는 홀수(1.3, 1.5, 2.3, …)를 부여하며, 제어요소(AND밸브, OR밸브 등)에도 동일한 방법을 적용한다. 공기압 공급요소에는 0.1, 0.2, …와 같이 숫자에 소수점 첫 자리는 순서대로 1, 2, …을 붙인다.

⑥ 변위단계선도를 고려하여 각 구동요소에 리밋밸브를 배열하여 회로를 구성한다.

⑦ 제어선도를 고려하여 신호단락이 필요한 곳을 확인한다. 각 구동요소마다 최종 제어요소에 전진 및 후진신호가 동시에 ON되어 있는가를 확인한다.
(위의 예에서는 밸브 1.4와 1.3, 그리고 밸브 2.2와 2.3이 동시에 ON상태인 영역이 없으므로 간섭현상은 발생하지 않는다.)

⑧ 신호입력요소에 작동 제어부를 그린다.

⑨ 필요한 곳에는 보조조건을 추가한다.

①~③의 과정을 그림 15.6에 나타내었으며, ①~⑥의 과정을 그림 15.7에 나타내었다.

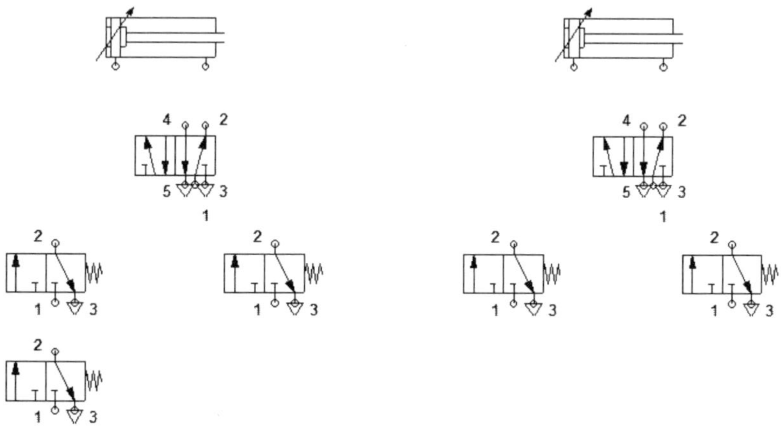

그림 15.6 ①~③의 과정

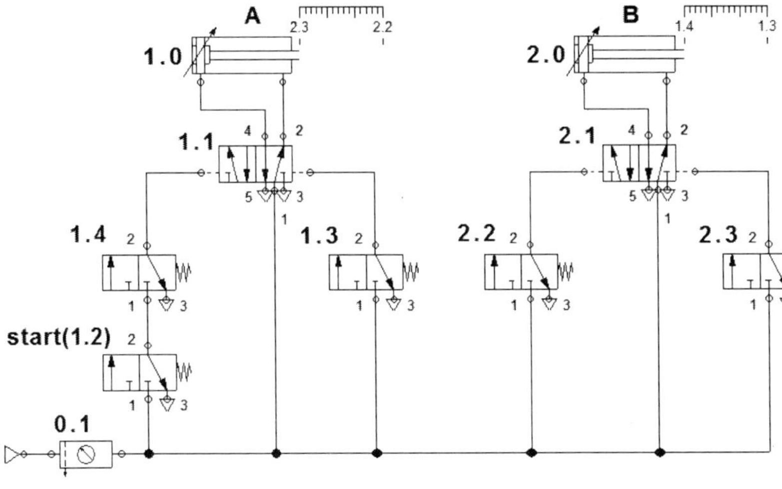

그림 15.7 ①~⑥의 과정

①~⑧의 과정을 나타내면 그림 15.8과 같으며, 실린더 A와 B가 모두 후진상태인 조건에서만 회로가 작동하는 부가조건을 모두 적용하여 ①~⑨의 전 과정을 나타내면 그림 15.9와 같다. 밸브 1.4와 2.3은 피스톤 로드의 캠에 의해 작동된 상태로 표시되고 있다.

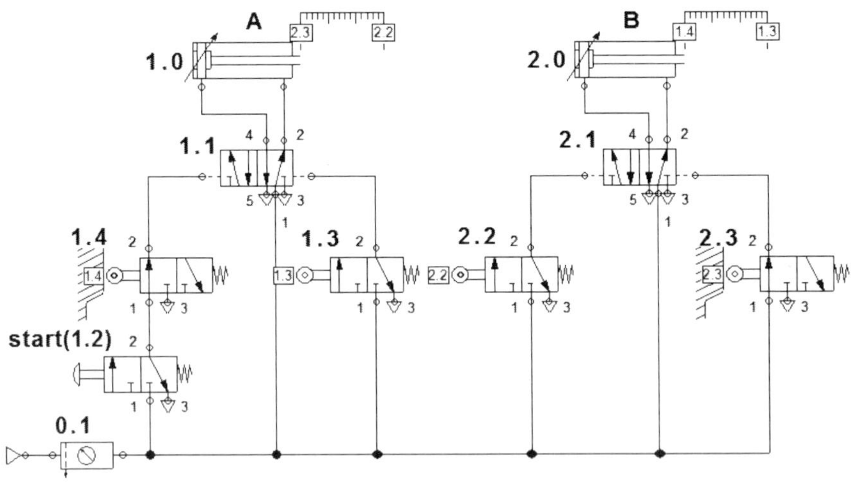

그림 15.8 ①~⑧의 과정

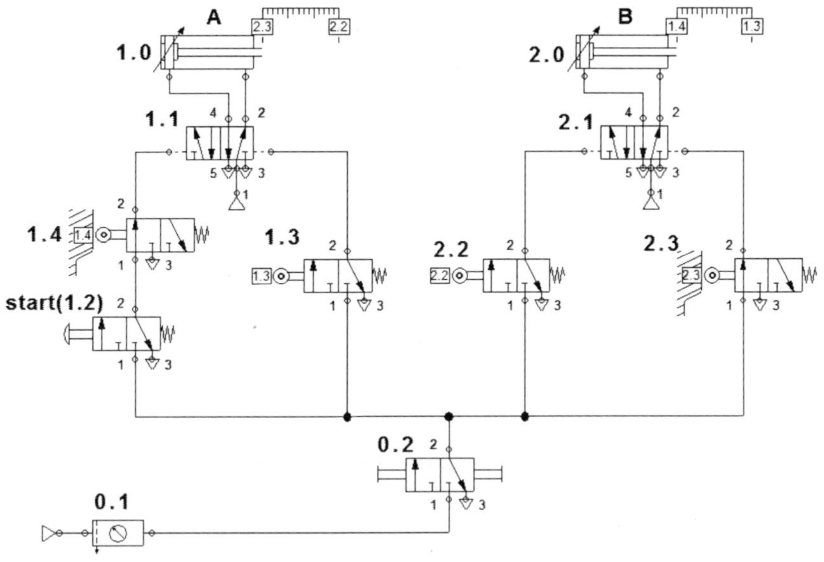

그림 15.9　①~⑨의 전 과정

15.4 | 신호간섭이 발생하는 회로의 설계

(1) $A+B+B-A-$의 시퀀스제어 회로

드릴머신에서 두 개의 실린더 A, B의 제어시스템(그림 15.10)에서 $A+B+B-A-$의 시퀀스제어 회로를 설계한다. 공작물이 중력 매거진(소재 공급기)에 충전되어 있는 경우, 시동 스위치를 ON시키면 실린더 A가 전진함으로서 공작물을 작업위치로 이송하여 클램프하고, 실린더 B(드릴)가 전진하여 구멍가공 한 후 복귀한다. 그 후 실린더 A가 후진하여 복귀한다.

이 시퀀스에 대한 변위단계선도 및 제어선도는 그림 15.11과 같이 작성된다.

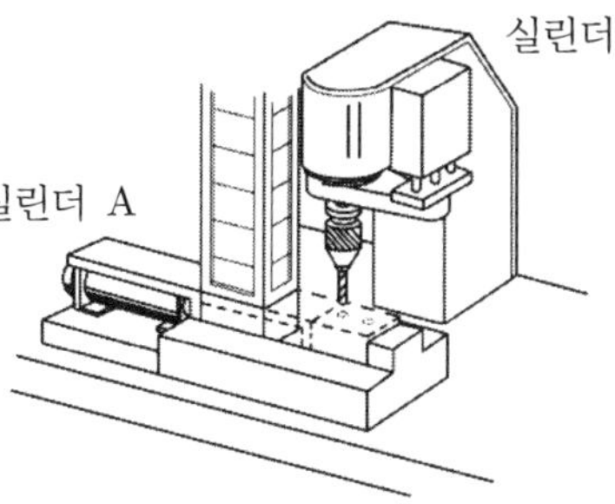

그림 15.10　드릴머신의 구성도

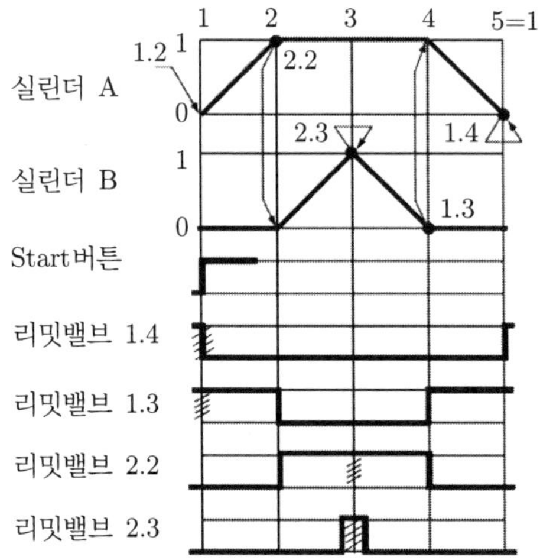

그림 15.11 변위단계선도 및 제어선도($A+B+B-A-$)

제어선도로부터 실린더 A의 동작에 관련되는 리밋밸브 1.4와 1.3이 1단계에서 신호간섭현상이 발생하고, 또 실린더 B에 관련되는 리밋밸브 2.2와 2.3이 3단계 전후에서 신호간섭현상이 발생하고 있다.

이러한 경우 리밋밸브의 작동시간이 오래 지속되는 1.3과 2.2밸브의 제어신호를 펄스신호(pulse signal)로 하여 신호 중복을 제거해야 한다. 그림 15.12는 1.3과 2.2의 리밋밸브를 방향성 롤러 리밋밸브로 설치한 경우의 회로도이다.

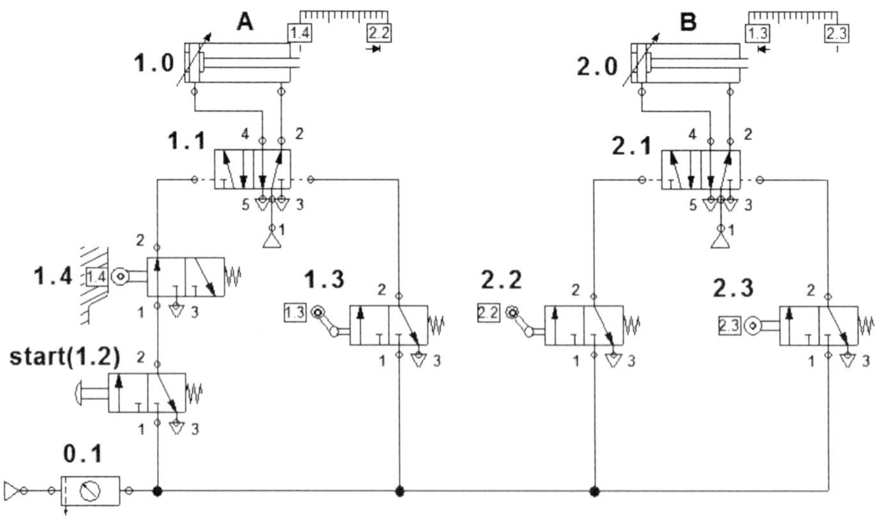

그림 15.12 A+B+B−A−회로(방향성 리밋밸브 이용)

이 회로에서 실린더 A가 전진 시 전진 단에 설치하는 방향성 리밋밸브 2.2의 장착위치는 전진 단으로부터 좌측 방향으로 피스톤로드 단에 설치되어 있는 캠의 길이 이상 떨어진 위치에 장착함으로서 실린더가 완전히 전진한 상태에서는 2.2밸브가 OFF상태가 되어야 한다.

또한 실린더 B의 후진 단에 설치하는 방향성 리밋밸브 1.3의 장착위치는 후진 단으로부터 우측방향으로 피스톤로드 단의 캠 길이 이상 떨어진 위치에 장착시켜 실린더 B가 완전히 후진한 상태에서는 1.3밸브가 OFF상태로 되어야 한다.

그런데 이 장치에서는 동작제어의 특성상 리밋밸브 2.2를 방향성 리밋밸브로 하게 되면 실린더 A가 공작물의 완전한 클램핑 상태를 유지하지 못한 상태에서 드릴링을 하게 될 수 있다. 따라서 리밋밸브 2.2에 펄스신호로 바꾸어 줄 펄스 타이머를 이용한 회로도가 그림 15.13이다.

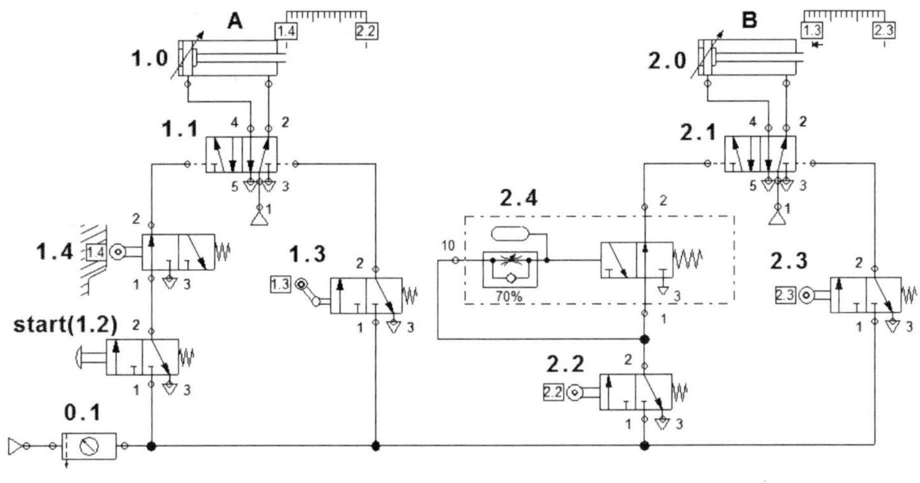

그림 15.13 A+B+B−A−회로(방향성 리밋밸브와 펄스 타이머 이용)

(2) $A+A-B+B-$의 시퀀스제어 회로

그림 15.14는 2개의 실린더 A, B를 이용하여 직방체인 공작물의 한 면에 스탬핑(stamping) 작업을 위한 스탬핑 작업기이다. 이 장치에서 공작물은 수동으로 홀더(holder)에 장착한다.

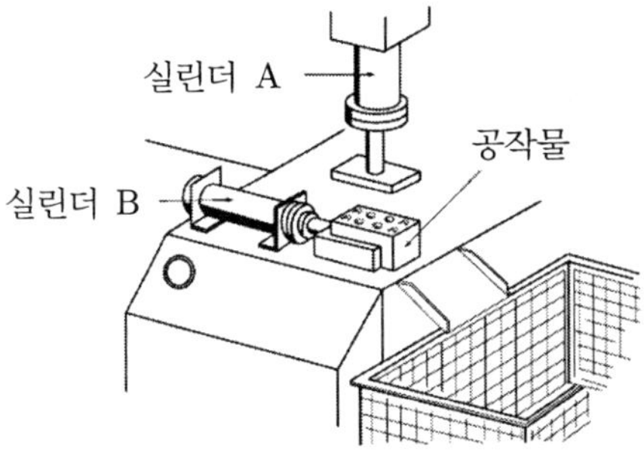

그림 15.14 스탬핑 작업기

제어조건은 다음과 같다.

시동스위치를 ON시키면 실린더 A가 전진하여 공작물의 윗면에 스탬핑 작업을 하고 귀환한다. 그 후 실린더 B가 전진하여 공작물을 상자 속으로 밀어 넣은 후에 복귀하는 장치이다.

이 시퀀스를 위한 변위단계선도 및 제어선도는 그림 15.15와 같다. 이 선도에서 실린더 A의 동작에 관련되는 리밋밸브 1.4와 1.3이 2단계에서 신호 중복(간섭)이 일어나며, 또한 실린더 B의 동작에 관련되는 리밋밸브 2.2와 2.3이 4단계에서 신호간섭이 발생한다.

실린더 B에 관련되는 신호 중복은 리밋밸브 2.2를 방향성 리밋밸브로 사용하여 해결할 수 있다. 그런데 실린더 A에 관련되는 신호 중복은 start버튼을 눌렀다가 떼면 메인밸브 1.1의 좌측 제어라인에 입력된 제어신호가 작동한 후 공기는 바로 배기되므로 밸

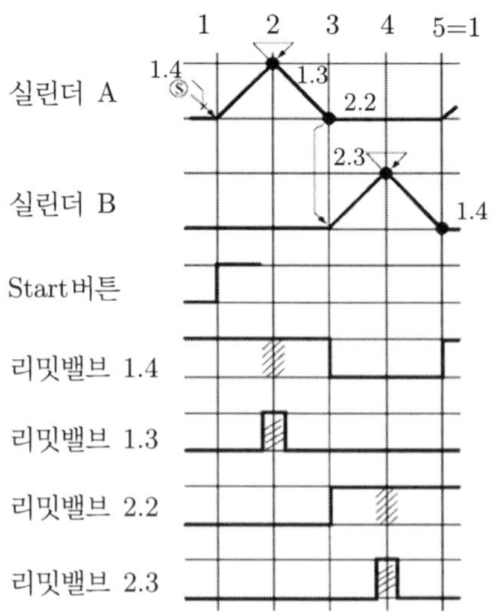

그림 15.15 변위단계선도 및 제어선도($A+A-B+B-$)

브 1.3이 작동 시 밸브 1.1의 위치 변환이 가능하다(펄스 타이머를 리밋밸브 1.4와 직렬 연결시키면 확실하게 간섭현상을 제거할 수 있다). 따라서 방향성 리밋밸브나 펄스 타이머를 사용하지 않아도 된다.

그러나 start버튼을 오랫동안 ON상태로 하게 되면 간섭현상이 발생하여 실린더 A가 후진할 수 없게 된다. 회로도는 그림 15.16과 같다.

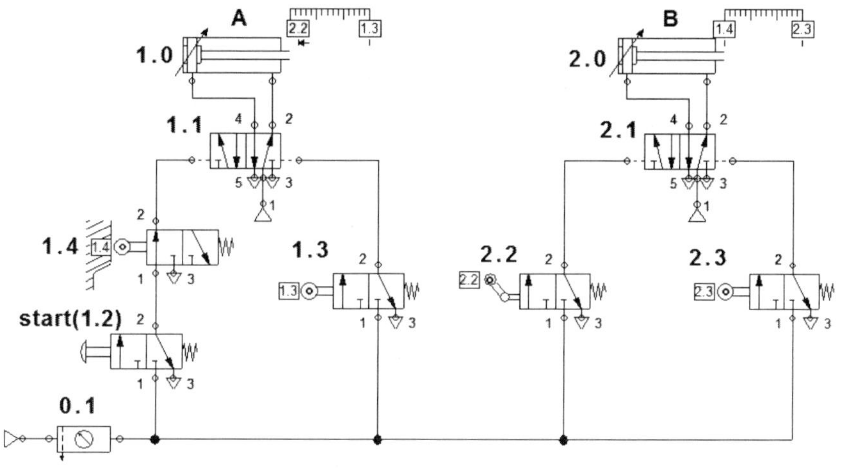

그림 15.16 $A+A-B+B-$ 시퀀스 회로

(3) $A+B+B-C+C-A-$의 시퀀스제어 회로

그림 15.17은 실린더 3개 A, B, C를 이용하는 벤딩머신이다. 이 장치에서 소재(공작물)는 수동으로 장착한다. 실린더 A가 전진하여 공작물을 클램핑 하면 실린더 B가 전진하여 공작물을 1차 벤딩한 후 바로 후진한다. 그 후 실린더 C가 전진하여 공작물을

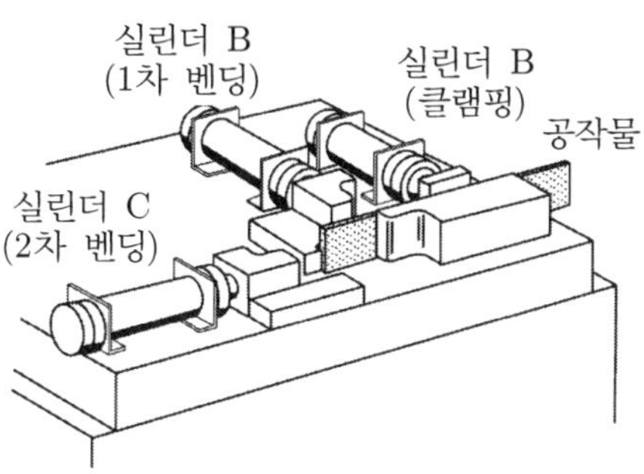

그림 15.17 벤딩머신

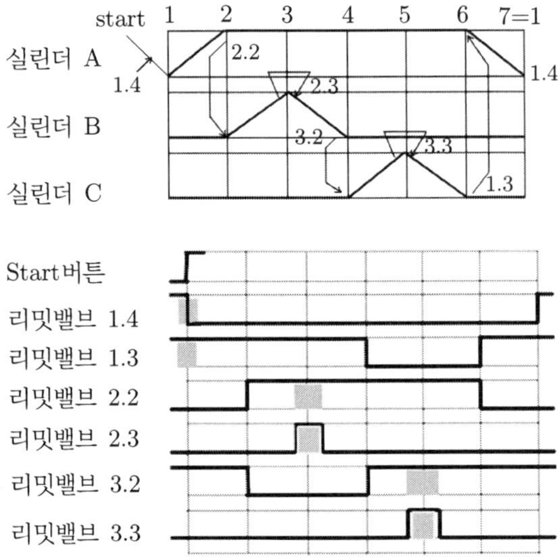

그림 15.18 변위단계선도 및 제어선도($A+B+B-C+C-A-$)

2차 벤딩한 후 복귀하며, 최종단계로서 공작물의 클램핑을 해제하기 위해 실린더 A가 후진한다.

이 과정을 변위단계선도 및 제어선도로 나타내면 그림 15.18과 같이 표시할 수 있으며, 이 선도에서 모든 실린더에서 신호 중복 현상이 발생한다. 즉 실린더 A에 관련되는 1.4와 1.3의 리밋밸브의 신호 중복, 실린더 B에 관련되는 2.2와 2.3의 리밋밸브의 신호 중복, 실린더 C에 관련되는 3.2와 3.3의 리밋밸브의 신호 중복이 발생하고 있다.

따라서 리밋밸브 1.3, 2.2, 3.2를 방향성 리밋밸브로 대치하여 회로도를 설계하면 그림 15.19와 같이 된다.

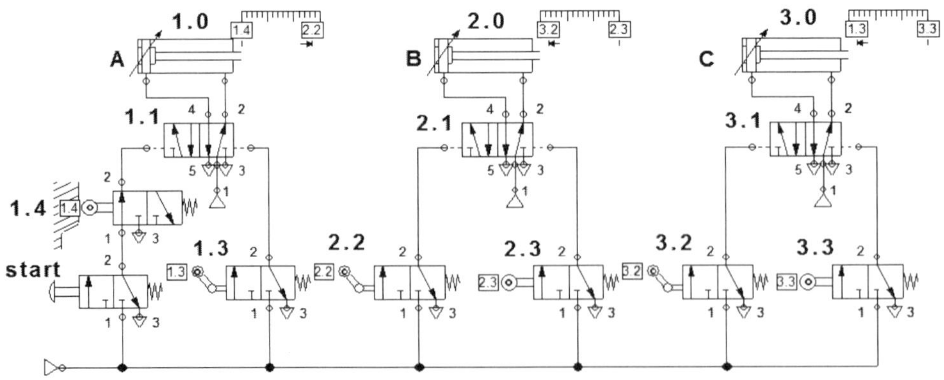

그림 15.19 $A+B+B-C+C-A-$ 시퀀스 회로

(4) $A+B+B-C+$ 3초 동시($A-C-$)의 시퀀스제어 회로

그림 15.17의 벤딩머신에서 소재(공작물)는 수동으로 장착하며, 제어동작을 $A+B+B-C+$ 3초 동시($A-C-$)의 시퀀스로 제어하고자 한다. 즉 소재를 장착한 후 start버튼을 터치하면 실린더 A가 전진하여 소재를 클램핑하고, 실린더 B가 전진하여 소재를 1차 벤딩한 후 바로 후진한다. 실린더 B의 후진이 완료되면 실린더 C가 전진하여 2차 밴딩을 하고 3초 후에 실린더 A와 실린더 C가 동시에 후진한다.

이 과정을 변위단계선도 및 제어선도로 나타내면 그림 15.20과 같이 표시할 수 있으며, 이 선도에서 실린더 B(리밋밸브 2.2와 2.3의 관련)와 실린더 C(리밋밸브 3.2와 3.3의 관련)에서 신호 중복 현상이 발생한다.

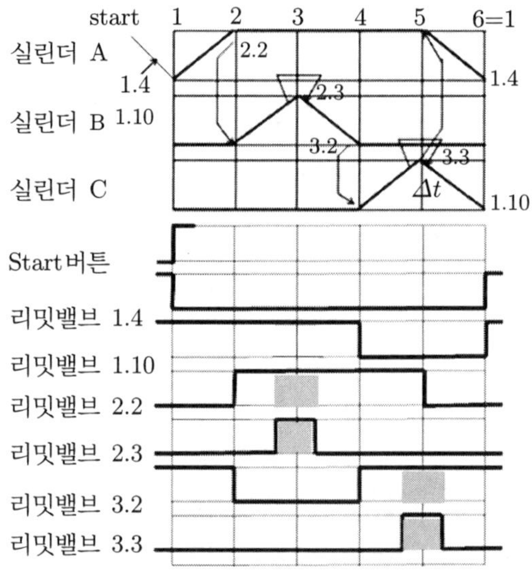

그림 15.20 변위단계선도 및 제어선도[A+B+B−C+ 3초 동시(A−C−)]

따라서 리밋밸브 2.2와 3.2를 방향성 리밋밸브로 대치하여 회로도를 설계하면 그림 15.21과 같이 된다(3.5는 타이머이며, 리밋밸브 3.3이 ON된 후 3초 후에 압축공기가 1.1가 3.1 밸브의 우측 제어 포트에 작용한다).

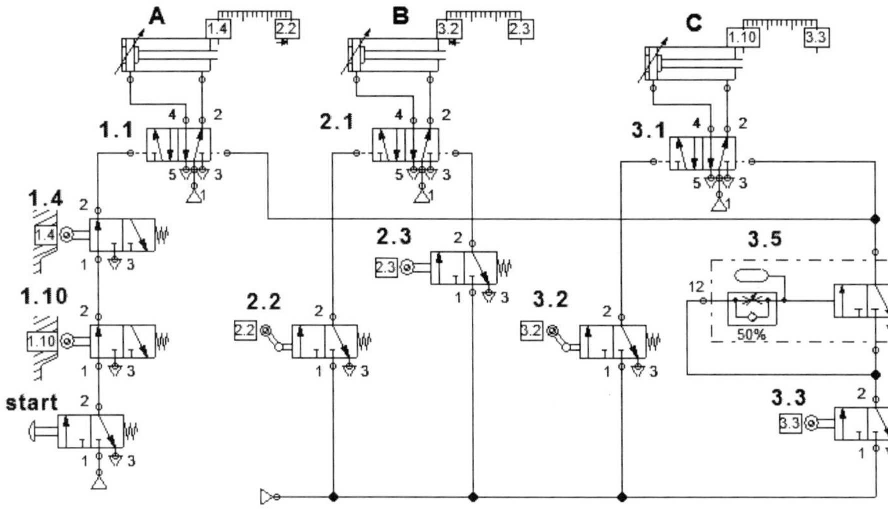

그림 15.21 $A+B+B-C+$ 3초 동시($A-C-$) 시퀀스 회로

(5) $A+B+B-B+B-B+B-B+B-$1초 $A-$의 시퀀스제어 회로

그림 15.22는 중력 매거진에 적재되어 있는 상자를 실린더 A의 전진에 의해 1개씩 지정위치까지 이송시켜 용기 내에 들어 있는 공작물을 4개씩(실린더 B의 4회 왕복행정에 의함) 담아 이송시키는 장치이다.

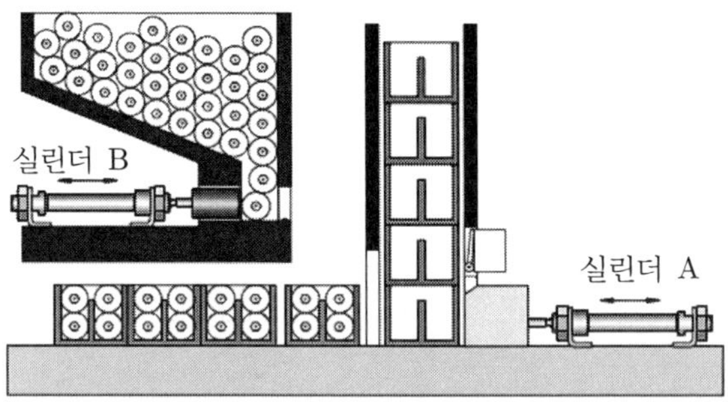

그림 15.22 매거진 내 공작물의 박스 포장기

이 과정에 대하여 변위단계선도 및 제어선도를 작성하면 그림 15.23과 같다. 이 선도에서 실린더 A에 관련되는 리밋밸브 1.3이 실린더 B의 동작에도 관련되어야 하므로, 리밋밸브 2.2 및 2.3과 신호간섭이 발생하지 않아야 함과 동시에 리밋밸브 1.3과 리밋밸브 2.3과의 사이에도 신호간섭이 일어나지 않기 위해서는 리밋밸브 2.3을 방향성 리밋밸브로 장착하여야 한다.

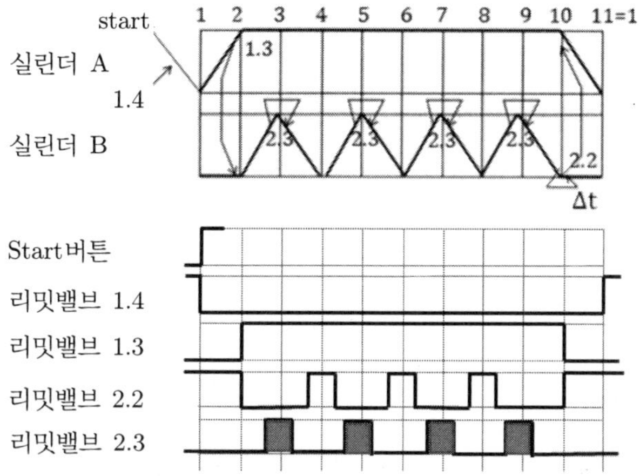

그림 15.23 변위단계선도 및 제어선도(A+B+B−B+B−B+B−B+B− 1초 A−)

이 시퀀스제어를 위한 회로도는 그림 15.24와 같이 작성할 수 있다. start버튼을 터치하면 1.1밸브의 위치가 변환하여 실린더 A가 전진하며, 실린더 A가 전진 완료 후 리밋밸브 1.3이 ON되고, 리밋밸브 2.2는 ON상태이므로 2.1밸브가 위치변환 되어 실린더 B가 전진한다. 전진 말에 방향성 리밋밸브 2.3이 순간 ON되고 셔틀밸브 2.5를 경유하여 2.1밸브의 위치를 복귀(이때 리밋밸브 2.2는 OFF상태임)시키므로 실린더 B가 후진한다. 이때 계수기(카운터)의 값이 1회 계수(감소)된다.

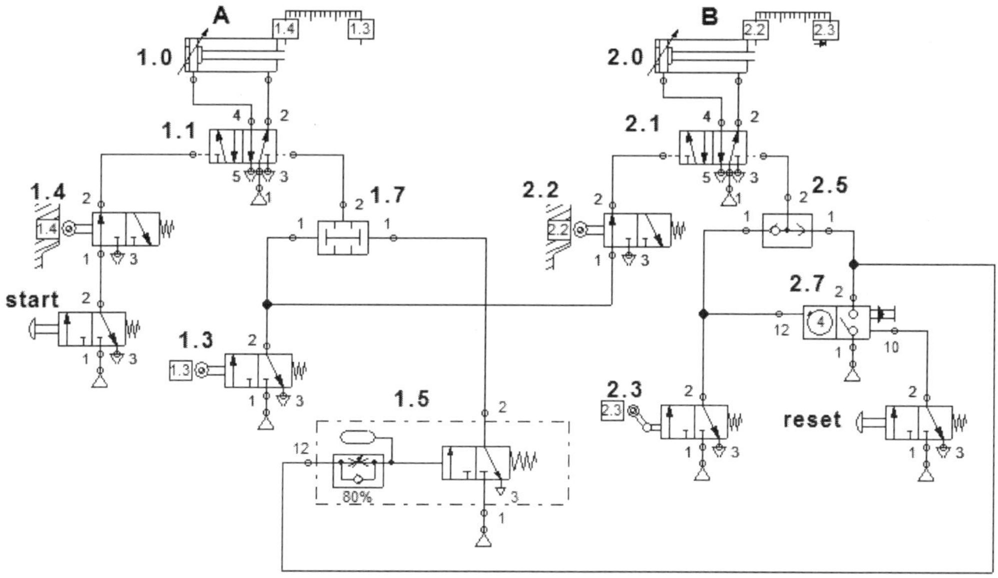

그림 15.24 A+B+B−B+B−B+B−B+B− 1초 A− 시퀀스 회로

실린더 B가 후진을 완료하면 리밋밸브 2.2가 다시 ON되어 실린더 B가 전진하게 되는데, 이러한 동작이 4회 반복(실린더 B의 4회 왕복)을 하게 되면 계수기 2.7이 ON되고, 그로부터 타이머 1.5에서 설정한 시간이 경과하면 타이머가 작동하여 이압밸브 1.7을 ON시켜 1.1밸브의 위치가 복귀하므로 실린더 A가 후진하여 정지한다.

다시 사이클을 시작하려면 reset스위치를 터치하여 계수기의 설정횟수를 다시 생성시키고, start버튼을 터치하면 된다.

(6) 부가조건의 첨가

실제 자동화 시스템에서는 여러 가지 부가적인 조건들이 필요하며, 그 종류를 들면 다음과 같다.

① 수동/자동의 선택

수동작업과 자동작업을 선택할 수 있으며, 수동작업에서는 각 제어요소들을 임의의 순서대로 작동시킬 수 있다.

② 단속/연속작업의 선택

①항의 자동작업을 선택하는 경우, 시동신호를 입력하여 제어시스템이 1 사이클만 작동시킬 것인지, 연속사이클로 작동시킬 것인지를 선택할 수 있다.

③ 정지

연속사이클로 작동하는 경우, 정지신호가 입력되면 마지막 단계까지는 동작을 완료하고 그 다음 새로운 사이클의 작업은 하지 않고 정지할 수 있다.

④ 비상정지

모든 제어 관련 신호가 소멸되며. 모든 제어요소가 원위치 되어 모든 작업요소를 제어하는 제어밸브를 원위치 시키고, 비상정지신호가 제거되면 제어시스템이 처음부터 동작할 수 있게 된다.

⑤ 소재의 검출

제어를 위한 소재의 유무검출은 제어의 작동의 유무와 관련된다. 보통 소재의 유무검출은 리밋밸브 또는 센서 등이 이용되며, 소재가 없는 경우에는 시동스위치를 ON시켜도 작동하지 않아야 하므로 시작조건과 AND로 연결해야 한다.

⑥ 타이머와 카운터

타이머는 정해진 제어위치에서 제어요소가 ON 후 또는 OFF 후에 시간제어가 되게 배치한다. 카운터는 작업횟수의 계수 또는 일정한 횟수의 작업 후 정지시키는 기능으로 이용되며, 1사이클이 종료되었을 때 1회의 계수가 되어야 하므로 시퀀스의 최종 스텝신호를 계수 검출신호로 이용하는 것이 좋다.

부가조건을 이용하는 예로서, 3개의 실린더 A, B, C의 시퀀스 제어 $A+B+B-A-C+C-$에 소재유무 검출, 단속/연속 선택, 비상정지의 부가조건을 적용한 회로를 구성하면 그림 15.25와 같이 된다.

이 회로에서 소재매거진에 소재가 존재하면 1.10의 센서가 작동하고 이때 단속스위치를 ON상태로 한 후 start버튼을 터치하면 1.1밸브의 위치가 변환되어 실린더 A가 전진한다. 그 전진과정에서 방향성 리밋밸브 2.2가 펄스작동 되어 2.1밸브의 위치가 변환되므로 실린더 B가 전진한다.

실린더 B가 전진완료 되면 리밋밸브 2.3이 ON되며 압축공기가 셔틀밸브 2.5를 경유

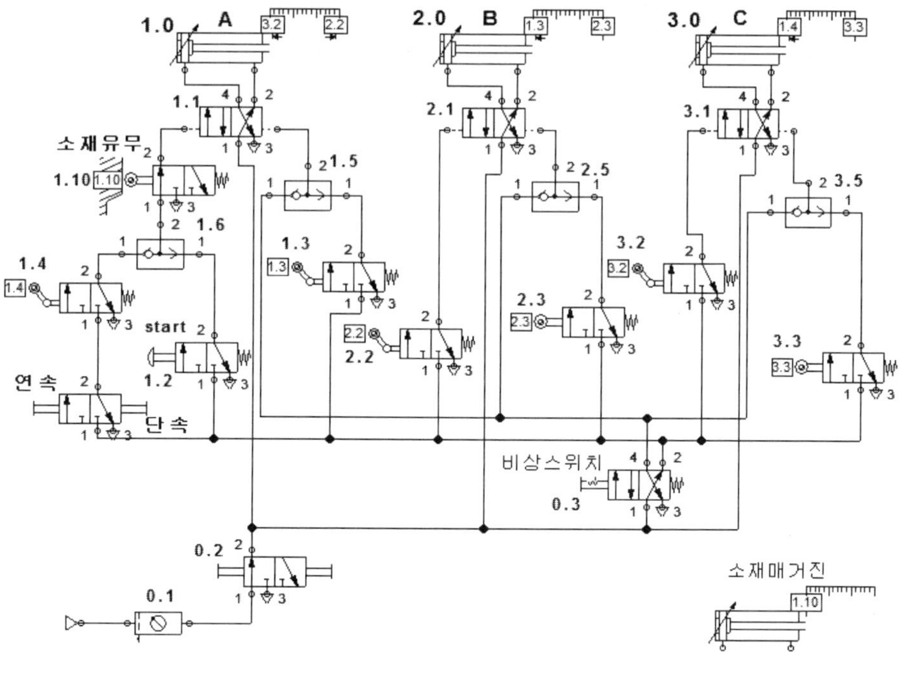

그림 15.25 $A+B+B-A-C+C-$에 소재유무 검출, 단속/연속 선택, 비상정지 회로

하여 2.1밸브의 위치를 복귀시키므로 실린더 B가 후진한다. 그 후진과정에서 방향성 리밋밸브 1.3이 펄스작동 입력되므로 압축공기는 셔틀밸브 1.5를 경유하여 1.1밸브의 위치를 복귀시키게 되어 실린더 A가 후진한다.

실린더 A의 후진과정에서 방향성 리밋밸브 3.2가 펄스작동 되어 3.1밸브의 위치를 변환시키므로 실린더 C가 전진한다. 전진완료 후 리밋밸브 3.3이 ON되므로 압축공기가 셔틀밸브 3.5를 경유하여 3.1밸브의 위치를 복귀시키게 되어 실린더 C가 후진함으로써 한 사이클이 종료된다.

이러한 시퀀스가 작동하는 도중에 비상스위치가 작동되면 압축공기가 셔틀밸브 1.5, 2.5, 3.5를 각각 경유하여 1.1, 2.1, 3.1밸브의 위치를 모두 초기위치로 변환시켜 모든 실린더가 후진하여 정지된다.

초기에 연속스위치를 선택하면 비상스위치를 ON시킬 때까지 사이클을 연속적으로 수행한다.

15.5 | 캐스케이드 제어회로

회로의 신호중복(신호간섭) 현상을 제거하기 위해 전술한 방향성 리밋밸브의 사용은 변위단계선도와 제어선도를 작성하여 신호간섭현상의 실린더와 그 위치를 확인하고, 방향성 리밋밸브의 설치위치도 변경해야 한다.

그러나 **캐스케이드 밸브**(**메모리 밸브**, 양쪽 공기작동형 5/2-way밸브 또는 4/2-way밸브)를 이용하여 신호의 차단을 위한 신호단락장치를 구성함으로써 근본적으로 신호간섭 현상이 발생하지 않도록 제어신호를 분리하여 공급하는 방식, 즉 캐스케이드(cascade) 제어방법을 소개한다. 이 방법을 이용하면 방향성 리밋밸브를 사용하는 경우의 번거로움 없이 신뢰할 수 있는 회로구성이 가능하다.

캐스케이드 제어(cascade control)는 각 신호를 간단하게 차단하는 독립적인 제어방법으로서, 메모리밸브의 제어요소를 접속할 때 전 단계의 출력신호를 다음 단계의 입력신호로서 직렬 연결하는 구성방식이다. 즉 메모리밸브(4/2-way밸브 또는 5/2-way밸브)를 계단식으로 직렬 연결하여, 전 단계의 출력신호가 다음 단계의 입력신호로 작용함으로써 항상 하나의 출력라인에만 압축공기가 입력되고 그 외에는 모두 배기된다.

예를 들면, 공압 캐스케이드의 배열구성은 그림 15.26과 같으며, 입력 i_1에 의해 출력 s_1이 나오고, 입력 i_2에 의해 출력 s_1이 제거됨과 동시에 출력 s_2가 나오며, 입력신호의 순서에 따라 관련되는 출력이 순서대로 나오게 된다.

이때 출력라인의 수는 뒤에 설명하는 신호그룹의 수와 동일하며, 최종 제어요소인 메모리 밸브(4/2-way 또는 5/2-way 밸브)의 수는 "출력라인의 수 -1"개이다.

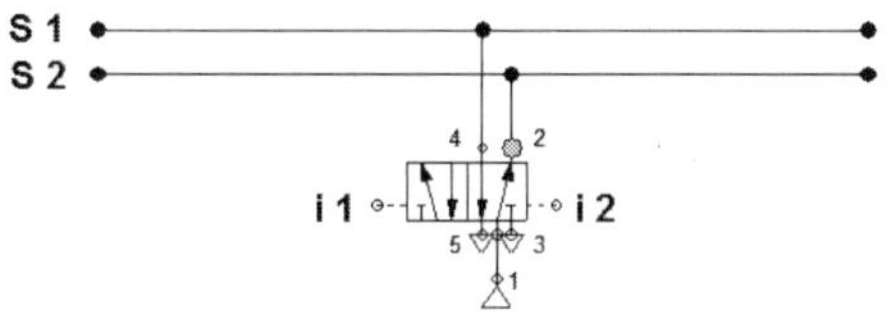

(a) 2그룹의 경우

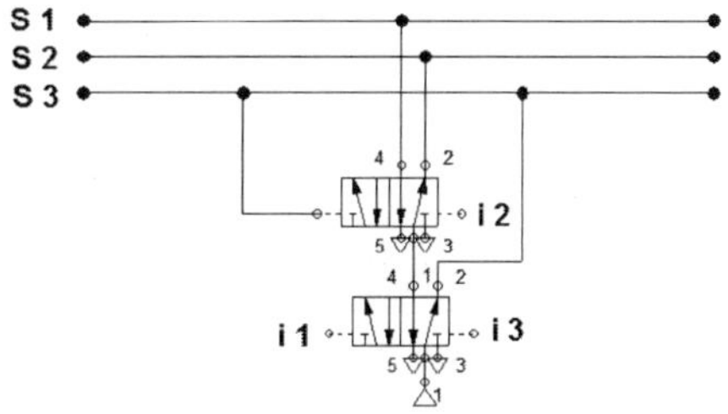

(b) 3그룹의 경우

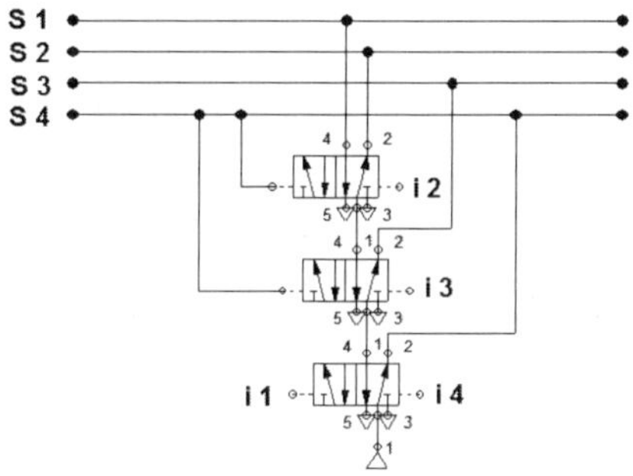

(c) 4그룹의 경우

그림 15.26 캐스케이드의 배열 구성

캐스케이드 회로 설계방법을 아래와 같이 설명한다.

① 작동순서를 그룹으로 나눈다(그림 15.27). 한 그룹 내에 동일한 구동요소가 포함되지 않아야 한다. 그 예를 그림 15.27에 나타내었다.

제어조건	$A+B+B-A-$			
단계	1	2	3	4
동작	$A+$	$B+$	$B-$	$A-$
그룹넘버	1		2	

(a)

제어조건	$A+A-B+B-$			
단계	1	2	3	4
동작	$A+$	$A-$	$B+$	$B-$
그룹넘버	1	2		3

(b)

그림 15.27 시퀀스의 단계와 그룹 나누기

② 실린더의 동작순서에 따라 리밋밸브를 표시한다. 그룹을 변화시키는 리밋밸브는 전 단계의 아래쪽에, 시퀀스를 변화시키는 리밋밸브는 전 단계의 위쪽에 표시한다(그림 15.28).

제어조건	$A+B+B-A-$				
단계	1	2	3	4	
동작	$A+$	$B+$	$B-$	$A-$	
시퀀스 변화 센서	$a1$	$b1$	$b0$	$a0$	$A+$
그룹변화 센서	$b1$		$a0$		
그룹넘버	1		2		1

$$\mathbf{A+\overset{a1}{B}+\underset{b1}{|}\,\overset{b0}{B}-A\underset{a0}{-}}$$

(a)

제어조건	$A+A-B+B-$				
단계	1	2	3	4	
동작	$A+$	$A-$	$B+$	$B-$	$A+$
시퀀스 변화 센서	$a1$	$a0$	$b1$	$b0$	
그룹변화 센서	$a1$	$b1$		$b0$	
그룹넘버	1	2		3	1

$$\mathbf{A+\underset{a1}{|}\,\overset{a0}{A-}\,\underset{b1}{B+}|\;\underset{b0}{B-}}$$

(b)

그림 15.28 시퀀스의 그룹변화 및 시퀀스변화 센서

③ 그룹의 수와 동일한 수의 출력라인을 그리고, 캐스케이드 밸브(4/2-way 또는

5/-way 밸브, 메모리 밸브)의 수는 그룹의 수보다 한개 적은 수만큼 필요하며, 출력라인 아래쪽에 그림 15.26과 같이 배치한다. 여기서 메모리 밸브의 제어포트 i1, i2, …에는 각각 그룹넘버의 전 단계의 그룹변화 센서(리밋밸브)를 연결시킨다.

④ 출력라인의 위쪽에는 액추에이터 및 최종 방향제어밸브를 배치시키고 시퀀스변화 센서(리밋밸브)는 해당 출력라인과 연결하여 다음 동작단계에 해당하는 방향제어 밸브의 제어포트와 연결시켜 회로를 구성한다. 단, 그룹변화가 일어나는 단계에서는 해당 출력선으로부터 최종 방향제어밸브의 해당 제어포트와 바로 연결한다.

이하에는 여러 가지의 제어조건을 수행하는 캐스케이드 제어회로의 구성에 대하여 기술한다.

(1) "$A+B+B-A-$" 캐스케이드 회로

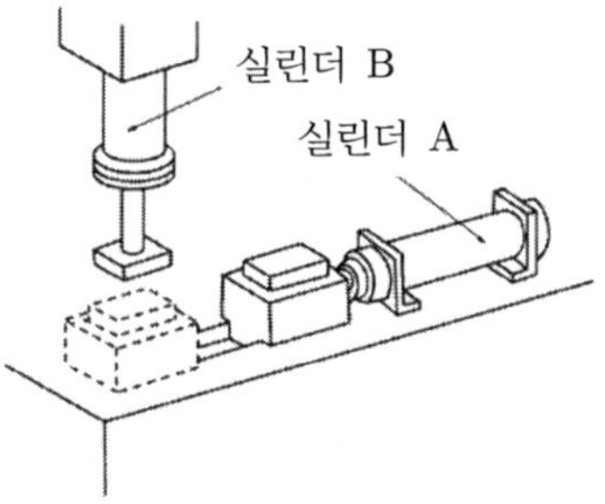

(a) 스탬핑 장치 1

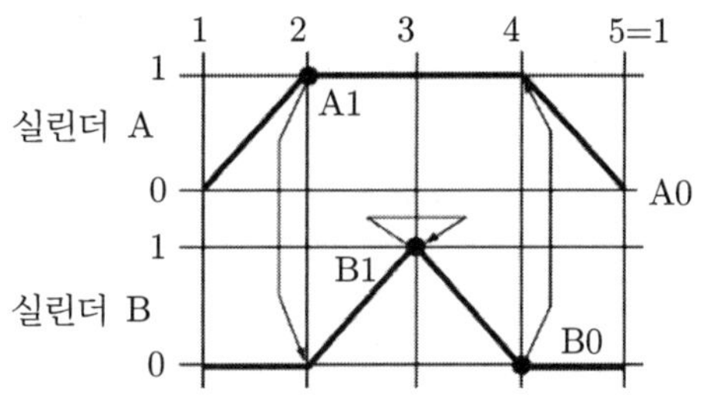

(b) 변위단계선도

그림 15.29 $A+B+B-A-$ 캐스케이드 회로

그림 15.29(a)는 스탬핑 장치 1로서 두 개의 실린더 A의 후진 단 및 전진 단에 각각 A0와 A1, 실린더 B의 후진 단 및 전진 단에 각각 B0와 B1의 리밋밸브를 장착한 시스템에서 그림 15.29(b)의 변위단계선도와 같이 $A+B+B-A-$의 시퀀스 제어를 위한 캐스케이드 회로를 설계하면 그림 15.30과 같이 작성할 수 있다.

이 제어는 두 개의 그룹으로 나누어지므로 출력선 2개, 캐스케이드 밸브 1개가 필요하다. 시스템에 공기압을 인가하면 출력라인 S2에 공기압이 작용한다. 이때 start버튼을 터치하면 리밋밸브 A0가 ON상태이므로 캐스케이드 밸브 0.1의 위치가 변환되어 공기압이 출력라인 S2에는 OFF되고 S1라인에 공급된다.

따라서 1.1밸브가 위치변환 되어 실린더 A가 전진하고 리밋밸브 A1이 ON되면 2.1

밸브가 위치변환 되므로 실린더 B가 전진한다. 그러면 리밋밸브 B1이 ON되어 0.1밸브의 위치가 복귀되므로 공기압은 다시 S2라인에 인가된다.

따라서 2.1밸브의 위치가 복귀되어 실린더 B가 후진하며, 리밋밸브 B0가 ON되면 1.1밸브의 위치가 복귀되므로 실린더 A가 후진하여 한 사이클이 종료된다.

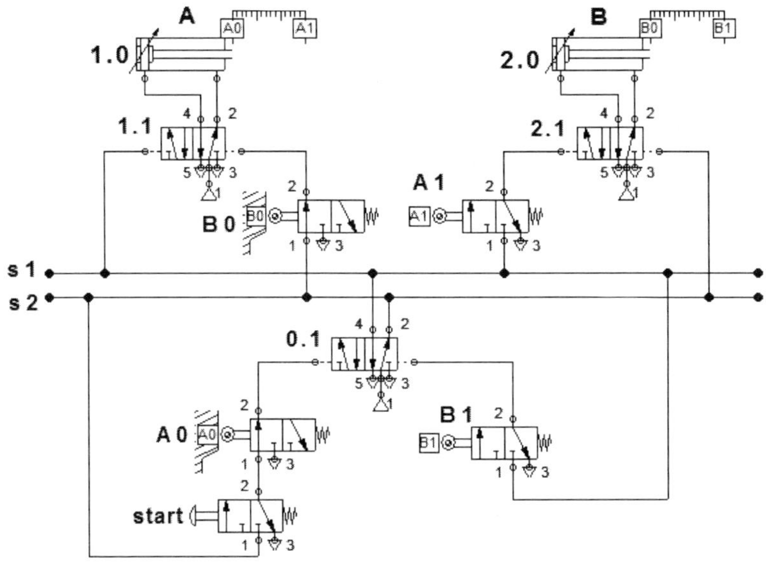

그림 15.30 A+B+B−A− 캐스케이드 회로

(2) “$A+A-B+B-$” 캐스케이드 회로

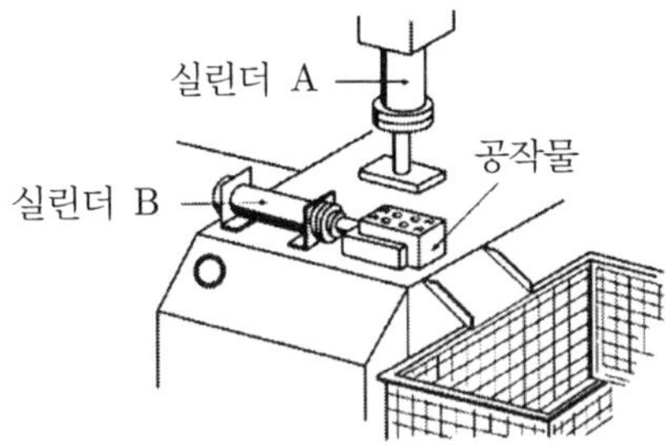

그림 15.31 스탬핑 장치 2

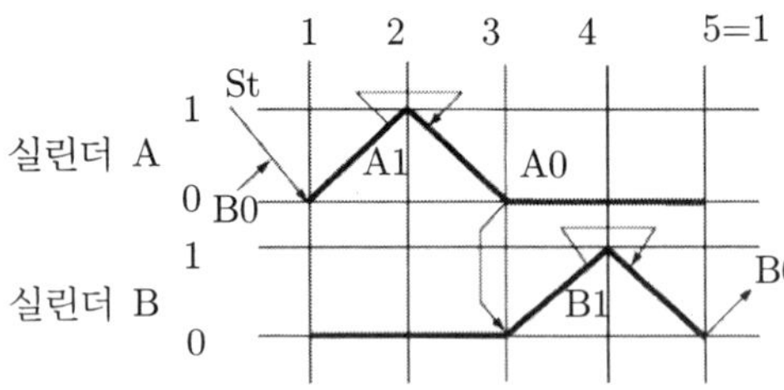

그림 15.32 변위단계선도

그림 15.31은 스템핑 장치 2로서 실린더 A와 B로 구성되며 각각 전후진단에 리밋밸브가 장착되어 있고, 공작물은 수동으로 공급한다. 이 공작물에 실린더 A가 전진하여 스탬핑 작업을 수행한 후 후진하면 실린더 B가 전진하여 공작물을 상자에 밀어놓고 후

진하는 제어 시스템이다. 그 변위단계선도는 그림 15.32와 같이 나타낼 수 있으며, 캐스케이드 제어 회로도는 그림 15.33과 같이 설계할 수 있다.

이 시스템의 캐스케이드 제어회로에서는 3개의 그룹으로 나누어지므로 출력선 3개, 캐스케이드 밸브 2개가 소요된다.

이 회로에 공기압을 인가하면 출력선 S3에 공기압이 작용하며, 캐스케이드 밸브 0.1의 좌측 제어포트에 공기압이 작용하여 위치가 변환되며, 이때 start버튼을 터치하면 캐스케이드 밸브 0.2의 위치가 변환되어 공기압이 출력라인 S1에 공급된다.

따라서 1.1밸브가 위치변환 되어 실린더 A가 전진하고, 리밋밸브 A1이 ON되므로 0.1밸브의 위치가 복귀되어 공기압은 S2라인으로 공급된다.

따라서 1.1밸브의 위치가 복귀되어 실린더 A가 후진하고 리밋밸브 A0가 ON되어 2.1밸브가 위치변환 되므로 실린더 B가 전진한다. 그 후 리밋밸브 B1이 ON되면 0.2밸브의 위치가 복귀되어 공기압은 S3에 공급된다. 따라서 2.1밸브의 위치가 복귀되어 실린더 B가 후진함으로써 한 사이클이 종료된다.

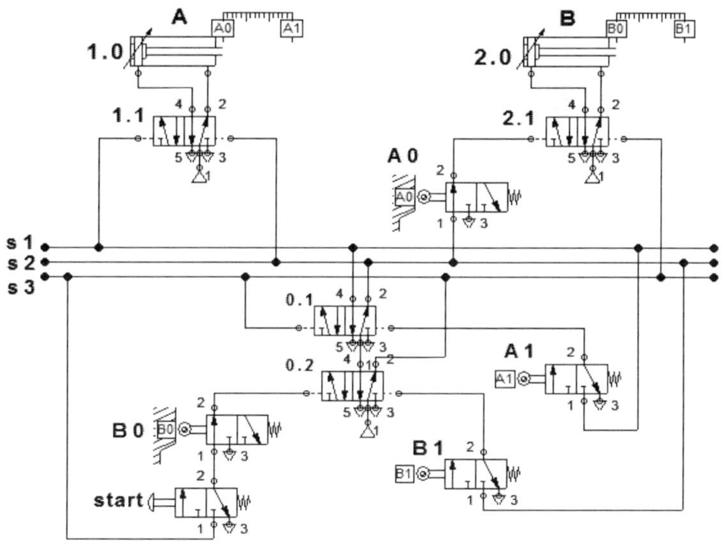

그림 15.33 A+A−B+B− 캐스케이드 회로

(3) "$A+B+$(3초)$B-A-$" 캐스케이드 회로

그림 15.28의 스탬핑 장치 1에서 제어 시퀀스를 $A+B+$(3초)$B-A-$로 하여 스탬

핑 시간을 설정시간 동안 수행하도록 한다. 이 경우의 캐스케이드 회로는 그림 15.34와 같이 작성할 수 있다. 작동원리는 다음과 같다.

회로에 공기압 인가→출력라인 S2에 공기압 작동→start버튼 ON→0.1밸브 위치변환→출력라인 S1에 공기압 작동→1.1밸브 위치변환→실린더 A 전진→리밋밸브 A1 ON→2.1밸브 위치변환→실린더 B 전진→리밋밸브 B1 ON → 타이머 0.2의 설정시간 후 ON→0.1밸브 위치복귀→출력라인 S2에 공기압 작동→2.1밸브 위치 복귀→실린더 B후진→리밋밸브 B0 ON→1.1밸브 위치 복귀→실린더 A가 후진하여 사이클 종료.

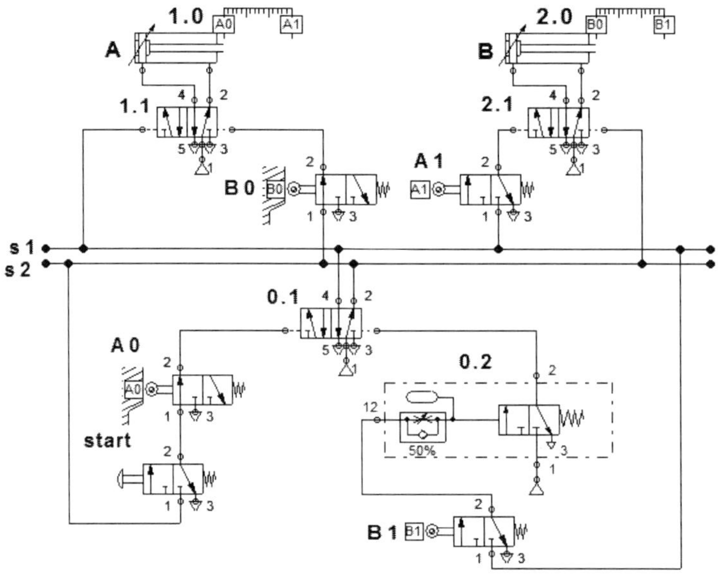

그림 15.34 A+B+(3초)B−A− 캐스케이드 회로

(4) "$A+B+B-C+B+B-C-A-$" 캐스케이드 회로

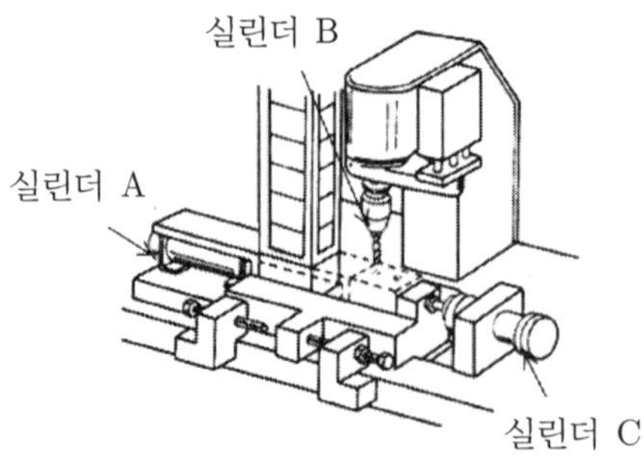

그림 15.35 드릴작업

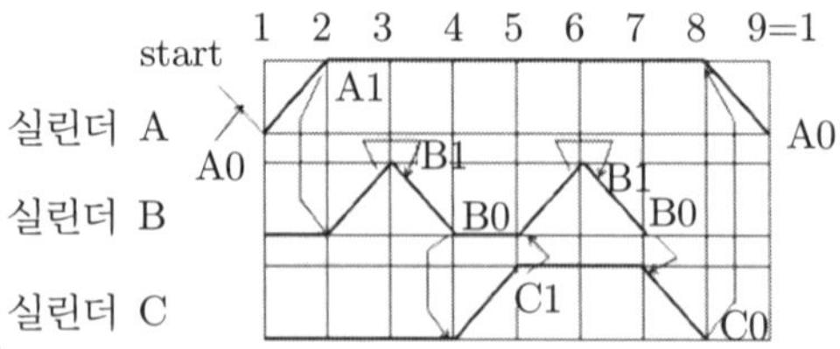

그림 15.36 변위단계선도

그림 15.35는 매거진내의 공작물을 드릴머신에서 드릴링 작업을 위한 시스템도이다.

실린더 A를 전진시켜 매거진 내의 공작물을 작업위치까지 이송시키고 실린더 B를 전진시켜 공작물의 제1의 위치에 드릴링 작업을 한 후 후진한다. 그리고 제2의 위치에 또 다른 드릴가공을 위해 실린더 C를 전진(실린더 A와 매거진도 함께 이동)시킨 후 실린더 B가 전진하여 동일한 드릴작업을 하고 후진한 후 실린더 C가 후진(실린더 A와 매거진도 함께 이동)한다. 그리고 최종적으로 실린더 A가 후진하여 한 사이클이 종료된다.

그 변위단계선도는 그림 15.36과 같이 나타낼 수 있으며, 캐스케이드 제어회로도는 그림 15.37과 같이 설계할 수 있다.

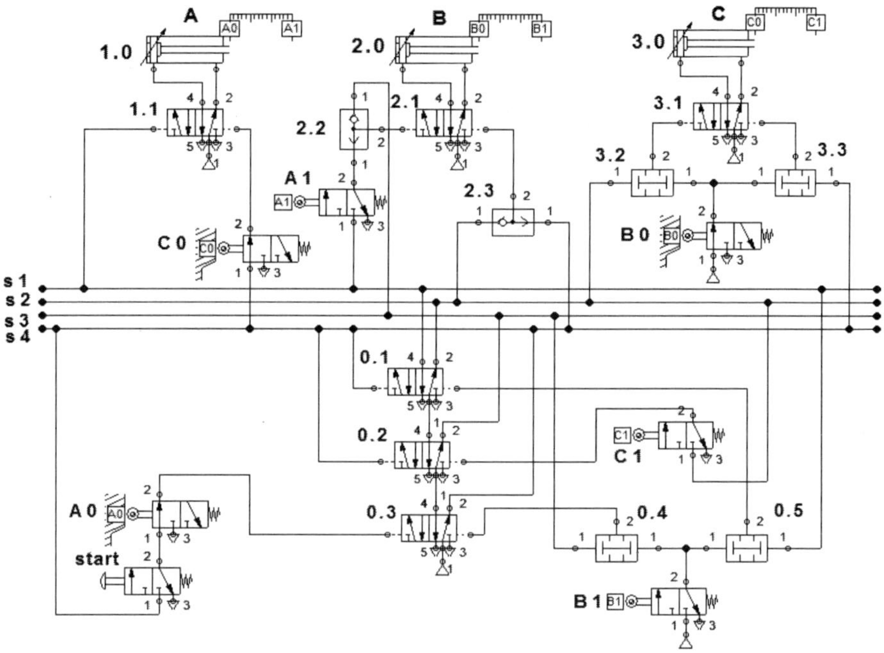

그림 15.37 A+B+B−C+B+B−C−A− 캐스케이드 회로

이 회로의 작동원리는 다음과 같다.

시스템에 공기압 인가→출력라인 S4에 공기압 작동→캐스케이드 밸브 0.1 및 0.2의 위치변환→start버튼 터치→캐스케이드 밸브 0.3의 위치변환→출력라인 S1에 공기압 작동→1.1밸브 위치변환→실린더 A 전진→리밋밸브 A1 ON→셔틀밸브 2.2를 경유하여 2.1밸브 위치변환→실린더 B 전진→리밋밸브 B1 ON→이압밸브 0.5 경유하여 0.1밸브 위치 복귀→출력라인 S2에 공기압 작동→셔틀밸브 2.3을 경유하여 2.1

밸브 위치 복귀→실린더 B 후진→리밋밸브 B0 ON→이압밸브 3.2 경유→3.1밸브 위치변환→실린더 C 전진 →리밋밸브 C1 ON→캐스케이드 밸브 0.2의 위치 복귀 →출력라인 S3에 공기압 작동→셔틀밸브 2.2를 경유하여 2.1밸브 위치변환→실린더 B 전진→리밋밸브 B1 ON→이압밸브 0.4를 경유하여 캐스케이드 밸브 0.3 위치 복귀→출력라인 S4에 공기압 작동→이압밸브 3.3을 경유하여 3.1밸브 위치 복귀→실린더 C 후진→리밋밸브 C0 ON→1.1밸브 위치 복귀→실린더 A가 후진하여 사이클 종료.

(5) "$A+B+B-A-C+C-$ 소재(공작물)확인, 단속/연속, 비상정지"의 부가조건을 고려한 캐스케이드 회로

그림 15.38은 공작물에 마킹(marking)을 하는 장치로서, 매거진 내에 있는 공작물을 실린더 A가 전진하여 작업위치로 이송하고 클램핑 한 상태에서 실린더 B가 전진하여 공작물에 마킹을 한 후 후진한다. 그 후 실린더 A가 후진하여 클램핑을 해제하고 실린더 C가 전진하여 공작물을 상자로 밀어 넣은 후 후진함으로써 사이클이 종료되는 시스템이다.

이때 매거진에 공작물이 들어 있는 것을 확인하며, 만일 공작물이 없으면 시스템은 작동할 수 없다.

이 제어과정은 단속수행과 연속수행을 선택할 수 있으며, 비상스위치를 작동시키면 모든 실린더는 초기위치로 돌아가 정지한다.

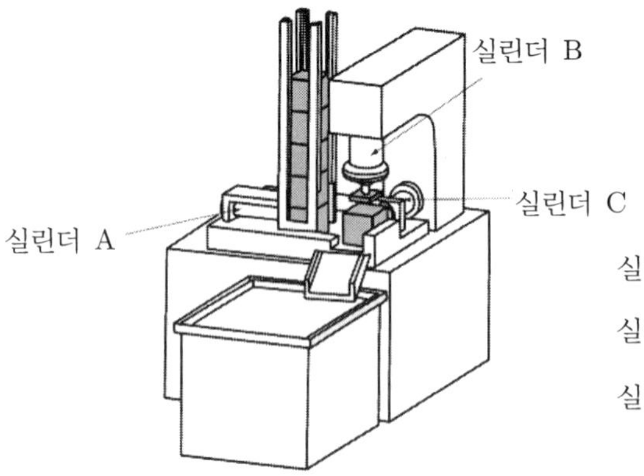

그림 15.38 마킹머신

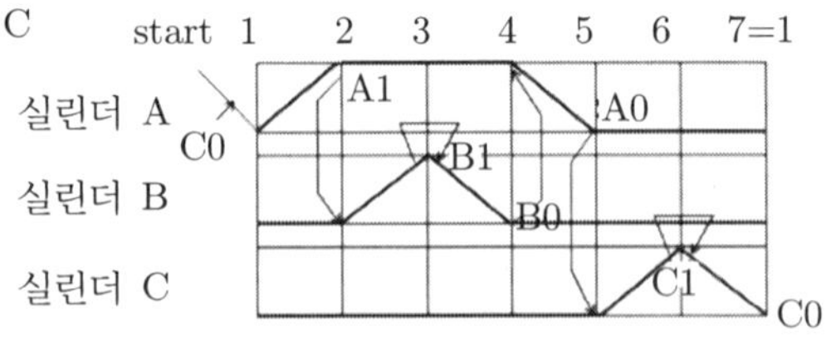

그림 15.39 변위단계선도

이 제어과정에 대한 변위단계선도를 작성하면 그림 15.39와 같이 된다. 그리고 회로도는 그림 15.40과 같이 설계할 수 있다. 이 회로도의 작동순서는 다음과 같다.

시스템에 공기압 인가→출력라인 S3에 공기압 작동→캐스케이드 밸브 0.2 위치변환→소재 확인→단속/연속 선택→start버튼 터치→셔틀밸브 0.3을 경유하여 캐스케이드 밸브 0.1의 위치변환→출력라인 S1에 공기압 작동→1.1밸브 위치변환→실린더 A 전진→리밋밸브 A1 ON→2.1밸브 위치변환→실린더 B 전진→리밋밸브 B1 ON→0.2밸브 위치 복귀→출력라인 S2에 공기압 작동→셔틀밸브 2.3을 경유하여 2.1밸브 위치 복귀→실린더 B 후진→리밋밸브 B0 ON→셔틀밸브 1.3을 경유하여 1.1밸브 위치 복귀→실린더 A 후진→리밋밸브 A0 ON→3.1밸브 위치변환→실린더 C 전진→리밋밸브 C1 ON→셔틀밸브 0.5를 경유하여 0.1밸브 위치 복귀→출력라인 S3에 공기압 작동→셔틀밸브 3.3을 경유하여 3.1밸브 위치복귀→실린더 C가 후진하여 한 사이클이 종료된다.

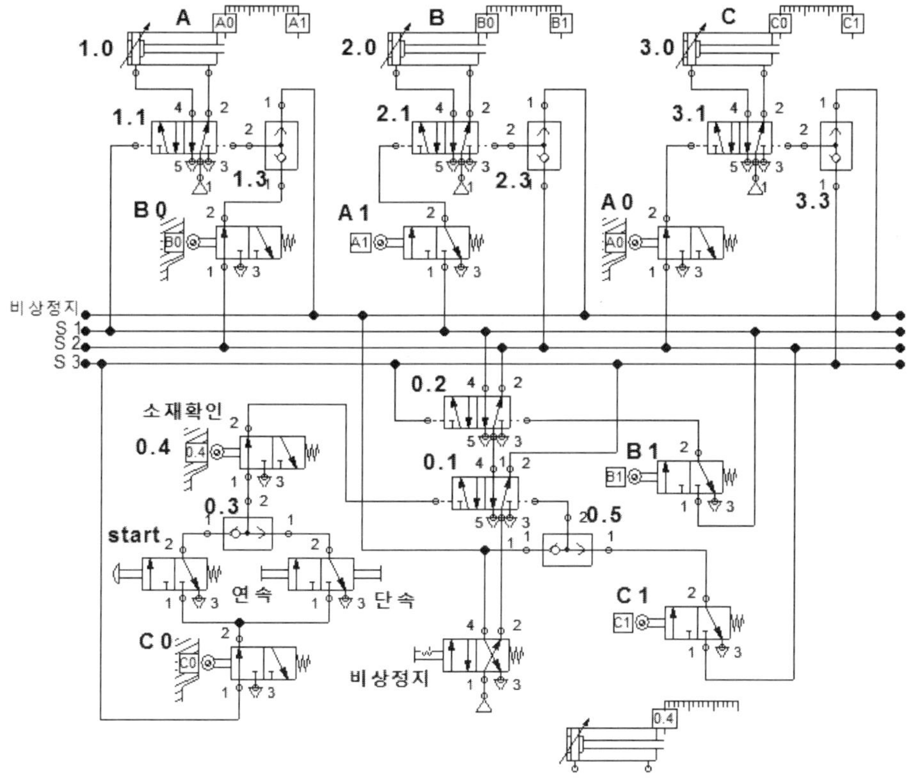

그림 15.40 A+B+B−A−C+C− 소재확인, 단속/연속, 비상정지의 캐스케이드 회로

만일 연속스위치를 선택한 경우에는 위의 제어과정이 반복되며, 과정 중에 비상 스위치를 터치하면 비상정지 라인에 공기압이 작용하여 동시에 셔틀밸브 1.3, 2.3, 3.3을 경유하여 각각 1.1, 2.1, 3.1밸브의 위치를 초기상태로 복귀시켜 모든 실린더가 후진하여 정지한다.

CHAPTER

16 전기공압 기초회로

16.1 | 직접회로

직접회로는 입력신호와 출력신호를 접속선으로 직접 연결하는 회로이다. 이 회로는 입력신호를 ON하면 출력이 바로 ON된다.

그림 16.1에서 푸시버튼 PB를 ON하면 출력요소 Lamp가 바로 점등하며, PB를 OFF하면 Lamp가 바로 소등된다.

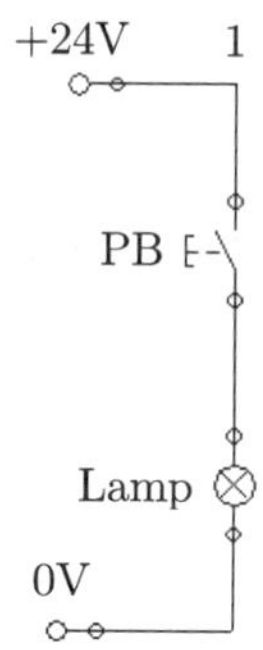

그림 16.1 직접회로

16.2 | 간접회로

간접회로는 입력신호가 릴레이 코일(K1)을 통해 출력요소에 전달된다. 즉 릴레이 코일에 접속되어 있는 접점(K1)을 이용하여 출력요소에 연결한다.

그림 16.2는 간접회로의 예로서, 푸시버튼 PB를 ON시키면 릴레이 접점 K1을 통해 Lamp와 Buzzer가 ON된다.

이 회로는 직접회로와 동작이 같지만 릴레이를 이용하므로 접점을 여러 개 사용할 수 있으며, 따라서 하나의 입력신호로서 여러 개의 출력을 동시에 얻을 수 있다.

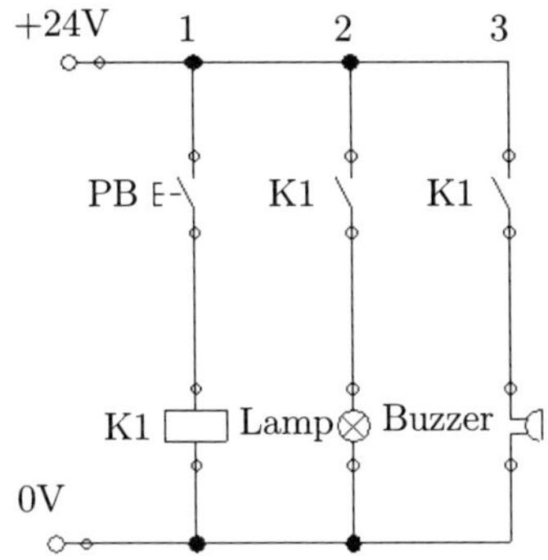

그림 16.2 간접회로

16.3 | 자기유지 회로

자기유지 회로는 릴레이의 접점을 이용하여 자신의 동작을 유지하는 회로이다. 이 회로는 펄스입력을 가해도 출력이 해제신호가 입력될 때까지 유지되므로 **기억회로**라고도 한다.

전기공압의 자기유지회로에도 ON우선 자기유지 회로와 OFF우선 자기유지 회로가 있다.

(1) ON우선 자기유지 회로

그림 16.3은 ON우선 자기유지 회로이다. 푸시버튼 PB1을 터치하면 릴레이 K1이 여자 되며, 따라서 K1의 a접점이 ON되어 자기유지 된다. 그 결과 Lamp가 ON상태를 유지한다.

Lamp를 OFF시키려면 푸시버튼 PB2를 터치하면 K1의 자기유지가 해제되므로 K1의 a접점이 OFF되어 Lamp가 OFF된다.

PB1과 PB2를 동시에 ON시키면 K1이 작동하여 Lamp가 ON되며, 따라서 **ON우선 (set우선) 자기유지 회로**라 한다.

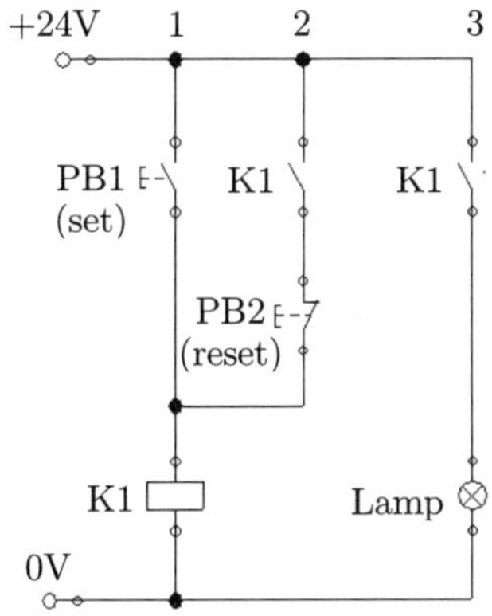

그림 16.3 ON우선 자기유지 회로

(2) OFF우선 자기유지 회로

그림 16.4에서 푸시버튼 PB1을 터치하면 릴레이 K1이 여자 되어 자기유지 되며, K1의 a접점이 ON되므로 Lamp가 ON된다. 이때 푸시버튼 PB2를 터치하면 릴레이 K1이 소자되며, 따라서 자기유지가 해제되어 K1의 a접점이 열리므로 Lamp는 OFF된다.

PB1(set)과 PB2(reset)를 동시에 ON하면 릴레이 K1이 여자 되지 못하여 PB2(reset)가 우선하는 회로이다. 이러한 자기유지회로를 **OFF(reset)우선 자기유지 회로**라 한다.

실제의 제어에서는 거의 OFF우선 자기유지 회로를 사용한다.

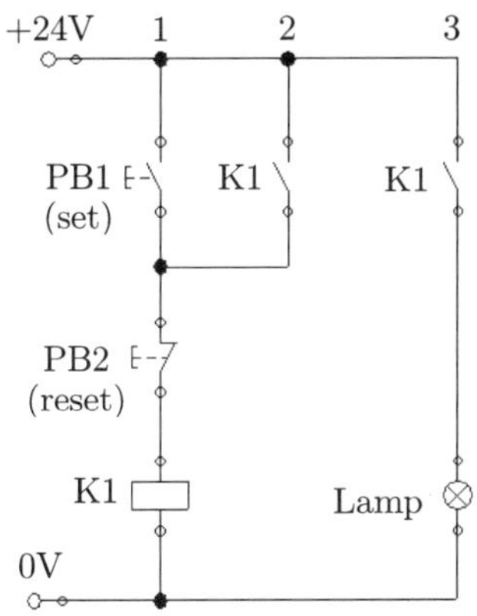

그림 16.4 OFF우선 자기유지 회로

16.4 | 인칭회로

인칭회로(inching회로, **촌동회로**)란 입력신호가 ON되어 있는 동안에만 출력이 존재하는 회로를 말한다.

그림 16.5는 인칭회로의 예로서, 푸시버튼 PB1을 누르는 동안에 Lamp1이 점등하고, PB1을 OFF시키면 출력 Lamp1은 바로 소등된다. 또한 푸시버튼 PB2는 b접점으로서 신호를 입력하면 출력이 OFF되는데, 이 경우는 누르는 동안에만 출력이 OFF된다.

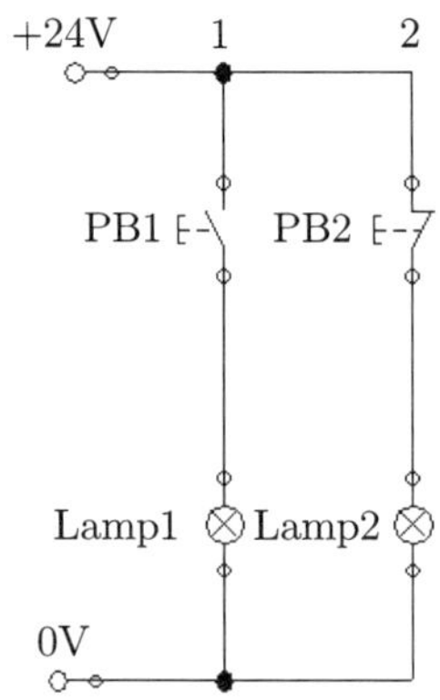

그림 16.5 인칭회로

16.5 | 금지회로

금지회로는 AND회로의 한 입력신호에 금지입력요소를 조합하여 금지입력 요소를 ON시킬 때는 다른 입력신호가 ON상태라 해도 출력신호를 OFF시키는 회로이다. 즉 입력신호 하나가 다른 모든 입력신호에 우선하여 출력신호를 0이 되게 하므로 이 회로를 금지회로라 한다.

이 회로는 모든 입력신호가 모두 존재해도 금지입력 신호를 입력하여 정지시킬 수 있는 경우에 이용된다.

그림 16.6은 금지회로의 예로서, PB1을 ON시켜서 Lamp가 ON상태일지라도 PB2(금지입력요소)를 ON시키면 릴레이 K3가 소자되므로 Lamp가 ON상태로 될 수 없다.

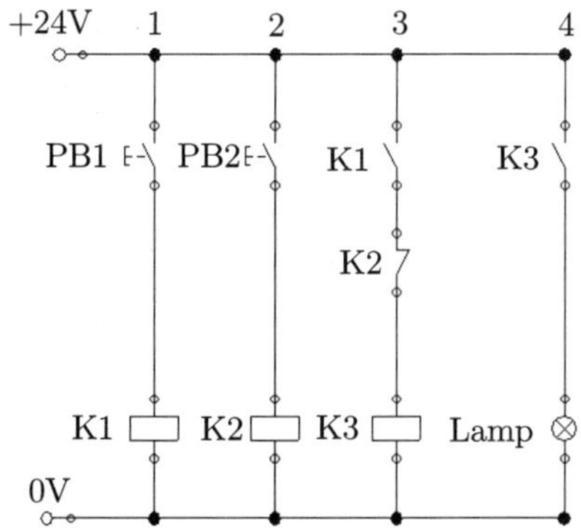

그림 16.6 금지회로

16.6 | 인터록 회로

인터록(inter-lock) 회로는 2개 이상의 입력신호 중에서 가장 먼저 작동하는 신호가 우선하는 회로로서, 그 외의 다른 입력신호의 동작을 차단하는 회로이다.

이 회로는 다 접점 스위치나 릴레이 접점을 이용하여 다른 입력신호를 차단한다. 모터의 정회전/역회전 회로 등에 이용되고 있다.

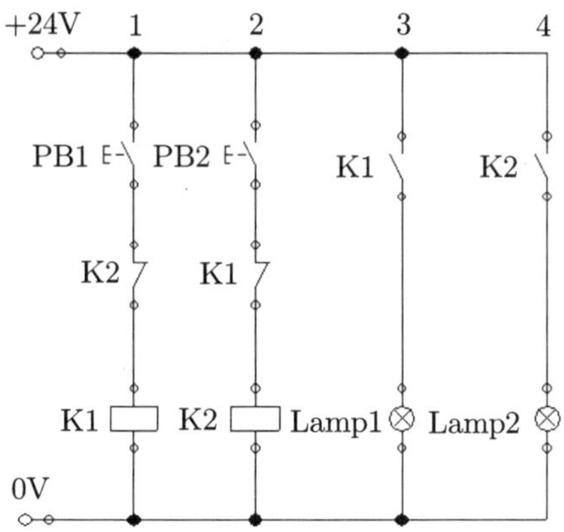

그림 16.7 인터록 회로

그림 16.7은 인터록 회로의 예로서, 푸시버튼 PB1을 ON시키면 릴레이 K1이 여자되어 K1의 a접점이 ON되므로 Lamp1이 점등한다. 이때 푸시버튼 PB2를 ON시키면 K1의 b접점이 열려 있어서 릴레이 K2를 여자 시킬 수 없으므로 Lamp2를 점등시킬 수 없다.

마찬가지로 최초에 푸시버튼 PB2를 ON시키면 릴레이 K2가 여자 되어 Lamp2가 점등한다. 이때 PB1을 ON시키면 K2의 b접점이 열려 있어서 릴레이 K1이 여자 될 수 없으므로 Lamp1의 점등이 불가능하다.

따라서 인터록 회로는 최초로 동작한 입력신호 쪽이 우선하고 다른 쪽의 동작을 차단하는 회로이다.

16.7 | 순서회로

순서회로는 전원에 대하여 우선순위가 높은 쪽으로부터 순서대로 입력을 가할 때 출력이 존재하는 회로이다.

그림 16.8은 순서회로의 예이다. 푸시버튼 PB1을 터치하면 릴레이 K1이 여자 되어 자기유지 된다. 그 후 푸시버튼 PB2를 터치하면 릴레이 K2가 여자 되어 자기유지 되며, K2의 a접점이 ON되어 출력인 Lamp가 점등한다.

그러나 순서를 달리하여 먼저 PB2를 터치하면 단전상태이므로 릴레이 K2가 여자 될 수 없다. 그 후 PB1을 ON시켜 릴레이 K1이 여자 되어 자기유지 되어도 K2가 OFF상태이므로 출력 Lamp가 점등할 수 없다. 따라서 이 회로에서 PB1을 터치하고 그 후 PB2를 터치하는 순서로 입력해야 출력이 존재하게 된다.

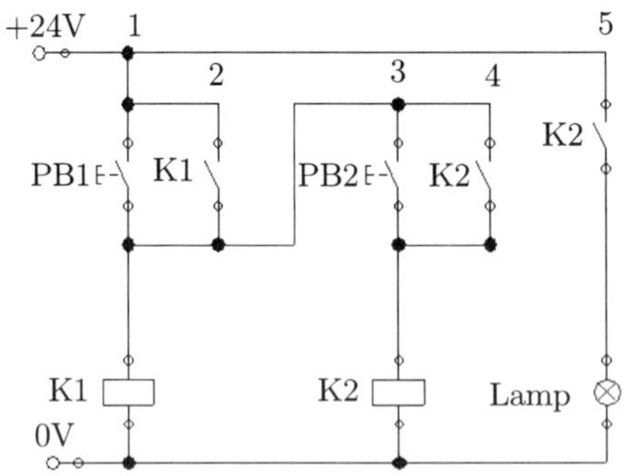

그림 16.8 순서회로

16.8 | 플리커 회로

플리커(Flicker) 회로는 타이머를 사용하여 출력신호를 반복적으로 ON/OFF시키는 회로이다. 즉 출력이 점멸동작을 하며, 점멸시간의 설정이 가능하다. 이 회로는 경보 또는 신호용으로 사용된다.

그림 16.9는 2개의 On delay timer를 이용하는 플리커 회로로서, 유지형 푸시버튼 PB를 ON시키면 설정한 시간(3초)이 경과한 후 타이머 T1이 작동하여 T1의 a접점이 ON되므로 램프가 점등한다. 그로부터 설정한 시간(3초)이 경과하면 타이머 T2가 작동하여 T2의 b접점이 열리고 타이머 T1이 OFF되므로 ON상태이던 T1의 a접점이 OFF되어 램프가 소등한다. 동시에 타이머 T2가 OFF되어 초기상태로 돌아가서 새로운 사이클이 수행되는 동작이 반복된다.

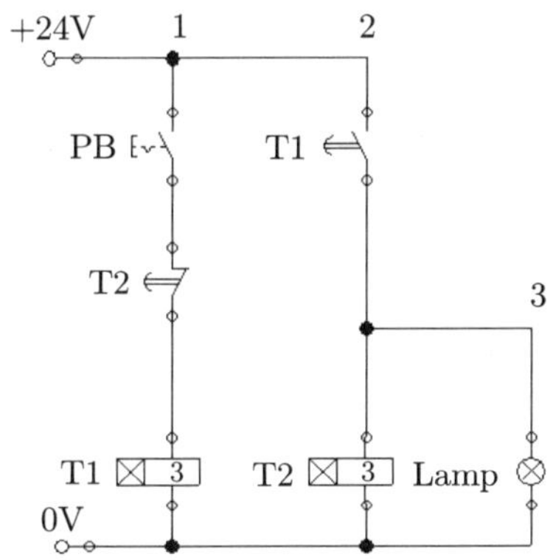

그림 16.9 플리커 회로

16.9 | 펄스 회로

펄스(Pulse) 회로는 입력신호가 ON되면 출력신호가 바로 ON되며, 타이머에서 설정한 시간이 경과하면 출력신호가 OFF되는 회로이다. 일반적으로 펄스입력이 사용되는 경우에는 설정시간을 짧게 설정한다.

그림 16.10은 펄스 회로로서, 유지형 푸시버튼 PB를 ON시키면 릴레이 K1이 여자되어 K1의 a접점이 ON되므로 램프가 점등한다. 그 후 설정시간 2초가 경과하면 On delay timer T1이 작동하여 T1의 b접점이 열리므로 램프가 소등한다.

이 회로에서 타이머 T1의 설정시간을 조정하면 펄스출력의 시간이 조정되는 것이다.

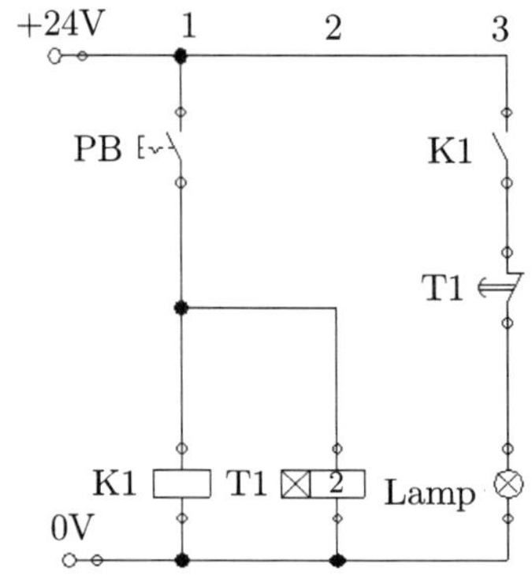

그림 16.10 펄스 회로

16.10 | 신호 차단회로

신호 차단회로는 펄스입력 신호를 ON하여 자기유지시킴으로써 출력을 ON시키고, 타이머에서 설정시간이 경과하면 입력신호의 자기유지를 해제시켜(입력신호의 차단) 출력을 OFF시키는 회로이다.

그림 16.11은 신호 차단회로로서, 푸시버튼 PB를 터치하면 릴레이 K1이 여자 되어 자기유지 되며, 따라서 K1의 a접점이 ON되어 램프가 점등한다. 그로부터 On delay timer T1의 설정한 시간(3초)이 경과하면 타이머 T1이 ON되고 T1의 b접점이 열려 릴레이 K1이 소자되며 따라서 램프가 소등된다. 이 작동은 푸시버튼 PB를 계속 누르고 있어도 동일하다.

그림 16.11의 회로와 같이 접속 연결선이 두 열 사이를 가로지르는 형태의 회로를 **교차회로**라 한다.

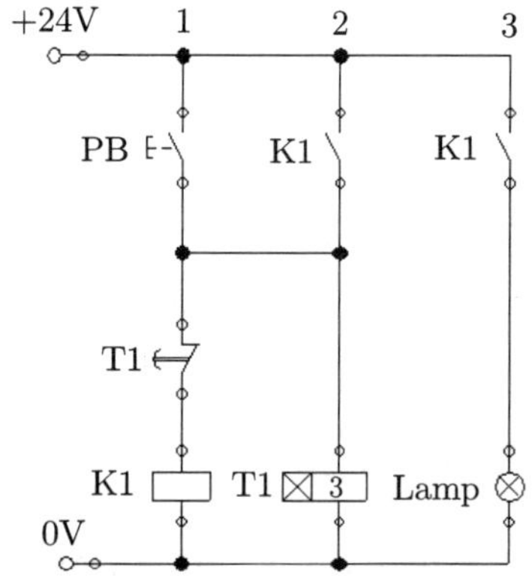

그림 16.11 신호 차단회로

16.11 | 신호완료 검출회로

신호완료 검출회로는 외부로부터 입력신호가 들어와 그 신호가 끝나는 경우, 그 신호의 완료를 검출하는 회로이다.

그림 16.12는 신호완료 검출회로로서, 입력신호 PB1이 ON되면 릴레이 K1이 여자되고 따라서 K1의 a접점이 ON됨으로서 릴레이 K2가 여자 되어 자기유지 된다. 이 상태에서는 K1코일이 작동상태에 있으므로 K1의 b접점이 열려 램프는 소등상태이다.

이때 입력신호 PB1이 OFF되면 릴레이 K1이 소자되어 열려 있던 K1의 b접점이 닫히므로 램프가 점등한다. 즉 PB1의 외부 입력신호가 완료되는 시점에서 램프가 점등되어 신호완료를 검출하는 것이다.

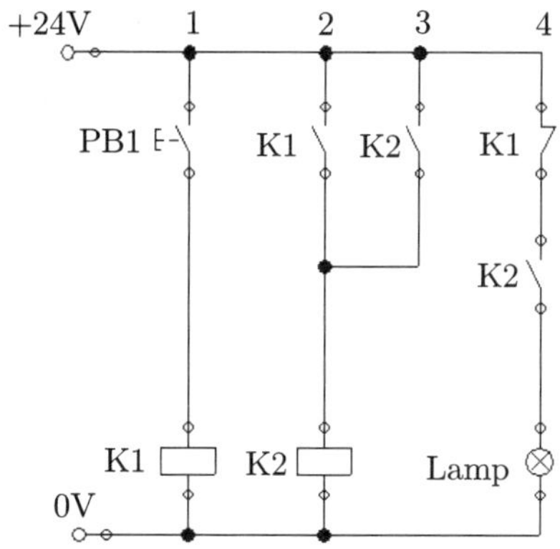

그림 16.12 신호완료 검출회로

16.12 | 시간제어 회로

시간제어 회로(타이머 회로)에는 동작신호를 받고 나서 동작 개시까지 설정 시간만큼 지연시키는 On delay형(한시 동작형)과, 정지신호를 받고 나서 정지하기까지 설정 시간만큼 지연시키는 Off delay형(한시 복귀형)이 있다.

(1) On delay timer(한시 타이머)회로

그림 16.13은 시간 제어를 위한 **On delay timer(한시 타이머)회로**이다. 푸시버튼 PB1을 터치하면 릴레이 K1이 여자 되어 자기유지 되고, 그로부터 설정한 시간(5초)이 경과한 후 On delay timer T1이 작동하며, 따라서 T1의 a접점이 ON되어 릴레이 K2가 여자 되고 K2의 a접점이 ON되어 램프가 점등한다.

즉 입력신호가 ON된 후 설정시간 동안 지연되고 나서 출력이 나오게 되므로 **지연동작 회로**라고도 한다.

램프를 소등시키려면 PB2의 버튼을 터치하면 된다.

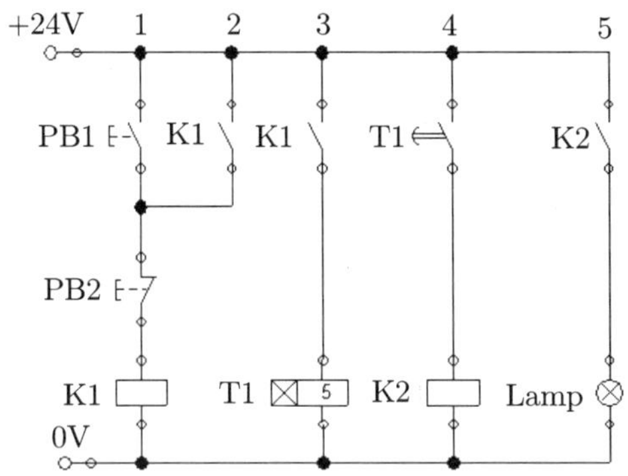

그림 16.13 On delay timer회로

(2) Off delay timer(순시 타이머)회로

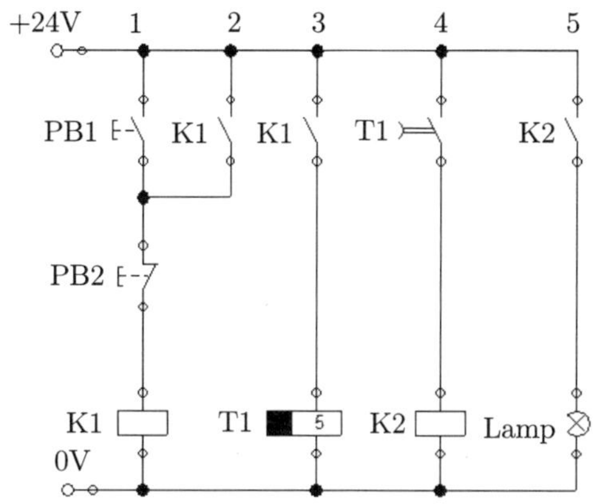

그림 16.14 Off delay timer회로

그림 16.14는 **Off delay timer(순시 타이머)회로**로서, 푸시버튼 PB1을 터치하면 릴레이 K1이 여자 되어 자기유지 된다. 따라서 K1의 a접점이 ON되어 Off delay timer T1이 작동함으로써 T1의 a접점이 ON되므로 릴레이 K2가 ON되며, 따라서 K2의 a접점이 ON되어 램프가 점등한다.

PB2를 ON시키면 릴레이 K1의 자기유지가 해제되어 닫혀 있던 K1의 a접점이 다시 열리고, 그로부터 OFF delay 타이머 T1에서 설정한 시간(5초)이 경과한 후 그 T1이 OFF되어 릴레이 K2가 OFF된다. 따라서 닫혀 있던 K2의 a접점이 열려 램프가 소등한다.

즉 동작신호가 OFF되고 나서 설정시간 후에 출력이 OFF되는 회로를 Off delay timer회로라 한다.

16.13 | 계수 회로

계수(counter) 회로는 물체의 수나 동작의 횟수 등을 계수하는 기기인 카운터(계수기)를 이용하여 계수제어를 수행하는 회로를 말한다.

그림 16.15는 계수제어 회로의 예로서, 푸시버튼 PB를 터치하면 릴레이 K1이 작동하여 자기유지 된다. 그 상태에서 센서가 카운터에 설정된 횟수(3)만큼 작동하면 카운터 C1이 작동하고 C1의 b접점(1행)이 열려 릴레이 K1은 자기유지가 해제되며, 동시에 C1의 a접점(8행)은 닫혀 램프가 점등한다. 이때 센서가 작동할 때마다 계수기 C1의 카

운트(횟수)는 1씩 계수(감소)하여 0이 되면 C1이 동작한다.

리셋버튼을 터치하면 카운터 C1은 초기화되므로 1행의 C1의 b접점이 원래대로 복귀되어 PB를 ON시키면 새로운 사이클이 시작된다. 이와 같이 계수 입력신호가 설정된 횟수만큼 작동하면 출력이 ON되는 회로를 계수(카운터)회로라 한다.

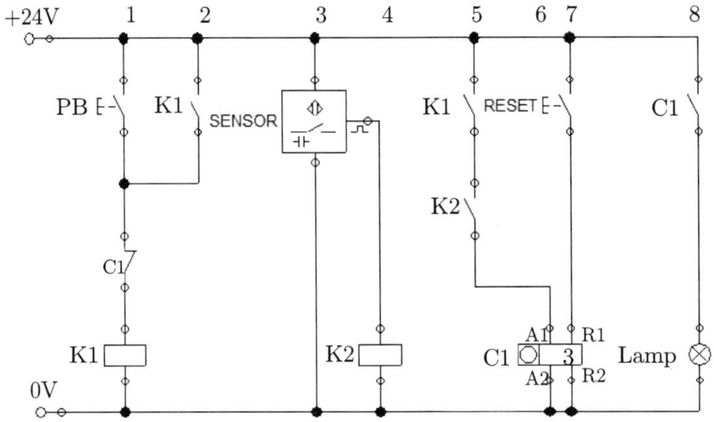

그림 16.15 계수(카운터)회로

16.14 | 자동/수동제어의 선택회로

제어방법에는 시동스위치를 ON하면 시스템제어의 시퀀스가 자동으로 수행되는 자동제어와 제어의 각 작동단계를 수동으로 수행시키는 수동제어가 있으며, 이 제어방법을 선택할 수 있는 회로를 **자동/수동제어의 선택회로**라 한다.

그림 16.16은 자동/수동제어의 선택회로 중 한 예로서, 양 솔레노이드 밸브를 사용하는 실린더(전후진단에 각각 리밋스위치 장착)에서 c접점 자기유지형인 자동/수동스위치가 OFF상태인 경우는 자동제어로서, start버튼의 터치에 의한 자동제어(1회 왕복운동), c접점이 ON상태인 경우는 수동제어로서, 수동스위치를 ON시키면 전진, OFF시키면 후진하는 수동제어의 작동방법이 선택되게 된다.

자동제어의 선택에서는, 초기에 리밋스위치 S1이 ON상태에서 start스위치를 ON하면 릴레이 K1이 여자 되어 K1의 a접점이 닫히므로 솔레노이드 Y1이 작동함으로서 실린더 A가 전진한다. 전진이 완료되면 S1은 OFF되고(K1이 소자 됨) 리밋스위치 S2가 ON되므로 릴레이 K2가 여자 되어 K2의 a접점이 ON된다. 따라서 솔레노이드 Y2가 작동하여 실린더가 후진하는 자동제어가 수행된다.

수동제어의 선택에서는 수동스위치를 ON시키면 Y1이 작동하여 실린더가 전진하며 전진상태를 유지한다. 수동스위치를 OFF시키면 Y1은 OFF되고 Y2가 작동하여 실린더가 후진하며 후진상태를 유지한다. 이와 같이 실린더가 수동스위치를 수동으로 ON/OFF함으로써 전진과 후진이 각각 한 단계씩 제어가 수행된다.

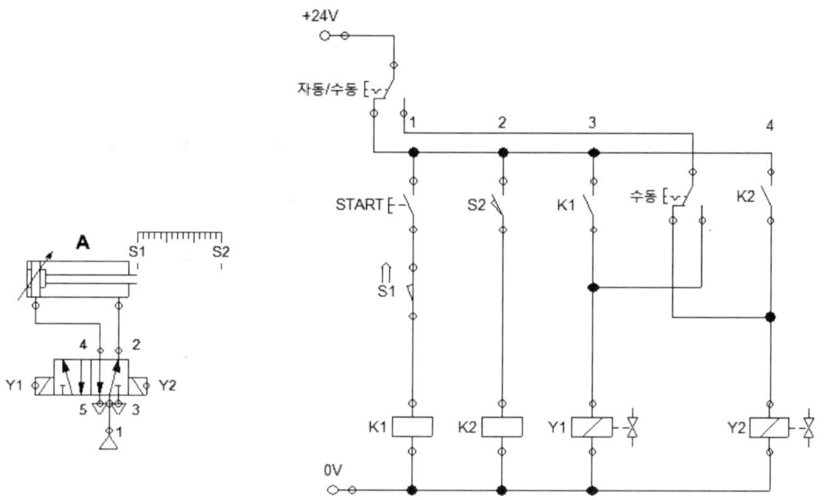

그림 16.16 자동/수동제어의 선택회로

16.15 | 단속/연속 제어회로

실린더를 1회 왕복운동의 단속 사이클로 수행하는 제어와 연속 왕복운동의 제어방법을 각각 단속스위치, 연속스위치를 사용하여 선택할 수 있는 회로를 **단속/연속 제어회로**라 한다.

그림 16.17은 편 솔레노이드 밸브를 사용하는 실린더의 단속/연속 제어회로이다.

이 회로는 실린더를 왕복운동 시킬 때 1회의 단속운동 또는 연속운동의 선택이 가능하며, 연속운전 시 정지스위치에 의해 현재의 사이클이 완료된 후 정지시킬 수 있다.

즉, 단속스위치를 터치하면 릴레이 코일 K1이 여자 되고 K1의 a접점이 닫혀 자기유지 되며, 따라서 솔레노이드 Y1이 ON되므로 실린더가 전진한다. 전진이 완료되면 리밋스위치 S2가 ON되어 K2코일이 여자 되며 K2의 b접점이 열리므로 K1코일이 OFF되어 K1의 a접점이 열려서 Y1이 OFF되므로 실린더가 후진하여 한 사이클이 완료된다.

연속스위치를 터치하면 K3코일이 여자 되어 자기유지 되며 K3의 a접점(2행)이 ON되므로 릴레이 K1이 여자 되어 동작이 단속 사이클의 경우와 동일하지만, 한 사이클이 완료되어도 K3코일이 ON상태(5행)로 자기유지 되어 K3의 a접점(2행)이 ON상태이므로 리밋스위치 S1이 ON되면 K1코일이 여자 되어 자기유지 되므로 새로운 사이클이 수행되어 연속운동이 되며, 정지스위치를 터치하면 K3코일의 자기유지가 해제되어 그 사이클이 완료된 후 정지한다.

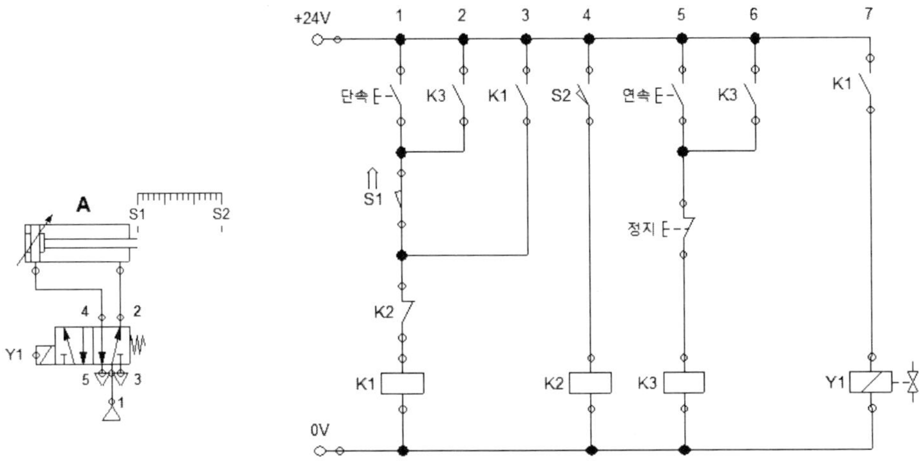

그림 16.17 실린더의 단속/연속 제어회로

16.16 | 비상정지 회로

그림 16.18은 양 솔레노이드 밸브를 사용하는 실린더의 연속왕복운동 회로이며, 비상정지 스위치를 ON하면 실린더가 후진상태의 초기위치로 복귀하여 정지하는 **비상정지 회로**이다.

이 회로도에서 비상정지 스위치가 OFF상태에서는 릴레이 K3가 여자 되어 K3의 a접점이 ON된다. 이 상태에서 푸시버튼(유지형) PB를 ON하면 릴레이 K1이 여자 되며 K1의 a접점이 ON되어 솔레노이드 Y1이 작동하므로 실린더가 전진한다.

실린더가 전진 완료 후 리밋스위치 S2가 ON되어 릴레이 K2가 여자 되고(이때 리밋스위치 S1이 OFF되어 릴레이 K1은 소자상태임) K2의 a접점이 ON되어 솔레노이드

Y2가 작동하므로 실린더가 후진한다. 후진이 완료되면 S2가 OFF되고 S1이 ON되어 새로운 사이클이 작동한다.

사이클의 수행 중에 비상정지 스위치를 ON시키면 릴레이 K3가 소자되어 닫혀 있던 K3의 a접점(4행)이 OFF되고, K3의 b접점(6행)이 닫히므로 회로에는 전원이 차단되고 솔레노이드 Y2만 작동하여 실린더는 초기위치로 복귀하여 정지한다.

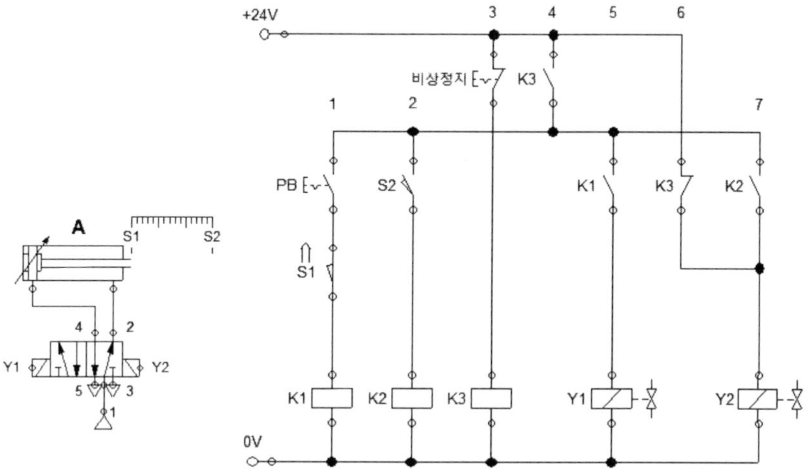

그림 16.18 비상정지 회로

CHAPTER

17 전기공압 시퀀스 제어회로

순수공압 시퀀스 제어에 관련되는 회로설계는 제15장에서 신호간섭현상이 발생하지 않는 경우와 신호간섭현상이 발생하는 경우에 대해서 방향성 리밋밸브 또는 펄스 타이머를 이용하는 방법을 설명하였다. 그리고 근본적으로 간섭현상을 제거하는 캐스케이드 설계방법에 대하여 기술하였다.

이 장에서는 전기를 이용하는 전기공압 시퀀스 제어에 관련하여 그 제어회로의 설계 방법에 대하여 기술한다.

시퀀스 제어는 미리 주어진 제어조건을 충족시키는 프로그램에 의해 결정된 순서에 따라 제어신호가 출력되어 순차적으로 작업이 수행되는 제어방법으로서 공장 자동화에 가장 많이 이용되는 제어방법이다.

시퀀스 제어는 시간종속 시퀀스 제어와 위치종속 제어의 두 가지 방법이 있다. 시간 종속 제어는 정해진 시간의 변화에 따라 순차적으로 제어가 행해지는 제어로서, 전 단계의 작업완료 여부와 다음 단계의 작업 간에 연관이 없다. 그러나 위치종속 제어는 정해진 제어순서에 따라 전 단계의 작업완료가 확인되어야 다음 단계의 작업을 수행하며, 작업완료의 확인은 주로 리밋스위치나 센서가 이용된다. 일반적으로 시퀀스 제어는 후자를 말한다.

전기를 이용하는 시퀀스 제어계에서 신호간섭현상이 발생하게 되면, 예로서 양 솔레노이드 밸브를 사용하는 실린더 제어시스템에서는 전진과 후진의 제어신호가 동시에 기능을 수행하지 못할 뿐 아니라 솔레노이드 밸브의 코일이 소손되는 원인이 된다.

전기공압 시퀀스 제어계에서 이러한 신호간섭을 해결하는 방법은 회로설계상에서 해결할 수 있는 **스테퍼(stepper) 회로**의 구성방법(편 솔레노이드 및 양 솔레노이드 밸브 모두에 적용 가능)과 양 솔레노이드 밸브의 사용 시 **캐스케이드(cascade) 회로**의 구성방법이 있으며, 이들 방법에 대하여 기술한다.

17.1 | 편 솔레노이드 밸브를 이용하는 스테퍼 제어회로 설계방법

편 솔레노이드 밸브를 이용하는 실린더의 시퀀스 제어에는 스테퍼 제어방법이 널리 이용되고 있다.

편 솔레노이드 밸브는 솔레노이드와 복귀스프링에 의해 방향전환이 이루어진다. 즉 실린더의 전진은 솔레노이드에 통전하여 이루어지고, 솔레노이드에 전원을 차단하면 복귀스프링의 힘에 의해 실린더가 후진한다. 따라서 편 솔레노이드를 사용하는 실린더의 전진/후진은 솔레노이드에 전원의 통전유무에 관계된다.

편 솔레노이드 밸브를 이용하는 스테퍼 제어방식의 회로설계 방법에 대하여 기술한다. 예로서, 그림 17.1의 스탬핑 장치 시스템의 스테퍼 제어회로를 작성해 보자.

제어조건은 다음과 같다. 즉, 공작물을 실린더 B에 설치된 홀더에 수동으로 장착시키고, start버튼을 터치하면 실린더 A가 전진하여 공작물에 스탬핑 작업을 하고 후진한다. 실린더 A의 후진이 완료되면 실린더 B가 전진하여 공작물을 제품 상자에 밀어 넣은 후 복귀한다. 그 시퀀스를 나타내면 $A+A-B+B-$이다.

여기서 두 실린더는 모두 편 솔레노이드 밸브를 사용하며 실린더의 전·후진 단에는

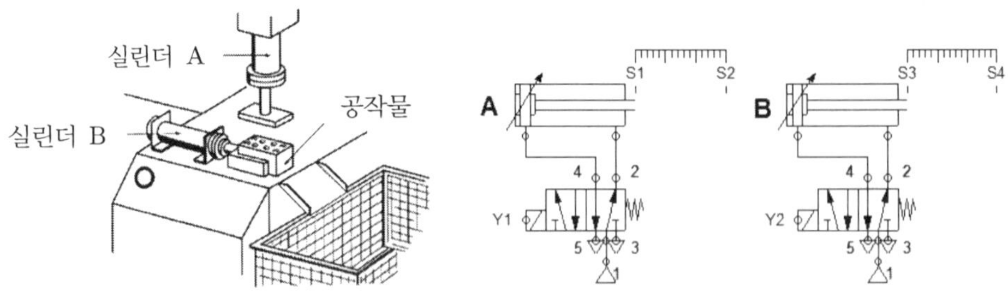

(a) 배치도 (b) 공압회로도

그림 17.1 스탬핑 장치 시스템

각각 리밋스위치가 장착되어 있다.

설계순서는 다음과 같다.

① 시스템(스탬핑 장치)의 배치도와 공압회로도를 작성하고 리밋스위치(S1, S2, …)를 배치한다(그림 17.1).

② 시퀀스의 각 단계 순서로 릴레이 코일(K1, K2, …)을 배정한다.

$A+$	$A-$	$B+$	$B-$
K1	K2	K3	K4

③ 변위단계선도를 작성한다(그림 17.2).

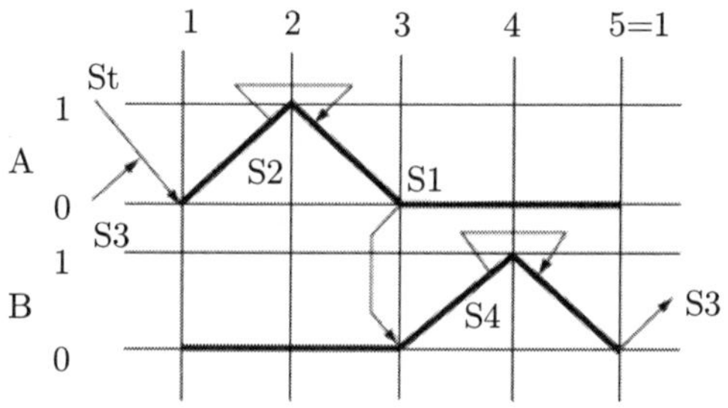

그림 17.2 변위단계선도

④ 작동순서, 체크 백(check back) 신호, 작동 릴레이 코일, 여자 및 소자 솔레노이드의 표를 작성한다.

시퀀스에 대한 각 단계의 체크 백 신호 및 각 단계를 담당하는 릴레이 코일을 배정하여 그 코일에 의한 솔레노이드의 여자 및 소자의 관계를 표시하면 표 17.1과 같다.

표 17.1

작동순서	$A+$	$A-$	$B+$	$B-$
체크 백 신호	S2	S1	S4	S3
작동 릴레이 코일	K1	K2	K3	K4
여자 솔레노이드	Y1		Y2	
소자 솔레노이드		Y1		Y2

⑤ 편 솔레노이드 밸브 사용 시 릴레이 코일의 ON상태 조건식은 다음과 같다.

제1단계의 릴레이 코일의 ON상태 조건식은 다음과 같다.

$$K_1 = [(start \cdot LS) + K_1] \cdot \overline{K_{last}} \tag{17.1}$$

일반 릴레이 코일의 ON상태 조건식은 다음과 같다.

$$K_n = [LS + K_n] \cdot K_{n-1} \tag{17.2}$$

최종 릴레이 코일의 ON상태 조건식은 다음과 같다.

$$K_{last} = LS \cdot K_{last-1} \text{ 또는 } K_{last} = [LS + K_{last}] \cdot K_{last-1} \tag{17.3}$$

위의 식에서 좌변의 K는 릴레이 코일이며, 우변의 각 요소들은 다음과 같다.

K : 릴레이 코일 K의 a접점 $\overline{K}$: 릴레이 코일 K의 b접점

• : 직렬연결 + : 병렬연결

LS : 전 단계의 도달 센서(리밋스위치)

위의 식 (17.1)~(17.3)을 이용하여 스탬핑 장치의 제어에 대한 릴레이 코일 K1~K4의 ON상태 조건식을 적용하면 다음과 같다.

$$K_1 = (start \cdot S_3 + K_1) \cdot \overline{K_4}$$

$$K_2 = (S_2 + K_2) \cdot K_1$$

$$K_3 = (S_1 + K_3) \cdot K_2$$

$$K_4 = S_4 \cdot K_3 \text{ 또는 } K_4 = (S_4 + K_4) \cdot K_3$$

⑥ 평행한 두 모선(상부 모선 : +24V, 하부 모선 : 0V)을 긋고 좌측 부분에 릴레이 코일이 ON되는 조건을 고려하여 단계의 순서대로 릴레이 제어회로를 작성한다(그림 17.3의 1~8라인).

각 단계를 수행하는 릴레이 코일은 전 단계의 도달 센서와 릴레이 코일이 작동함으로써 여자 된다. 단 첫 단계는 최종 단계의 릴레이 코일의 b접점이 필요하며, 최종 단계의 릴레이 코일이 여자 되면 모든 단계의 릴레이 코일은 소자되어 결국 최종 릴레이 코일도 소자된다.

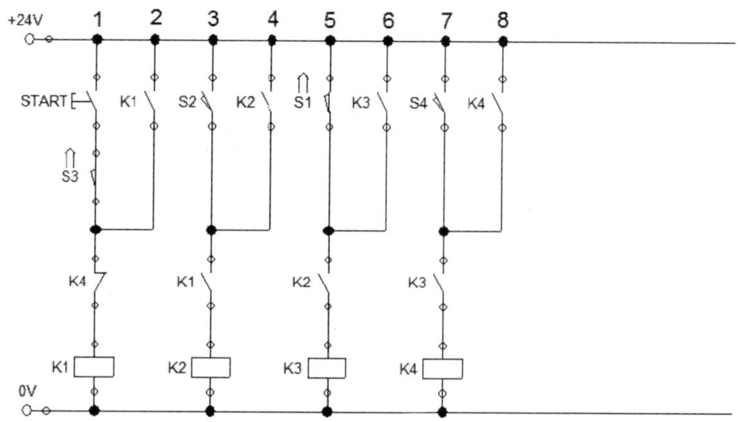

그림 17.3 6단계 릴레이 코일의 관련 회로작성

⑦ 두 모선의 우측 부분에는 단계 순서대로 솔레노이드 작동회로를 작성한다(그림 17.4의 9~10라인).

릴레이 코일이 여자 되면 그 릴레이 코일에 접속된 a접점으로부터 그 단계의 시퀀스가 수행되는 솔레노이드를 여자 시킨다. 솔레노이드를 소자시키기 위해서는 해당 릴레이 코일에 접속된 b접점을 사용한다.

⑧ 설계 순서대로 작동하는지 시뮬레이션을 통해 검토한다.

⑨ 부가조건이 필요하면 회로도에 추가한다.

⑩ 완성된 시퀀스회로도에는 공압 회로도와 전기 회로도를 함께 표시한다(그림 17.5).

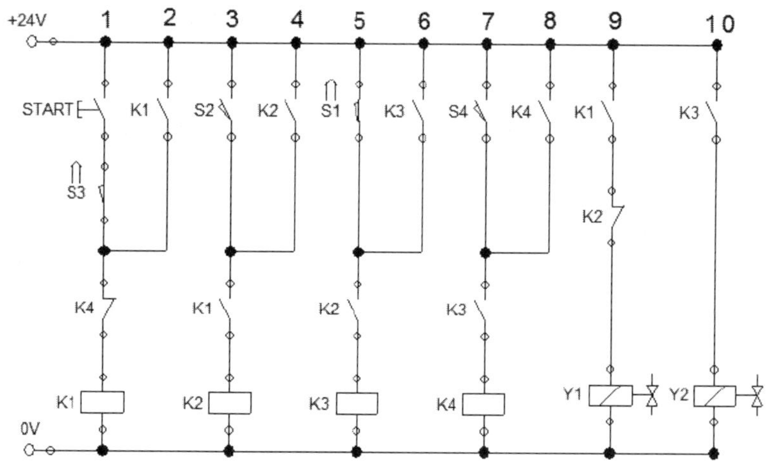

그림 17.4 7단계 솔레노이드의 관련 회로작성

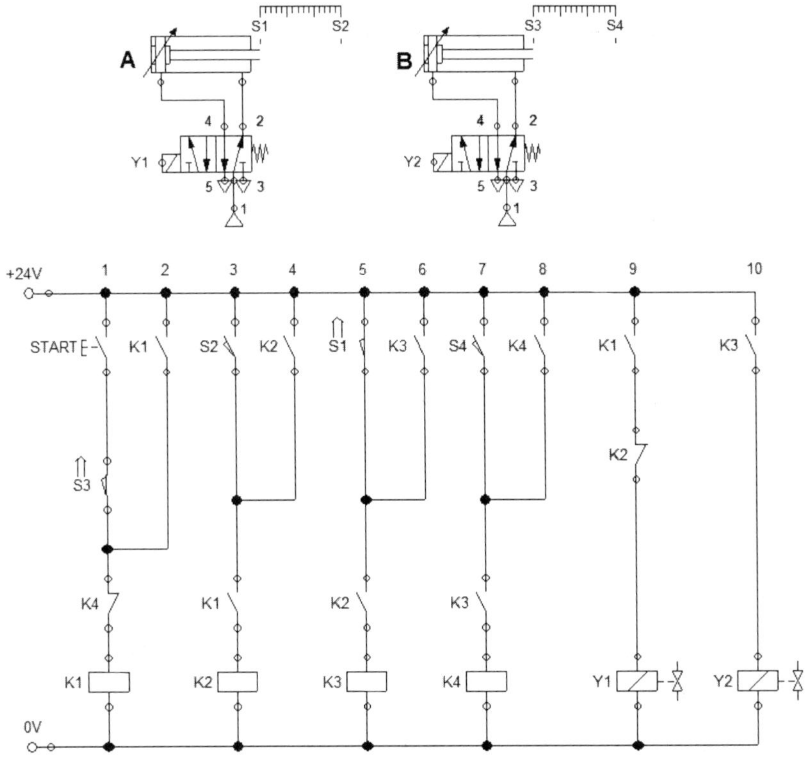

그림 17.5 스탬핑 장치의 스테퍼 제어회로($A+A-B+B-$)

그림 17.5에서, start버튼을 터치하면 릴레이 코일 K1이 여자 되어 자기유지 되며, K1의 a접점이 ON되어 솔레노이드 Y1이 작동하므로 실린더 A가 전진한다.

실린더 A가 전진을 완료하면 리밋스위치 S2가 ON되어 릴레이 코일 K2가 여자 되어 자기유지 되며, K2의 a접점이 ON되어 릴레이 코일 Y1이 소자되므로 실린더 A가 후진한다.

따라서 리밋스위치 S1이 작동하여 릴레이 코일 K3가 여자 되어 자기유지 되며, K3의 a접점이 ON되어 솔레노이드 Y2가 작동하여 실린더 B가 전진한다.

실린더 B가 전진을 완료하면 리밋스위치 S4가 ON되어 릴레이 코일 K4가 여자 되어 자기유지 되며, K4의 b접점(1행)이 ON되어 릴레이 코일 K1이 소자되고, 이어서 K2~K4의 코일이 모두 소자되며, 따라서 실린더 B가 후진하여 한 사이클이 종료된다.

17.2 | 양 솔레노이드 밸브를 이용하는 스테퍼 제어회로 설계방법

양 솔레노이드 밸브를 사용하는 제어 시스템에서는 스테퍼 제어방법과, 후술하는 캐스케이드 제어방법이 이용되고 있다.

양 솔레노이드 밸브는 양쪽 솔레노이드의 코일에 동시에 통전하는 경우에는 신호간섭으로 인하여 밸브가 작동할 수 없다. 따라서 어느 한쪽의 솔레노이드에만 통전해야 된다. 즉 어느 한쪽의 솔레노이드를 작동시키려면 상대 쪽의 솔레노이드에 전원을 차단시켜야 한다.

양 솔레노이드 밸브는 전원을 모두 차단시켜도 마지막 단계에 대한 밸브의 작동위치를 기억하는 메모리 기능이 있다. 따라서 불시에 정전상태가 발생하여도 제어밸브가 그 때의 위치를 기억하므로 실린더가 돌발적인 운동을 하지 않는다.

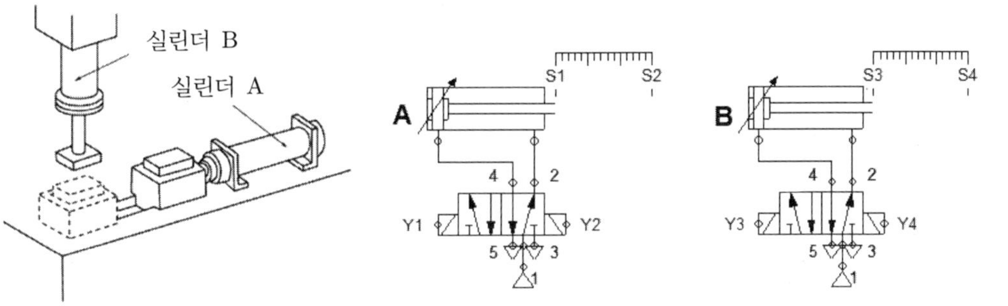

(a) 배치도　　(b) 공압회로도

그림 17.6 마킹장치

양 솔레노이드 밸브를 사용하는 경우의 한 예로서 그림 17.6에 나타내는 마킹(marking)장치의 시퀀스 제어회로를 스테퍼 방식을 이용하여 작성한다.

제어조건은 다음과 같다. 즉, 공작물을 실린더 A에 설치된 홀더에 수동으로 장착시키고, start버튼을 터치하면 실린더 A가 전진하여 작업위치로 이송시킨다. 그 후 실린더 B가 전진하여 공작물에 마킹작업을 한 후 후진한다. 실린더 B의 후진이 완료되면 실린더 A가 후진하여 한 사이클이 종료된다. 그 시퀀스를 나타내면 $A+B+B-A-$이다.

여기서 두 실린더는 모두 양 솔레노이드 밸브를 사용하며, 실린더의 전·후진 단에는 각각 리밋스위치가 장착되어 있다.

① 시스템(마킹장치)의 배치도와 공압회로도를 작성하고 리밋스위치를 배치한다(그림 17.6).

② 시퀀스를 각 단계 순서로 릴레이 코일을 아래와 같이 배정한다.

$A+$	$B+$	$B-$	$A-$
K1	K2	K3	K4

③ 변위단계선도를 작성한다(그림 17.7).

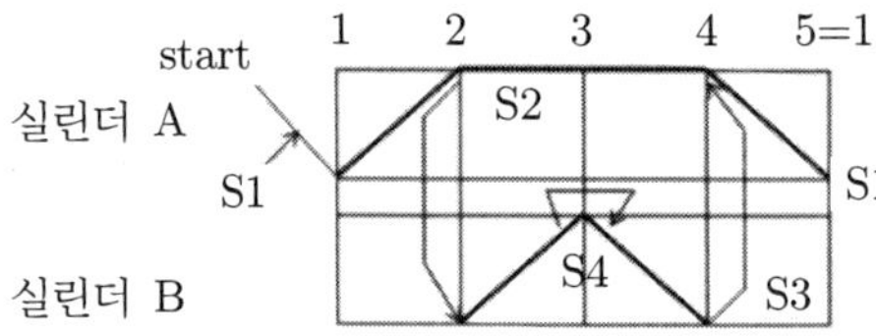

그림 17.7 변위단계선도

④ 각 단계별 작동순서에 대한 체크 백(check back)신호, 작동 릴레이 코일, 작동 솔레노이드의 관계를 표 17.2와 같이 작성한다.

표 17.2

작동순서	$A+$	$B+$	$B-$	$A-$
체크 백 신호	S2	S4	S3	S1
작동 릴레이 코일	K1	K2	K3	K4
작동 솔레노이드	Y1	Y3	Y4	Y2

⑤ 양 솔레노이드 밸브 사용 시 릴레이 코일의 ON상태 조건식은 다음과 같다.
제1단계 릴레이 코일의 ON상태를 위한 조건식은 식 (17.4)와 같다.

$$K_1 = [(start \cdot LS \cdot K_{last}) + K_1] \cdot \overline{K_2} \tag{17.4}$$

일반단계 릴레이 코일의 ON상태를 위한 조건식은 식 (17.5)와 같다.

$$K_n = [(LS \cdot K_{n-1}) + K_n] \cdot \overline{K_{n+1}} \tag{17.5}$$

최종단계 릴레이 코일의 ON상태를 위한 조건식은 식 (17.6)과 같다.

$$K_{last} = [(LS \cdot K_{last-1}) + K_{last} + reset\,S/W] \cdot \overline{K_1} \tag{17.6}$$

위의 식 (17.4)~(17.6)을 이용하여 마킹장치의 제어에 대한 릴레이 코일 K1~K4의 ON상태 조건식을 적용하면 다음과 같다.

$$K_1 = [(start \cdot S_1 \cdot K_4) + K_1] \cdot \overline{K_2}$$

$$K_2 = [(S_2 \cdot K_1) \cdot K_2] \cdot \overline{K_3}$$

$$K_3 = [(S_4 \cdot K_2) + K_3] \cdot \overline{K_4}$$

$$K_4 = [(S_3 \cdot K_3) + K_4 + reset\,S/W] \cdot \overline{K_1}$$

⑥ 평행한 두 모선(+24V 및 0V 모선)을 긋고 좌측 부분에 릴레이 코일이 ON되는 조건을 고려하여 단계의 순서대로 릴레이 제어회로를 작성한다(그림 17.8의 1~9행). 각 단계를 수행하는 릴레이 코일은 전 단계의 도달 센서와 릴레이 코일이 작동함으로써 여자 되고, 후 단계의 릴레이 코일이 여자 되면 그 전 단계의 릴레이 코일은 소자되게 한다.

⑦ 두 모선의 우측 부분에는 단계 순서대로 솔레노이드 작동회로를 작성한다(그림 17.9의 10~13행).
릴레이 코일이 여자 되면 그 릴레이 코일에 접속된 a접점으로부터 그 단계의 시퀀스가 수행되는 솔레노이드를 여자 시킨다.

⑧ 설계 순서대로 작동하는지 시뮬레이션을 통해 검토한다.(작동 시 우선 reset스위

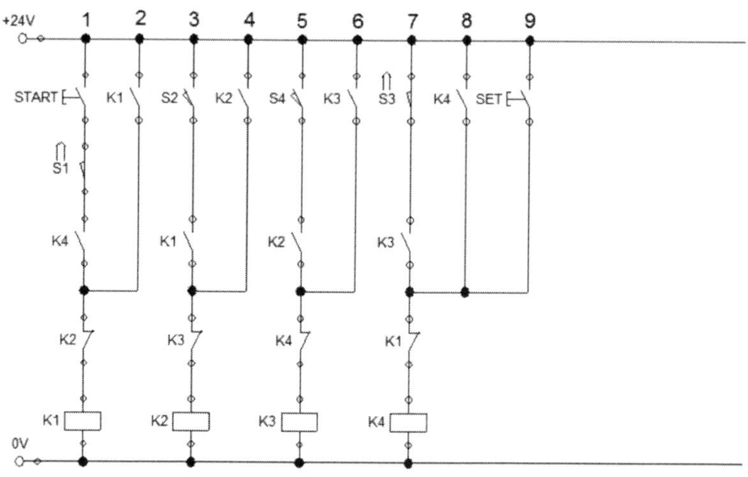

그림 17.8 6단계 릴레이 코일의 관련회로 작성

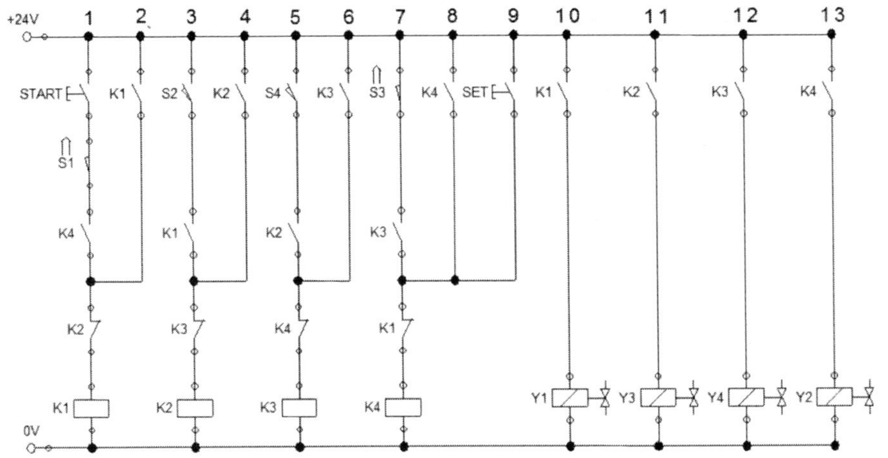

그림 17.9 7단계 솔레노이드의 관련회로 작성

치 SET을 터치한 후 start스위치를 터치한다.)

⑨ 부가조건이 필요하면 회로도에 추가한다.

⑩ 완성된 시퀀스회로도는 공압회로도와 전기회로도를 함께 표시한다(그림 17.10).

그림 17.10의 회로에 대한 작동원리는 다음과 같다.

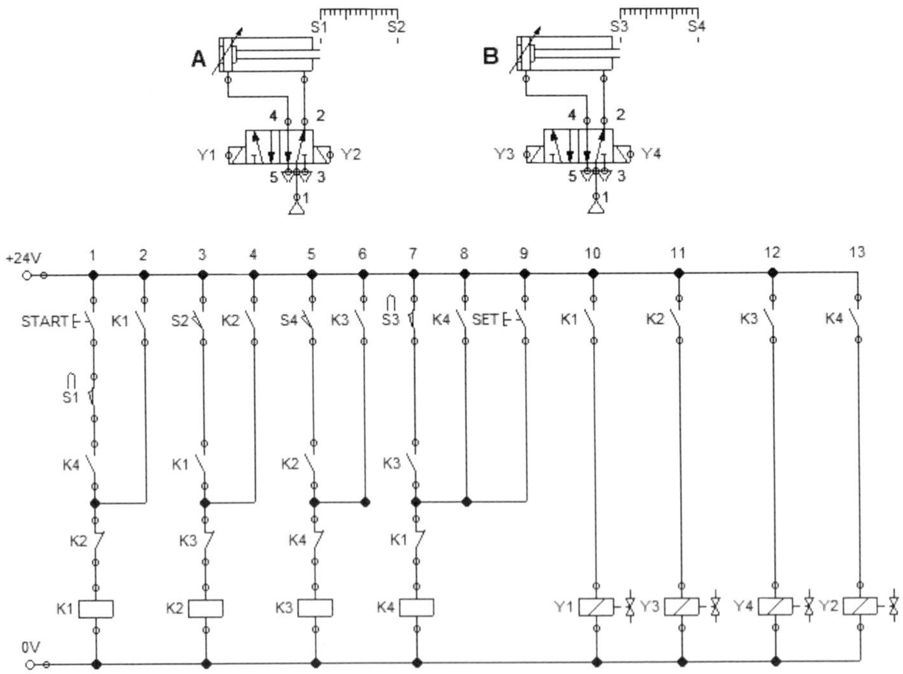

그림 17.10 마킹장치의 스테퍼 제어회로($A+B+B-A-$)

reset스위치 SET를 터치하면 릴레이 코일 K4가 여자 되어 자기유지 되며, K4의 a접점(1행)이 ON된다. 이때 start버튼을 터치하면 릴레이 코일 K1이 여자 되어 자기유지 되며, K1의 a점이 ON되어 솔레노이드 Y1이 작동하므로 실린더 A가 전진한다.

따라서 리밋스위치 S2가 ON되어 릴레이 코일 K2가 여자 되어 자기유지 되며, 그로 인해 K1코일을 소자시키고 솔레노이드 Y3가 작동하여 실린더 B가 전진 완료 후 리밋스위치 S4가 ON된다. 따라서 릴레이 코일 K3가 여자 되어 자기유지 되며, 릴레이 코일 K2를 소자시키고 솔레노이드 Y4를 작동시키므로 실린더 B가 후진한다.

실린더 B가 후진을 완료하면 리밋스위치 S3가 ON되어 릴레이 코일 K4가 여자 되어 자기유지 되며, 릴레이 코일 K3를 소자시키고 솔레노이드 Y2가 작동하여 실린더 A가 후진함으로서 한 사이클이 종료된다.

17.3 | 양 솔레노이드 밸브를 이용하는 캐스케이드 제어회로 설계방법

양 솔레노이드 밸브를 사용하는 실린더의 전기공압 시퀀스 제어회로에서 밸브의 양쪽에 전원이 동시에 인가되면 신호간섭에 의하여 밸브가 작동하지 못한다. 이 신호간섭이 발생하지 않게 하는 방법으로서 전술한 스테퍼 제어방법 외에 캐스케이드 제어방법을 이용하여 회로를 설계할 수 있다. 이 제어방법은 양 솔레노이드 밸브를 사용하는 경우에만 이용할 수 있는 제어방법이다.

예로서 실린더 A, B, C의 3개와 각 실린더의 최종 제어밸브로서 양 솔레노이드 밸브를 사용하고, 회로의 작동 시퀀스가 $A+B+B-A-C+C-$인 경우, 캐스케이드 제어회로를 설계한다고 하면, 먼저 동일한 실린더가 동일 그룹에 속하지 않도록 아래와 같이 그룹을 나눈다.

$$A+B+/B-A-C+/C-$$

1그룹 2그룹 3그룹

이 경우 캐스케이드 회로를 구성하기 위해 그룹라인의 수와 릴레이 코일의 수가 각각 그룹의 수만큼 필요하다. 단, 예외적으로 그룹의 수가 2개인 경우는 그룹라인의 수는 2개가 필요하지만, 릴레이 코일의 수는 1개만 필요하다.

캐스케이드 제어회로의 작성방법에 대하여 (1) 그룹의 수가 2개인 경우와 (2) 그룹의 수가 3개 이상인 경우, 각각에 대하여 캐스케이드 제어회로의 설계방법에 대하여 기술한다.

17.3.1 그룹의 수가 2개인 캐스케이드 제어회로의 설계방법

그림 17.11의 엠보싱 장치에서 양 솔레노이드 밸브를 각각 사용하는 2개의 실린더를 이용하여 플라스틱 공작물에 엠보싱 작업을 하는 제어회로(시퀀스 : $A+B+B-A-$)를 캐스케이드 방법으로 설계한다.

제어조건은 다음과 같다. 플라스틱 부품을 수동으로 엠보싱 장치의 홀더에 장착하고 start 스위치를 터치하면 실린더 A가 전진하여 이 공작물을 엠보싱 작업위치로 이송시키고, 실린더 B가 전진하여 엠보싱 작업이 끝나면 실린더 B가 복귀한 후 실린더 A가 귀환한다($A+B+B-A-$).

여기서 두 실린더는 모두 양 솔레노이드 밸브를 사용하며 실린더의 전·후진 단에는 각각 리밋스위치가 장착되어 있다.

① 제1단계

시스템의 배치도와 제어조건에 따른 변위단계선도를 작성한다. 그림 17.11은 시스템의 배치도 및 공압회로도이며, 그림 17.12는 변위단계선도이다.

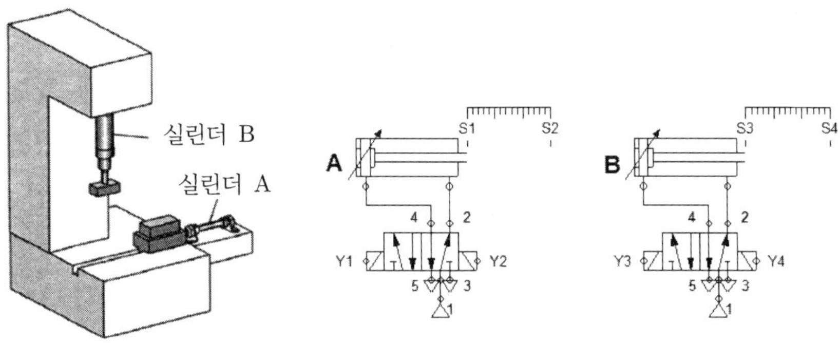

(a) 배치도 (b) 공압회로도

그림 17.11 엠보싱 장치

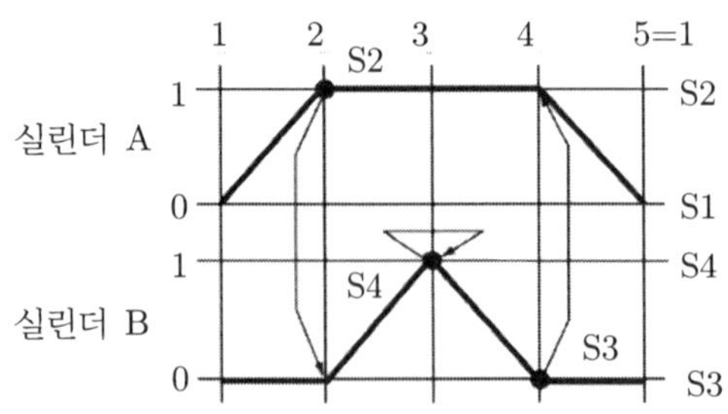

그림 17.12 변위단계선도

② 제2단계

작동순서에 대하여 제어그룹을 분류하고 캐스케이드 제어라인을 작성한다.

먼저 엠보싱장치의 작동순서를 약호로 나타내고, 그룹을 나누어 체크 백 신호와 작동 솔레노이드 및 작동 릴레이 접점의 관계를 다음의 표 17.3과 같이 정리한다.

여기서 그룹의 수가 2개인 경우에는 한 개의 릴레이 코일 K1이 필요하며, 1그룹에는 K1의 a접점, 2그룹에는 K1의 b접점을 통해 각 그룹라인에 전원공급을 한다.

표 17.3

작동순서	$A+$	$B+$	$B-$	$A-$
체크 백 신호	S2	S4	S3	S1
작동 솔레노이드	Y1	Y3	Y4	Y2
그룹	1그룹		2그룹	
작동 릴레이 접점	K1의 a접점		K1의 b접점	

표 17.3에서 체크백 신호 S1, S2, …는 각각 실린더의 운동 완료여부를 확인하며, 동시에 다음 단계의 제어동작을 위한 신호입력 요소인 리밋스위치이다.

그룹의 수와 동일한 수의 그룹라인을 갖는 제어 회로도를 그림 17.13과 같이 작성한다. 여기서 1, 2라인은 각각 1그룹 에너지 라인, 2그룹 에너지 라인을 나타낸다.

③ 제3단계 : $A+$ 작업의 회로작성

$A+$ 작업은 제1그룹에 속하므로 1번 그룹라인에 에너지가 공급되기 위해서 K1의 a 접점이 ON되어야 한다. 최종 그룹의 최종 작업인 $A-$의 완료를 나타내는 리밋스위치 S1과 start 스위치가 릴레이 코일 K1을 ON시켜주어야 하며, 릴레이 코일 K1은 자기유

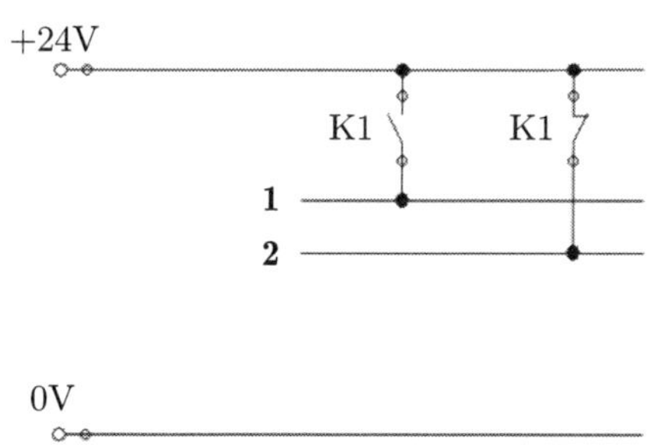

그림 17.13 제2단계 제어 회로도

지회로로 하여 S1이 OFF되어도 K1이 작동되는 상태로 유지시킨다.

$A+$ 작업을 담당하는 Y1 솔레노이드는 K1의 a접점을 통해 에너지를 받아 여자 되므로 실린더 A가 전진한다.

따라서 제3단계의 제어회로도는 그림 17.14와 같다.

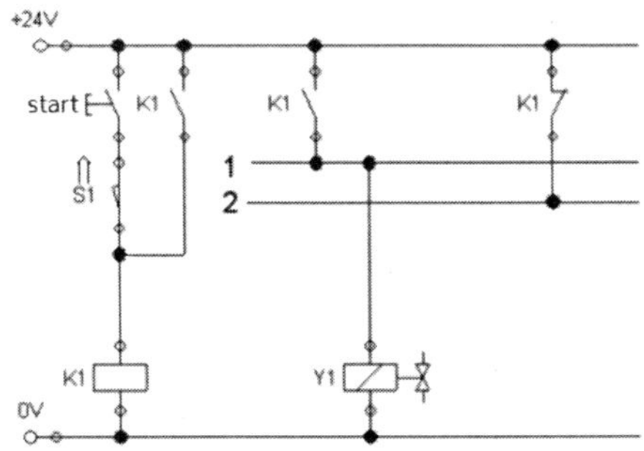

그림 17.14 제3단계 제어 회로도

④ 제4단계 : $B+$ 작업의 회로작성

$B+$ 작업은 앞의 $A+$ 작업과 동일그룹이므로 그룹라인은 그대로 첫 번째 그룹라인 1을 이용한다. 즉, $A+$의 작업완료를 확인하는 리밋스위치 S2가 1번 그룹라인으로부터 에너지를 받아 솔레노이드 Y3를 작동시켜 실린더 B가 전진한다.

따라서 제4단계의 제어회로도는 그림 17.15와 같다.

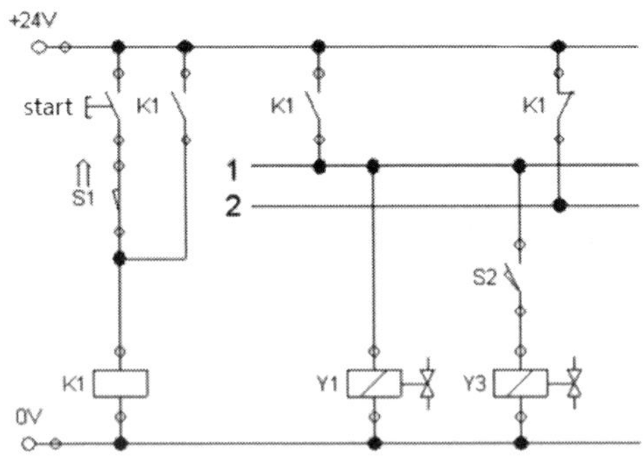

그림 17.15 제4단계 제어 회로도

⑤ 제5단계 : $B-$ 작업의 회로작성

$B-$ 작업은 제2그룹에 속하므로, 우선 에너지 공급을 1번 그룹라인으로부터 2번 그룹라인으로 바꿔야 한다. 그러기 위하여 릴레이 K1을 OFF시켜야 하므로 제1그룹의 최

종 작업인 $B+$의 완료를 확인하는 리밋스위치 S4가 ON될 때 릴레이 K1을 OFF시키기 위해 S4를 b접점으로 릴레이 코일 K1에 접속한다. 그리고 전원으로부터 K1의 b접점에 의해 2번 그룹라인에 연결시키면 에너지 공급이 2번 그룹라인으로 바뀌게 되며, 솔레노이드 Y4가 2번 그룹라인으로부터 직접 에너지를 공급받아 실린더 B가 후진한다.

따라서 제5단계의 제어회로도는 그림 17.16과 같다.

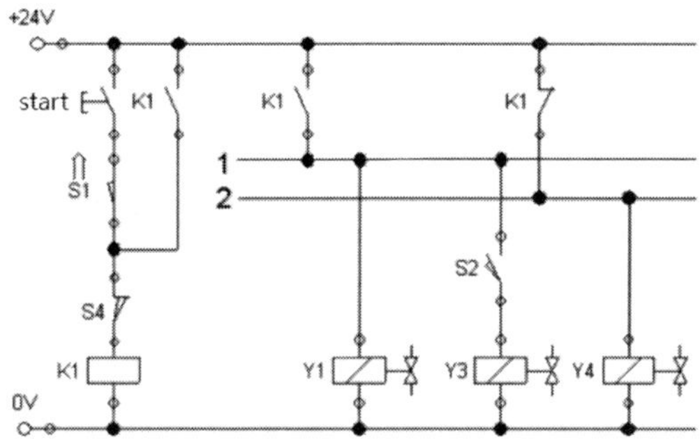

그림 17.16 제5단계 제어 회로도

⑥ 제6단계 : 공압회로도와 전기회로도를 완성한다.

$A-$작업은 제2그룹이므로 에너지 공급라인은 2번 그룹라인 그대로이다. 전 단계인 $B-$의 완료를 확인하는 리밋스위치 S3을 통하여 솔레노이드 Y2가 2번 그룹라인으로부터 에너지를 받아 실린더 A가 후진함으로서 한 사이클의 시퀀스가 완료되며, 완성된 캐스케이드 제어회로를 나타내면 그림 17.17과 같다.

이 회로의 작동원리는 다음과 같다.

start버튼 ON → 릴레이 코일 K1이 여자 되어 자기유지 → K1의 a접점(3행) ON → 1그룹 라인에 공기압 인가 → 솔레노이드 Y1 작동 → 실린더 A전진 → 리밋스위치 S2 ON → 솔레노이드 Y3 작동 → 실린더 B전진 → 리밋스위치 S4 ON → 릴레이 K1이 소자 → K1의 a접점(2행 및 3행)이 열림, 동시에 K1의 b접점(6행)은 닫힘 → 2그룹라인에 공기압 인가 → 솔레노이드 Y4 작동 → 실린더 B후진 → 리밋스위치 S3 ON → 솔레노이드 Y2 작동 → 실린더 A가 후진하여 한 사이클 종료

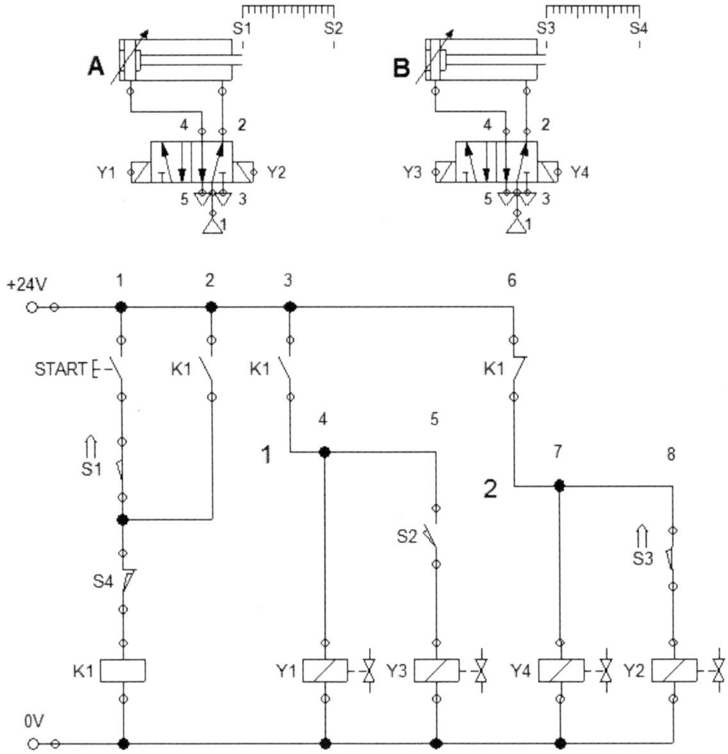

그림 17.17 완성된 캐스케이드 제어회로

17.3.2 그룹의 수가 3개 이상인 캐스케이드 제어회로의 설계방법

그림 17.18의 스탬핑 장치의 제어를 위한 캐스케이드 제어회로를 작성한다. 제어조건은 다음과 같다.

공작물을 작업위치에 수동으로 장착하고 실린더 A의 전진에 의해 공작물에 스탬핑 작업을 한 후 후진하고 실린더 B가 전진하여 공작물을 상자에 밀어 넣은 후 후진하는 작업으로서, $A+A-B+B-$로 표시할 수 있다. 각 실린더는 전·후진 단에 각각 리밋 스위치를 장착하며, 양 솔레노이드 밸브를 사용한다.

제어조건에 대한 캐스케이드 제어회로의 설계순서는 다음과 같다.

① 시스템 배치도와 공압회로도를 작성하고 리밋스위치를 배치한다.

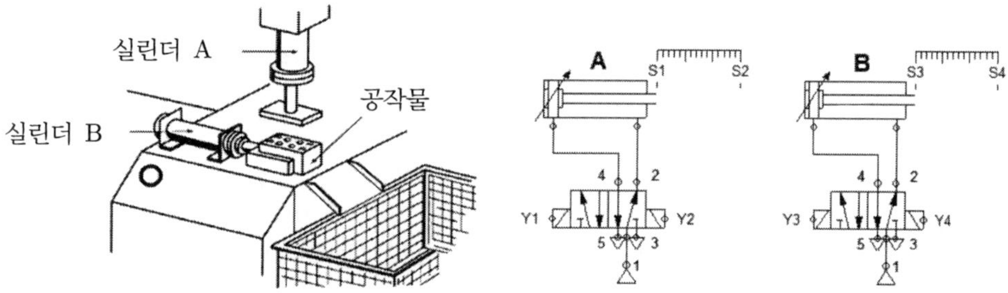

(a) 배치도 (b) 공압회로도

그림 17.18 스탬핑 장치

② 변위단위계선도를 작성한다(그림 17.19).

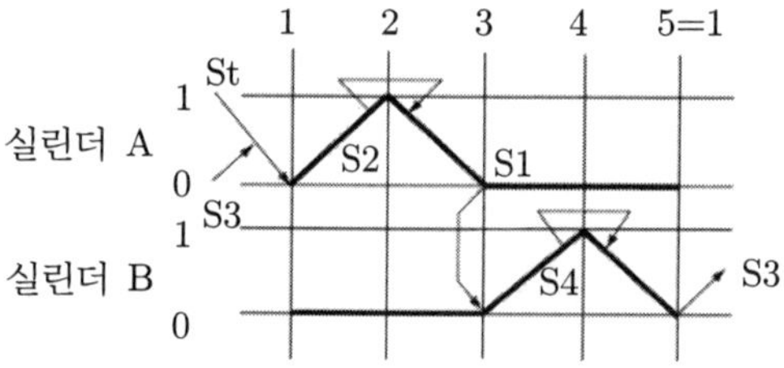

그림 17.19 변위단계선도

③ 작동 시퀀스에 대하여 그룹을 나누고, 다음과 같이 각 그룹에 각각 릴레이 코일 (K1, K2, …)을 하나씩 배정한다.

$$A+\ /A-\ B+\ /B-$$

1그룹 2그룹 3그룹

K1 K2 K3

표 17.4

작동순서	$A+$	$A-$	$B+$	$B-$
체크 백 신호	S2	S1	S4	S3
작동 솔레노이드	Y1	Y2	Y3	Y4
그룹	1그룹	2그룹		3그룹
작동 릴레이 접점	K1	K2		K3

작동순서, 체크 백(check back) 신호, 작동 릴레이 코일, 작동 솔레노이드의 관계에 대하여 표를 작성한다(표 17.4). 한 그룹 내에는 동일한 실린더가 포함되지 않아야 하며, 그룹의 수와 동일한 수의 릴레이 코일 및 그룹라인이 필요하다. 단, 그룹의 수가 2개인 경우에는 1개의 릴레이 코일로 제어할 수 있다.

④ 양 솔레노이드 밸브 사용 시 릴레이 코일의 ON상태를 위한 조건식

표 17.4에서 배정된 릴레이 코일의 ON상태 조건식은, 전술한 스테퍼 제어방법에서 양 솔레노이드 밸브를 사용할 경우(17.2절), 각 단계에 배정한 코일의 ON상태 조건식과 동일하다[식 (17.4)~(17.6)]. 단, 각 단계 대신에 각 그룹에 배정된 릴레이 코일의 ON상태를 위한 식으로 취급하면 된다. 그리고 리밋스위치 LS는 전 그룹의 최종 도달 센서이다.

제1그룹 릴레이 코일의 ON상태를 위한 조건식은 다음과 같다.

$$K_1 = [(start \cdot LS \cdot K_{last}) + K_1] \cdot \overline{K_2} \tag{17.7}$$

일반그룹 릴레이 코일의 ON상태를 위한 조건식은 다음과 같다.

$$K_n = [(LS \cdot K_{n-1}) + K_n] \cdot \overline{K_{n+1}} \tag{17.8}$$

최종그룹 릴레이 코일의 ON상태를 위한 조건식은 다음과 같다.

$$K_{last} = [(LS \cdot K_{last-1}) + K_{last} + reset\,S/W] \cdot \overline{K_1} \tag{17.9}$$

위의 식에 따라 스탬핑 장치의 제어를 위한 릴레이 코일 $K_1 \sim K_3$의 ON상태 표시하면 다음과 같다.

$$K_1 = [(start \cdot S_3 \cdot K_3) + K_1] \cdot \overline{K_2}$$

$$K_2 = [(S_2 \cdot K_1) + K_2] \cdot \overline{K_3}$$

$$K_3 = [(S_4 \cdot K_2) + K_3 + resetS/W] \cdot \overline{K_1}$$

⑤ 평행한 2개의 모선(윗쪽 선 : 24V, 아래쪽 선 : 0V)을 긋고 식 (17.7)~(17.9)를 이용하여 표시한 릴레이 $K_1 \sim K_{last}$의 ON상태의 조건식을 고려하여 그룹 순으로 릴레이 제어회로를 작성한다(그림 7.20의 1~7행).

⑥ 회로의 우측부에 그룹별로 솔레노이드 작동회로를 작성한다(그림 7.20의 8~14행).

두 모선 사이에 그룹 수만큼의 그룹라인(평행선 1, 2, …)을 긋고 24V의 모선과 그룹라인을 해당 릴레이의 a접점($K_1 \sim K_{last}$)으로 연결한다. 그리고 솔레노이드를 하단 측에 단계 순으로 배치하고 동일 그룹의 솔레노이드는 동일 그룹라인에 연결한다.

한 그룹 내에 여러 개의 솔레노이드가 배치되는 경우에는 해당 그룹라인에 직접 연결하고 다음 단계의 솔레노이드는 바로 앞 단계의 센서(리밋스위치)를 직렬로 연결한다.

⑦ 순서대로 작동되는지를 검토한다.

⑧ 부가조건이 필요하면 회로도에 첨가한다.

따라서 설계순서에 따라 캐스케이드 제어 회로도를 작성하면 그림 17.20과 같다.

이 회로는 인터록(inter-lock) 회로로서 릴레이 K1이 작동하는 경우에는 다른 그룹의 릴레이는 작동하지 않는다. 이와 같이 b접점을 이용하는 인터록 회로는 상대동작을 금지하는 회로로서 양 솔레노이드밸브의 간섭현상을 방지하게 된다.

이 회로의 작동원리는 다음과 같이 설명할 수 있다.

먼저 reset(SET로 표시) 스위치를 터치하면 릴레이 K3가 여자 되므로 K3의 a접점(1행)이 ON되며, 이때 start 스위치(S7)를 터치하면 릴레이 K1이 ON되어 자기유지 되므로 모선으로부터 K1의 a접점(8행)을 통해 1그룹라인에 에너지가 인가된다. 따라서 솔레노이드 Y1이 작동하므로 실린더 A가 전진한다.

실린더 A가 전진 완료 후 S2가 ON되면 릴레이 K2가 ON되며 자기유지 된다(이때 릴레이 K1은 OFF되어 1그룹 라인에 에너지가 차단되므로 Y1이 OFF됨). 따라서 K2의 a접점(10행)을 통해 모선으로부터 2그룹라인에 에너지가 인가되어 솔레노이드 Y2가 작동함으로서 실린더 A가 후진한다.

실린더 A가 후진을 완료하면 S1이 ON되므로 동일한 2그룹라인으로부터 솔레노이드 Y3가 작동하여 실린더 B가 전진하고 S4가 ON되며, 릴레이 K3가 ON되어 자기 유지 된다(K2는 OFF되어 2그룹 라인에 에너지가 차단되므로 Y3는 OFF됨). 따라서 K3의 a접점(13행)을 통하여 모선으로부터 3그룹라인에 에너지가 인가되어 솔레노이드 Y4가 작동하므로 실린더 B가 후진함으로써 한 사이클이 완료된다.

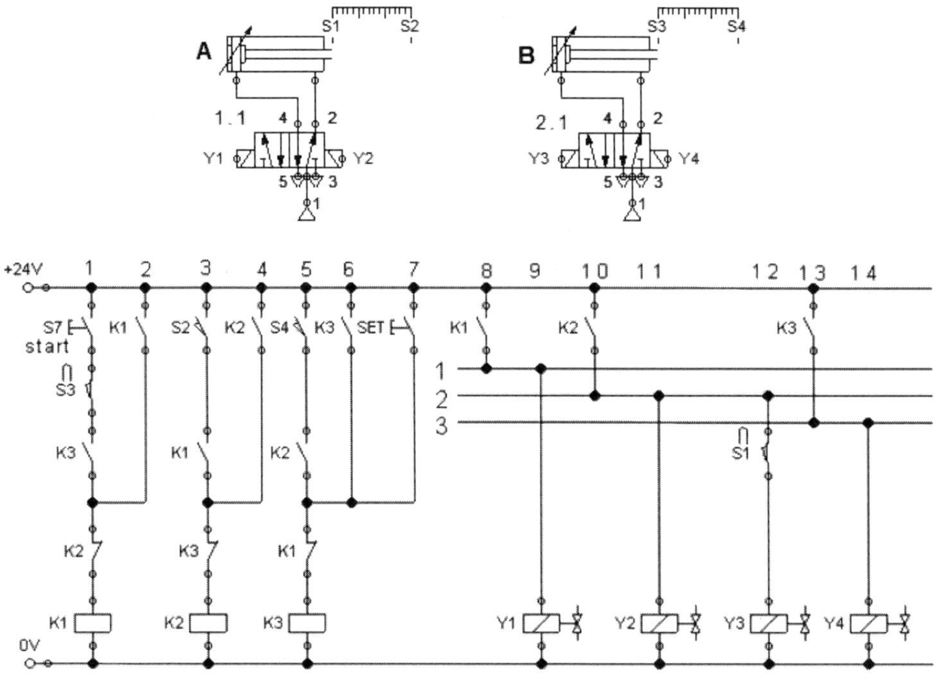

그림 17.20 스탬핑 장치의 캐스케이드 제어회로

17.4 | 편 솔레노이드 밸브를 사용하는 스테퍼 제어회로

(1) 스탬핑 작업 $[A+B+(3초)B-A-]$

① 제어 시스템과 제어조건

그림 17.21(a)의 스탬핑 장치에서 공작물을 수동으로 작업대에 장착한다. 실린더 A의 전진에 의해 공작물을 작업위치까지 이송하고, 실린더 B의 전진에 의해 3초간 스탬핑 작업을 수행한 후 복귀한다. 그 후에 실린더 A가 귀환한다. 작동 중에 비상스위치를 ON시키면 모든 실린더는 초기위치로 복귀하여 정지해야 한다.

두 실린더에는 각각 전·후진 단에 리밋스위치를 장착하며, 모두 편 솔레노이드 밸브를 사용한다. 변위단계선도는 그림 17.21(b)와 같다.

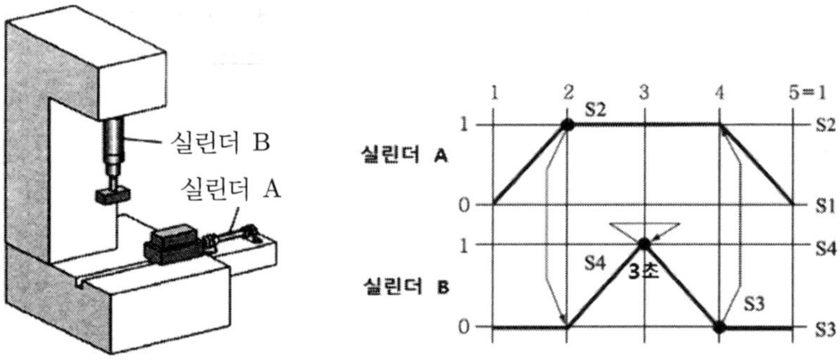

(a) 스탬핑 장치 (b) 변위단계선도

그림 17.21 스탬핑 작업

② 제어 회로도

설계방법은 스테퍼 방식으로 하며, 설계한 회로도는 그림 17.22에 나타내었다.

③ 작동원리

그림 17.22의 회로도에서 비상스위치를 누르지 않은 상태에서는 릴레이 K5가 여자되어 있으므로 K5의 a접점(2행)이 ON상태이다.

이때 start버튼을 터치하면 릴레이 K1이 여자 되어 자기유지 되며, 따라서 K1의 a접점이 ON되므로 솔레노이드 Y1이 작동하여 실린더 A가 전진한다. 실린더 A의 전진이 완료되면 리밋스위치 S2가 ON되고, 따라서 릴레이 K2가 여자 되어 자기유지 되므로 솔레노이드 Y2가 작동하여 실린더 B가 전진한다.

실린더 B가 전진을 완료하면 리밋스위치 S4가 ON되며, 따라서 3초 후에 타이머 코일 K3가 작동하여 자기유지 된다. 따라서 K3의 b접점이 열려 솔레노이드 Y2가 OFF되므로 실린더 B가 후진한다. 실린더 B의 후진이 완료되면 리밋스위치 S3가 ON되고 릴레이 K4가 여자 되어 자기유지 되며, K4의 b접점(3행)이 열리므로 모든 릴레이 코일이 소자되어 결국 솔레노이드 Y1이 OFF되므로 실린더 A가 후진하며 사이클이 종료된다. 다시 start버튼을 터치하면 새로운 사이클이 수행된다.

사이클의 수행 도중에 비상스위치를 누르면 릴레이 K5가 소자되므로 ON상태에 있던 K5의 a접점(2행)이 열려 모든 릴레이 코일이 소자되므로 모든 실린더는 초기상태로 돌아가 정지한다.

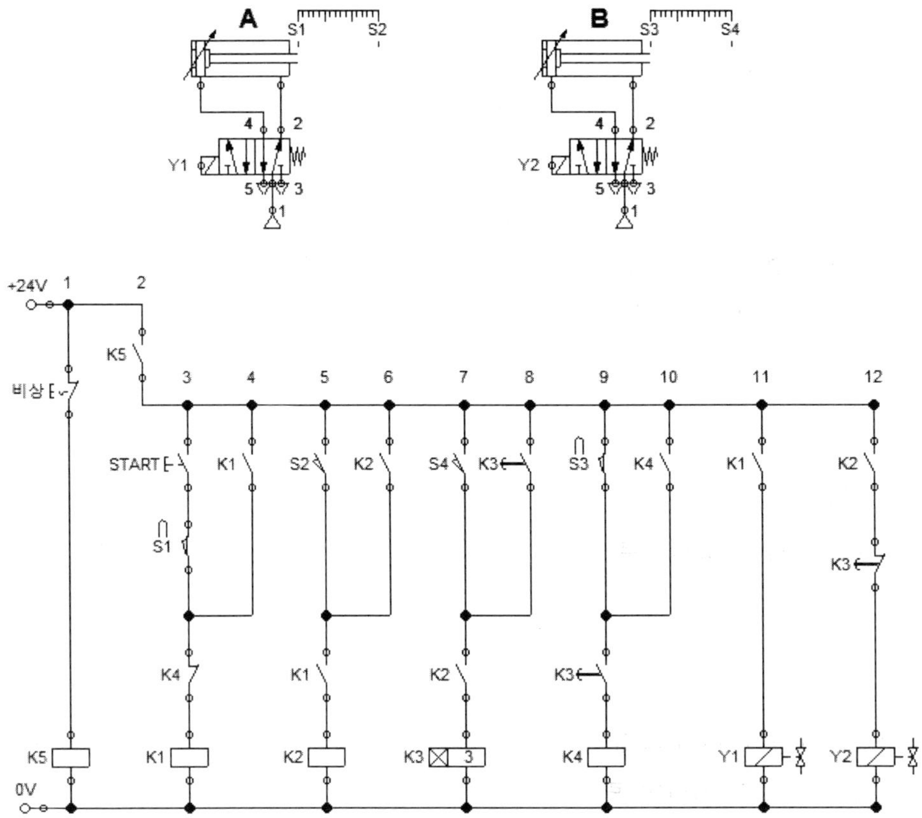

그림 17.22 스탬핑 작업 회로

(2) 부품조립 작업[$A+A-A+B+B-A-$]

① 제어 시스템과 제어조건

그림 17.23(a)의 부품 조립장치에서 원주형 공작물의 횡 방향으로 핀을 삽입하는 공정의 제어이다. 공작물과 핀은 수동으로 해당 위치에 설치한다.

실린더 A의 전진에 의해 공작물을 작업대에 압입한 후 후진하고, 다시 전진하여 공작물을 클램핑 한 상태에서 실린더 B가 전진하여 핀을 삽입한 후 복귀한다. 그 후 실린더 A가 후진하여 한 사이클이 종료된다.

두 실린더는 전・후진 단에 각각 리밋스위치가 장착되어 있으며, 편 솔레노이드 밸브를 사용한다. 변위단계선도는 그림 17.23(b)와 같다.

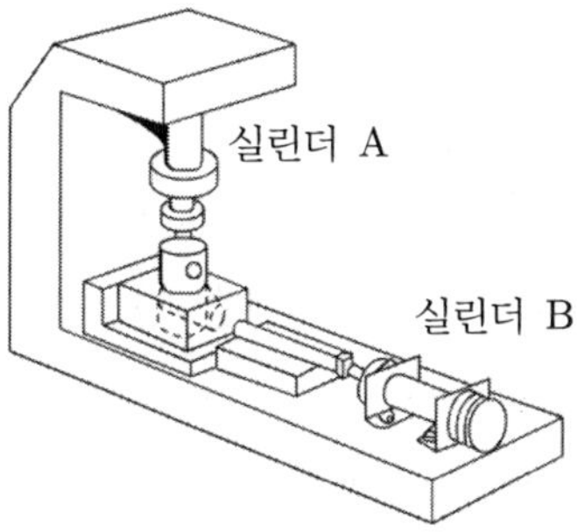

(a) 부품 조립장치

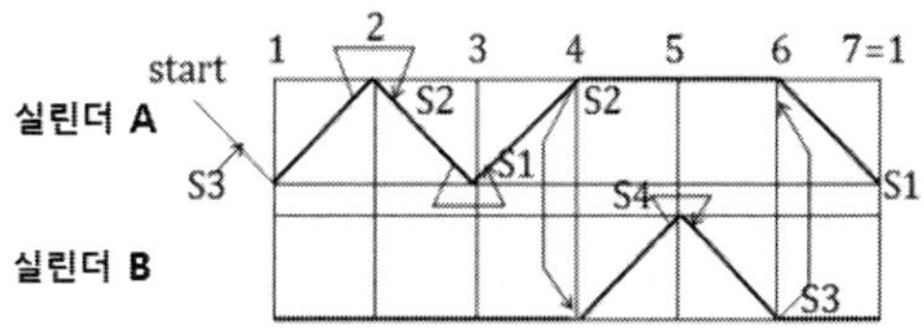

(b) 변위단계선도

그림 17.23 부품조립 작업제어

② 제어 회로도

설계방법은 스테퍼 방식으로 하여 그 설계 회로도는 그림 17.24에 나타내었다.

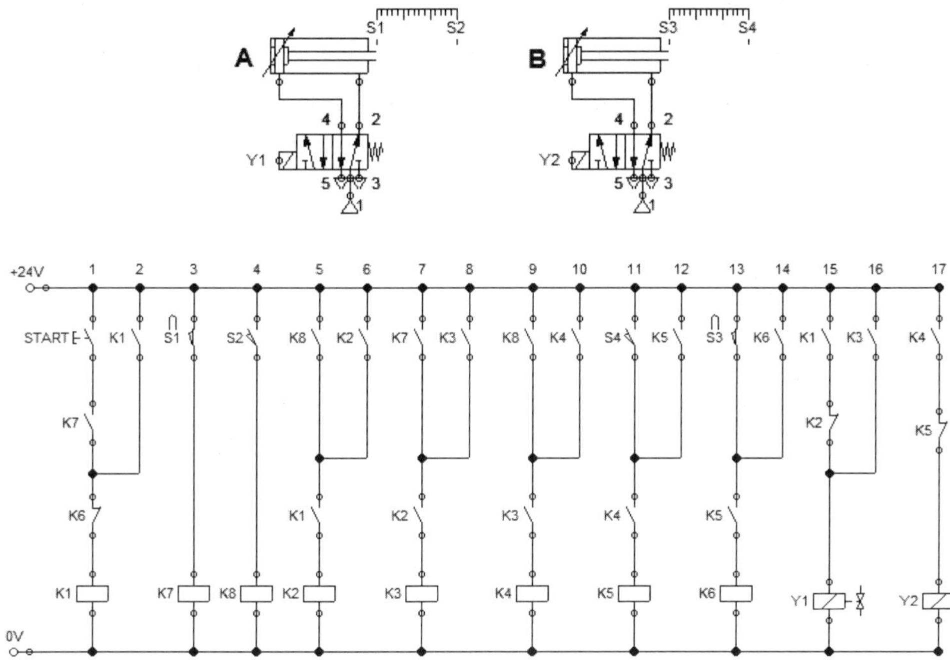

그림 17.24 부품조립 작업회로

③ 작동원리

그림 17.24의 제어 회로도에서 작동원리는 다음과 같이 정리할 수 있다.

start버튼 터치 → 릴레이 K1이 여자 되어 자기유지 → K1의 a접점(15행) ON → 솔레노이드 Y1 ON → 실린더 A전진 → 리밋스위치 S2 ON → 릴레이 K2가 여자 되어 자기유지 → 솔레노이드 Y1 OFF → 실린더 A후진 → 리밋스위치 S1 ON → 릴 레이 K3가 여자 되어 자기유지 → K3의 a접점(16행) ON → 솔레노이드 Y1 ON → 실린더 A전진 → 리밋스위치 S2 ON → 릴레이 K4가 여자 되어 자기유지 → K4의 a접점(17행) ON → 솔레노이드 Y2 ON → 실린더 B전진 → 리밋스위치 S4 ON → 릴레이 K5가 여자 되어 자기유지 → K5의 b접점(17행) ON → 솔레노이드 Y2 OFF → 실린더 B 후진 → 리밋스위치 S3 ON → 릴레이 K6이 여자 되어 자기유지 → K6의 b접점(1행) ON → 릴레이 K1 ~K6 OFF → 실린더 A가 후진하여 사이클이 종료되며, start버튼을 ON하면 다시 새로운 사이클이 수행된다.

(3) 마킹작업[$A+B+B-A-C+C-$, 3회]

① 제어 시스템과 제어조건

그림 17.25(a)의 마킹머신에서 매거진 내의 공작물을 실린더 A가 작업위치로 이송하여 클램핑하고, 실린더 B가 전진하여 마킹작업을 한 후 후진하면 실린더 A가 후진하고, C실린더가 전진하여 공작물을 상자로 밀어낸 후 복귀한다. 이 사이클을 3회 수행하고 정지한다.

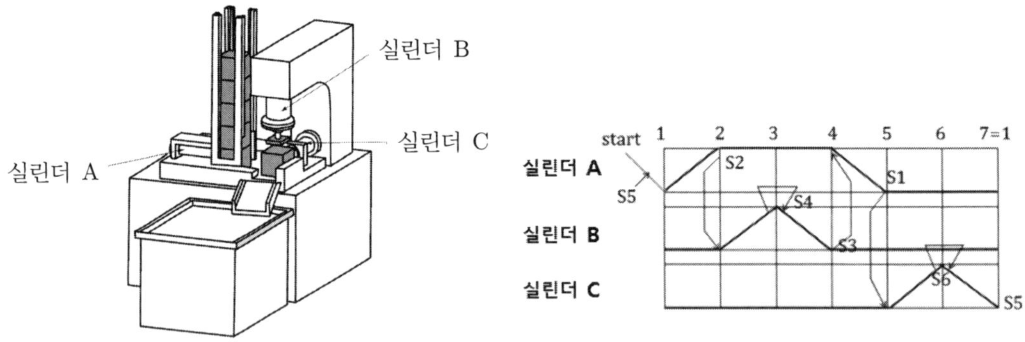

(a) 마킹머신 (b) 변위단계선도

그림 17.25 마킹작업 제어

그림 17.25(b)는 변위단계선도이다. 실린더는 편 솔레노이드 밸브를 사용하고 각 실린더의 전·후진 단에는 각각 리밋스위치가 장착되어 있다.

② 제어 회로도

설계방법은 스테퍼 방식으로 하여 그 설계 회로도를 그림 17.26에 나타내었다.

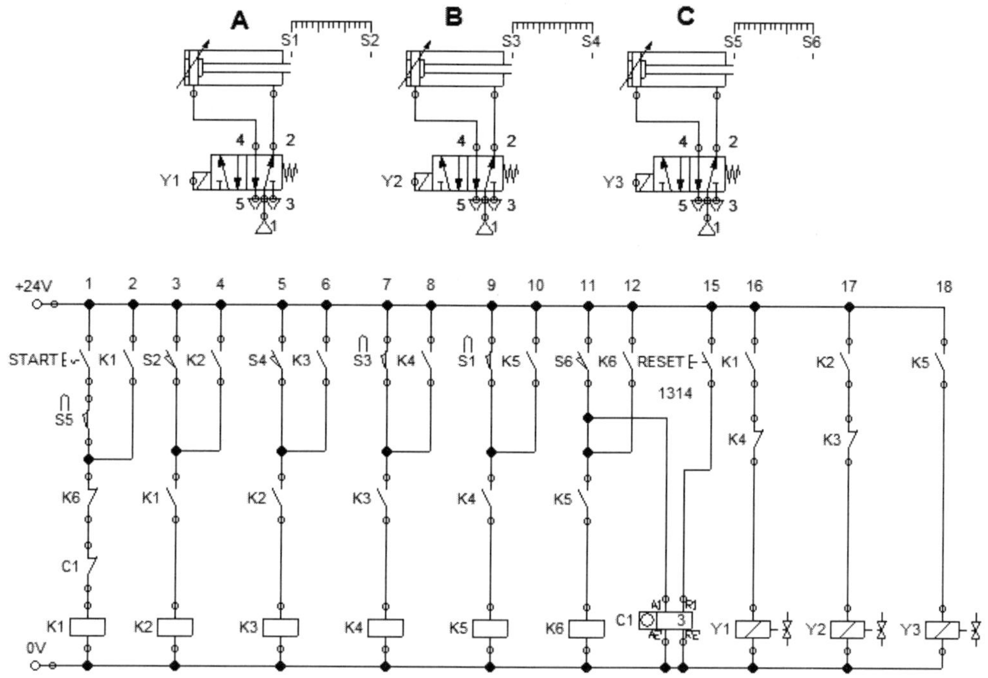

그림 17.26 마킹작업 회로도

③ 작동원리

그림 17.26의 제어 회로도에서 start버튼(유지형)을 ON하면 릴레이 K1이 여자 되어 자기유지 되며, 솔레노이드 Y1이 작동하므로 실린더 A가 전진하고, 리밋스위치 S2가 ON되어 릴레이 K2가 여자 되어 자기유지 됨으로서 솔레노이드 Y2가 작동하여 실린더 B가 전진한다.

실린더 B가 전진을 완료하면 리밋스위치 S4가 ON되어 릴레이 K3가 여자 되어 자기유지 되며, 따라서 Y2가 OFF되므로 실린더 B가 후진하고, 리밋스위치 S3가 ON됨으로써 릴레이 K4가 여자 되어 자기유지 되므로 솔레노이드 Y1이 OFF되어 실린더 A가 후진한다.

실린더 A가 후진을 완료하면 리밋스위치 S1이 ON되어 릴레이 K5가 여자 되므로 솔레노이드 Y3가 작동하여 실린더 C가 전진하고, 리밋스위치 S6가 ON되어 릴레이 K6

가 여자 되므로 K6의 b접점(1행)이 열려 릴레이 K1~K6가 모두 소자되어 결국 실린더 C가 후진함으로써 한 사이클이 완료된다. 이때 리밋스위치 S6이 ON될 때마다 카운터 C1의 횟수는 1씩 계수(감소)한다.

한 사이클이 완료되면 다시 새로운 사이클이 시작되며, 사이클이 3회 반복하면 카운터 C1이 ON되므로 C1의 b접점(1행)이 열려, 회로는 초기상태로 복귀하여 정지한다.

(4) 제어공정 선택회로 [$A+B+B-A-$와 $A+C+C-A-$의 선택]

① 제어 시스템과 제어조건

그림 17.27(a)는 상자 분리장치이며, start버튼을 터치하면 컨베이어를 타고 오는 상자를 실린더 A가 전진하여 밀어 올리고, 실린더 B가 전진하여 수직방향의 다른 컨베이어로 이송시킨 후 복귀하며, 최종적으로 실린더 A가 귀환하는 제어이다($A+B+B-A-$).

만일 선택스위치를 ON시킨 상태에서 start버튼을 터치하면 컨베이어를 타고 오는 상자를 실린더 A가 전진하여 밀어 올리고, 실린더 C가 전진하여 동일한 방향의 다른 컨베이어로 이송시킨 후 복귀하며, 최종적으로 실린더 A가 귀환하는 제어($A+C+C-A-$)로서 제어순서를 선택할 수 있다.

3개의 실린더는 편 솔레노이드 밸브를 사용하고 각 실린더의 전·후진 단에 각각 리밋스위치가 장착되어 있다. 그림 17.27(b)는 변위단계선도이다.

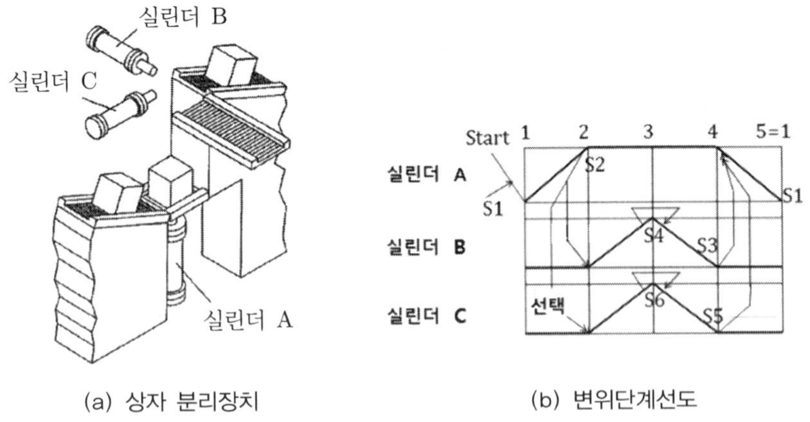

(a) 상자 분리장치　　(b) 변위단계선도

그림 17.27 상자 분리 제어

② 제어 회로도

설계방법은 스테퍼 방식으로 하여 그 설계 회로도를 그림 17.28에 나타내었다.

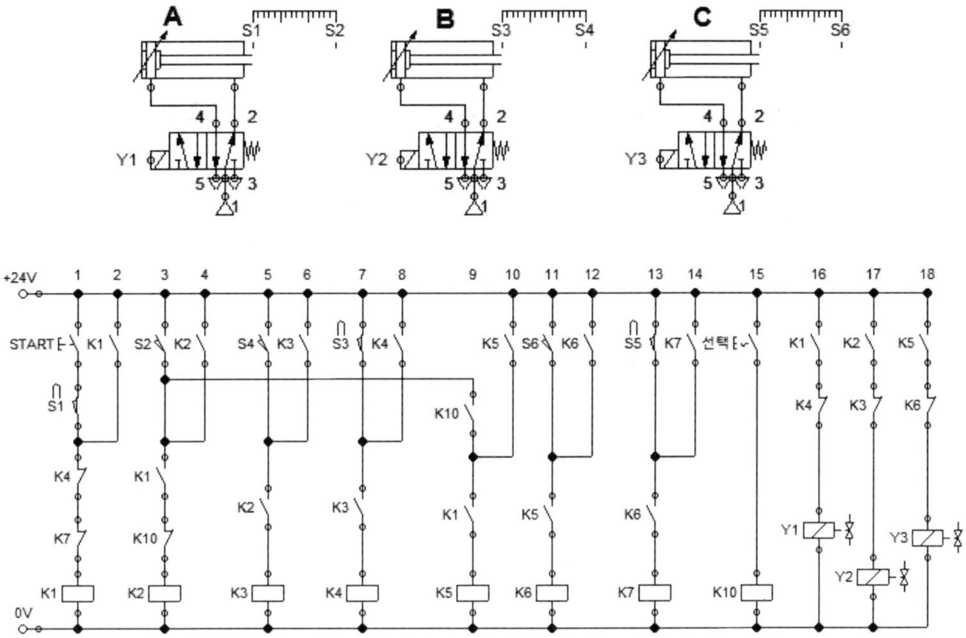

그림 17.28 상자 분리장치의 제어 회로도

③ 작동원리

그림 17.28의 제어 회로도의 작동원리를 다음과 같이 정리하였다.

(a) 선택 스위치 OFF인 경우

start버튼 ON → 릴레이 K1 ON → 솔레노이드 Y1 ON → 실린더 A 전진 → 리밋스위치 S2 ON → 릴레이 K2 ON → 솔레노이드 Y2 ON → 실린더 B전진 → 리밋스위치 S4 ON → 릴레이 K3 ON → 솔레노이드 Y2 OFF → 실린더 B후진 → 리밋스위치 S3 ON → 릴레이 K4 ON → 솔레노이드 Y1 OFF → 실린더 A후진 (사이클 종료 : $A+B+B-A-$)

(b) 선택 스위치 ON인 경우

선택스위치(유지형) ON → 릴레이 K10 ON → start버튼 ON → 릴레이 K1 ON → 솔레노이드 Y1 ON → 실린더 A전진 → 리밋스위치 S2 ON → 릴레이 K5 ON → 솔레노이드 Y3 ON → 실린더 C전진 → 리밋스위치 S6 ON → 릴레이 K6 ON → 솔레노이드 Y3 OFF → 실린더 C후진 → 리밋스위치 S5 ON → 릴레이 K7 ON → K7의 b접점 열림 → 릴

레이 K1 OFF → 솔레노이드 Y1 OFF → 실린더 A후진(사이클 종료 : $A+C+C-A-$)

17.5 | 양 솔레노이드 밸브를 사용하는 스테퍼 제어회로

(1) 캔 뚜껑 조립[$A+A-B+B-$(비상시 초기위치)]

① 제어 시스템과 제어조건

그림 17.29(a)는 캔의 뚜껑을 조립하는 장치이며, start버튼을 터치하면 실린더 A가 전진하여 캔을 조립위치로 이송시킨 후 후진한다. 그리고 실린더 B가 전진하여 캔에 뚜껑을 닫고 복귀한다. 이때 비상스위치를 ON하면 모든 실린더는 초기위치로 복귀하여 정지한다.

두 실린더는 모두 양 솔레노이드 밸브를 사용하며, 전·후진 단에 각각 리밋스위치를 장착한다. 그림 17.29(b)는 변위단계선도이다.

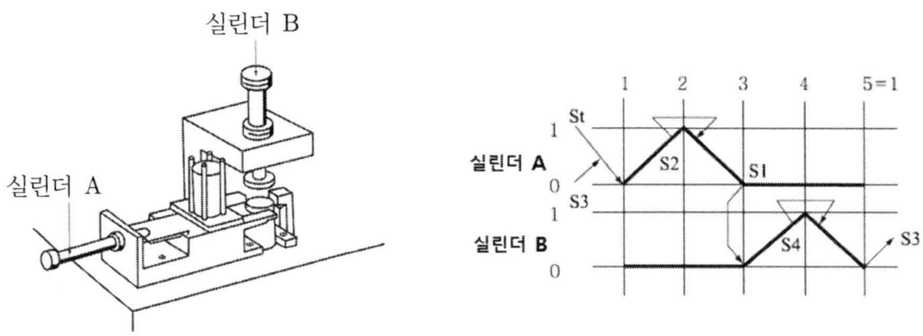

(a) 캔 뚜껑 조립장치 (b) 변위단계선도

그림 17.29 캔 뚜껑 조립제어

② 제어 회로도

설계방법은 스테퍼 방식으로 하여 그 설계한 회로도를 그림 17.30에 나타내었다.

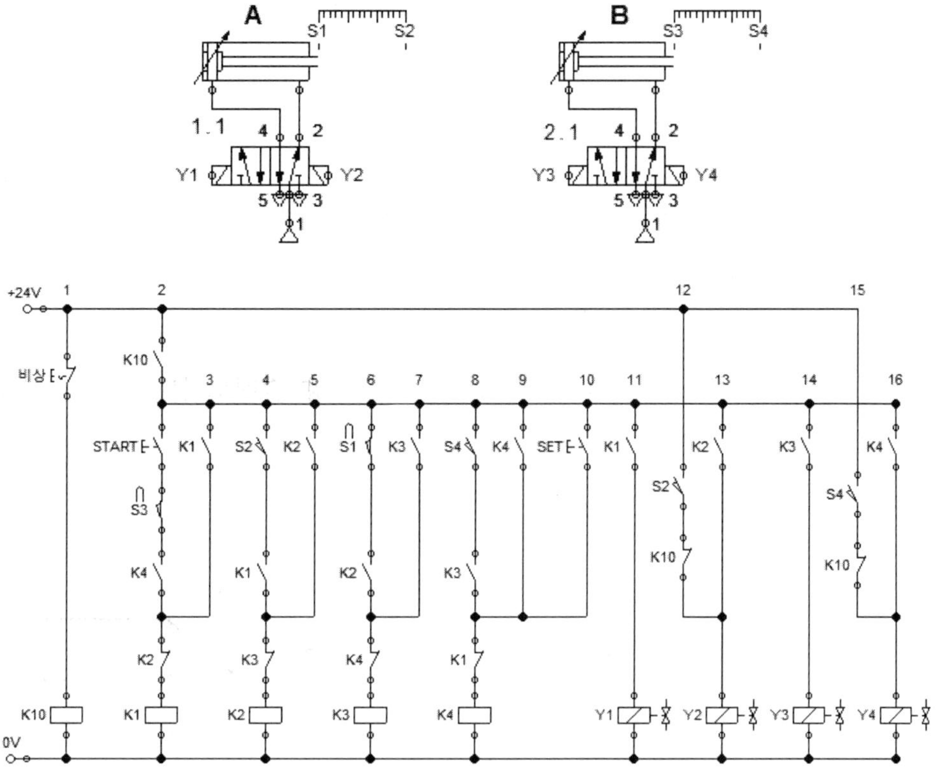

그림 17.30 캔 뚜껑 조립 제어 회로도

③ 작동원리

먼저 set버튼을 터치하면 릴레이 K4가 여자 되어 자기유지 된다. 이때 start버튼을 터치하면 릴레이 K1이 여자 되어 자기유지 되며, 따라서 솔레노이드 Y1이 작동하여 실린더 A가 전진한다. 실린더 A가 전진 완료 후 리밋스위치 S2가 ON되면 릴레이 K2가 여자 되어 자기유지 되며 동시에 릴레이 K1을 소자시키고 솔레노이드 Y2가 작동하여 실린더 A가 후진한다.

실린더 A가 후진을 완료하면 리밋스위치 S1이 ON되므로 릴레이 K3가 여자 되어 자기유지 되고, 동시에 릴레이 K2를 소자시키며 솔레노이드 Y3가 작동하므로 실린더 B가 전진한다. 그리하여 리밋스위치 S4가 ON되면 릴레이 K4가 여자 되고 동시에 릴레이 K3가 소자되며, 솔레노이드 Y4가 작동하여 실린더 B가 후진함으로써 사이클이 종료된다.

사이클 수행 도중에 비상스위치를 ON하면 릴레이 K10이 소자 되며, 따라서 닫혀 있던 K10의 a접점(2행)이 열리므로 모든 릴레이가 OFF된다. 또한 열려 있던 K10의

b접점(12 및 15행)이 닫히므로 실린더 A 또는 실린더 B가 전진상태에 있다면(리밋스위치 S2 또는 S4가 ON상태) 솔레노이드 Y2나 Y4가 ON되어 그 실린더 A나 B가 후진하여 초기상태로 복귀하게 된다.

(2) 시퀀스 제어 [동시($A+B+$)$B-$ $B+$동시($A-B-$)]

① 제어 시스템과 제어조건

두 개의 실린더 A, B가 동시에 전진한 후, 실린더 B가 후진했다가 다시 전진한 후 실린더 A와 B가 동시에 후진한다. 두 실린더는 모두 양 솔레노이드 밸브를 사용하며, 전·후진 단에 각각 리밋스위치가 장착되어 있다[그림 17.31(a)].

그림 17.31(b)는 이 시퀀스를 나타내는 변위단계선도이다.

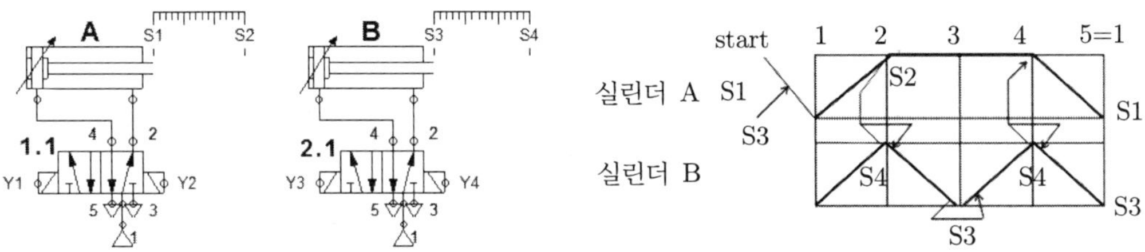

(a) 두 개의 실린더 (b) 변위단계선도

그림 17.31 두 실린더의 시퀀스[동시(A+B+)B−B+동시(A−B−)]

② 제어 회로도

설계방법은 스테퍼 방식으로 하여 그 결과를 그림 17.32에 나타내었다.

③ 작동원리

그림 17.32의 제어 회로도에 대한 작동원리는 다음과 같이 정리된다.

reset스위치 SET ON → 릴레이 K4 ON → start버튼 ON → 릴레이 K1 ON → 솔레노이드 Y1과 Y3 ON → 실린더 A와 B가 동시 전진 → 리밋스위치 S2와 S4 ON → 릴레이 K2 ON(릴레이 K1 OFF) → 솔레노이드 Y4 ON → 실린더 B후진 → 리밋스위치 S3 ON → 릴레이 K3 ON(릴레이 K2 OFF) → 솔레노이드 Y3 ON → 실린더 B 전진 → 리밋스위치 S4 ON → 릴레이 K4 ON(릴레이 K3 OFF) → 솔레노이드 Y2와 Y4 ON → 실린더 A와 B가 동시 후진(사이클 완료)

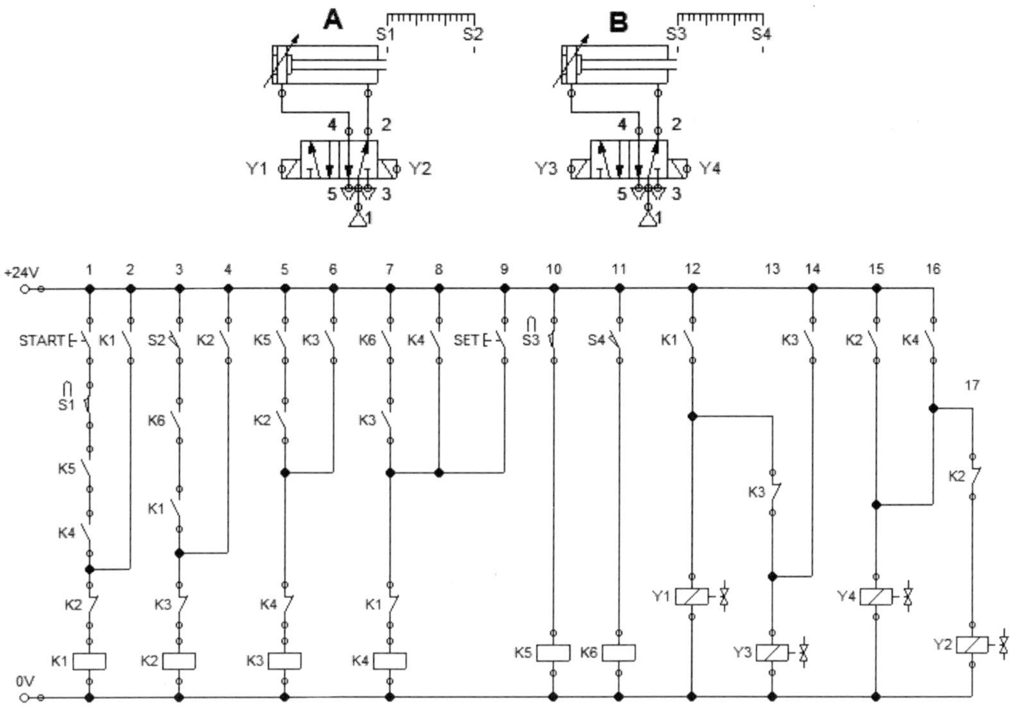

그림 17.32　시퀀스 제어 회로도[동시(A+B+)B−B+동시(A−B−)]

(3) 공작물 공급장치[$A+A-B+A+A-B-$, 3회]

① 시스템과 제어조건

그림 17.33(a)는 컨베이어를 타고 온 공작물을 회전반의 작업위치로 이송시켜 공급하는 공작물 공급장치이며, start스위치(유지형)를 ON시키면 실린더 A가 전진하여 공작물을 흡착한 후 후진하고 실린더 B가 전진하여 회전반으로 이송시켜 실린더 A가 전진하여 공작물을 탈착한 후 후진한다. 그리고 실린더 B가 후진한다. 이 시퀀스를 3회 수행한다.

모든 실린더는 양 솔레노이드 밸브를 사용하고, 전·후진 단에는 각각 리밋스위치가 장착되어 있다.

그림 17.33(b)는 이 시퀀스를 나타내는 변위단계선도이다.

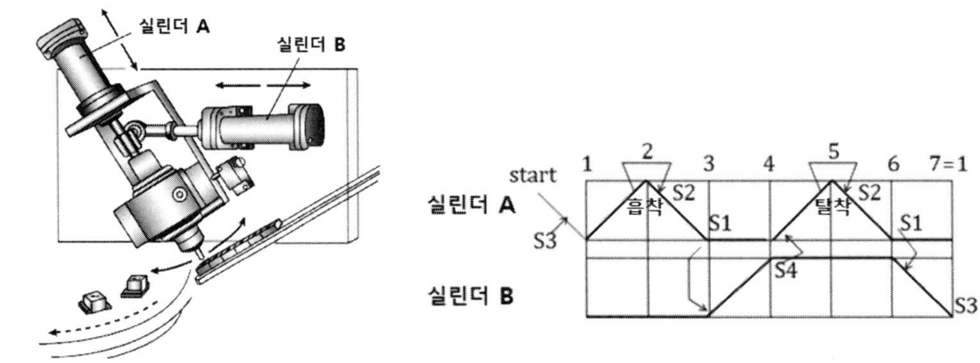

(a) 공작물 공급장치　　　　(b) 변위단계선도

그림 17.33 공작물 공급 제어

② 제어 회로도

설계방법은 스테퍼 방식으로 하여 그 결과를 그림 17.34에 나타내었다.

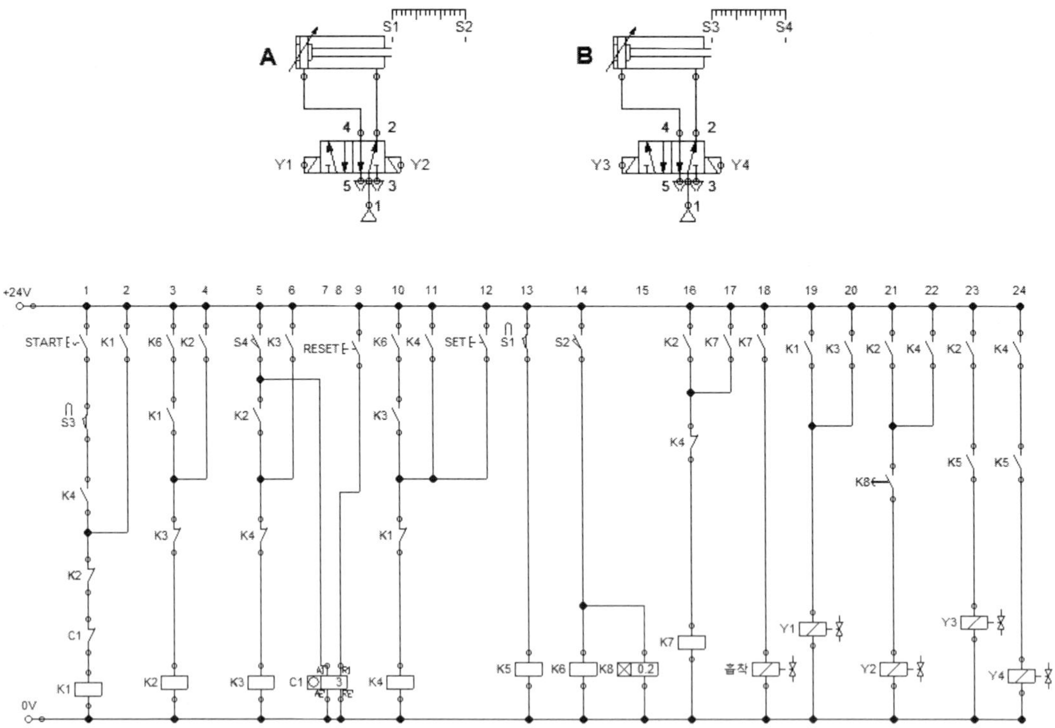

그림 17.34 공작물 공급제어 회로도

③ 작동원리

그림 17.34의 제어 회로도의 작동원리는 다음과 같이 정리할 수 있다.

reset스위치 SET ON → 릴레이 K4코일 ON → start스위치 ON → 릴레이 K1코일 ON → 솔레노이드 Y1 ON → 실린더 A전진 → 리밋스위치 S2 ON → K2코일 ON → 공작물 흡착 → 솔레노이드 Y2 ON → 실린더 A후진 → 리밋스위치 S1 ON → 릴레이 K5코일 ON → 솔레노이드 Y3 ON → 실린더 B전진 → 리밋스위치 S4 ON → 릴레이 K3코일 ON(카운터 1회 계수) → 솔레노이드 Y1 ON → 실린더 A전진 → 리밋스위치 S2 ON → 릴레이 K6코일 ON → 릴레이 K4코일 ON → 공작물 탈착 → 솔레노이드 Y2 ON → 실린더 A후진 → 리밋스위치 S1 ON → 릴레이 K5코일 ON → 솔레노이드 Y4 ON → 실린더 B후진(한 사이클 완료) → 위의 과정 2회 추가 수행 후 정지 → reset스위치 ON → 사이클 3회 수행

(4) 벤딩작업[$A+B+(3초)B-C+(3초)C-A-$]

① 제어 시스템과 제어조건

그림 17.35(a)는 벤딩작업기로서 공작물은 수동으로 장착한다. 먼저 실린더 A가 전진하여 공작물을 클램핑하고 실린더 B가 전진하여 3초 동안 1차 벤딩작업을 한 후 복귀한다. 그리고 나서 실린더 C가 전진하여 2차 벤딩작업을 3초 동안 수행한 후 복귀하고, 실린더 A가 후진하여 사이클을 종료한다.

모든 실린더는 양 솔레노이드 밸브를 사용하고, 전·후진 단에는 각각 리밋스위치가 장착되어 있다. 그림 17.35(b)는 변위단계선도이다.

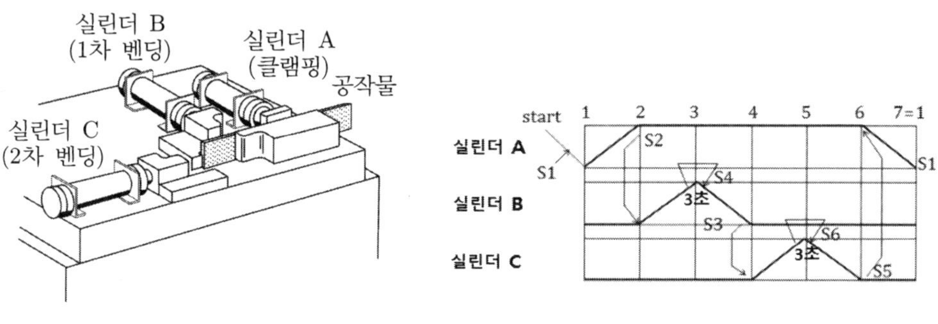

(a) 벤딩작업기　　　　(b) 변위단계선도

그림 17.35 벤딩작업 제어

② 제어 회로도

설계방법은 스테퍼 방식으로 하여 그 회로도를 그림 17.36에 나타내었다.

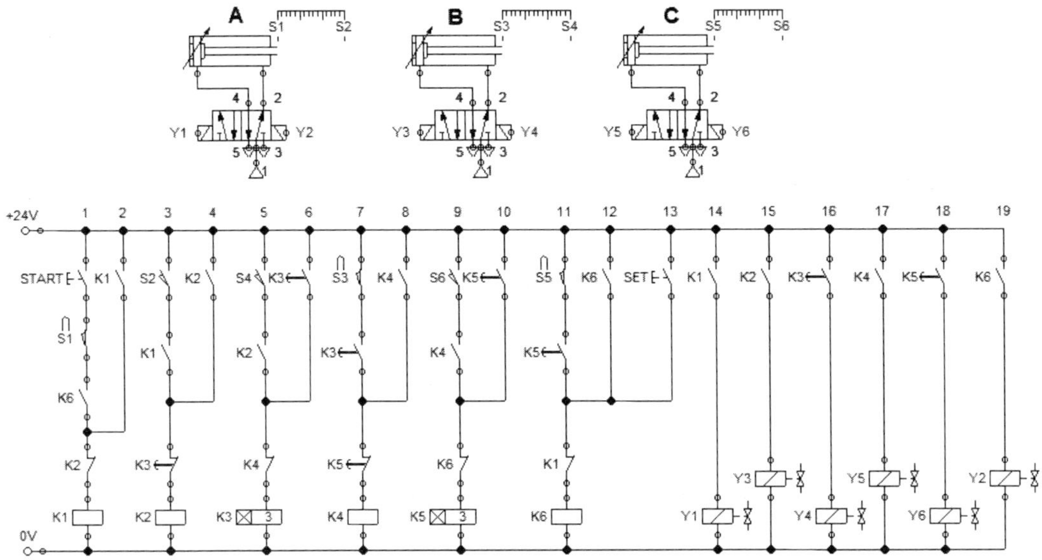

그림 17.36 벤딩작업 제어 회로도

③ 작동원리

그림 17.36의 제어 회로에 대한 작동원리는 다음과 같이 정리할 수 있다.

reset스위치 SET ON → 릴레이 K6 ON → start스위치 ON → 릴레이 K1코일 ON → 솔레노이드 Y1 ON → 실린더 A전진 → 리밋스위치 S2 ON → 릴레이 K2코일 ON → 솔레노이드 Y3 ON → 실린더 B전진 → 리밋스위치 S4 ON → 3초 후 타이머 K3코일 ON → 솔레노이드 Y4 ON → 실린더 B후진 → 리밋스위치 S3 ON → 릴레이 K4코일 ON → 솔레노이드 Y5 ON → 실린더 C전진 → 리밋스위치 S6 ON → 3초 후 타이머 K5 코일 ON → 솔레노이드 Y6 ON → 실린더 C 후진 → 리밋스위치 S5 ON → 릴레이 K6 코일 ON → 솔레노이드 Y2 ON → 실린더 A후진(사이클 완료)

17.6 | 양 솔레노이드 밸브를 사용하는 캐스케이드 제어회로

(1) 부품 조립작업[$A+B+C+$동시$(A-C-)B-$]

① 제어 시스템과 제어조건

그림 17.37(a)는 부품조립기이며, 매거진 내에 들어 있는 부품을 실린더 A의 전진에 의해 작업위치까지 이송시켜 클램핑하면 실린더 B가 전진하여 제1부품을 조립하고, 그 다음에 실린더 C가 전진하여 제2부품을 조립한 후 실린더 A와 C가 동시에 후진한다. 그리고 최종적으로 실린더 B가 후진하여 한 사이클이 종료된다.

모든 실린더는 양 솔레노이드 밸브를 사용하고, 실린더의 각 전・후진 단에는 리밋스위치가 장착되어 있다. 회로는 캐스케이드 제어회로로 설계한다.

그림 17.37(b)는 변위단계선도이다.

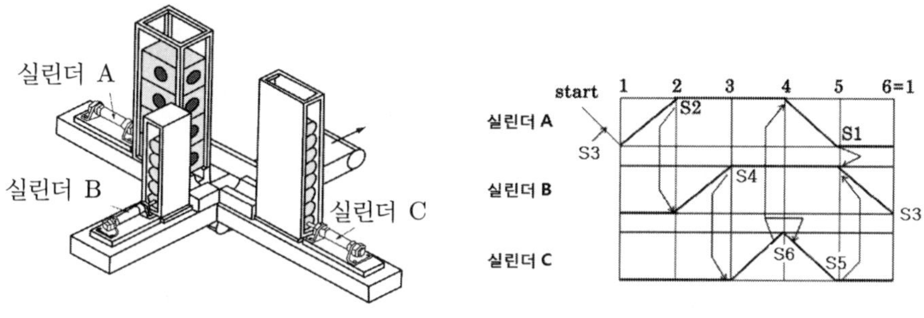

(a) 부품조립기 (b) 변위단계선도

그림 17.37 부품조립 작업제어

② 제어 회로도

설계방법은 캐스케이드 방식으로 하여 그 회로도를 그림 17.38에 나타내었다.

③ 작동원리

그림 17.38의 제어회로도에서 start버튼을 터치하면 릴레이 코일 K1이 여자 되어 자기유지 되며, K1의 a접점이 ON되어 솔레노이드 Y1이 ON되므로 실린더 A가 전진한다. 실린더 A가 전진을 완료하면 리밋스위치 S2가 ON되어 솔레노이드 Y3가 ON되므로 실린더 B가 전진하고, 실린더 B가 전진을 완료하면 리밋스위치 S4가 ON되므로 솔레노이드 Y5가 ON되어 실린더 C가 전진한다.

실린더 C가 전진을 완료하면 리밋스위치 S6(b접점)이 ON되어 K1코일의 자기유지가 해제되고, 따라서 열려있던 K1의 b접점(6행)이 닫혀 솔레노이드 Y2와 Y6가 동시에 ON된다. 따라서 실린더 A와 C가 동시에 후진하며 그에 따라 리밋스위치 S1과 S5가 ON되어 Y4가 ON됨으로써 실린더 B가 후진하여 한 사이클이 종료된다.

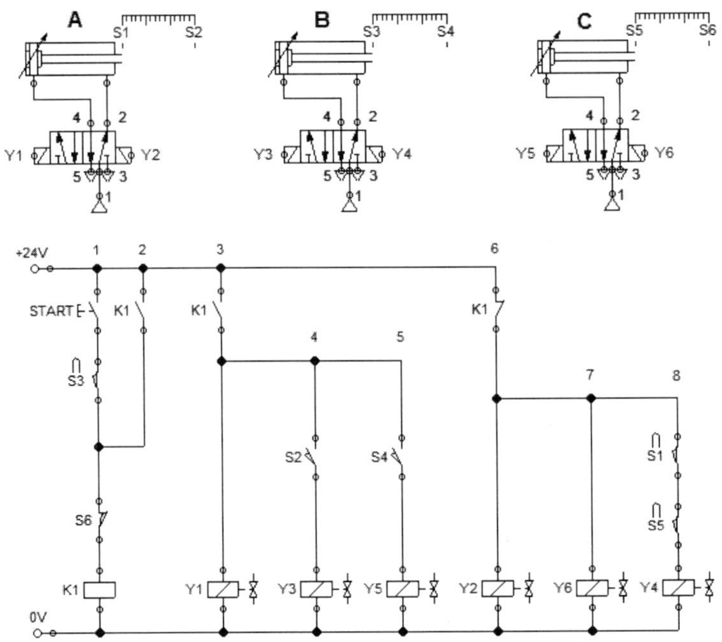

그림 17.38 부품 조립제어 회로도

(2) 스템핑 작업[$A+$(2초)$A-B+$(2초)$B-C+$(2초)$C-$]

① 제어 시스템과 제어조건

그림 17.39(a)는 스탬핑 작업기로서, 공작물은 수동으로 장착시키고 실린더 A, B, C가 차례대로 전진하여 각각 2초간씩 스탬핑 작업을 한 후 후진한다. 따라서 스탬핑은 세 군데에서 이루어지며, 각 실린더는 양 솔레노이드 밸브를 사용하고 각 실린더의 전·후진 단에 리밋스위치가 장착되어 있다. 설계방법은 캐스케이드 방식을 이용한다.

그림 17.39(b)는 변위단계선도이다.

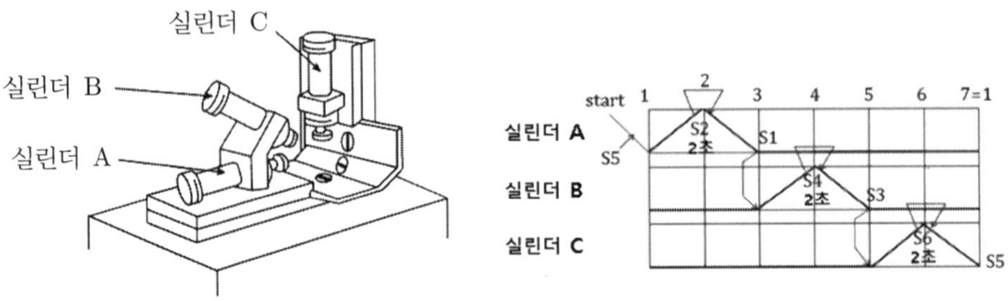

(a) 스탬핑 작업기 (b) 변위단계 선도

그림 17.39 스탬핑 작업제어

② 제어 회로도

설계방법은 캐스케이드 방식으로 하여 그 설계 회로도를 그림 17.40에 나타내었다.

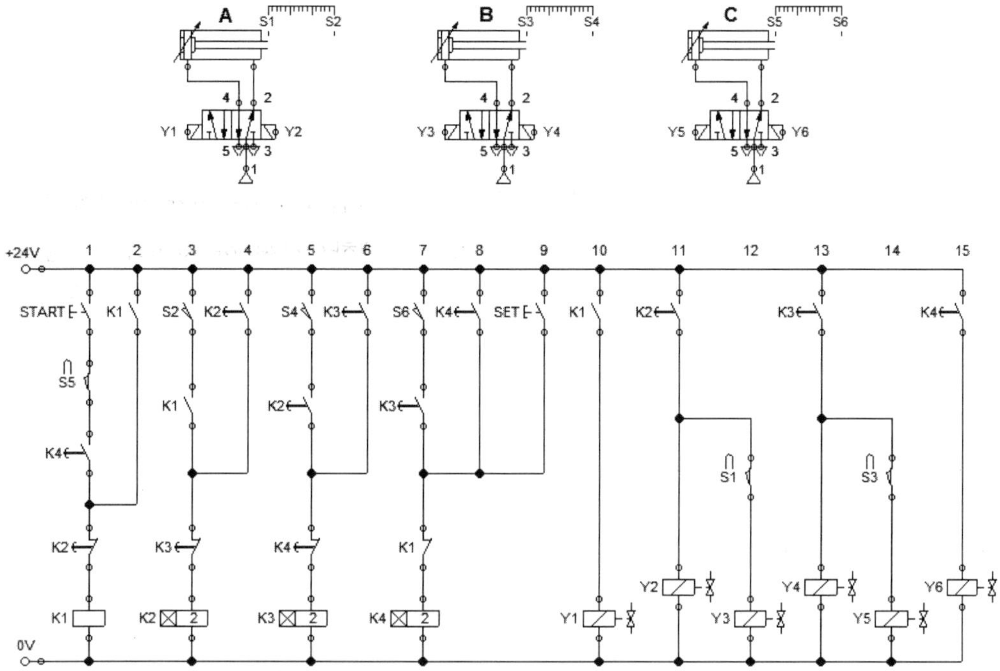

그림 17.40 스탬핑 작업 제어 회로도

③ 작동원리

그림 17.40의 제어회로도에서 최초에 set스위치를 설정시간(2초) 이상 눌러 ON delay timer K4를 ON시킨다. start스위치 ON → 릴레이 K1 ON → 솔레노이드 Y1 ON → 실린더 A 전진 → 리밋스위치 S2 ON → 2초 후 타이머 K2 ON → 솔레노이드 Y2 ON → 실린더 A 후진 → 리밋스위치 S1 ON → 솔레노이드 Y3 ON → 실린더 B 전진 → 리밋스위치 S4 ON → 2초 후 타이머 K3 ON → 솔레노이드 Y4 ON → 실린더 B 후진 → 리밋스위치 S3 ON → 솔레노이드 Y5 ON → 실린더 C 전진 → 리밋스위치 S6 ON → 2초 후 타이머 K4 ON → 솔레노이드 Y6 ON → 실린더 C가 후진하여 한 사이클이 종료된다.

(3) 벤딩작업[$A+B+B-C+C-A-$, 3회]

① 제어 시스템과 제어조건

그림 17.41(a)는 벤딩머신이며 공작물(소재)은 수동으로 장착한다, 실린더 A, B, C의 3개가 모두 양 솔레노이드 밸브를 사용하며 각각 실린더의 전·후진 단에는 리밋스위치가 장착되어 있다.

먼저 실린더 A가 전진하여 소재를 클램핑한 후 실린더 B가 전진하여 첫 번째 벤딩작업을 하고 나서 후진한다. 그 다음에 실린더 C가 전진하여 두 번째 벤딩작업을 한 후 후진한다. 그 후 실린더 A가 후진하여 클램핑을 해제함으로써 한 사이클이 종료된다.

이러한 작업을 3회 수행한다. 회로의 설계방법은 캐스케이드 방식으로 하며, 그림 17.41(b)는 변위단계선도이다.

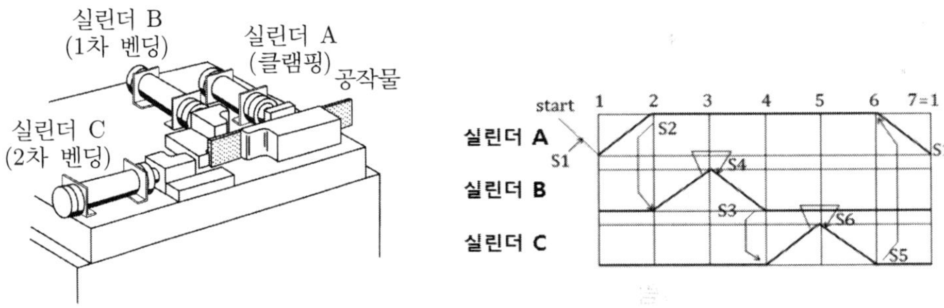

(a) 벤딩머신

(b) 변위단계선도

그림 17.41 벤딩 작업제어

② 설계방법은 캐스케이드 방식으로 하여 그 회로도를 그림 17.42에 나타내었다.

③ 작동원리

그림 17.42의 회로도에서 스위치 SET ON → 릴레이 K3 ON → start스위치(유지형) ON → 릴레이 K1 ON → 솔레노이드 Y1 ON → 실린더 A 전진 → 리밋스위치 S2 ON → 솔레노이드 Y3 ON → 실린더 B 전진 → 리밋스위치 S4 ON → 릴레이 K2 ON → 솔레노이드 Y4 ON → 실린더 B 후진 → 리밋스위치 S3 ON → 솔레노이드 Y5 ON → 실린더 C 전진 → 리밋스위치 S6 ON → 릴레이 K3 ON, 동시에 카운터 1 계수(감소) → 솔레노이드 Y6 ON → 실린더 C 후진 → 리밋스위치 S5 ON → 솔레노이드 Y2 ON → 실린더 A 후진(한 사이클 완료). 리밋스위치 S1이 ON되어 새로운 사이클이 시작된다.

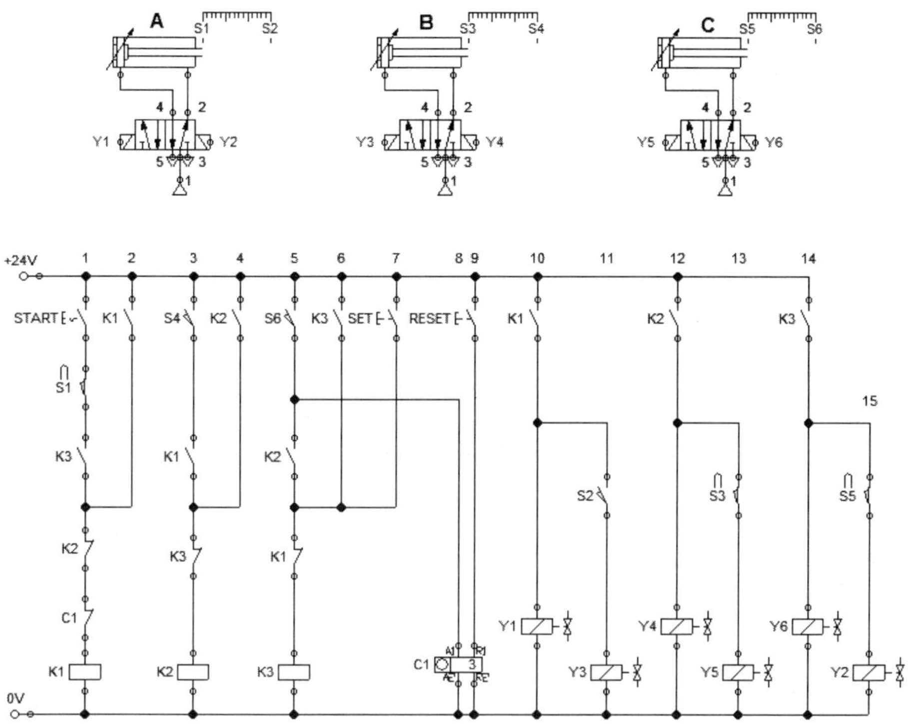

그림 17.42 벤딩작업 제어 회로도

위의 과정이 3회 수행되면 카운터 릴레이 C1이 작동한다. 따라서 C1의 b접점(1행)이 열려 릴레이 K1이 여자 될 수 없으므로 시스템은 정지하며, reset스위치를 터치하면 또 3회를 수행할 수 있다.

(4) 리베팅 작업[$A+$동시$(B+\ C+)D+$동시$(B-\ C-\ D-)A-$]

① 제어 시스템과 제어조건

그림 17.43(a)는 리베팅 장치로서 양 솔레노이드 밸브를 사용하는 4개의 실린더가 각각 전·후진 단에 리밋스위치가 장착되어 있다. 소재인 브라켓은 수동으로 작업대에 설치한다.

실린더 A가 전진하여 소재를 클램핑하고 실린더 B와 C가 동시에 전진하여 리벳을 삽입한 후 실린더 D가 전진하여 리베팅 작업을 한다. 그 후 실린더 B, C, D가 동시에 후진한 후 최종적으로 실린더 A가 후진한다. 이 공정을 캐스케이드 회로로 작성한다.

그림 17.13(b)는 그 변위단계선도이다.

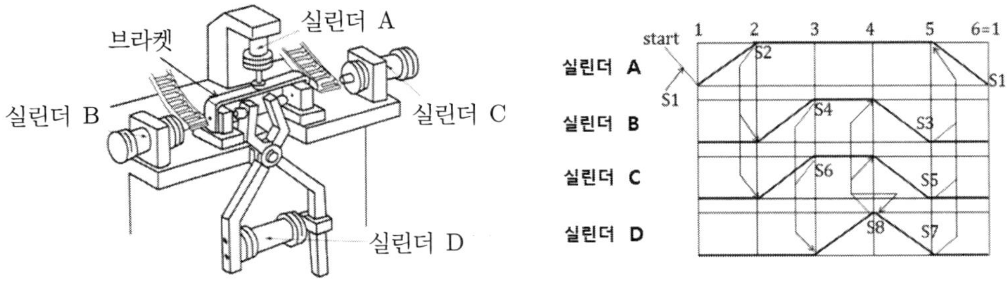

(a) 리베팅 장치 (b) 변위단계선도

그림 17.43 리베팅 작업 제어

② 설계방법은 캐스케이드 방식으로 하여 그 회로도를 그림 17.44에 나타내었다.

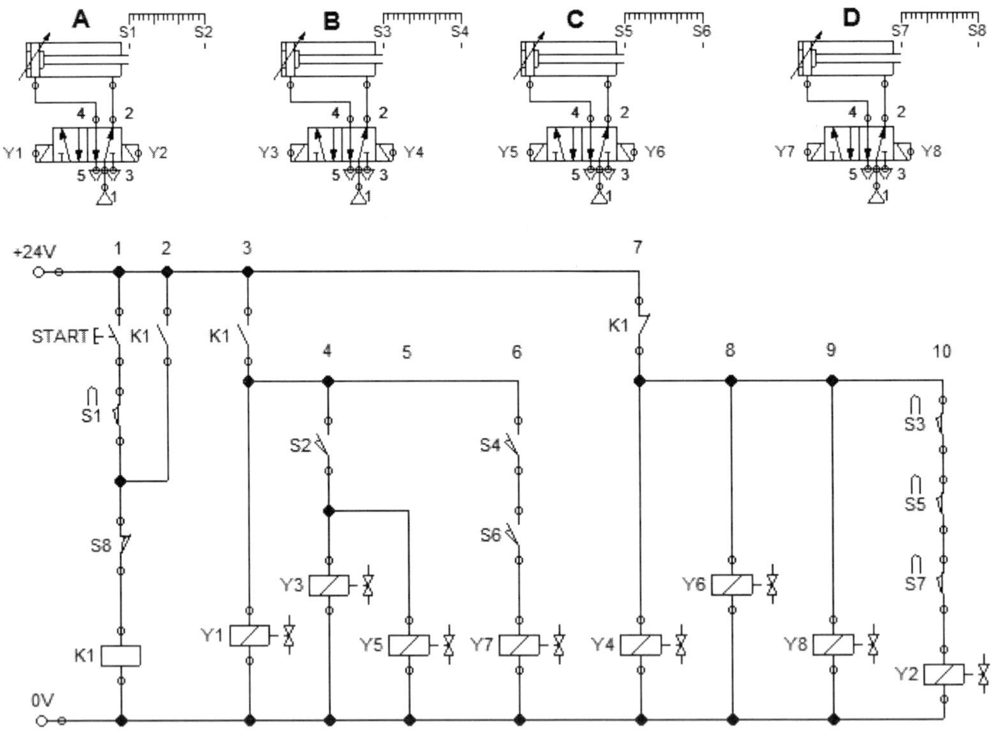

그림 17.44 리베팅 작업 제어 회로도

③ 작동원리

그림 17.44의 제어 회로에 대한 작동원리는 다음과 같이 정리할 수 있다.

start스위치를 터치하면 릴레이 K1코일 여자 되어 자기유지→K1의 a접점 ON→솔레노이드 Y1 ON → 실린더 A 전진 → 리밋스위치 S2 ON → 솔레노이드 Y3와 Y5 ON → 실린더 B와 C가 동시에 전진 → 리밋스위치 S4와 S6 ON → 솔레노이드 Y7 ON → 실린더 D전진 → 리밋스위치 S8 ON → 릴레이 K1코일 소자 → 열려 있던 K1의 b접점이 닫혀(7행) 솔레노이드 Y4와 Y6과 Y8 ON → 실린더 B, C, D 동시에 후진 → 리밋스위치 S3, S5, S7 ON → 솔레노이드 Y2 ON → 실린더 A가 후진하여 사이클 종료.

17.7 | 양 솔레노이드 밸브와 편 솔레노이드 밸브의 혼용 제어

(1) 밀링작업[$A+B+B-B+B-A-$]

① 제어 시스템과 제어조건

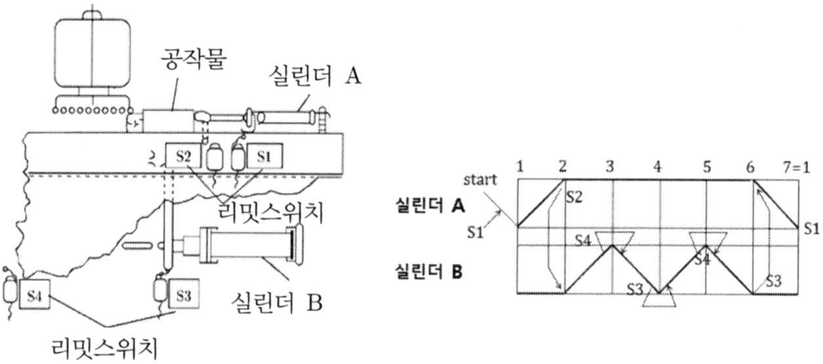

(a) 밀링머신 (b) 변위단계선도

그림 17.45 밀링작업 제어

그림 17.45(a)는 밀링머신으로서, 실린더 A는 양 솔레노이드 밸브를 사용하고 실린더 B는 편 솔레노이드 밸브를 사용한다. 각 실린더의 전·후진단에는 리밋스위치가 장착되어 있다.

밀링머신에서 실린더 A가 전진하여 공작물을 클램핑하고 실린더 B가 테이블을 전후진하면서 2회 가공한 후 실린더 A가 복귀하여 한 사이클을 완료한다. 회로는 스테퍼 방식으로 구성한다.

변위단계선도는 그림 17.45(b)와 같다.

② 스테퍼 방식으로 설계한 회로도는 그림 17.46에 나타내었다.

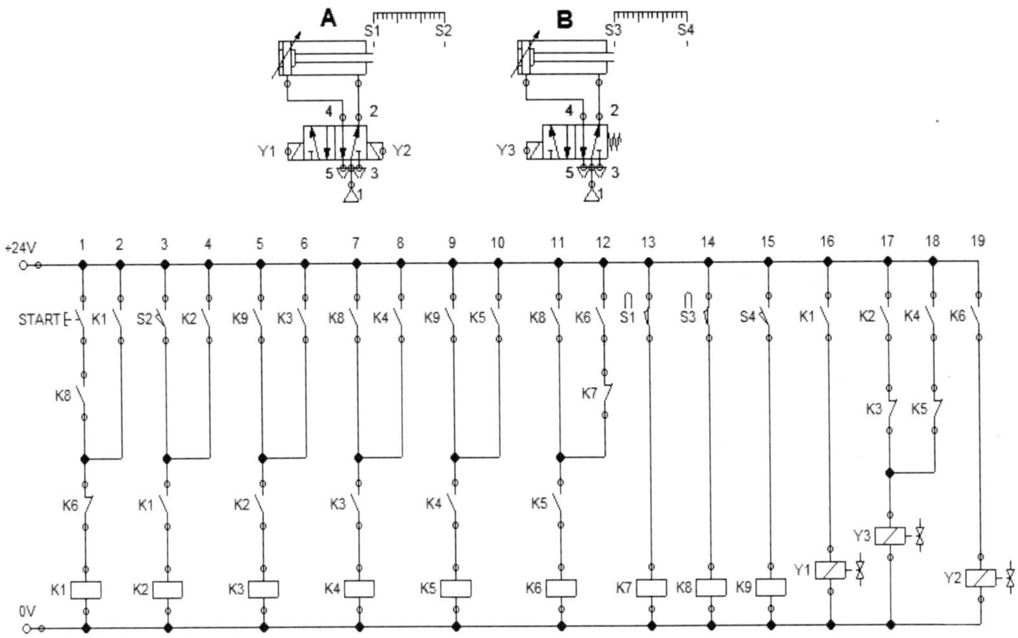

그림 17.46 밀링작업 제어 회로도

③ 작동원리

그림 17.46의 제어 회로에 대한 작동원리는 다음과 같이 정리할 수 있다.

start스위치 START ON → 릴레이 K1 ON → 솔레노이드 Y1 ON → 실린더 A 전진 → 리밋스위치 S2 ON → 릴레이 K2 ON → 솔레노이드 Y3 ON → 실린더 B전진 → 리밋스위치 S4(K9) ON → 릴레이 K3 ON → 솔레노이드 Y3 OFF → 실린더 B후진 → 리밋스위치 S3(K8) ON → 릴레이 K4 ON → 솔레노이드 Y3 ON → 실린더 B 전진 → 리밋스위치 S4(K9) ON → 릴레이 K5 ON → 솔레노이드 Y3 OFF → 실린더 B 후진 → 리밋스위치 S3(K8) ON → 릴레이 K6 ON → 솔레노이드 Y2 ON → 실린더 A후진(한 사이클 종료)

실린더 A가 후진하여 리밋스위치 S1(K7)이 ON되면 릴레이 K6코일이 OFF되어 다시 start스위치를 ON시키면 새로운 사이클이 시작된다.

(2) 편솔밸브+양솔밸브 사용 실린더의 시퀀스 제어[$A+A-B+B-$(3초)$B+B-$]

① 제어 시스템과 제어조건

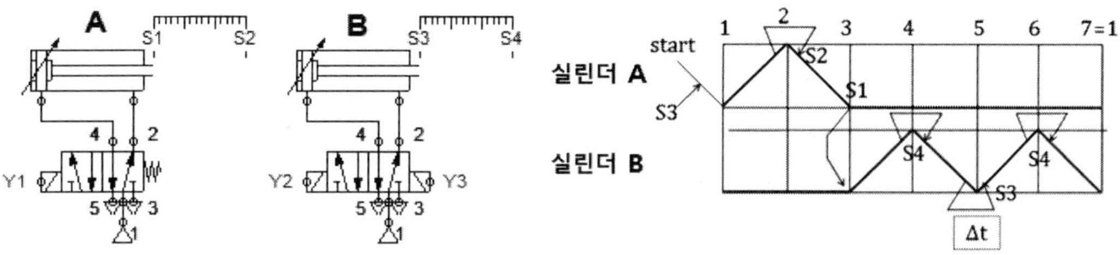

(a) 시스템 (편솔밸브+양솔밸브 사용 실린더)　　　(b) 변위단계선도

그림 17.47 편솔밸브+양솔밸브 사용 실린더의 제어

그림 17.47(a)는 두 개의 실린더 A와 B에서, 실린더 A는 편 솔레노이드 밸브, 실린더 B는 양 솔레노이드 밸브를 사용하고 각 실린더의 전·후진 단에 리밋스위치를 장착한 제어 시스템으로서, start버튼을 ON하면 실린더 A가 전진한 후 후진하고 이어서 실린더 B가 1회 왕복 후 3초 후에 실린더 B가 다시 1회 왕복하여 사이클이 종료된다. 즉, $A+A-B+B-(3\text{초})B+B-$의 시퀀스로 제어된다. 회로설계는 스테퍼 방식으로 한다.

변위단계선도는 그림 17.47(b)와 같다.

② 스테퍼 방식으로 설계한 회로도를 그림 17.48에 나타내었다.

③ 작동원리

그림 17.48의 제어 회로에 대한 작동원리는 다음과 같이 정리된다.

start스위치 ON → 릴레이 K1 ON → 솔레노이드 Y1 ON → 실린더 A전진 → 리밋스위치 S2 ON → 릴레이 K2 ON → 솔레노이드 Y1 OFF → 실린더 A후진 → 리밋스위치 S1(K8) ON → 릴레이 K3 ON → 솔레노이드 Y2 ON → 실린더 B전진 → 리밋스위치 S4(K10) ON → 릴레이 K4 ON → 솔레노이드 Y3 ON → 실린더 B후진 → 리밋스위치 S3(K9) ON → 3초 후 On delay timer 코일 K5 ON → 릴레이 K6 ON → 솔레노이드 Y2 ON → 실린더 B전진 → 리밋스위치 S4(K10) ON → 릴레이 K7 ON → 솔레노이드 Y3 ON → 실린더 B가 후진하여 사이클이 종료된다.

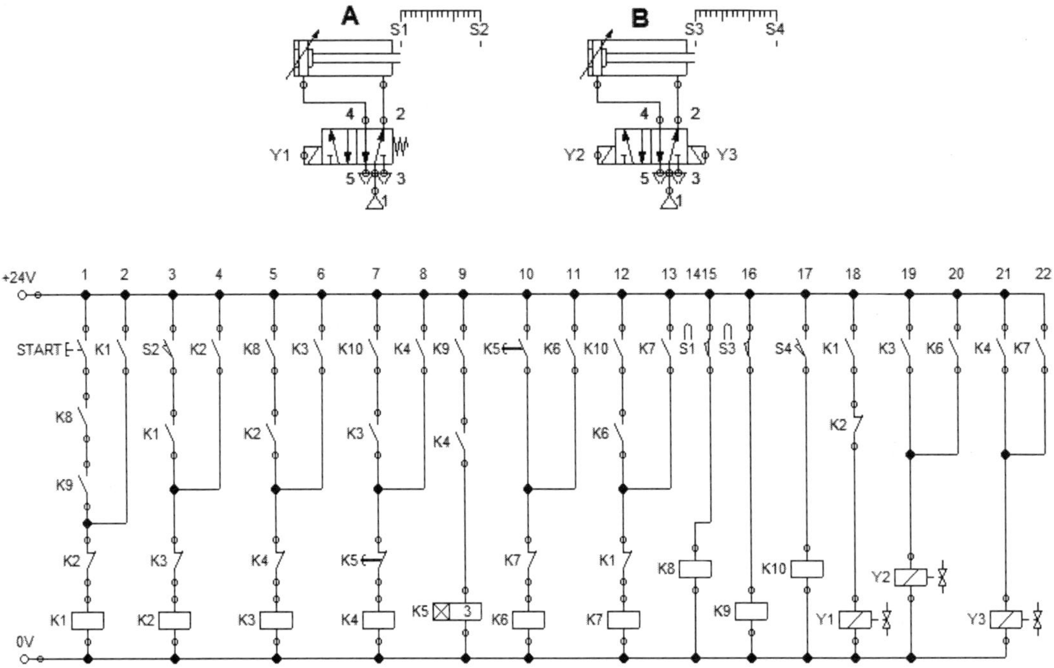

그림 17.48 시퀀스 제어[A+A−B+B−(3초)B+B−] 회로도

17.8 | 일반 전기공압 제어

(1) 한쪽 자동문의 제어

① 제어 시스템과 제어조건

그림 17.49는 한쪽 자동문의 시스템도이다. 센서1(내측)이나 센서2(외측)가 사람을 감지하여 작동하면 모터가 정회전하여 문이 열리고, 문이 완전히 열려 문열림 검출센서인 열림 리밋스위치 LS2가 동작하면 모터가 정지한다.

사람이 센서1과 센서2의 감지영역을 벗어나면 5초 후에 모터가 역회전하여 문이 닫힌다. 문이 완전히 닫혀 문닫힘 검출센서인 닫힘 리밋스위치 LS1이 동작하면 모터가 정지한다.

문이 닫히는 도중(모터가 역회전 중)에 센서1 또는 센서2가 작동하면 모터의 역회전은 정지하고 모터가 정회전하여 문이 열린다. 비상스위치를 누르면 문이 열려야 한다.

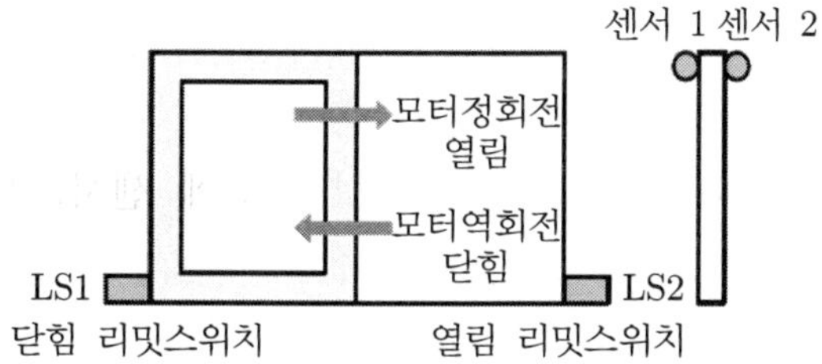

그림 17.49 한쪽 자동문의 시스템도

② 회로도

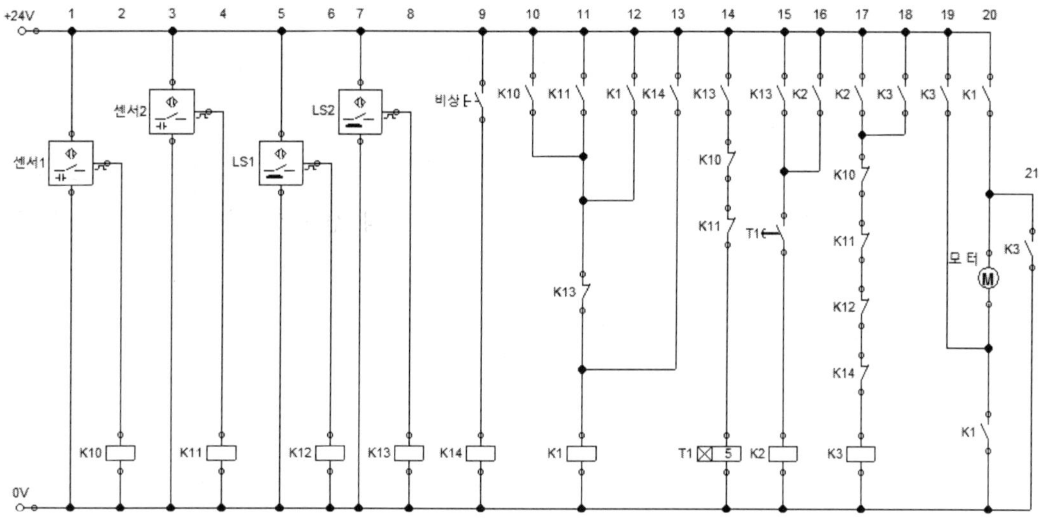

그림 17.50 한쪽 자동문의 제어 회로도

③ 작동원리

그림 17.50에서 사람이 문 안이나 문 밖에서 문을 향해 다가오면 센서1 또는 센서2가 감지하여 작동한다. 따라서 릴레이 K10 또는 K11이 ON되어 릴레이 K1이 ON되므로 자기유지 되며, 모터가 정회전하여 문이 열린다.

문이 완전히 열리게 되면 열림 리밋스위치 LS2가 ON되므로 릴레이 K13이 ON되어 릴레이 K1이 OFF되므로 모터가 정지하게 되어 문이 열린 상태에서 정지한다.

그 후 5초가 경과하면 On delay timer T1이 작동하여 릴레이 K2가 ON되고, 따라서 릴레이 K3가 ON되어 자기유지 되므로 모터가 역회전한다. 따라서 문은 닫히게 된다.

문이 완전히 닫히게 되면 닫힘 리밋스위치 LS1이 작동하여 릴레이 K12가 ON되며 릴레이 K3가 OFF되므로 모터는 정지하여 문이 닫힌 상태에서 정지한다.

만일 문이 닫히는 도중에 센서1 또는 센서2가 작동하면 릴레이 K1이 다시 ON되고 릴레이 K3가 OFF되므로 다시 모터가 정회전하여 문이 열린다.

또한 문이 열려 있는 상태에서 5초가 경과하기 전에 센서1 또는 센서2가 작동하면 K10 또는 K11의 b접점이 열려 타이머는 초기화되므로(14행) 문이 열려 있는 시간(5초)은 그 시점부터 다시 카운트 된다.

(2) 불량품처리 제어

① 제어 시스템과 제어조건

그림 17.51은 불량품처리 제어 시스템이다. start버튼을 터치하면 컨베이어가 작동하여 제품이 이송된다. 제품(우유병)은 6초 간격으로 공급되며 이때 제품의 뚜껑(알루미늄 금박)이 없는 것은 불량품이므로 제품감지센서(정전용량형 센서)만 작동하고 난 후 불량품(제품감지센서는 작동하지만 금속감지센서인 유도형 센서가 작동하지 않음)은 5초 후 실린더(편 솔레노이드 밸브 사용)의 전진으로 퇴출시키고 1초 후 실린더가 복귀한다. 그러나 정품인 경우에는 퇴출 실린더가 작동하지 않게 되어 그냥 통과해야 한다.

퇴출용 실린더는 편 솔레노이드 밸브를 사용한다.

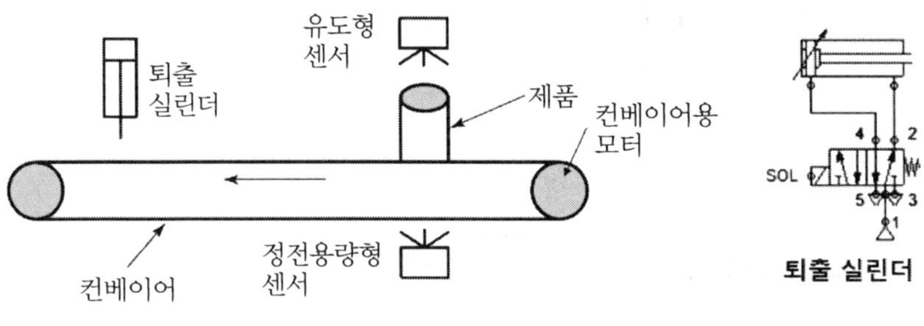

그림 17.51 불량품처리 제어 시스템

② 회로도

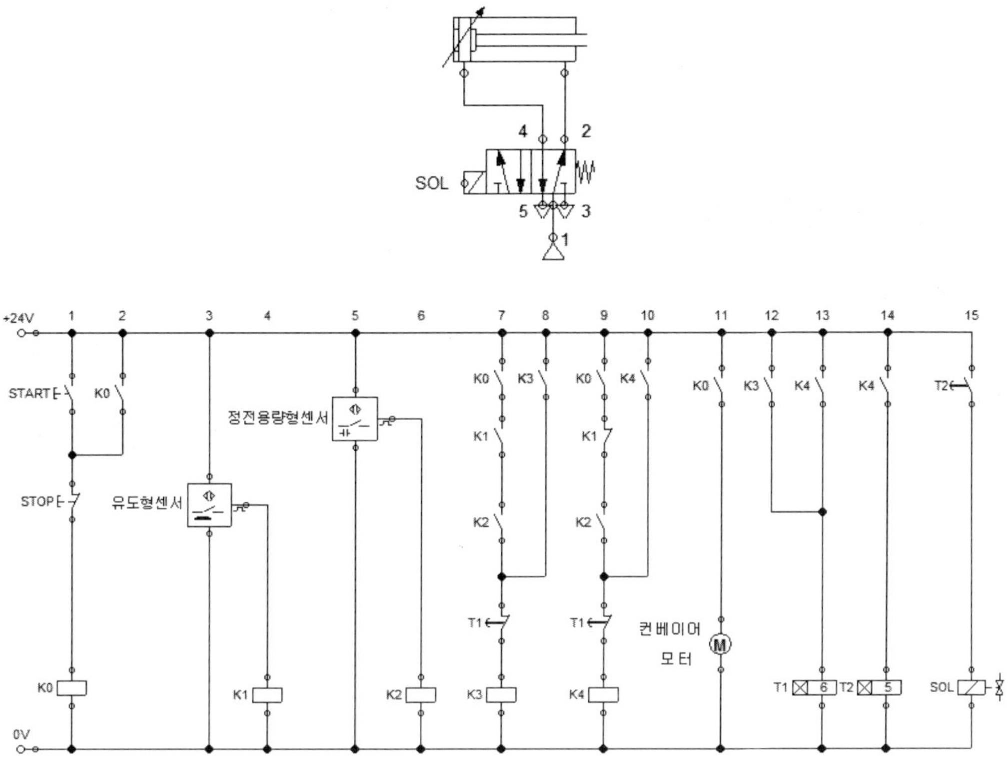

그림 17.52 불량품 처리 제어 회로도

③ 작동원리

그림 17.52의 회로도에서, start스위치를 터치하면 릴레이 K0가 ON상태에서 자기유지 된다. 따라서 컨베이어 모터가 작동하게 된다.

만일 시스템에서 제품이 컨베이어를 타고 이송하는 중에 정전용량형 센서만 작동하고 유도형 센서는 작동하지 않게 되면(제품이 불량품임) 릴레이 K2가 ON되어 릴레이 K4가 ON되므로 5초 후에 On delay timer T2가 작동하며 편솔밸브의 솔레노이드 SOL이 작동하여 퇴출실린더가 전진하므로 불량품을 퇴출시킨다. 그로부터 1초 후에(릴레이 K4가 ON되고부터는 T1은 6초 후이므로) T1의 b접점(7, 9행)이 열려 릴레이 K3과 K4가 동시에 OFF되어(7행 및 9행) T2가 OFF되므로 편솔밸브의 솔레노이드가 OFF되어 퇴출실린더가 복귀된다.

만일 제품이 정품이라서 유도형 센서와 정전용량형 센서가 동시에 작동하면 릴레이 K1과 K2가 동시에 ON되므로 릴레이 K3가 ON되어 자기유지 되지만 릴레이 K4는

ON되지 못한다. 따라서 On delay timer T2는 작동하지 못하므로 솔레노이드 SOL이 작동할 수 없게 된다. 따라서 퇴출실린더는 작동하지 않으므로 정품인 제품은 그대로 이송해 가고, 상황은 초기상태로 돌아가 또 다른 제품이 시스템으로 들어 올 수 있게 된다.

(3) DC모터의 기동과 정지제어

① 제어조건

푸시버튼 PB1을 터치하면 DC모터가 회전하고, 푸시버튼 PB2를 터치하면 모터가 정지해야 한다.

② 회로도

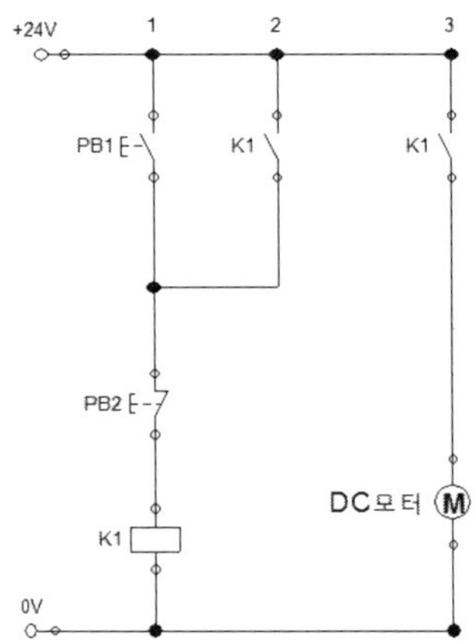

그림 17.53 DC모터의 기동과 정지 회로도

③ 작동원리

푸시버튼 PB1을 터치하면 릴레이 코일 K1이 여자 되어 자기유지 된다. 따라서 K1의 a접점이 ON되어 모터가 회전한다. 푸시버튼 PB2를 터치하면 릴레이 코일 K1이 소자되어 a접점 K1이 OFF되므로 모터가 정지한다.

(4) DC모터의 정역회전 제어

① 제어조건

푸시버튼 PB1을 터치하면 DC모터가 정방향(CW) 회전하고, 푸시버튼 PB2를 터치하면 DC모터가 역방향(CCW) 회전해야 한다. PB1과 PB2의 조작에 의해 DC모터의 회전방향이 변경될 수 있어야 한다. 안전을 위해 두 개의 동작신호가 동시에 발생해도 선입된 신호가 우선하도록 동작하는 인터록회로로 구성해야 한다.

② 회로도

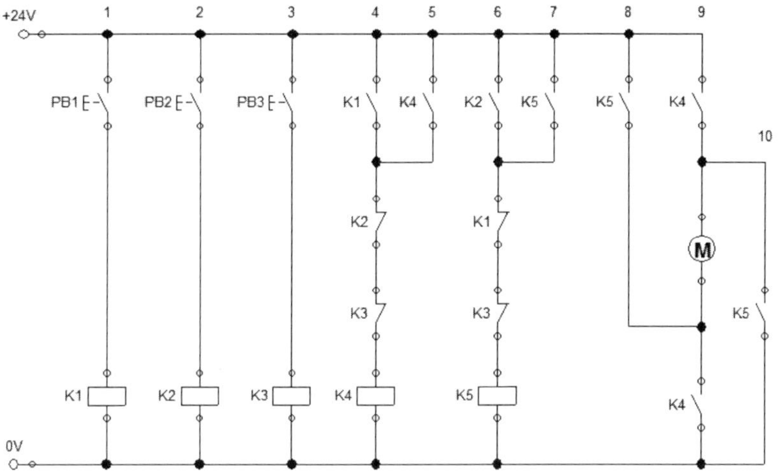

그림 17.54 DC모터의 정역회전 회로도

③ 작동원리

푸시버튼 PB1을 터치하면 릴레이 코일 K1이 여자 됨에 따라 K1의 a접점이 ON되므로 코일 K4가 여자 되어 자기유지 되며, K4의 a접점이 ON되어 DC모터가 정회전한다. 이때 PB2를 터치하면 릴레이 코일 K4는 소자되고 코일 K5가 여자 되어 K5의 a접점이 ON되며 모터가 정회전으로부터 역회전으로 회전방향이 변경된다.

또 PB1을 터치하면 모터가 정회전으로 바뀌게 된다. 따라서 이 회로에서는 회전방향을 용이하게 변경시킬 수 있다.

두 버튼을 동시에 누르는 경우에는 인터록 되어 있으므로 먼저 터치된 코일만 여자되므로 쇼트가 발생되지 않게 되어 안전하다. 동작중인 모터를 정지시키려면 PB3을 ON시켜야 한다.

CHAPTER

18 공압회로 설계문제

18.1 | 순수공압 회로

회로설계 문제 18.1

자동문 제어

그림(문제 18.1)은 자동문으로서, 센서가 자동문의 안쪽과 바깥쪽에 각각 하나씩 설치되어 그 센서의 작동에 의해 실린더가 전진하여 문이 닫히고, 실린더의 후진에 의해 문이 열리는 시스템이다. 공기압이 인가되면 실린더 A와 B가 동시에 전진하여 문이 닫힌다. 센서가 작동하면 문이 열리고, 센서가 OFF되면 문이 닫혀야 한다. 이 **자동문의 제어회로**를 설계하라.

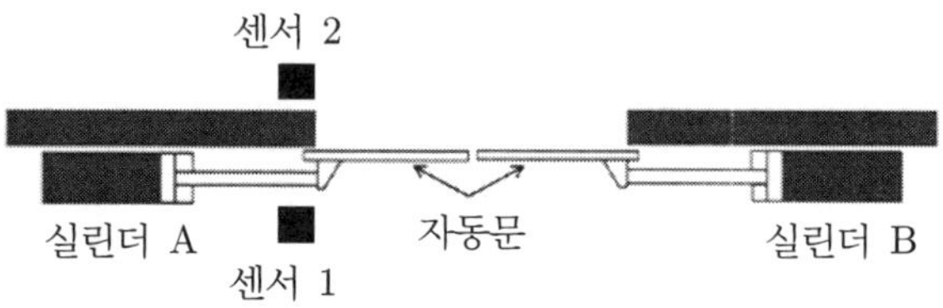

그림(문제 18.1) 자동문의 위치도

풀이 ① 회로도

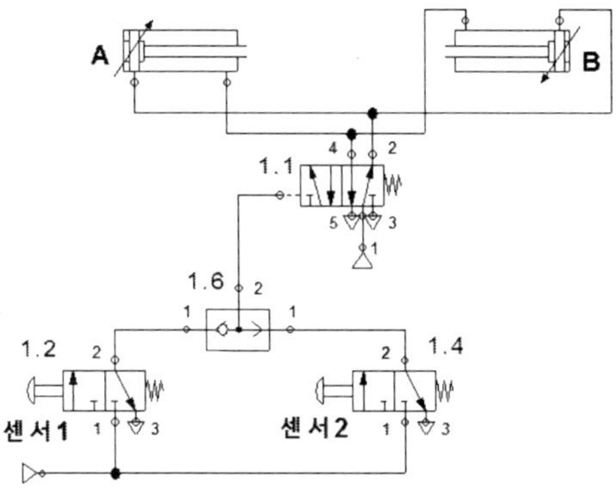

회로(문제 18.1)

② 작동원리

회로(문제 18.1)에서 공기압을 인가하면 두 개의 실린더가 전진상태로 되어 문은 닫혀 있는 상태가 된다. 이때 센서1 또는 센서2가 ON상태로 되면 공기압은 셔틀밸브 1.6을 통해 1.1밸브의 좌측 제어포트에 작용하여 위치변환 되므로, 두 실린더가 동시에 후진하여 문이 열리게 된다.

센서가 OFF되면 1.1밸브의 위치가 복귀되어 다시 두 실린더는 전진하게 되므로 문이 닫히게 된다. ■

회로설계 문제 18.2

우유 주입기 제어

그림(문제 18.2)는 우유 주입기이다. 이 장치는 컨베이어를 타고 오는 빈 우유병에 우유를 주입하여 이송시키는 장치이며, 두 개의 복동실린더 A, B의 각 전・후진 단에 리밋밸브가 장착된 시스템으로서 주입위치에 실린더 B가 전진상태를 유지하며 실린더 A가 전진하여 우유 주입구를 열어 5초간 우유를 우유병에 주입시킨 후 다시 후진하여 닫는다.

그 후 실린더 B가 후진하여 채운 우유병이 컨베이어로 이송되고 실린더 B가 전진하여 다음의 빈 우유병을 그 위치에 정지하게 하여 다음의 사이클이 수행될 수 있다.

즉 $A+5초A-B-B+$의 시퀀스로 작동하기 위한 회로를 설계하라. 단, 실린더 B는 초기에 전진상태이다.

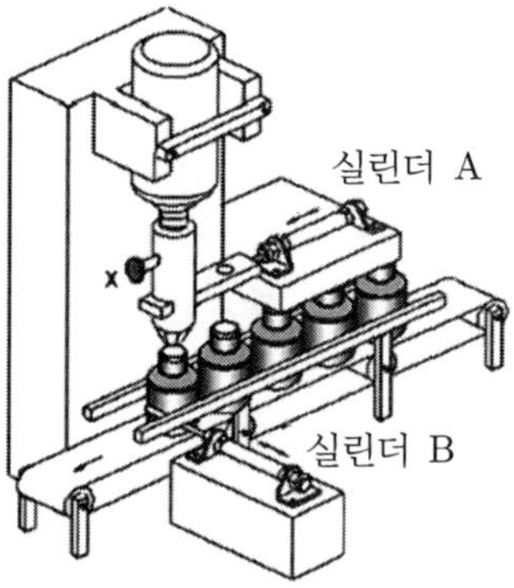

그림(문제 18.2) 우유 주입기

(풀이) ① 회로도

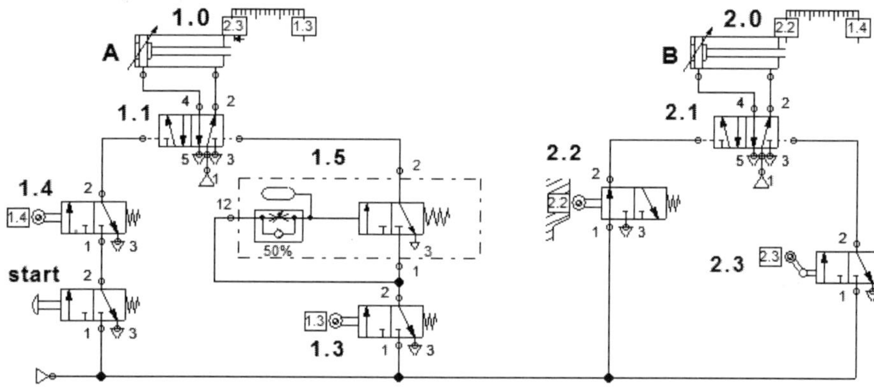

회로(문제 18.2)

② 작동원리

회로(문제 18.2)에 공기압을 인가하면 리밋밸브 2.2가 ON상태이므로 2.1밸브의 위치가 변환되어 실린더 B는 전진하여 그 상태를 유지한다.

이때 start버튼을 터치하면 리밋밸브 1.4가 ON상태이므로 1.1밸브의 위치가 변환되어 실린더 A가 전진한다. 실린더 A가 전진을 완료하면 리밋밸브 1.3이 ON되고 On delay timer가 5초 후에 작동하여 1.1밸브의 위치를 복귀시키므로 실린더 A는 후진한다. 그 후진 말에 방향성 리밋밸브 2.3이 순간 작동하여 실린더 B가 후진하며, 후진 완료 시 리밋밸브 2.2가 ON되어 다시 실린더 B가 전진함으로서 한 사이클이 완료된다.

회로설계 문제 18.3

시퀀스 제어($A+A-B+C+B-D+D-C-$)

4개의 복동 실린더에는 각각 전·후진 단에 모두 리밋밸브가 장착되어 있다. start버튼을 터치하면 $A+A-B+C+B-D+D-C-$의 시퀀스로 작동하는 제어회로를 설계하라.

풀이 ① 회로도

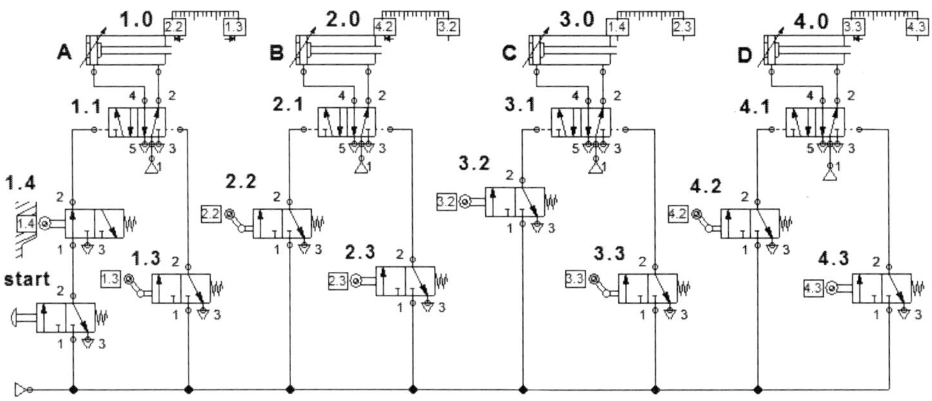

회로(문제 18.3)

② 작동원리

회로(문제 18.3)에 공기압을 인가하고 start버튼을 터치하면 1.1밸브의 위치가 변환되어 실린더 A가 전진하며, 이때 방향성 리밋밸브 1.3을 터치하여 1.1밸브의 위치가 복귀되므로 실린더 A가 후진한다.

실린더 A의 후진 말에 방향성 리밋밸브 2.2가 순간 터치되어 2.1밸브의 위치가 변환되므로 실린더 B가 전진하여 리밋밸브 3.2를 ON시킴으로서 3.1밸의 위치를 변환시킨다. 따라서 실린더 C가 전진하고 리밋밸브 2.3을 ON시킨다. 그 결과 2.1밸브의 위치를 복귀시켜 실린더 B가 후진한다.

실린더 B의 후진 말에 방향성 리밋밸브 4.2가 순간 터치되어 4.1밸브의 위치를 변환시키므로 실린더 D가 전진하여 리밋밸브 4.3을 ON시키며, 따라서 실린더 D를 후진시킨다.

실린더 D의 후진 말에 방향성 리밋밸브 3.3을 순간 터치함으로서 실린더 C가 후진하여 한 사이클이 완료된다.

회로설계 문제 18.4

시퀀스 제어(동시($A+B+$)$C+$동시($A-B+$)$C-$)

3개의 복동실린더 A, B, C가 각각 전·후진 단에 리밋밸브가 장착되어 있을 때, 순수공압에 의해 "동시($A+B-$)$C+$동시($A-B+$)$C-$"의 시퀀스로 작동하는 회로를 설계하라. 단, 설계 회로는 캐스케이드 회로로 한다.

풀이 ① 회로도

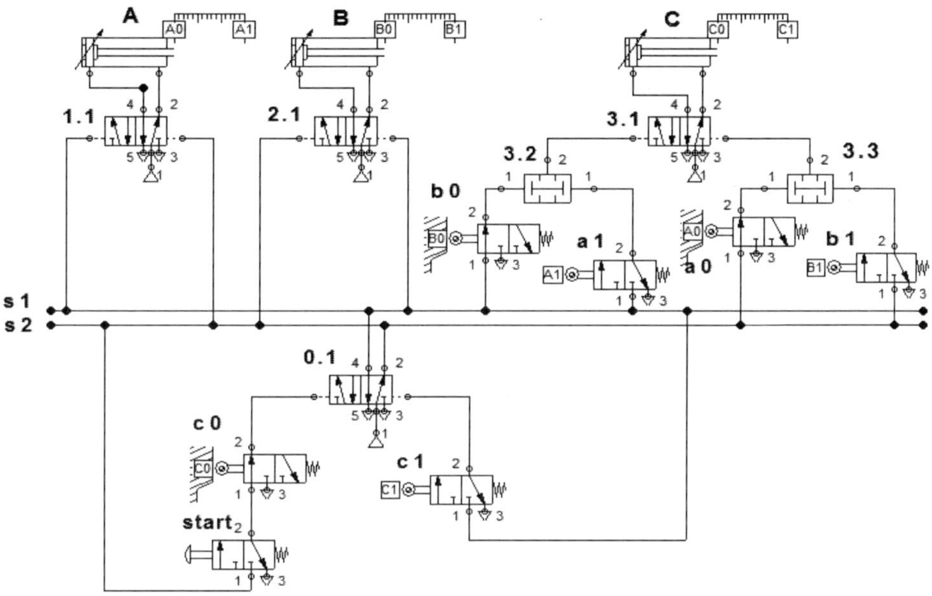

회로(문제 18.4)

② 작동원리

회로(문제 18.4)에서 공기압을 회로에 인가하면 공기압은 출력선 s2에 입력된다. 따라서 2.1밸브의 위치가 변환되므로 실린더 B는 전진상태에 있게 된다. 이 상태에서 start 버튼을 터치하면 캐스케이드밸브 0.1(5/2−way밸브)의 위치가 변환하여 공기압은 출력선 s1으로 입력된다.

이 상태에서 1.1밸브의 위치변환에 의해 실린더 A는 전진, 2.1밸브의 위치복귀에 의해 실린더 B는 후진이 동시에 수행된다. 따라서 리밋밸브 a1과 b0가 작동하여 이압밸브 3.2를 경유하여 3.1밸브가 위치변환 하므로 실린더 C가 전진한다. 실린더 C가 전진 완료 후 리밋밸브 c1이 작동하면 캐스케이드밸브 0.1이 위치변환 하여 공기압은 출력선 s2로 이동하고, 1.1 및 2.1밸브의 위치가 변환하여 동시에 실린더 A는 후진, 실린더 B는 전진한다. 따라서 리밋밸브 a0와 b1이 작동하여 이압밸브 3.3을 경유하여 3.1밸브의 위치가 복귀되므로 실린더 C가 후진함으로써 사이클이 완료된다.

회로설계 문제 18.5

드릴머신의 제어

그림(문제 18.5)는 드릴머신이다. 중력매거진 내에 있는 공작물을 실린더 A가 전진하여 작업위치까지 이송시켜 클램핑하고, 클램핑의 설정압력에 다다르면 실린더 B(드릴)가 하강하여 드릴링한 후 복귀하고 최종적으로 실린더 A가 복귀하여 클래핑이 해제된다.
드릴작업이 완료되고 클램핑이 해제된 공작물을 실린더 C가 전진하여 상자로 밀어 넣고, 설정시간이 지나서 복귀하여 한 사이클이 완료된다$(A+ \text{설정압력} B+ B- C+ \text{설정시간} C-)$. 이러한 작업을 연속적으로도 수행할 수 있어야 한다. 캐스케이드 회로로 설계하라.
사용하는 실린더의 사양은 다음과 같다.

- 실린더 A : 복동 실린더, 후진 단에 리밋밸브 a0 장착, 양쪽 공기작동형 5/2-way밸브 사용.
- 실린더 B : 복동 실린더, 전・후진 단에 각각 리밋밸브 b1, b0 장착, 스프링 복귀형 5/2-way 밸브 사용.
- 실린더 C : 단동 실린더, 후진 단에 리밋밸브 c0 장착. 양쪽공기 작동형 5/2-way밸브(포트 2는 차단상태임)사용.

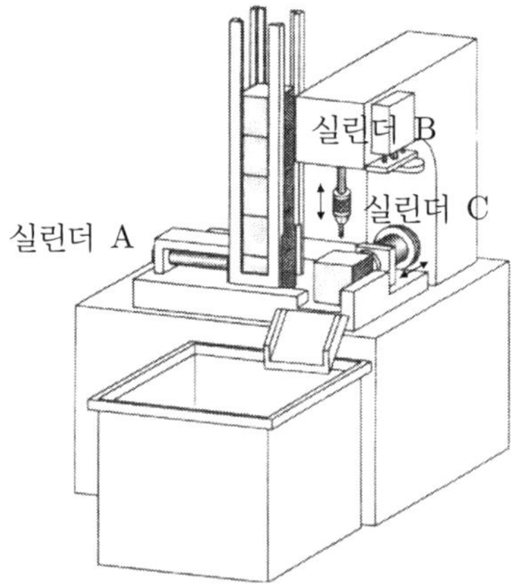

그림(문제 18.5) 드릴머신

풀이 ① 회로도

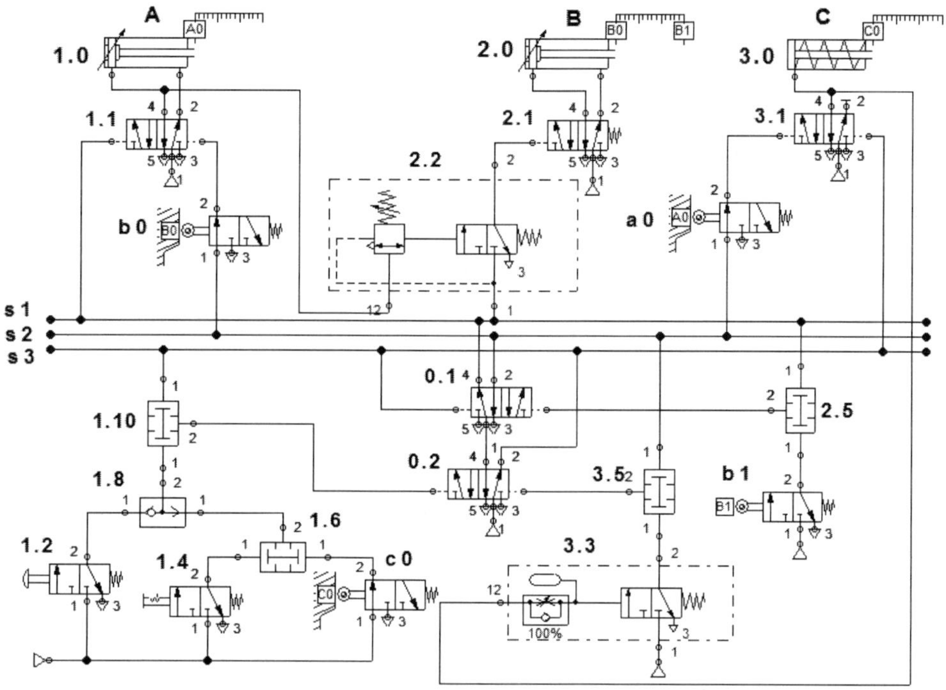

회로(문제 18.5)

② 작동원리

회로(문제 18.5)에 공기압을 인가하면 출력선 s3에 공기압이 입력되고 캐스케이드 밸브 0.1의 위치가 변환하게 된다(현재 회로의 상태임). 이때 start버튼 1.2를 터치하면 셔틀 밸브 1.8과 이압밸브 1.10을 경유하여 캐스케이드 밸브 0.2의 위치를 변환시켜 출력선 s1에 공기압이 입력된다.

그러면 1.1밸브의 위치를 변화시켜 실린더 A가 전진하며 설정압력까지 압력이 도달하면 압력시퀀스밸브 2.2가 작동하여 2.1밸브의 위치를 변환시킨다. 따라서 실린더 B가 전진하며 리밋밸브 b1이 작동하고 이압밸브 2.5를 경유하여 0.1밸브의 위치를 복귀시키고 공기압은 출력선 s2로 이동한다.

따라서 2.1밸브가 스프링력에 의해 위치변환하여 복귀하고, 따라서 실린더 B가 후진하며 리밋밸브 b0가 작동하여 1.1밸브의 위치를 복귀시키므로 실린더 A가 후진한다.

그리고 리밋밸브 a0가 작동하여 3.1밸브의 위치변환에 의해 실린더 C가 전진하며 시간지연밸브 3.3이 설정시간의 경과 후 작동하고 이압밸브 3.5를 경유하여 캐스케이드 밸브 0.2의 위치가 변환되며 공기압이 출력선 s3로 이동한다. 그러면 3.1밸브의 위치가 복귀하여 실린더 C가 후진함으로써 한 사이클이 완료된다.

만일 최초에 유지형 푸시버튼 1.4(연속용 버튼)를 ON시킨다면 이 사이클이 반복되어 연속작업이 이루어지게 된다.

18.2 | 전기공압 회로

회로설계 문제 18.6

시퀀스 제어($A+B+B-C+C-A-$)

복동 실린더 A, B, C의 3개를 사용하여 $A+B+B-C+C-A-$의 시퀀스로 작동하는 전기공압회로를 스테퍼 방식으로 설계하라. 단, 각 실린더의 전·후진 단에 리밋스위치가 장착되어 있으며, 편 솔레노이드 밸브를 사용하는 것으로 한다.

풀이 ① 회로도

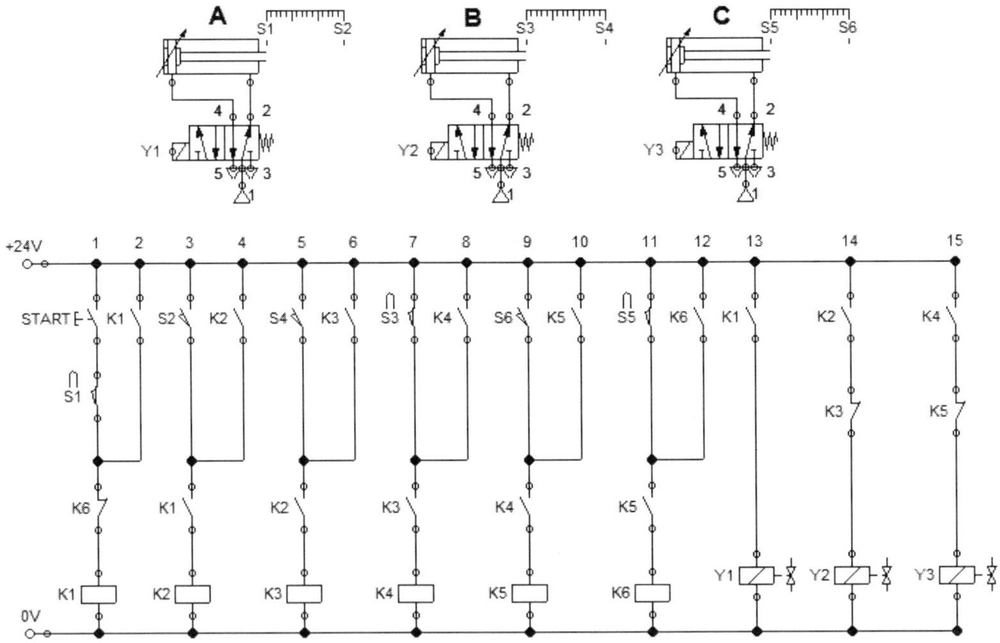

회로(문제 18.6)

② 작동원리

회로(문제 18.6)에서 start스위치를 터치하면 릴레이 K1이 여자 되어 자기유지 되며, K1의 a접점이 ON되어 솔레노이드 Y1이 작동하므로 실린더 A가 전진한다.

실린더 A의 전진이 완료되면 리밋스위치 S2가 ON되어 릴레이 K2가 여자 되므로 솔레노이드 Y2가 여자 되어 실린더 B가 전진한다. 따라서 리밋스위치 S4가 ON되어 릴레이 K3가 여자 되며 솔레노이드 Y2가 소자되므로 실린더 B가 후진한다. 그러면 리밋스위치 S3가 ON되어 릴레이 K4가 여자 되며 솔레노이드 Y3가 여자 되므로 실린더 C

가 전진한다.

실린더 C가 전진완료 되면 리밋스위치 S6가 ON되어 릴레이 K5가 여자 되며, 따라서 솔레노이드 Y3가 소자되어 실린더 C가 후진한다. 실린더 C가 후진완료 되면 리밋스위치 S5가 ON되어 솔레노이드 K6가 여자 되고, 1행의 K6의 b접점이 열려 릴레이 K1~K6가 모두 소자되므로 전진상태에 있던 실린더 A가 후진하여 사이클이 완료된다.

회로설계 문제 18.7

Sand Blasting장치의 제어

그림(문제 18.7)은 Sand Blasting장치이다. 가공물은 수동으로 작업위치에 삽입하고 실린더 A를 전진시켜 클램핑한다. 이 상태에서 실린더 B가 전진하여 노즐을 작동시킴으로서 일정시간 동안(2초간) 공작물의 한 면에 sand blasting 작업을 한 후 실린더 B가 복귀하면 노즐작동이 정지하여 sand blasting이 정지된다.

그 후 전진상태에 있던 실린더 C가 후진하여 노즐의 위치를 변화시키고, 실린더 B를 다시 전진시켜 공작물의 다른 면에 2초간 sand blasting을 한다. 작업이 완료되면 실린더 B는 원위치로 복귀하고 그 후 실린더 C가 원래의 위치로 전진하고 동시에 실린더 A가 후진하여 클램핑이 해제되는 제어회로를 설계하라[$A+\ B+\ (2초)B-\ C-\ B+\ (2초)B-\ 동시\ (C+\ A-)$].

여기서 실린더 C의 피스톤로드는 실린더 B와 노즐이 장착된 판재에 장착되어 있으며, 따라서 실린더 C의 피스톤로드가 움직이면 그 판재가 같이 움직이게 된다.

각 실린더의 전·후진 단에는 리밋스위치가 장착되어 있고, 모두 편 솔레노이드 밸브를 사용한다. 설계방법은 스테퍼 방식으로 한다.

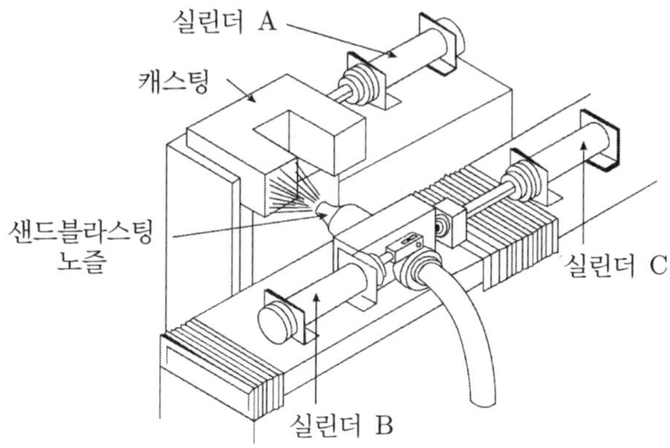

그림(문제 18.7) Sand Blasting 장치

(풀이) ① 회로도

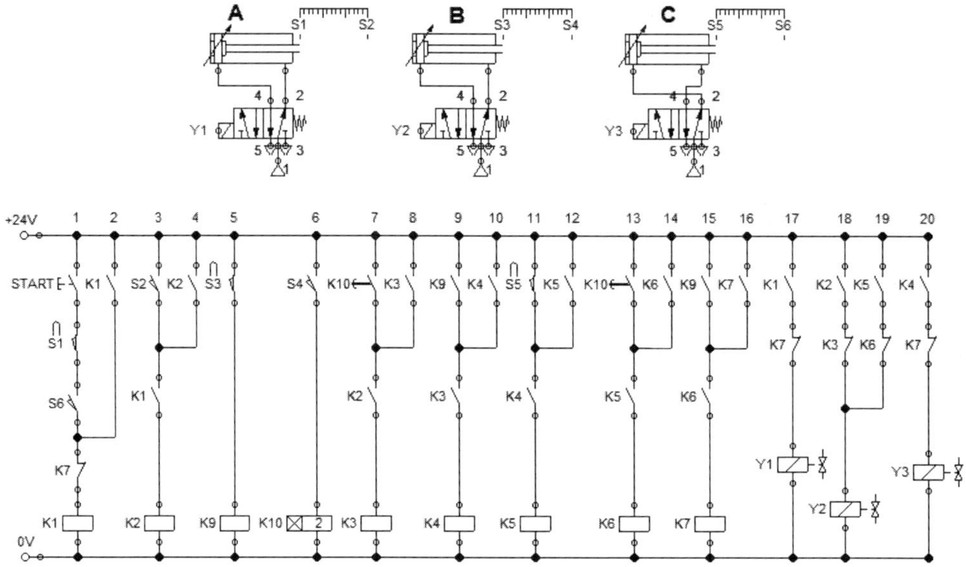

회로(문제 18.7)

② 작동원리

회로(문제 18.7)에 공기압과 전류를 인가하면 최초에 실린더 C는 전진상태에 있으며, 다른 실린더는 후진상태에 있다. start스위치 ON → 릴레이 K1 ON → 솔레노이드 Y1 ON → 실린더 A 전진 → 리밋스위치 S2 ON → 릴레이 K2 ON → 솔레노이드 Y2 ON → 실린더 B 전진(노즐 분사) → 리밋스위치 S4 ON → 2초 후 ON delay timer K10 ON → 릴레이 K3 ON → 솔레노이드 Y2 OFF → 실린더 B후진(분사 정지) → 리밋스위치 S3 ON → 릴레이 K9 ON → 릴레이 K4 ON → 솔레노이드 Y3 ON → 실린더 C 후진 → 리밋스위치 S5 ON → 릴레이 K5 ON → 솔레노이드 Y2 ON → 실린더 B전진(노즐 분사) → 리밋스위치 S4 ON → 2초 후 ON delay timer K10 ON → 릴레이 K6 ON → 솔레노이드 Y2 OFF → 실린더 B후진(분사정지) → 리밋스위치 S3 ON → 릴레이 K7 ON → 솔레노이드 Y1과 Y3이 동시에 OFF → 실린더 A후진과 동시에 실린더 C가 전진하여 사이클 완료.

회로설계 문제 18.8

화장실 자동밸브 제어

남자 화장실의 변기에 설치되어 있는 센서가 사람을 감지하면 1초 후에 2초 동안 밸브가 작동하여 물을 내린다. 변기로부터 사람이 이탈하여 센서가 OFF되면 바로 밸브가 작동하여 물이 3초 동안 나와야 한다.

풀이 ① 회로도

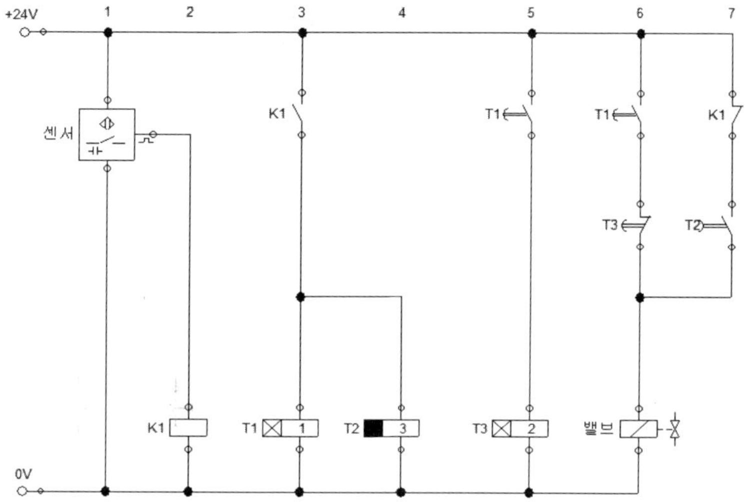

회로(문제 18.8)

② 작동원리

회로(문제 18.8)에서 사람이 변기에 접근하여 센서가 작동하면 릴레이 K1이 ON되며, 따라서 K1의 a접점이 ON되어 1초 후에 On delay timer T1이 작동하여 T1의 a접점이 닫히고 밸브가 작동하여 물이 나온다. 또한 Off delay timer T2가 작동한다. 물이 나오는 시점부터 2초 후에 On delay timer T3가 작동하여 밸브를 OFF시키므로 물이 끊긴다.

사람이 변기로부터 이탈하여 센서가 OFF되면 릴레이 K1이 OFF된다. 따라서 3행의 닫혀 있던 K1의 a접점이 다시 열리고 열려 있던 7행의 K1의 b접점은 닫히고 Off delay timer T2는 아직 작동 중에 있으므로 T2의 a접점이 닫혀 밸브가 ON되어 물이 나온다. 그러나 3초가 지나면 T2가 OFF되어 7행의 닫혀 있던 T2의 a접점이 열려 밸브가 OFF되므로 물이 끊긴다. 결국 밸브는 3초 동안 작동하여 물이 3초간 나오게 된다.

회로설계 문제 18.9

3개 램프의 ON/OFF제어

램프 A, B, C의 2초간씩 ON/OFF제어를 위한 회로도를 설계한다. start스위치를 터치하면 램프 3개가 차례로 2초간 점등 후 소등하는 과정을 반복해야 한다. stop스위치를 터치하면 모든 램프가 소등해야 한다. 그 타임차트는 그림(문제 18.9)과 같다.

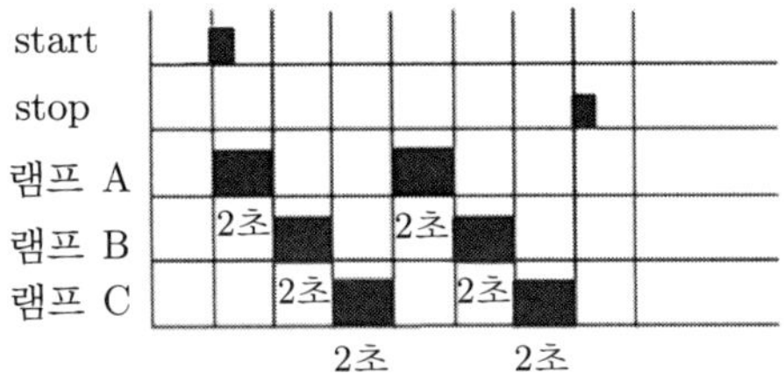

그림(문제 18.9)

(풀이) ① 회로도

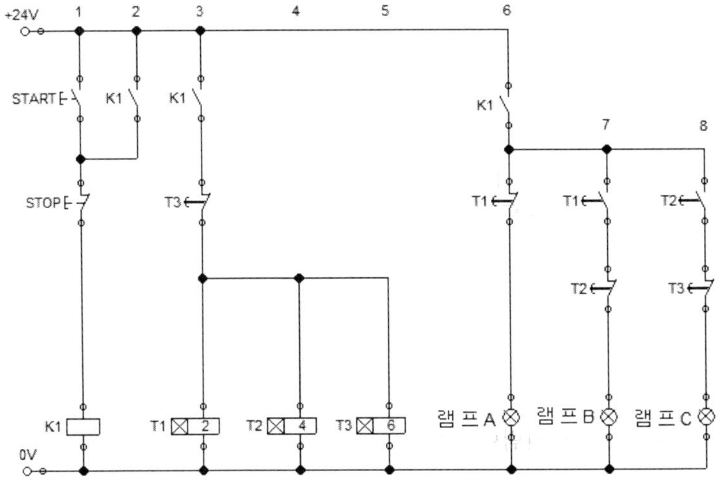

회로(문제 18.9)

② 작동원리

회로(문제 18.9)에서, start스위치를 터치하면 릴레이 K1이 여자 되어 자기유지 된다. 따라서 K1의 a접점(6행)이 ON되어 램프A가 점등한다. 그로부터 2초 후에 On delay timer T1이 작동하여 T1의 b접점(6행)이 열려 램프A가 소등된다. 동시에 T1의 a접점은 닫히므로(7행) 램프B가 점등한다.

그로부터 2초(K1이 ON된 후 4초)가 경과하면 On delay timer T2가 작동하여(4행) T2의 b접점이 열려(7행) 램프B가 소등한다. 동시에 8행의 T2의 a접점은 닫히므로 램프C는 점등한다. 그로부터 2초(K1이 ON된 후 6초)가 경과하면 On delay timer T3가 작동하여(5행) T3의 b접점이 열려(8행) 램프C가 소등한다.

또한 3행의 T3의 b접점도 열리므로 타이머 T1, T2, T3가 모두 OFF되어 초기상태로 복귀함으로서 한 사이클이 완료된다.

아직 stop스위치를 터치하지 않은 상태에서는 릴레이 K1이 여자 상태이므로 다시 램프A가 점등하는 과정부터 사이클이 반복된다.

stop스위치를 터치하면 릴레이 K1이 소자되므로 모든 릴레이와 모든 램프가 OFF상태로 된다.

회로설계 문제 18.10

밀링작업 제어

그림(문제 18.10)과 같은 밀링머신에서 실린더 A가 전진하여 공작물을 클램핑하고, 실린더 B가 전진하여 공작물을 전진시켜 가공한 후 후진하면 실린더 A가 후진하여 클램핑을 해제하는 회로이다($A+B+B-A-$). 비상시에는 실린더 B가 후진하고 이어서 실린더 A가 후진해야 한다($B-A-$).

각 실린더의 전·후진 단에 각각 리밋스위치가 장착되어 있으며, 각 실린더는 양 솔레노이드 밸브를 사용하고, 회로의 설계는 스테퍼 방식으로 한다.

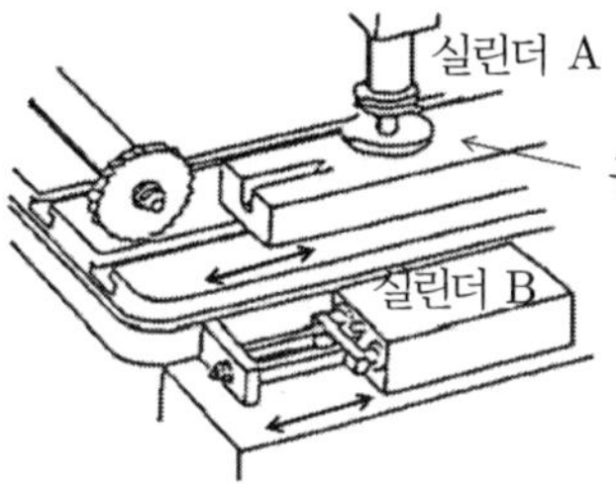

그림(문제 18.10) 밀링작업 시스템도

풀이 ① 회로도

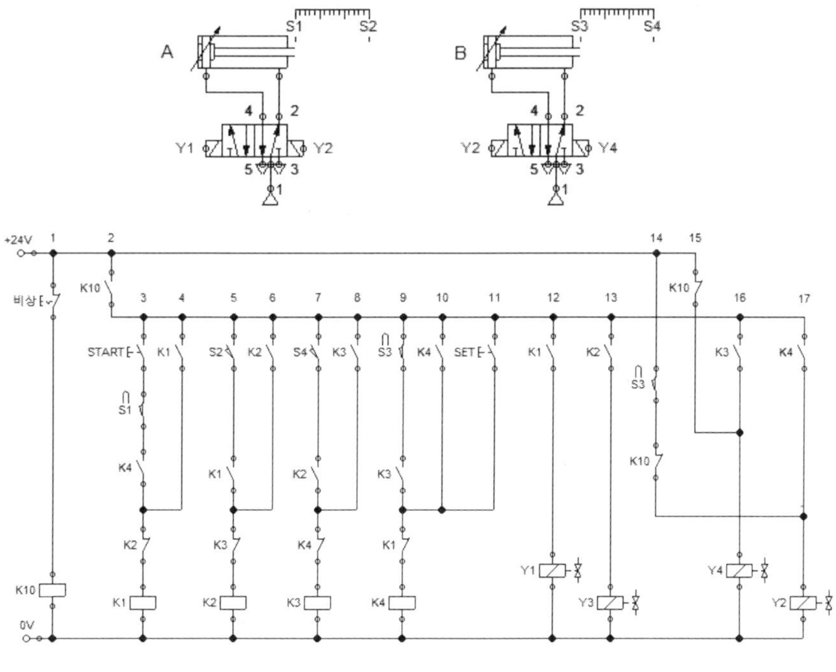

회로(문제 18.10)

② 작동원리

회로(문제 18.10)에서, 비상스위치를 작동하지 않는 상태에서는 릴레이 K10 ON → K10의 a접점(2행) ON → reset스위치 SET ON → 릴레이 K4 ON → start스위치 ON → 릴레이 K1 ON → 솔레노이드 Y1 ON → 실린더 A 전진 → 리밋스위치 S2 ON → 릴레이 K2 ON → 솔레노이드 Y3 ON → 실린더 B 전진 → 리밋스위치 S4 ON → 릴레이 K3 ON → 솔레노이드 Y4 ON → 실린더 B 후진 → 리밋스위치 S3 ON → 릴레이 K4 ON → 솔레노이드 Y2 ON → 실린더 A가 후진하여 한 사이클 완료.

비상 시 : 비상스위치 ON → K10의 a접점(2행) 열림, 14행 및 15행의 열려 있던 K10의 b접점 닫힘 → 솔레노이드 Y4 ON → 실린더 B 후진 → 리밋스위치 S3 ON → 솔레노이드 Y2 ON → 실린더 A 후진.

회로설계 문제 18.11

부품조립 제어 : $A+ B+ C+$ 동시 $(A- C-)B-$

그림(문제 18.11)의 부품조립장치에서 매거진 내의 공작물을 실린더 A가 전진하여 조립작업 위치로 이송시켜 클램핑하면 실린더 B가 전진하여 제1부품을 조립한 후 실린더 C가 전진하여 제2부품을 조립한다. 그 후 실린더 A와 C가 동시에 후진하고 최종적으로 실린더 B가 후진한다. 각 실린더는 모두 양 솔레노이드 밸브를 사용하며, 각 전·후진 단에는 리밋스위치가 장착되어 있다. 회로는 스테퍼 방식으로 설계한다.

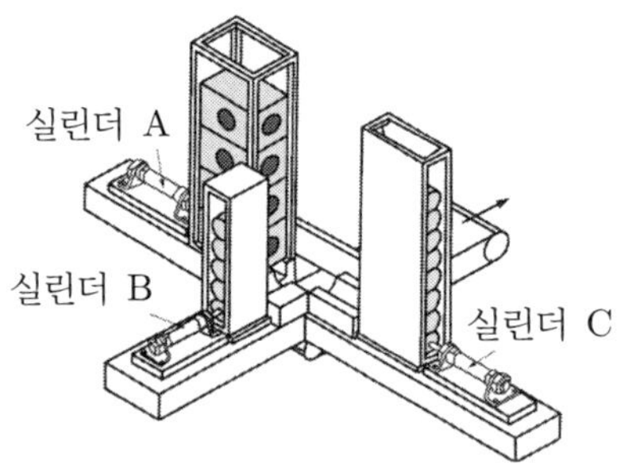

그림(문제 18.11) 부품조립 장치

(풀이) ① 회로도

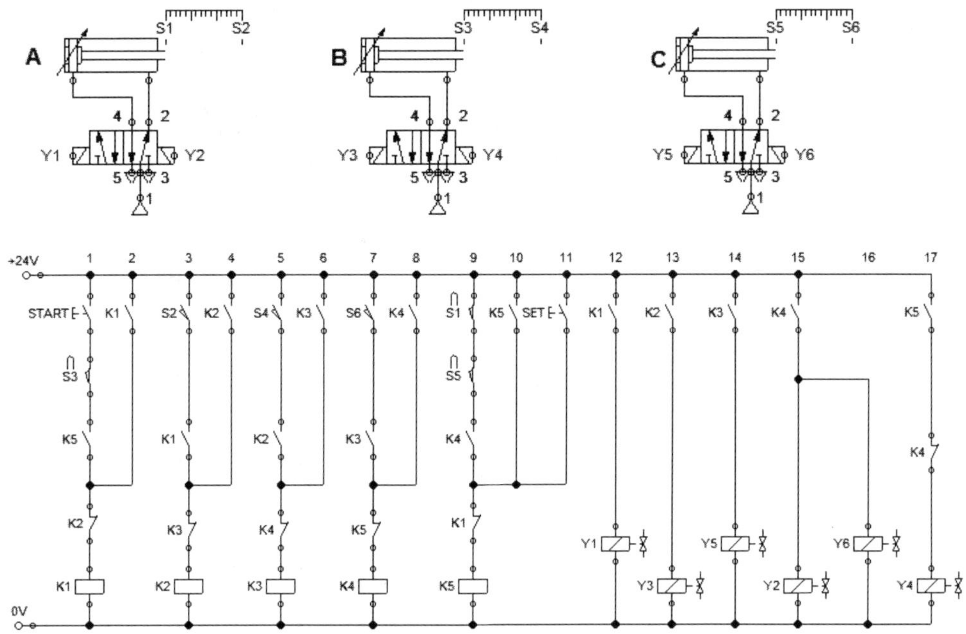

회로(문제 18.11)

② 작동원리

회로(문제 18.11)에서, reset스위치 SET ON → 릴레이 K5 ON → start스위치 ON → 릴레이 K1 ON → 솔레노이드 Y1 ON → 실린더 A 전진 → 리밋스위치 S2 ON → 릴레이 K2 ON → 솔레노이드 Y3 ON → 실린더 B 전진 → 리밋스위치 S4 ON → 릴레이 K3 ON → 솔레노이드 Y5 ON → 실린더 C 전진 → 리밋스위치 S6 ON → 릴레이 K4 ON → 솔레노이드 Y2와 Y6 ON → 실린더 A와 C가 동시에 후진 → 리밋스위치 S1과 S5 ON → 릴레이 K5 ON → 솔레노이드 Y4 ON → 실린더 B가 후진하여 사이클 완료.

회로설계 문제 18.12

시퀀스 제어 : $A+$**동시**$(A-B+)$**동시**$(C+B-)C-$

양 솔레노이드 밸브를 사용하는 실린더 A, B, C가 각각 전·후진 단에 리밋스위치가 장착되어 있고, $A+$동시$(A-B+)$동시$(C+B-)C-$의 시퀀스로 작동하는 제어회로를 캐스케이드 방식으로 설계하라.

풀이 ① 회로도

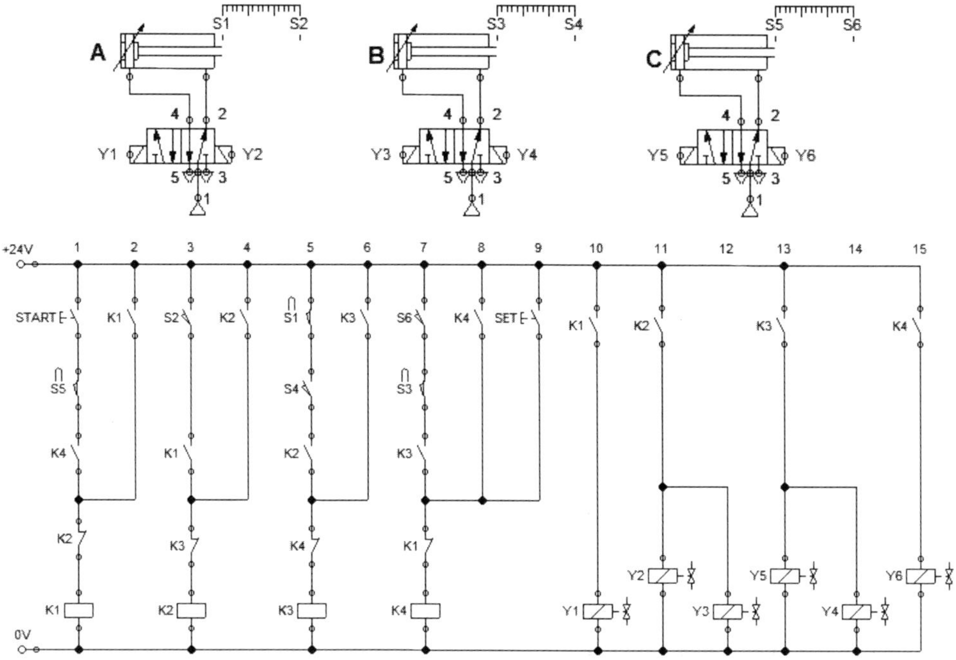

회로(문제 18.12)

② 작동원리

회로(문제 18.12)에서, set스위치를 터치하여 릴레이 K4가 ON상태에 있을 때 start스위치를 터치하면 릴레이 K1이 여자 되어 자기유지 되며, 솔레노이드 Y1이 ON되어 실린더 A가 전진한다.

실린더 A가 전진 후 리밋스위치 S2가 ON되면 릴레이 K2가 여자 되어 자기유지 되며, 솔레노이드 Y2와 Y3가 동시에 ON되어 실린더 A는 후진하고 동시에 실린더 B는 전진한다.

그러면 리밋스위치 S1과 S4가 ON되어 릴레이 K3가 여자 되어 자기유지 된다. 따라서 솔레노이드 Y5와 Y4가 동시에 ON되므로 실린더 C는 전진하고 동시에 실린더 B는 후진한다.

그 후 리밋스위치 S6과 S3이 ON되므로 릴레이 K4가 여자 되어 자기유지 된다. 따라서 솔레노이드 Y6가 ON되어 실린더 C가 후진함으로써 한 사이클이 완료된다.

회로설계 문제 18.13

드릴머신의 제어 : $A+B+C+C-A-B-$

그림(문제 18.13)의 드릴머신에서 실린더 A가 공작물을 작업대로 이송시킨 후 실린더 B가 전진하여 클램핑하면 드릴링 실린더 C가 전진하여 드릴작업 후 후진한다. 그리고 실린더 A가 후진한 후 실린더 B가 후진하여 클램핑을 해제하는 회로를 설계하라.
모든 실린더는 양 솔레노이드밸브를 사용하며 전·후진 단에 각각 리밋스위치가 장착되어 있다.
설계는 캐스케이드 방식으로 한다.

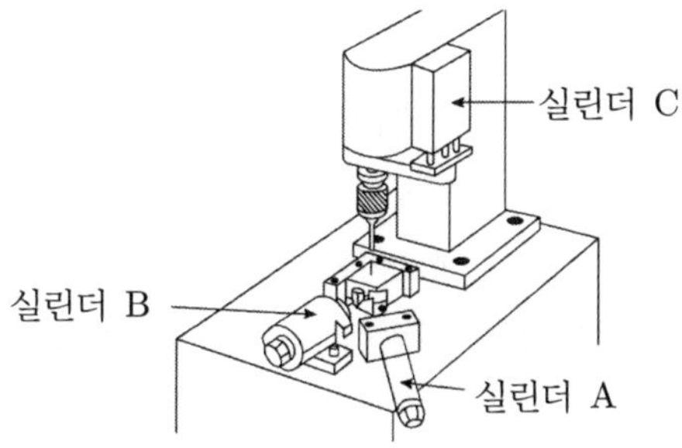

그림(문제 18.13) 드릴머신 시스템

(풀이) ① 회로도

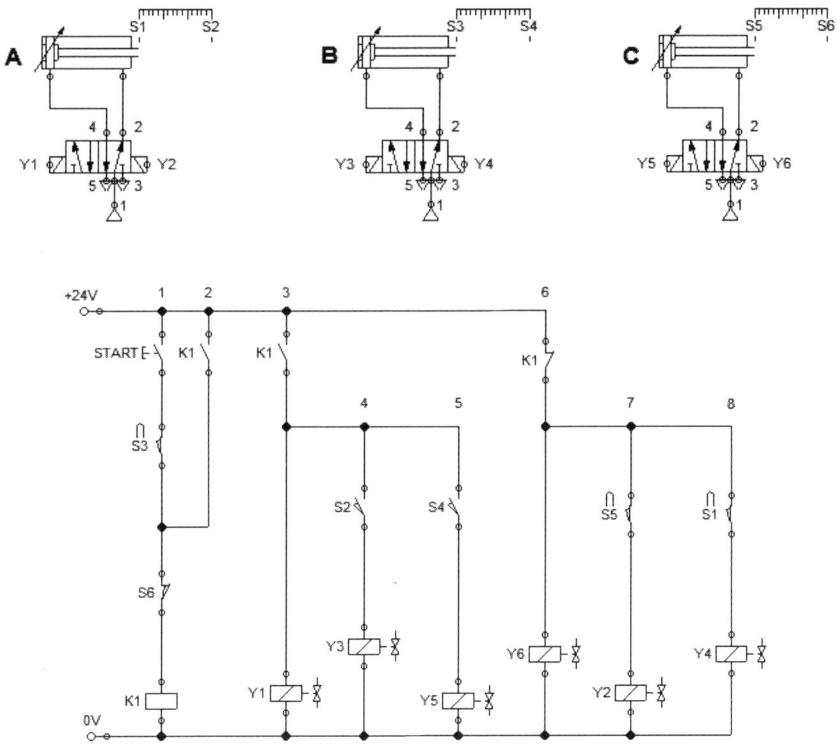

회로(문제 18.13)

② 작동원리

회로(문제 18.13)에서, start스위치를 터치하면 릴레이 K1이 여자 되어 자기유지 된다. 따라서 K1의 a접점(3행)이 ON되어 솔레노이드 Y1이 ON되어 실린더 A가 전진한다. 실린더 A가 전진을 완료하면 리밋스위치 S2가 ON되어 솔레노이드 Y3가 ON되므로 실린더 B가 전진한다. 따라서 리밋스위치 S4가 작동하여 솔레노이드 Y5가 ON되므로 실린더 C가 전진한다.

실린더 C가 전진을 완료하면 리밋스위치 S6이 작동하여 릴레이 K1이 소자되며 6행의 열려 있던 K1의 b접점이 닫혀 솔레노이드 Y6가 ON되므로 실린더 C가 후진하며, 바로 리밋스위치 S5가 작동하여 솔레노이드 Y2가 ON되므로 실린더 A가 후진한다.

그 후 리밋스위치 S1이 작동하여 솔레노이드 Y4가 ON되므로 실린더 B가 후진하여 사이클이 완료된다.

부록

유공압기호(KS B 0054-87)

1. 조작방식

명 칭	기 호	비 고
인력 조작		
일반	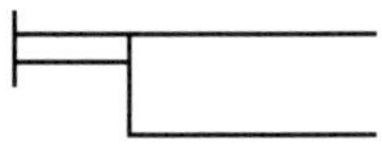	• 조작방법을 지시하지 않은 경우, 또는 조작방향의 수를 특별히 지정하지 않은 경우의 일반기호
누름버튼	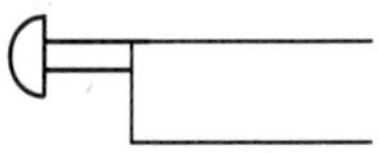	• 1방향 조작
당김버튼	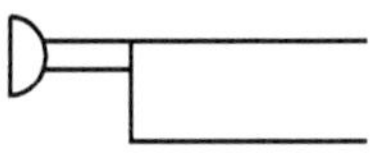	• 1방향 조작
누름-당김버튼	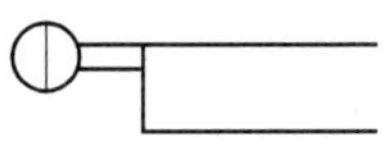	• 2방향 조작
레버	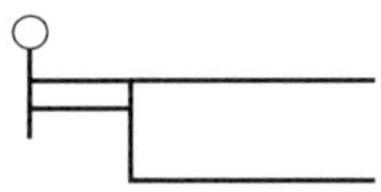	• 2방향 조작(회전운동을 포함)
페달	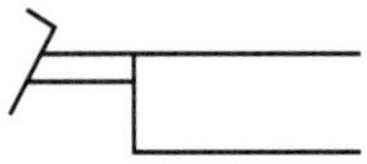	• 1방향 조작(회전운동을 포함)
2방향 페달	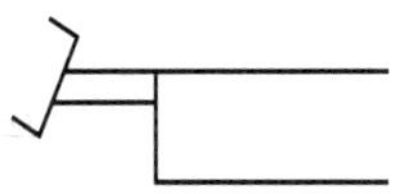	• 2방향 조작(회전운동을 포함)
기계 조작		
플런저	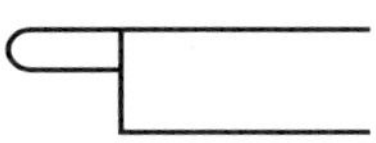	• 1방향 조작
가변행정제한기구	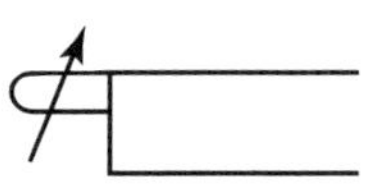	• 2방향 조작
스프링	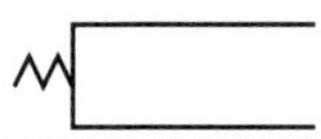	• 1방향 조작

명 칭	기 호	비 고
롤러	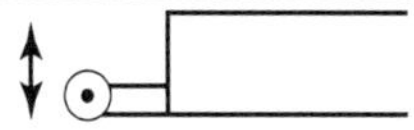	• 2방향 조작
편측 작동롤러	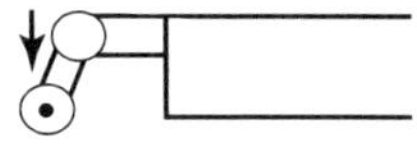	• 화살표는 유효조작 방향을 나타낸다. 기입을 생략하여도 좋다. • 1방향 조작
전기 조작		
직선형 전기 액추에이터		• 솔레노이드, 토크모터 등
단동 솔레노이드	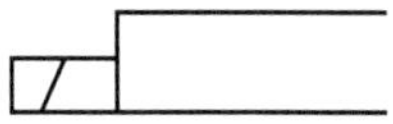	• 1방향 조작 • 사선은 우측으로 비스듬히 그려도 좋다.
복동 솔레노이드	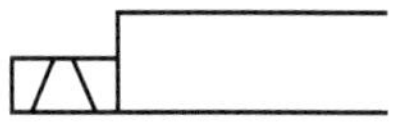	• 2방향 조작 • 사선은 위로 넓어져도 좋다.
단동 가변식 전자 액추에이터	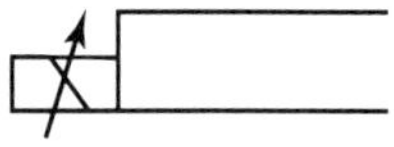	• 1방향 조작 • 비례식 솔레노이드, 포스모터 등
복동 가변식 전자 액추에이터	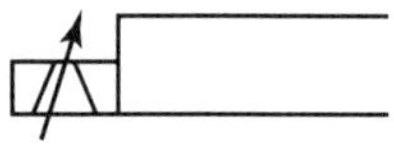	• 2방향 조작 • 토크모터
회전형 전기 액추에이터	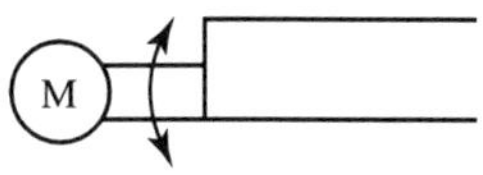	• 2방향 조작 • 전동기
직접 파일럿 조작	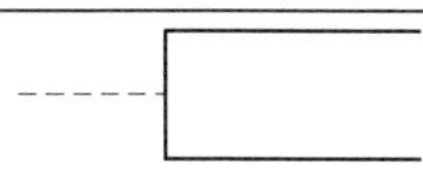 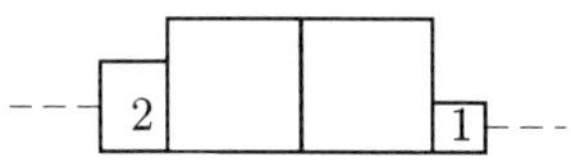	• 수압면적이 상이한 경우, 필요에 따라, 면적비를 나타내는 숫자를 직4각형속에 기입한다.
내부 파일럿	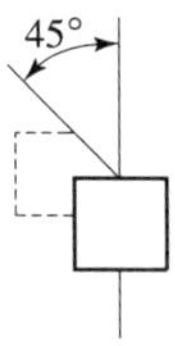	• 조작유로는 기기의 내부에 있음
외부 파일럿	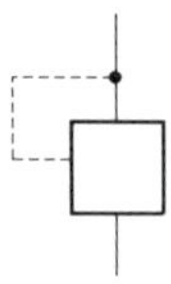	• 조작유로는 기기의 외부에 있음
간접 파일럿 조작 입력을 가하여 조작하는 방식		

명 칭	기 호	비 고
공기압 파일럿	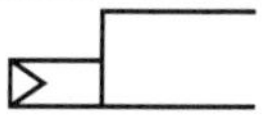	• 내부 파일럿 • 1차조작 없음
유압 파일럿	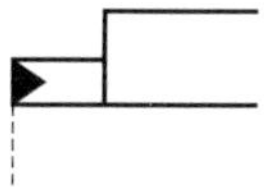	• 외부 파일럿 • 1차조작 없음
유압2단 파일럿	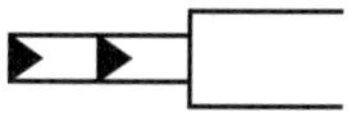	• 내부 파일럿, 내부 드레인 • 1차조작 없음
공기압 · 유압 파일럿	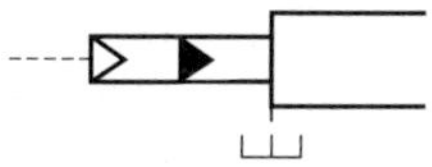	• 외부 공기압 파일럿, 내부 유압 파일럿, 외부 드레인 • 1차조작 없음
전자 · 공기압 파일럿	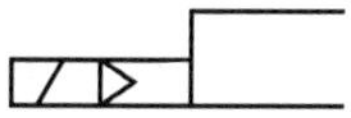	• 단동 솔레노이드에 의한 1차조작 붙이 • 내부 파일럿
전자 · 유압 파일럿	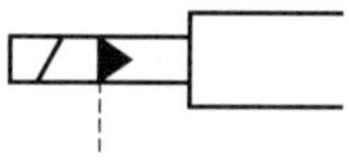	• 단동 솔레노이드에 의한 1차조작 붙이 • 외부 파일럿, 내부 드레인
압력을 빼내어 조작하는 방식		
유압 파일럿	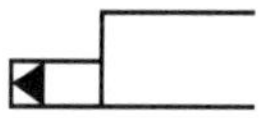	• 내부 파일럿 · 내부 드레인 • 1차조작 없음
	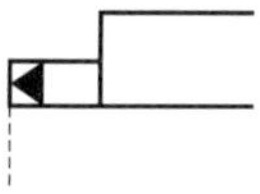	• 내부 파일럿 • 원격조작용 벤트포트 붙이
전자 · 유압 파일럿	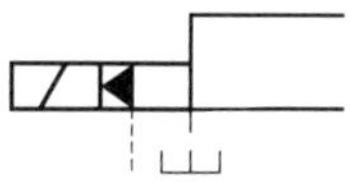	• 단동 솔레노이드에 의한 1차조작 붙이 • 외부 파일럿, 외부 드레인
파일럿 작동형 압력제어 밸브	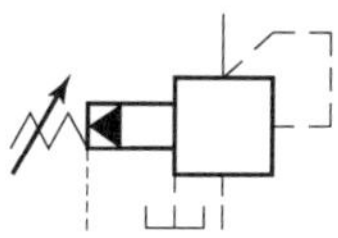	• 압력조정용 스프링 붙이 • 외부 드레인 • 원격조작용 벤트포트 붙이
파일럿 작동형 비례전자식 압력제어 밸브	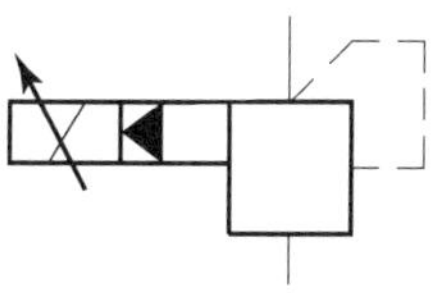	• 단동 비례식 액추에이터 • 내부 드레인

2. 펌프 및 모터

명 칭	기 호	비 고
펌프 및 모터	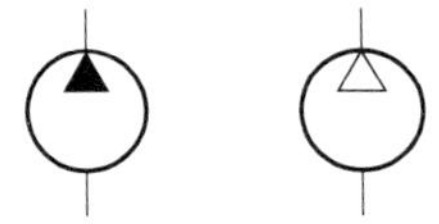 유압 펌프 공기압 모터	• 일반기호
진공 펌프	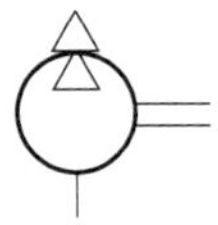	
유압 펌프	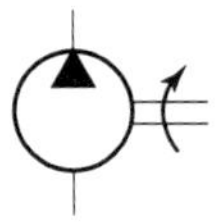	• 1방향 유동 • 정용량형 • 1방향 회전형
유압 모터	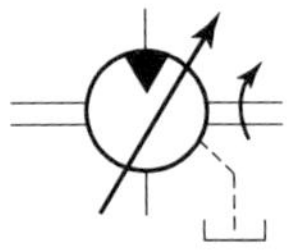	• 1방향 유동 • 가변용량형 • 조작기구를 특별히 지정하지 않는 경우 • 외부 드레인 • 1방향 회전형 • 양축형
공기압 모터	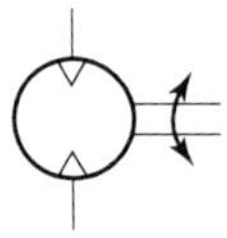	• 2방향 유동 • 정용량형 • 2방향 회전형
정용량형 펌프 · 모터	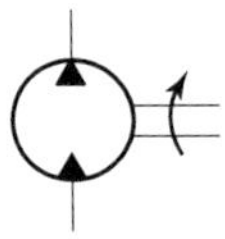	• 1방향 유동 • 정용량형 • 1방향 회전형
가변용량형 펌프 · 모터 (인력조작)	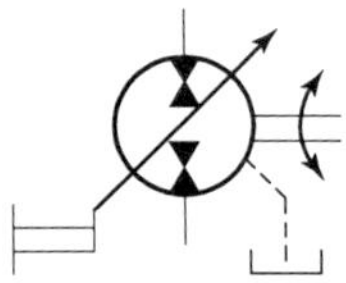	• 2방향 유동 • 가변용량형 • 외부 드레인 • 2방향 회전형
요동형 액추에이터	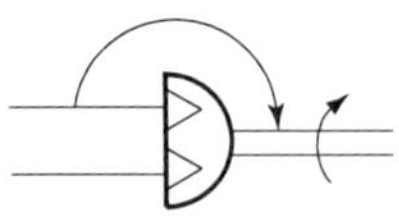	• 공기압 • 정각도 • 2방향 요동형 • 축의 회전방향과 유동방향과의 관계를 나타내는 화살표의 기입은 임의(부속서 참조)
유압 전도장치	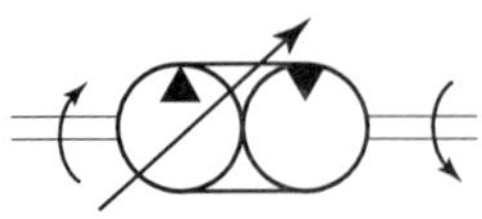	• 1방향 회전형 • 가변용량형 펌프 • 일체형

명 칭	기 호	비 고
가변용량형 펌프 (압력보상제어)	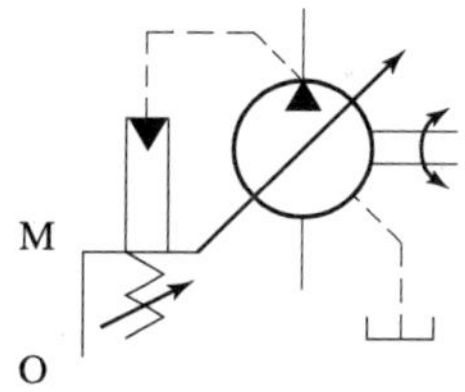	• 1방향 유동 • 압력조정 가능 • 외부 드레인(부속서 참조)
가변용량형 펌프 · 모터 (파일럿 조작)	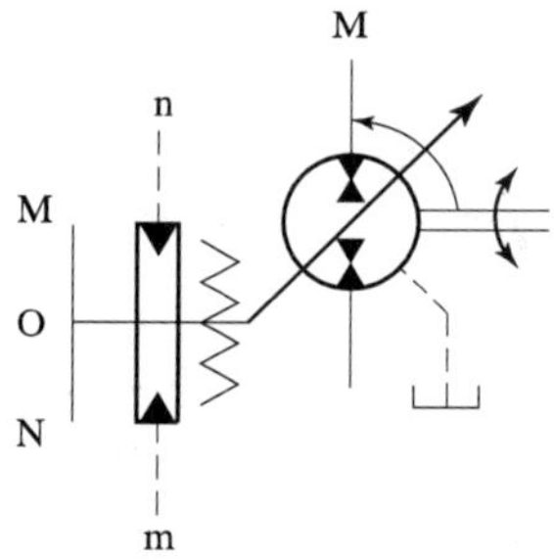	• 2방향 유동 • 2방향 회전형 • 스프링 힘에 의하여 중앙위치(배제용적 0)로 되돌아오는 방식 • 파일럿 조작 • 외부 드레인 • 신호 m은 M방향으로 변위를 발생시킴(부속서 참조)

3. 실린더

명 칭	기 호	비 고
단동 실린더	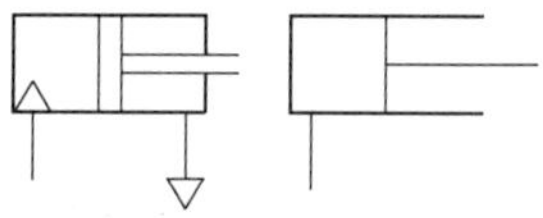	• 공기압 • 압출형 • 편로드형 • 대기중의 배기(유압의 경우는 드레인)
단동 실린더 (스프링 붙이)	(1) 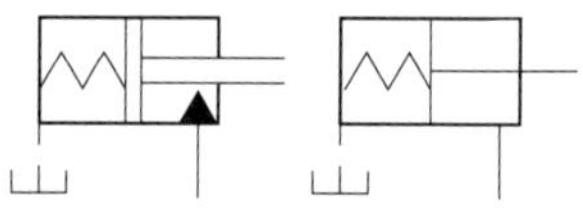 (2) 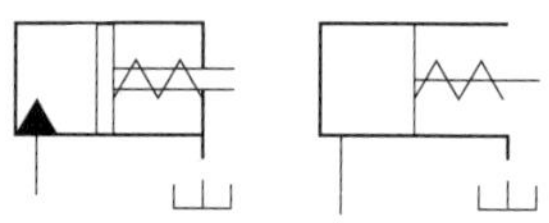	• 유압 • 편로드형 • 드레인측은 유압유 탱크에 개방 (1) 스프링 힘으로 로드 압출 (2) 스프링 힘으로 로드 흡인
복동 실린더	(1) 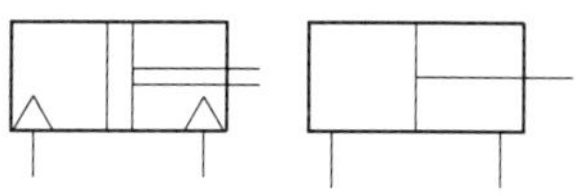 (2) 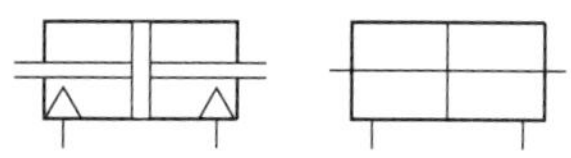	(1) • 편로드 • 공기압 (2) • 양로드 • 공기압

명 칭	기 호	비 고
복동 실린더 (쿠션 붙이)	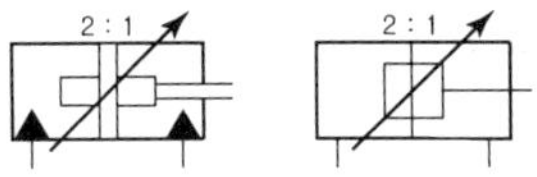	• 유압 • 편로드형 • 양 쿠션, 조정형 • 피스톤 면적비 2 : 1
단동 텔레스코프형 실린더	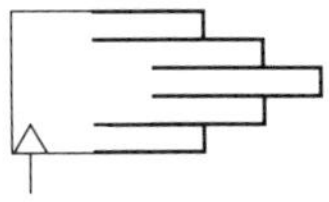	• 공기압
복동 텔레스코프형 실린더	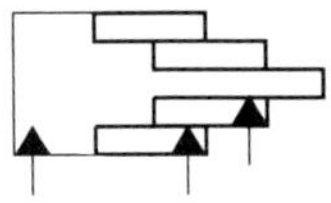	• 유압
램형 실린더	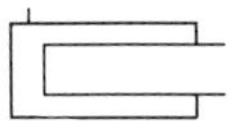	• 수압 부분의 바깥지름이 로드의 바깥지름과 같은 단동실린더를 램형 또는 플랜저형 실린더라고 한다. • 기호 중앙의 ㄷ이 로드를 표시한다.
다이어프램형 실린더	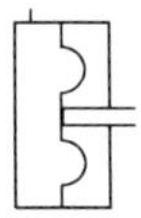	

4. 특수에너지-변환기기

명 칭	기 호	비 고
공기유압 변환기	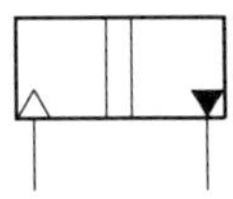 단동형 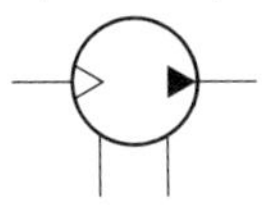 연속형	
증압기	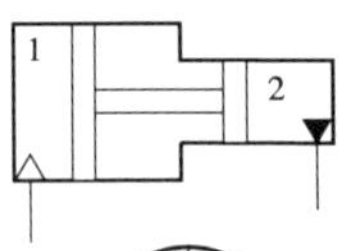 단동형 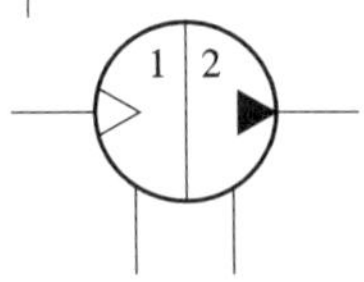 연속형	• 압력비 1 : 2 • 2종 유체용

5. 에너지-용기

명 칭	기 호	비 고
어큐뮬레이터		• 일반기호 • 항상 세로형으로 표시 • 부하의 종류를 지시하지 않는 경우
어큐뮬레이터	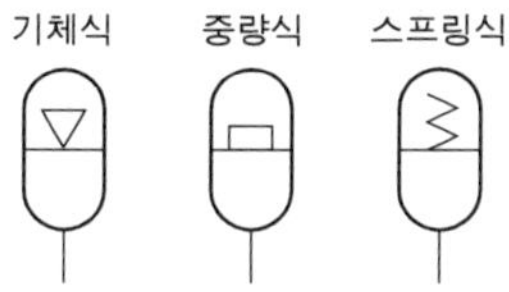	• 부하의 종류를 지시하는 경우
보조 가스용기		• 항상 세로형으로 표시 • 어큐뮬레이터와 조합하여 사용하는 보급용 가스용기
공기 탱크		

6. 동력원

명 칭	기 호	비 고
유압(동력)원		• 일반기호
공기압(동력)원	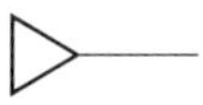	• 일반기호
전동기	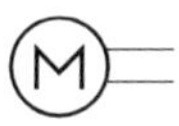	
원동기	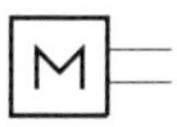	(전동기를 제외)

7. 전환 밸브

명 칭	기 호	비 고
2포트 수동 전환 밸브	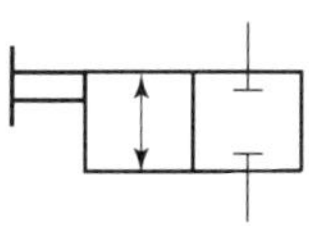	• 2위치

명 칭	기 호	비 고
3포트 전자 전환 밸브	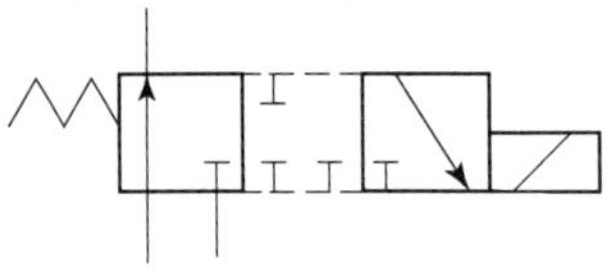	• 2위치 • 1과도 위치 • 전자조작 스프링 리턴
5포트 파일럿 전환 밸브	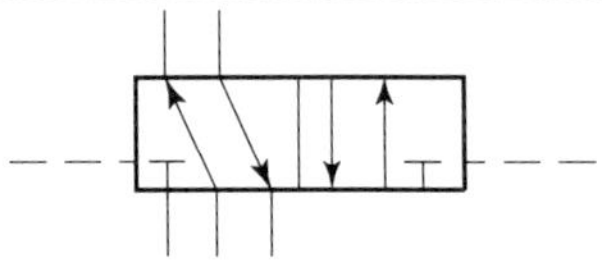	• 2위치 • 2방향 파일럿 조작
4포트 전자파일럿 전환 밸브	상세 기호 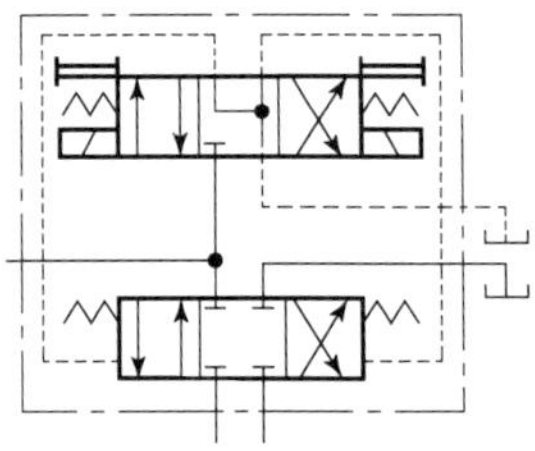 간략 기호 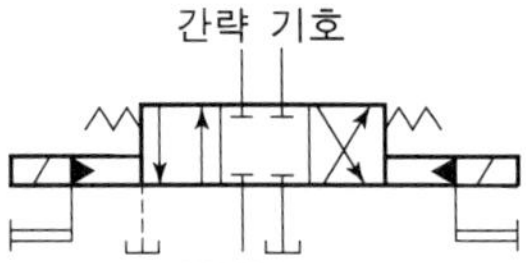	• 주 밸브 3위치 스프링센터 내부 파일럿 • 파일럿 밸브 4포트 3위치 스프링센터 전자조작(단동 솔레노이드) 수동 오버라이드 조작 붙이 외부 드레인
4포트 전자파일럿 전환 밸브	상세 기호 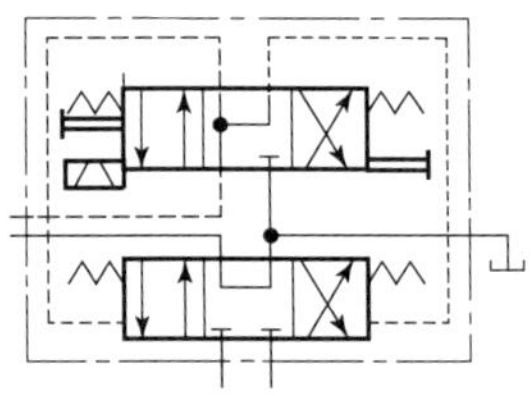 간략 기호 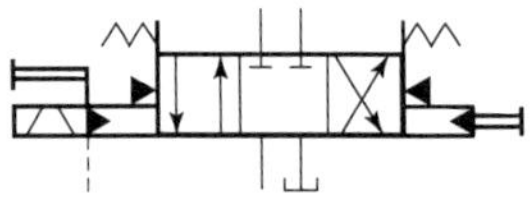	• 주 밸브 3위치 프레셔센터(스프링센터 겸용) 파일럿압을 제거할 때 작동위치로 전환된다. • 파일럿 밸브 4포트 3위치 스프링센터 전자조작(복동 솔레노이드) 수동 오버라이드 조작 붙이 외부 파일럿 내부 드레인
4포트 교축 전환 밸브	중앙 위치 언더 랩 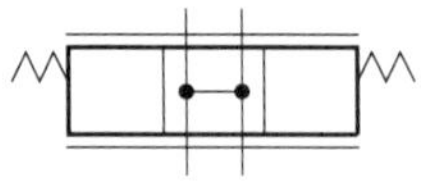 중앙 위치 오버 랩 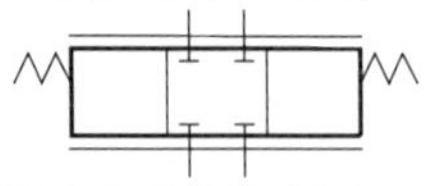	• 3위치 • 스프링센터 • 무단계 중간위치
서보 밸브	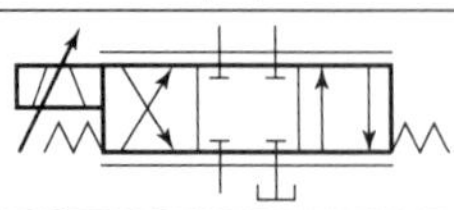	• 대표 보기

8. 체크밸브, 셔틀밸브, 배기밸브

명 칭	기 호	비 고
체크밸브	상세 기호 간략 기호 (1) 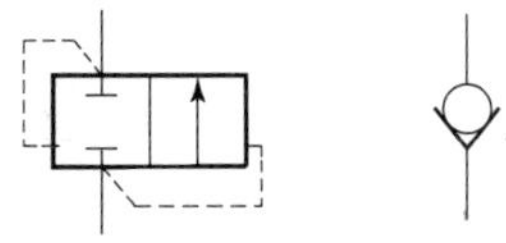 (2) 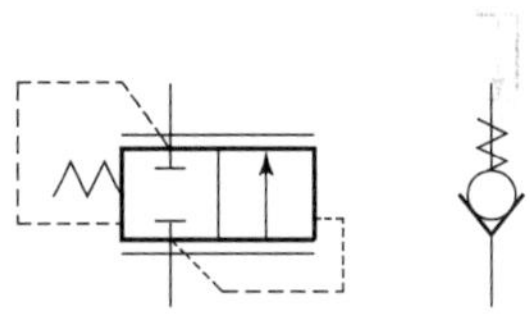	(1) 스프링 없음 (2) 스프링 붙이
파일럿 조작 체크밸브	상세 기호 간략 기호 (1) 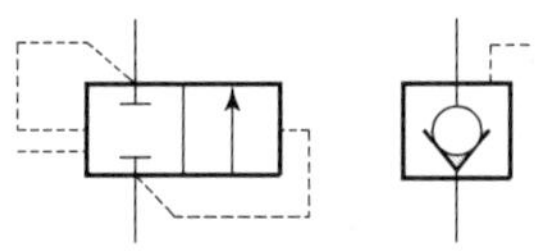 (2) 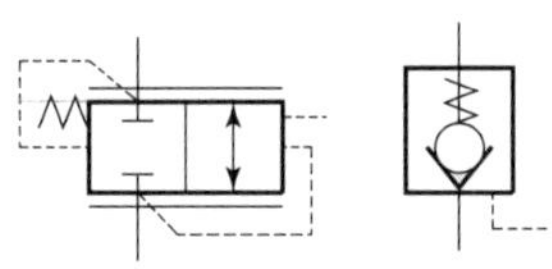	(1) • 파일럿 조작에 의하여 밸브 폐쇄 • 스프링 없음 (2) • 파일럿 조작에 의하여 밸브 열림 • 스프링 붙이
고압우선형 셔틀밸브	상세 기호 간략 기호 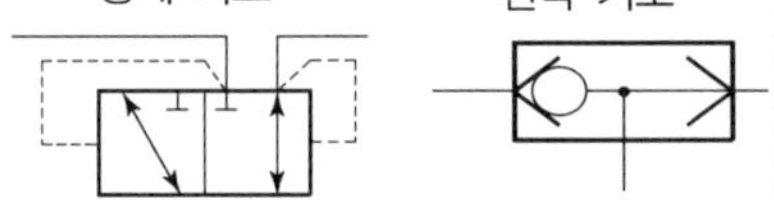	• 고압쪽의 입구가 출구에 접속되고, 저압쪽의 입구가 폐쇄된다.
저압우선형 셔틀밸브	상세 기호 간략 기호 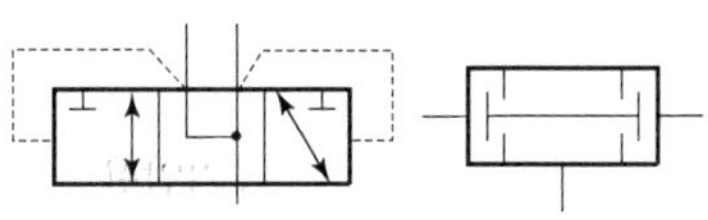	• 저압쪽의 입구가 저압우선 출구에 접속되고, 고압쪽의 입구가 폐쇄된다.
급속 배기밸브	상세 기호 간략 기호 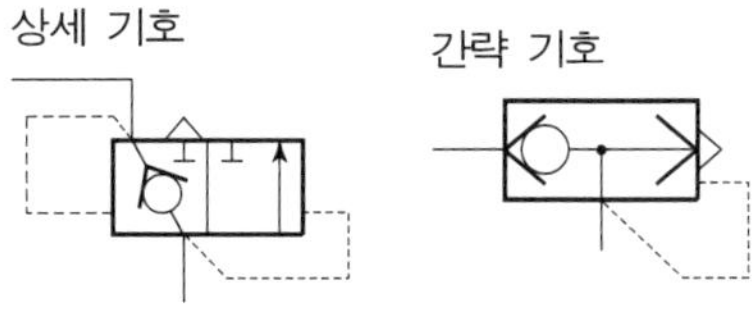	

9. 압력제어 밸브

명 칭	기 호	비 고
릴리프 밸브	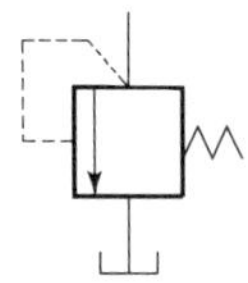	• 직동형 또는 일반기호
파일럿 작동형 릴리프 밸브	상세 기호 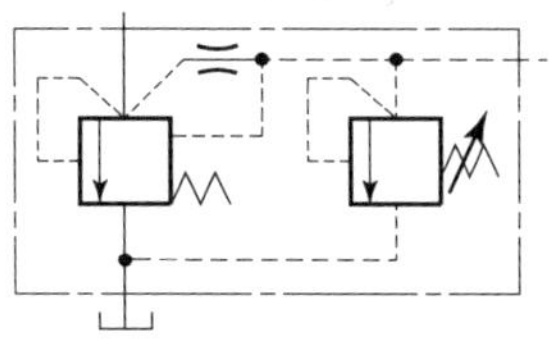 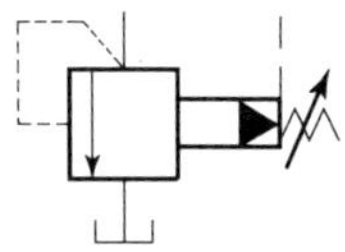	• 원격조작용 벤트포트 붙이
전자밸브 장착 (파일럿 작동형) 릴리프 밸브	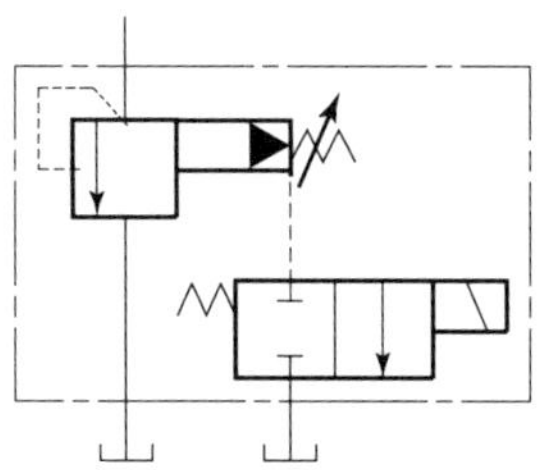	• 전자밸브의 조작에 의하여 밸트포트가 열려 무부하로 된다.
비례전자식 릴리프 밸브 (파일럿 작동형)	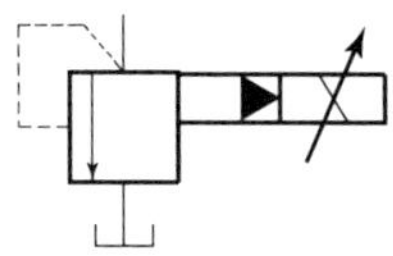	• 대표 보기
감압 밸브	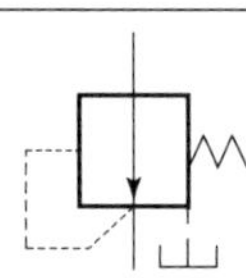	• 직동형 또는 일반기호
파일럿 작동형 감압 밸브	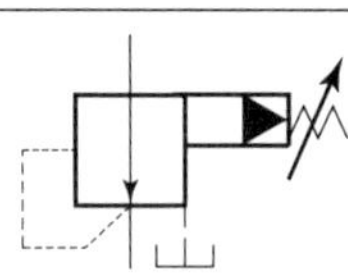	• 외부 드레인
릴리프 붙이 감압 밸브	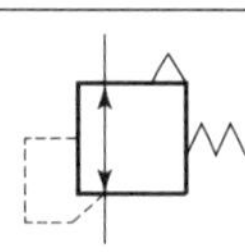	• 공기압용
비례전자식 릴리프 감압밸브 (파일럿 작동형)	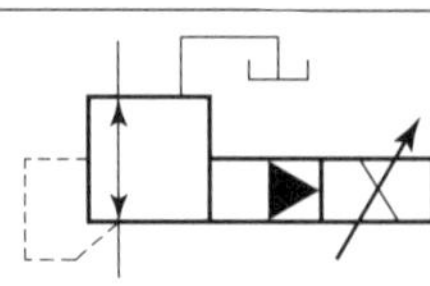	• 유압용 • 대표 보기

명 칭	기 호	비 고
일정비율 감압밸브	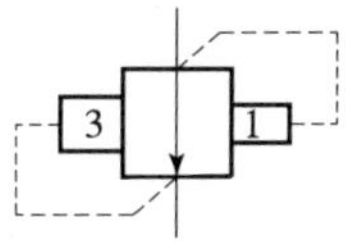	• 감압비 : $\frac{1}{3}$
시퀀스 밸브	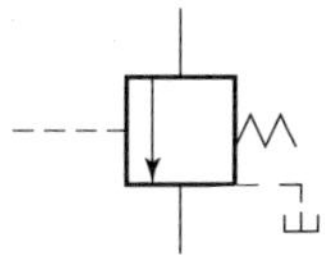	• 직동형 또는 일반기호 • 외부 파일럿 • 외부 드레인
시퀀스 밸브 (보조조작 장착)	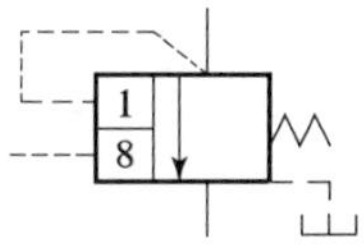	• 직동형 • 내부파일럿 또는 외부파일럿 조작에 의하여 밸브가 작동됨 • 파일럿압의 수압 면적비가 1:8인 경우 • 외부 드레인
파일럿 작동형 시퀀스 밸브	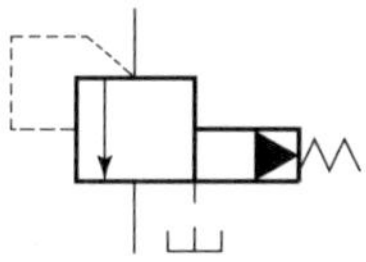	• 내부 파일럿 • 외부 드레인
무부하 밸브	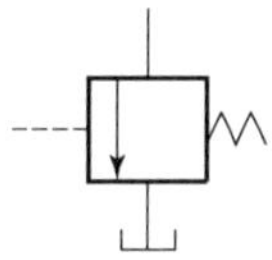	• 직동형 또는 일반기호 • 내부 드레인
카운터 밸런스 밸브	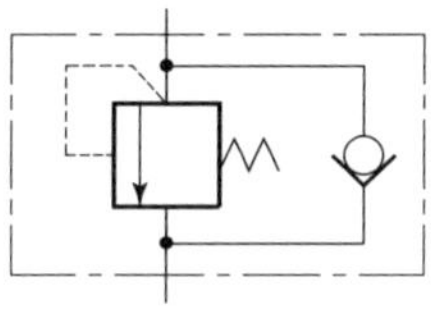	
무부하 릴리프 밸브	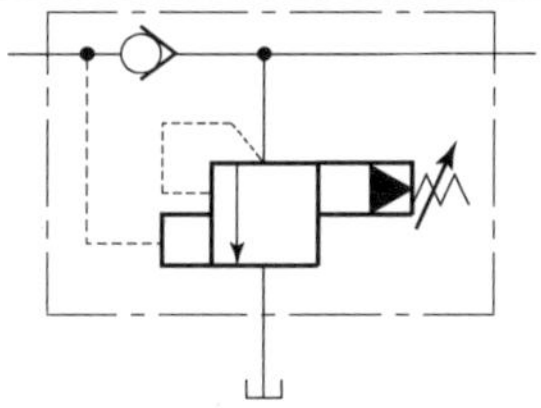	
양방향 릴리프 밸브	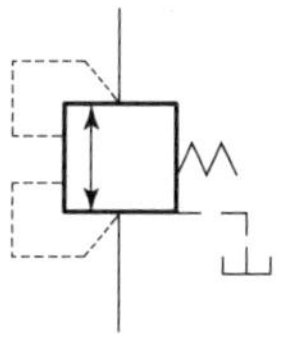	• 직동형 • 외부 드레인
브레이크 밸브	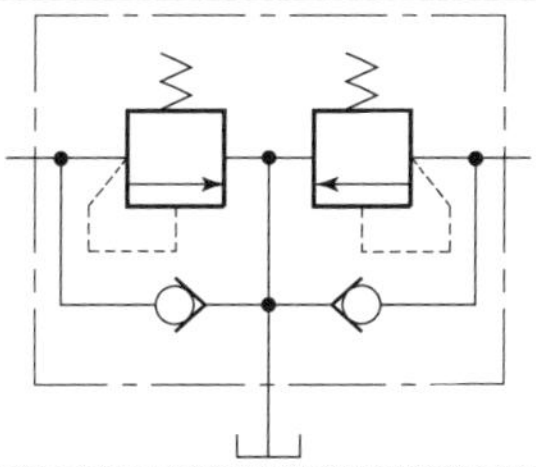	• 대표 보기

10. 유량제어 밸브

명 칭	기 호	비 고
교축 밸브		
가변 교축밸브	상세 기호 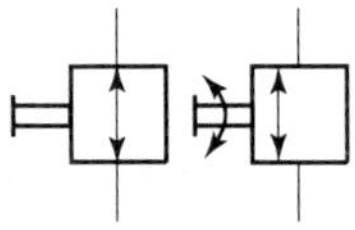 간략 기호 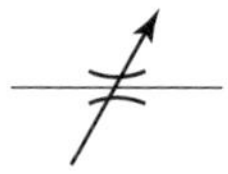	• 간략기호에서는 조작방법 및 밸브의 상태가 표시되어 있지 않음. • 통상, 완전히 닫혀진 상태는 없음.
스톱 밸브		
감압밸브 (기계 조작 가변 교축 밸브)	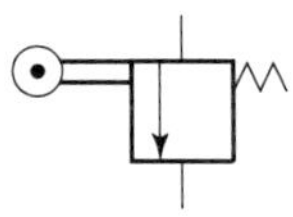	• 롤러에 의한 기계조작 • 스프링 부하
1방향 교축밸브 속도제어 밸브(공기압)	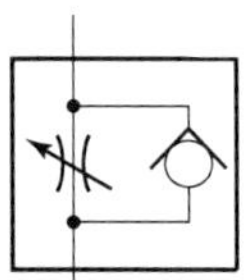	• 가변교축 장착 • 1방향으로 자유유동, 반대방향으로는 제어유동
유량조정 밸브		
직렬형 유량 조정 밸브	상세 기호 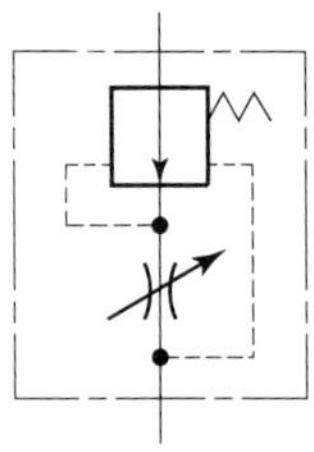 간략 기호 	• 간략기호에서 유로의 화살표는 압력의 보상을 나타낸다.
직렬형 유량 조정 밸브 (온도보상 붙이)	상세 기호 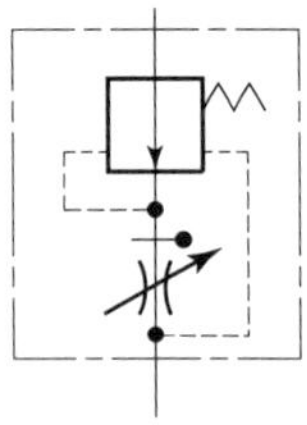 간략 기호 	• 온도보상은 2-3.4에 표시한다. • 간략기호에서 유로의 화살표는 압력의 보상을 나타낸다.
바이패스형 유량조정 밸브	상세 기호 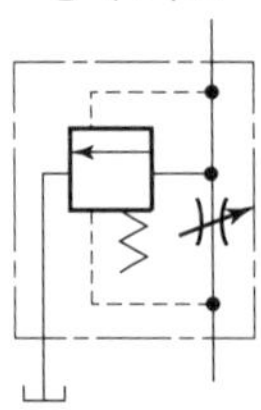 간략 기호 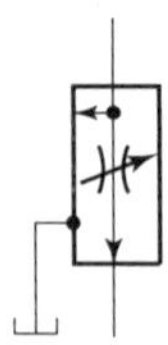	• 간략기호에서 유로의 화살표는 압력의 보상을 나타낸다.

명 칭	기 호	비 고
체크밸브 붙이 유량조정 밸브 (직렬형)	상세 기호 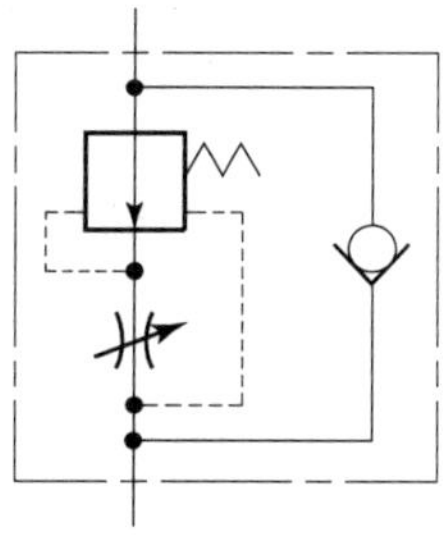 간략기호 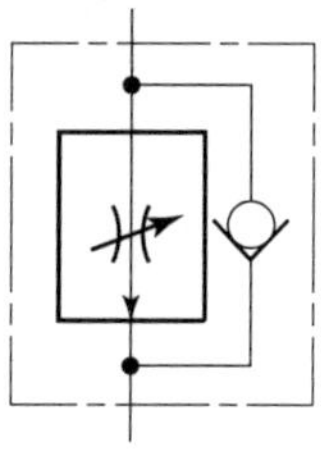	• 간략기호에서 유로의 화살표는 압력의 보상을 나타낸다.
분류 밸브	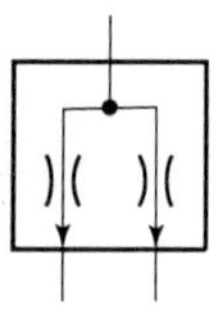	• 화살표는 압력보상을 나타낸다.
집류 밸브	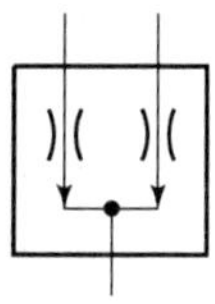	• 화살표는 압력보상을 나타낸다.

11. 기름 탱크

명 칭	기 호	비 고
기름 탱크(통기식)	(1) 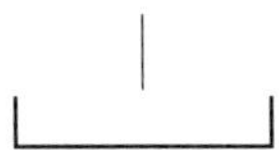	(1) 관 끝을 액체속에 넣지 않는 경우
	(2) 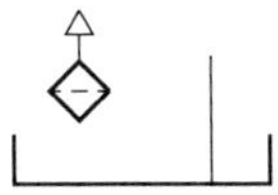	(2) • 관 끝을 액체속에 넣는 경우 • 통기용 필터(17-1)가 있는 경우
	(3) 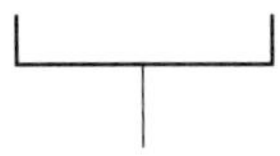	(3) 관 끝을 밑바닥에 접속하는 경우
	(4) 	(4) 국소 표시기호
기름 탱크(밀폐식)	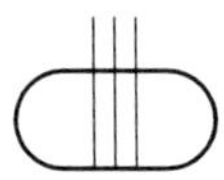	• 3관로의 경우 • 가압 또는 밀폐된 것 • 각 관 끝을 액체속에 집어 넣는다. • 관로는 탱크의 긴 벽에 수직

12. 유체조정 기기

명 칭	기 호	비 고
필터	(1) 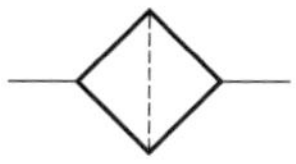	(1) 일반 기호
	(2) 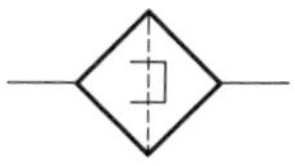	(2) 자석 붙이
	(3) 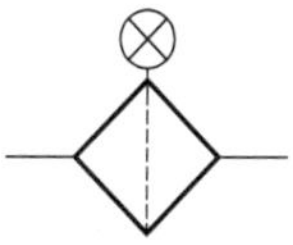	(3) 눈막힘 표시기 붙이
드레인 배출기	(1) 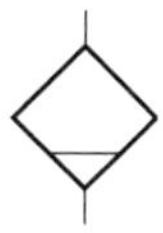	(1) 수동 배출
	(2) 	(2) 자동 배출
드레인 배출기 붙이 필터	(1) 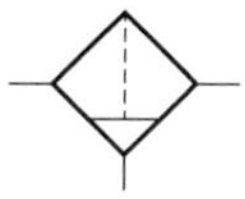	(1) 수동 배출
	(2) 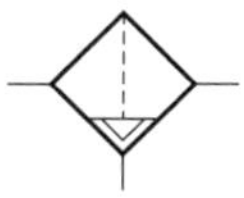	(2) 자동 배출
기름분무 분리기	(1) 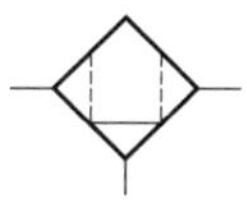	(1) 수동 배출
	(2) 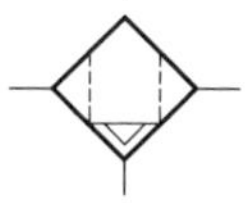	(2) 자동 배출
에어드라이어	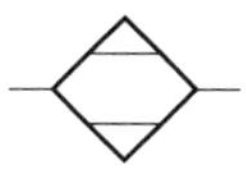	
루브리케이터	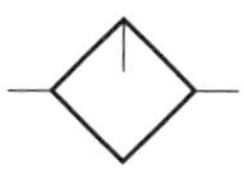	

명 칭	기 호	비 고
공기압 조정유닛	상세 기호 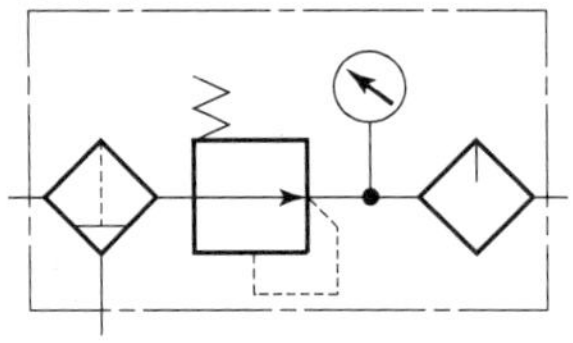 간략 기호 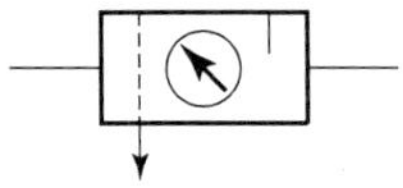	• 수직 화살표는 배출기를 나타낸다.
열교환기		
냉각기	(1) 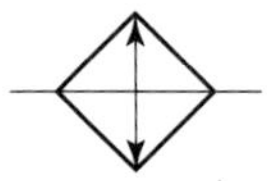	(1) 냉각액용 관로를 표시하지 않는 경우
	(2) 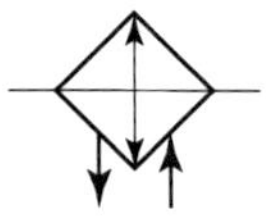	(2) 냉각액용 관로를 표시하는 경우
가열기	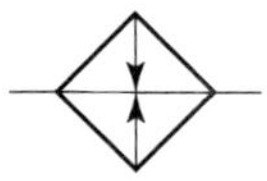	
온도 조절기	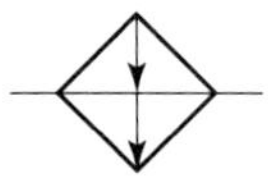	• 가열 및 냉각

13. 보조 기기

명 칭	기 호	비 고
압력 계측기		
압력 표시기	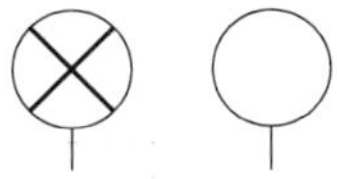	• 계측기의 간이 표시 • 계측은 되지 않고 단지 지시만 하는 표시기 • 접점붙이 압력계 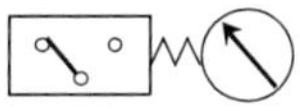
압력계		
차압계		
유면계	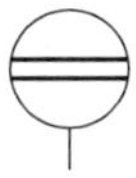	• 평행선은 수평으로 표시
온도계	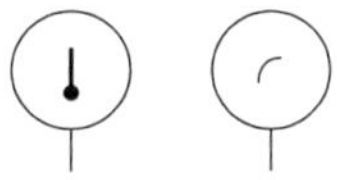	
유량 계측기		
검류기		
유량계	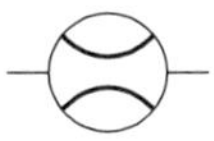	
적산 유량계	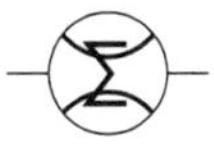	
회전 속도계	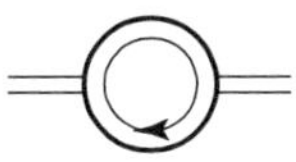	
토크계	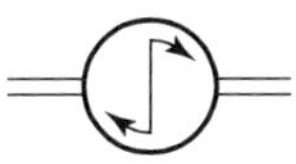	

14. 기타 기기

명 칭	기 호	비 고
압력 스위치	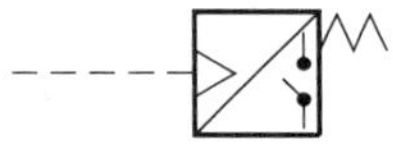	오해의 염려가 없는 경우에는 다음과 같이 표시하여도 좋다. 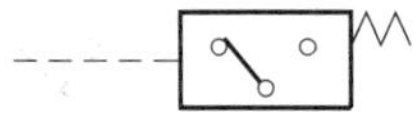
리밋 스위치	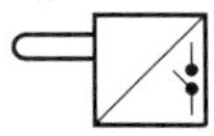	오해의 염려가 없는 경우에는 다음과 같이 표시하여도 좋다. 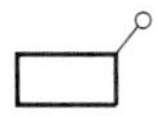
아날로그 변환기	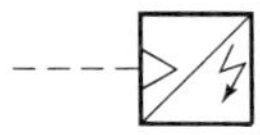	• 공기압
소음기	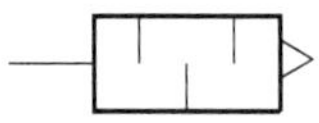	• 공기압
경음기		• 공기압용
마그넷 세퍼레이터		

찾아보기

ㄱ

간접회로 283
감속밸브 92
감압밸브 88
게이지압력 7
계수(counter) 회로 250, 293
고무호스 115
공급공기량 41
공급공기 조절방식 225
공기건조기 39, 49
공기압 배관 113
공기압 조정 유닛 51
공기압축기 37
공기탱크 44
공기필터 52, 53
공냉식 39
공압모터 56, 73
공압배관의 내경 선정 다이어그램 116
공압 실린더 56
공압 액추에이터 55
공압 척의 클램핑력 127
공학단위계 5
관 마찰계수 29, 30
관 마찰손실 29
광전 센서 137
교번제어 회로 247
교차회로 290
교축 릴리프밸브 92
교축밸브 91
근접 센서 135
근접 스위치 135
금지회로 286
급기회로(FRL유닛) 221
급속배기밸브 109
기억회로 242, 284
기체상수 11

ㄴ

나일론 튜브 114
냉동식 공기건조기 49
노점 18
노점-온도곡선 18
논-리턴 밸브 107

ㄷ

다접점 133

단동실린더 60
단속/연속 제어회로 295
단열 공기동력 40
단열변화 11
단열지수 12
닫힘위치 95
드레인 15, 17
등가길이 115
등가길이 환산 그래프 117

ㄹ

레귤레이터 222
레이디얼 피스톤형 공압모터 74
로드레스 실린더 70
로드 선단의 휨량 64
로터리 실린더 72, 73
로터리 액추에이터 78
리드 스위치 136
리밋 스위치 135
릴레이 134
릴리프 밸브 89

ㅁ

메모리 밸브 105, 272
미터아웃(meter-out) 회로 226
미터인(meter-in) 회로 225
미터인-미터아웃 유량제어밸브 224
밀도 8

ㅂ

방향제어 밸브 93
배기조절 방식 226
배기회로 222
밸브유량과 배관직경 선정 그래프 120
베르누이 식 23
베인 압축기 39
베인형 공압모터 75
베인형 요동 모터 79, 80
보일의 법칙 10
보일-샤를의 법칙 10
복동실린더 61
부하율(추력효율) 62
비상정지 회로 296
비압축성 유체 21
비정상류 21

ㅅ

상대습도 15
상시 닫힘 접점 132
상시 열림 접점 132
샤를의 법칙 10
서비스 유닛 51
셔틀밸브 108
속도제어 밸브 92
솔레노이드 밸브 102
수냉식 39
수지튜브 115
순간 공기소비량 32
순서회로 288
스크류 압축기 40
스크류형 요동모터 80
스테퍼(stepper) 회로 300
스피드 콘트롤러 92
습공기 15
시간제어 회로 248, 292
시간지연 밸브 110
시퀀스 제어 253

시퀀스 차트 253
신호 차단회로 290
신호간섭현상 256
신호완료 검출회로 291
신호중복 256
실린더의 1회 왕복회로 243
실린더의 연속왕복 회로 244

ㅇ

아음속 영역 25, 85
안전밸브 90
압력 6
압력강하 118
압력 레귤레이터 88
압력손실 30
압력시퀀스 밸브 89
압력전달의 원리 14
압력제어 회로 245
압력제어밸브 87
압력조절기 53
압축성유체 21
애프터 쿨러 39, 48
액셜 피스톤형 공압모터 74
양 로드형 실린더 69
양 솔레노이드밸브 102
에너지 보존의 원리 22
에너지 식 22
연결구 94
연속의 식 22
열림위치 95
오리피스 24
왕복 피스톤 압축기 39
외부일 12, 13
요동토크 78
요동형 액추에이터(모터) 78
유도형 센서 135
유량계수 25
유량제어 밸브 91
유효 단면적 26
윤활기 54
이상기체의 상태식 10
이압밸브 108
인칭회로 286
인터록(inter-lock) 회로 246, 287
일의 3요소 87
임계압력비 25

ㅈ

자기유지 밸브 224
자기유지 회로 242, 284
자기형 근접 스위치 136
자동/수동제어의 선택회로 294
자동문의 제어회로 347
잔압배기밸브 221
전동기 출력 41
전자밸브 102
전환접점 133
절대단위계 5
절대습도 15
절대압력 7
절대온도 8
점성계수 8
정상류 21
정상위치 94
정전용량형 센서 136
제어밸브 87
좌굴하중 66
중간정지 회로 227
중력단위계 5

지연동작 회로 292
직접회로 283
진공압력 7
진공 이젝터 125
진공캡 125
진공패드 125
진공흡입기기 125
질량보존의 법칙 22
질량유량 22

ㅊ

체적유량 22
체크밸브 107
초기위치 95
초음속 영역 25, 85
촌동회로 286
축동력 41
축류율 25
치차형 공압모터 76

ㅋ

캐스케이드 밸브 272
캐스케이드 제어 272
캐스케이드(cascade) 회로 300
쿠션기구 59
크랭크형 요동모터 81

ㅌ

탠덤 실린더 70
터보형 공기압축기 40
터보형 공압모터 76
텔레스코프 실린더 71, 72

ㅍ

파스칼의 원리 14
펄스(Pulse) 회로 249, 289
편 솔레노이드밸브 102
평균 공기소비량 32, 83
포트 94
포화공기(포화 수증기) 15
포화상태량 15
포화수증기량 17
포화온도 18
폴리아미드 튜브 114
폴리우레탄 튜브 115
폴리트로프 지수 13
표준공기 24
표준상태 24
플리커(Flicker) 회로 249, 289
플립-플롭(Flip-Flop)회로 245
필터 222

ㅎ

회전 에너지 82
횡하중 65
흡착력 126
흡착식 공기건조기 50

기타

a접점 132
AND(논리곱)논리 233
AND밸브 108
b접점 132
c접점 133
Dalton의 법칙 15
FRL유닛 51
make접점 132

NAND(논리곱 부정)논리 235
Newton의 운동 제2법칙 5
NOT(논리부정)논리 232
Off delay timer(순시 타이머)회로 293
OFF(reset)우선 자기유지 회로 242, 285
On delay timer(한시 타이머)회로 248, 292
ON-Delay 타이머 110
ON우선(set우선) 자기유지 회로 243, 285
OR(논리합)논리 234
OR밸브 108
SI 단위계 5
Sutherland의 식 8
XNR(배타적 논리곱)논리 238
XOR(배타적 논리합, 불일치 논리)논리 237
YES논리 231

공압제어

2017년 12월 21일 1판 1쇄 인쇄
2017년 12월 26일 1판 1쇄 발행

저 자 ◎ 엄기찬 · 이인철 · 황재문 · 최병관

발행자 ◎ 조승식

발행처 ◎ (주) 도서출판 북스힐
서울시 강북구 한천로 153길 17

등 록 ◎ 제 22-457 호

TEL (02) 994-0071 (代)

FAX (02) 994-0073

E-MAIL bookshill@bookshill.com
www.bookshill.com

값 23,000원

잘못된 책은 교환해 드립니다.

ISBN 979-11-5971-107-7